倾斜桩的工程特性探索

冯晨曦　张　恒　著

四川大学出版社
SICHUAN UNIVERSITY PRESS

图书在版编目（CIP）数据

倾斜桩的工程特性探索 / 冯晨曦，张恒著. -- 成都：
四川大学出版社，2025. 4. -- ISBN 978-7-5690-7592-2

Ⅰ. TU473.1

中国国家版本馆 CIP 数据核字第 2025A5B129 号

书　　名：倾斜桩的工程特性探索
　　　　　Qingxiezhuang de Gongcheng Texing Tansuo
著　　者：冯晨曦　张　恒

选题策划：王　睿
责任编辑：王　睿
特约编辑：孙　丽
责任校对：蒋　玙
装帧设计：开动传媒
责任印制：李金兰

出版发行：四川大学出版社有限责任公司
　　　　　地址：成都市一环路南一段 24 号（610065）
　　　　　电话：（028）85408311（发行部）、85400276（总编室）
　　　　　电子邮箱：scupress@vip.163.com
　　　　　网址：https://press.scu.edu.cn
印前制作：湖北开动传媒科技有限公司
印刷装订：武汉乐生印刷有限公司

成品尺寸：170 mm×240 mm
印　　张：24
字　　数：500 千字

版　　次：2025 年 4 月 第 1 版
印　　次：2025 年 4 月 第 1 次印刷
定　　价：99.00 元

四川大学出版社
微信公众号

前　　言

随着城市化进程的不断加快,建筑行业的发展也日益迅速。在建筑行业中,桩基础是一种重要的基础形式,而倾斜桩作为桩基础的一种,具有独特的优势和适用范围。相较于传统竖直桩,倾斜桩竖向及水平向受力变形特性存在较大差别。目前,倾斜桩的实际应用较少,也缺乏相应的设计施工参考。比如,在实际施工过程中,如果因为施工失误导致桩身倾斜,此时事故处理方案往往会忽略倾斜桩的竖向承载力,造成巨大的经济损失。而在倾斜桩相对有优势的侧向承载力方面,又缺乏相应的设计理论支撑,导致倾斜桩难以在实际工程中获得应用。

本书针对倾斜桩在实际工程应用中的痛点、难点开展一系列的试验、模拟及理论分析等研究工作,为倾斜桩在实际工程中的应用提供理论基础。本书第 1 章主要针对砂土中主动设置的倾斜桩开展试验及理论分析,重点研究其受力变形规律。第 2 章针对砂土中被动设置的倾斜桩复合地基开展研究,分析其加卸载过程中的受力变形规律。第 3 章针对一起发生倾斜的管桩事故开展现场及有限元模拟研究,分析倾斜桩的实际承载力特性,同时对传统加固方案及新型加固方案进行工程特性对比分析,为倾斜桩的工程事故处理提供参考。第 4 章针对倾斜桩的侧向承载能力开展分析研究,为倾斜桩的侧向加固方案提供参考。第 5~7 章分别针对影响斜直双排桩侧向承载力的重要影响因素(桩长、排距、倾斜度)开展试验研究,为含倾斜桩的组合桩体的工程应用提供试验基础。第 8 章主要针对特殊工况下倾斜桩的工程特性开展试验研究,为倾斜桩的特殊工程应用提供参考。第 9 章针对侧向受荷下多种桩型的侧向约束桩的工程特性开展研究分析。第 10 章针对侧向有桩条件下含缺陷桩复合地基工程性状开展模型试验与理论分析。第 11 章主要通过模型试验、有限元模拟以及计算模型构建等多重计算分析方法,系统地阐述了斜直双排桩在加固路堤边坡时的工程特性。

通过一系列针对倾斜桩开展的研究分析,本书较为系统地介绍了倾斜桩在不同工程应用时的工程特性,为倾斜桩的实际工程应用提供了一定的理论基础。

本书第 1～4 章及 11.1～11.6 节由南阳理工学院冯晨曦撰写(折合 25.3 万字)，第 5～10 章及 11.7、11.8 节由南阳理工学院张恒撰写(折合 24.7 万字)。

本书的研究工作得到了河南省高等学校重点科研项目(25A560015)、河南省自然科学基金(242300420353)、南阳市科技计划项目(24KJGG018、24KJGG066、JCQY006)、南阳理工学院博士科研启动基金项目(NGBJ-2022-19)的资助，在此表示衷心的感谢。

本书编写过程中参考并借鉴了相关文献，在此对原作者表示由衷的谢意，同时感谢四川大学出版社及相关编辑的辛勤劳动。

由于著者水平有限，书中错误和疏漏之处在所难免，恳请读者批评指正。

著　者

2024 年 12 月

目　　录

1 不同倾斜角单桩复合地基受力变形规律试验研究

1.1 研究背景、目的与内容

在桩体复合地基侧向进行堆载或卸载开挖会对复合地基中的桩体产生侧向作用力,从而促使桩体产生水平位移、桩身产生倾斜而成为倾斜桩。随着倾斜角的增加,桩体复合地基的承载能力会有所降低。目前,国内外主要对倾斜桩的承载能力进行了相关研究,采用包括理论分析、数值计算、室内模型试验、现场测试等方法,获得了许多宝贵的研究成果,但对于倾斜桩复合地基的承载能力则较少涉及。本章对竖向加载条件下不同倾斜角单桩复合地基的受力变形规律以及破坏模式进行了试验研究。试验在桩顶、桩周土顶以及复合地基顶部分别设置沉降标并连接百分表,经测试得到不同倾斜角单桩在竖向荷载作用下的沉降变化规律,在桩身两侧凹槽内粘贴电阻应变片,测试不同倾斜角单桩弯矩、轴力以及摩阻力变化规律,揭示了倾斜过程中复合地基受力变形规律以及单桩的受力变化情况。

1.1.1 倾斜桩国内外研究现状

1.1.1.1 倾斜桩的研究现状

目前,主要从桩土相互作用规律以及承载能力这两方面对倾斜桩进行研究。桩身产生一定的倾斜角致使桩周土体的受力状态改变,桩土相互之间受力状态的改变,使桩身侧向的摩阻力、轴向受力和侧向受力改变,对基础的承载能力产生不利的影响。目前主要探索方向为较大荷载下桩身侧向摩阻力的变化情况、变形特征,以及不同倾斜方向桩的内部受力和外部受力的作用。到目前为止,在桩土相互作用规律方面的研究还没有成型的结论,这也一直限制了对倾斜桩的设计与处理。而承载能力方向的研究主要针对桩身受到的荷载与变形方面。若在桩顶施加竖向荷载,或者在桩侧施加荷载或卸载都会对倾斜桩的受力情况以及弯矩等产生影响,使基础的受力性状发生变化,进而影响到上部结构的稳定以及安全性,因此对倾斜桩承载能力的研究十分重要。通过数值模拟、模型试验、现场试验和理论计算等研究方法,国内外研究者分析了倾斜角对倾斜桩承载能力的影响,并得出了一些成果。

但是,目前的研究集中在倾斜桩基础,对于倾斜桩复合地基的研究较少。另外,关于桩土相互作用和桩的承载能力的研究还没有形成统一的结论。综上所述,对倾斜桩的研究还在起步阶段。

1.1.1.2 倾斜桩现场试验

倾斜桩的现场试验主要是指现场静载试验,通过对倾斜桩施加静载,得到桩的荷载-沉降曲线,以此分析桩的受力变形规律。在现场试验方面,国内学者也做过一些研究,得到了一些有意义的结论[1-9]。杨位洸等[10]通过对比倾斜桩现场实测特性与模拟试验数据发现,倾斜桩承载力和桩身的强度有直接联系。陈为群[11]通过对一次滑坡引起的基桩倾斜工程事故的研究,按照不同的桩顶倾斜率进行了极限承载力测试,同时考虑了重固结效应对桩极限承载能力的提升效果,得到倾斜率为 0% ~ 7.5% 的倾斜桩承载力与倾斜率的关系曲线,发现当倾斜率为 0% ~ 1.75% 时曲线呈水平直线,表明承载能力达到设计要求,不会发生衰减;而当倾斜率为 1.75% ~ 7.5% 时曲线呈斜直线,表明承载能力不断下降;当倾斜率大于 7.5% 时,曲线陡降,表明桩身混凝土达到极限状态,丧失承载力。

现场试验可用于倾斜桩的受力分析,所得结论有助于验证理论分析结果,从而进一步得出荷载对倾斜桩的影响规律,更好地用来解决工程实例。

1.1.1.3 倾斜桩室内模型试验

模型试验是根据相似原理和相似准则,制造具有一定比例尺的实物模型,通过试验预测实物原型的工作状态,验证并得到相关结论的一种测试技术。目前,国内外许多专家学者已经进行了很多桩基的模型试验,但所使用的试验材料及试验装置各异,研究的方向、领域也各不相同。

Tejchman[12]通过室内模型试验将不同压实度的桩周土作为试验的对比标准,得出桩周土的压实度、桩体设置形式以及桩间距都对基础的承载力有影响。Yao 等[13]通过室内模型试验对不同比例的倾斜桩基础进行了研究,探索了在水平荷载下倾斜桩的受力情况。Duncan 等[14]也进行了荷载作用下的模型试验,得出在不承受竖向荷载作用时,反向倾斜桩的水平荷载承载能力明显强于竖直桩,而正向倾斜桩的水平荷载承载力明显低于竖直桩的结论。Feagin[15]也对倾斜桩和竖直桩进行了室内模型试验,得出结论:竖直桩基础水平方向的承载能力要强于同种情况下的倾斜桩以及竖直桩组成的组合基础;正向倾斜桩与负向倾斜桩组成的群桩基础的水平承载能力明显强于群桩中单独存在的正向倾斜桩或负向倾斜桩。Alizadeh 等[16]也进行了室内模型试验,得出结论:正向倾斜桩与负向倾斜桩水平向承载能力强于竖直桩,负向倾斜桩的水平向承载能力强于正向倾斜桩。Meyerhof[17]和 Sastry 等[18]利用模型试验探索了偏心荷载作用下的荷载-沉降规律,得到了桩身顶部最大弯矩以及最大剪力的推导公式。Zhang 等[19]利用水平荷载作用在砂土基础上实现了倾斜单桩离心机模型试验,得到砂土中不同压实度、不同内摩擦角以及不同倾斜度倾斜桩的荷载-水平位移规律,而且还通过离心机模型试验探索了有倾斜桩的群桩基础在水平荷载作用下的受力特点,得出上部竖直荷载的变化对群桩基础的水平荷载抵抗作用的影响不大。

目前,倾斜桩受力变形性状的室内模型研究大多是以小比例、中比例和足尺模型破坏对桩身竖向承载能力、水平向承载能力进行的,虽然得到了一定的成果,但是还没有统一的标准。

1.1.1.4　倾斜桩数值模拟分析及理论分析计算

对于桩土相互作用的研究基本上都是以数值模拟分析和理论分析计算为主。杨征宇等[20]利用软件模拟在施加较大荷载条件下倾斜桩基础的负摩擦以及桩身拉力特征,发现超载作用下桩身会产生负摩擦力,而且桩身也产生了弯矩作用,得出结论:桩身的负摩擦力以及拉力会随着桩身倾斜度的增加而在一定程度上减小;桩顶部的约束情况也会对桩身弯矩的大小以及出现的位置产生影响;在基础上部先进行超载预压之后再进行正常承载可以明显减小桩侧摩擦力。吴琼等[21]利用软件模拟对桩周荷载下的桩身受力变形进行研究,对比不同的荷载距离、大小以及不同的受力变形特点,得出结论:在桩侧施加荷载可能使桩产生水平位移以及桩身产生弯矩,桩侧的负摩阻力将加大;在施加荷载范围小于 5 倍桩径时,桩侧向负摩阻力并不会发生改变,而荷载范围在 5 倍桩径之外时,桩侧的负摩阻力变化可以忽略不计;竖向荷载施加到桩顶部时,荷载作用会增大桩身的弯矩。杨剑等[2]使用软件模拟对不同的桩土相对刚度、桩顶约束条件、土体水平位移量以及土的不同水平位移层等条件下的倾斜桩进行桩身内力以及侧向土抗力作用规律的比较,得出刚性倾斜桩的水平位移低于柔性倾斜桩,其桩身所受的弯矩以及侧向剪力都比较大。

桩身发生倾斜有可能会使桩周土的受力情况以及桩土之间的作用规律发生改变,也会影响桩侧的摩阻力、桩身轴力以及桩身弯矩的变化情况,威胁上部结构的稳定。而研究的重点在于超载作用下桩体负摩阻力的变化、受力变形特点以及内力和土抗力的变化。通过数值模拟与理论分析,既有研究已得出倾斜桩与土的相互作用规律。

在侧向开挖所引起的桩基础承载能力变化方面,杨宝珠等[22]通过软件模拟分析得出结论:在荷载作用下,侧向开挖形成的倾斜桩基础虽然倾斜角较小,但是当施加较大的竖向荷载作用时,桩顶的位移还是会明显增加;侧向开挖使桩身产生了较小的桩身弯矩,但是这个桩身弯矩在竖向荷载作用下急剧增加,很容易使桩身产生破坏,使基础的承载能力大幅度降低。王丽等[23]也利用软件模拟,分析了桩身局部倾斜的情况,得出结论:倾斜度在7%以下时,桩的沉降较小,大于7%时则产生较大的沉降。梁伟刚[24]使用MARC软件进行分析,得出结论:在竖向荷载作用下,当倾斜度不大于6%时,桩身沉降并没有明显的区别,而当倾斜度大于12%时产生的差别较为明显;桩身的最大弯矩和桩周土有着明显的关系。Rajashree等[25]模拟循环荷载作用下的倾斜桩,考虑了循环荷载对土体的影响,得出了水平方向荷载作用与水平方向位移之间的关系,证明了在循环荷载作用下倾斜桩的极限承载力较竖直桩有所减小。

国内外学者从现场试验、室内模型试验、数值模拟及理论分析等方面对倾斜桩进行了大量的研究,并取得了一定的研究成果。但对于竖向荷载下倾斜桩的工程性状的试验研究还比较少,针对实际工程问题的三维有限元分析在一定程度上仍缺乏说服力。在室内模型试验方面,尽管至今为止许多专家和学者已经进行了很多关于桩基的模型试验,但针对倾斜桩的室内模型试验仍然很少,且所用材料、装置、研究的内容也各不相同,未对倾斜桩的理论形成统一的标准。另外,国内外学者对倾斜桩的研究更多地倾向于对桩基础倾斜桩的研究,对复合地基中的倾斜桩问题涉足较少。褥垫层的出现是否会对倾斜桩的沉降、变形以及桩身弯矩产生不同的影响还不得而知。

1.1.1.5 桩基础倾斜工程实例

在实际工程中,桩基础施工不当或者桩基础施工完成后在桩基础侧向进行堆载或卸载可能会使桩基础产生水平位移,从而可能使桩基础发生倾斜。

某市人民医院医疗大楼由于侧向开挖基坑发生滑坡,致使打入的桩基础发生倾斜[11]。该工程为14层框架剪力墙结构,基坑开挖深度为5m。使用截面边长为400mm的打入式钢筋混凝土预制桩,平均桩长为25m,持力层为粗砂层。设计的单桩极限承载力为3000kN。此事故发生后,曾对基础的承载能力及前景进行评估,当时设计单位给出的建议较为保守——降低设计楼层至5层。如果采用这一建议将会产生重大的经济损失并影响市内景观的协调。

最终通过对发生倾斜的桩基础进行现场试验,得到该桩基础的荷载位移曲线,证明可以通过基础的补强设计提高倾斜桩基础的竖向承载能力,并最终获得了较好的处理效果。最后的结论证明:①当桩基础产生的倾斜在接受范围内时,可以通过补强设计继续利用原基础的部分承载力。②可以通过现场静载试验较为准确地检测出倾斜桩的桩身承载能力。③倾斜度在可接受范围之内时,桩身倾斜度与桩身的承载能力呈递减函数关系。

1.1.2 本章的研究目的与内容

倾斜桩的工程性状研究是一个被岩土工程界长期关注但是有待更全面、更深入分析的课题。受竖向堆载作用下的倾斜桩将产生桩身弯矩、沉降以及变形,工程性状较为复杂。本章通过室内模型试验以及数值模拟,重点研究竖向堆载下,倾斜单桩复合地基的沉降、受力变形以及桩身弯矩变化规律,为正确评估倾斜桩复合地基提供试验依据,完善倾斜桩的设计理论,并以此指导工程实践,因此本研究具有重大科学价值和显著的工程意义。

本章进行的主要工作有:设计室内倾斜桩复合地基模型试验;自行设计、制造加载装置,对竖向堆载条件下倾斜桩复合地基进行受力性状研究;通过室内试验模型对竖向荷载下倾斜桩复合地基的沉降以及受力变形进行分析,得出结论。

1.2 倾斜桩复合地基理论分析与研究方法

无论是桩基还是复合地基都是通过在地基中增加竖向增强体来提高基础的承载能力。对于竖直的桩基与复合地基,在受到竖向荷载作用时,一般只会受到桩侧沿轴线方向的摩阻力以及桩端的竖直反力,受力情况较为简单,也能使桩达到较强的承载能力。而当桩身倾斜时,桩身除了受到桩侧摩阻力之外,还要受到垂直于桩轴线方向的反力,受力情况比较复杂,桩身受到垂直于桩身轴线方向上的力,使桩身产生弯矩和桩水平位移,会对桩的承载能力产生不利影响。

1.2.1 桩基础与复合地基基础在竖向荷载作用下的理论分析与计算

1.2.1.1 桩基础在竖向荷载作用下的理论分析与计算

桩基础由桩以及连接在桩顶部的承台组成,承台将上部的荷载施加在桩身上,再传入土层中。上部结构荷载通过承台传递到下部的桩上,由于桩打入地层中,会在桩身的侧面产生侧向的摩阻力,这提供了一部分的反力;而桩底部与土层接触会在接触面上产生向上的反力,这提供了另一部分的反力。

单桩竖向破坏承载力 Q_p 为单桩竖向静载试验中发生破坏时桩顶的最大试验荷载。单桩的破坏模式主要有桩端刺入破坏和桩身混凝土破坏两种。

单桩产生刺入破坏主要是由于桩端阻力以及桩侧摩阻力提供的反力不符合荷载

要求。对于桩端阻力的计算可以通过"极限平衡理论"(limit equilibrium theory)进行[26]，得到的桩端阻力极限平衡理论公式是以刚塑体为基础，假设不同的破坏滑动面就能得到不同的极限桩端阻力的理论表达式，Terzaghi(1943)、Meyerhof(1951)、Vesic(1963)所提出的单位面积极限桩端阻力公式可以统一表达为如下形式：

$$q_{pu} = x_c c N_c + x_g \gamma_1 b N_r + x_q \gamma h N_q \tag{1-1}$$

式中，N_c，N_r，N_q 分别反映土的黏聚力 c、桩底以下滑动土体自重和桩底平面以上边荷载(竖向压力 γh)影响的条形基础无量纲承载力系数，仅与土的内摩擦角 φ 有关；x_c，x_g，x_q 为桩端形状系数；b，h 分别为桩底宽度以及桩入土深度；c 为土的黏聚力；γ_1 为桩端下面土有效重度；γ 为桩端上面土有效重度。

极限侧阻力等于桩身范围内各土层极限侧阻力 q_{sui} 和相对的桩侧表面积 $u_i l_i$ 乘积之和，即：

$$Q_{su} = \sum_{i=1}^{n} u_i l_i q_{sui} \tag{1-2}$$

当桩身等截面时，

$$Q_{sui} = u \sum_{i=1}^{n} l_i q_{sui} \tag{1-3}$$

计算 q_{su} 时，分为总应力法和有效应力法两种。而根据使用系数的不同，分为 α 法、β 法和 γ 法。α 法为总应力法，β 法为有效应力法，γ 法为混合法。

α 法由 Tomlinson(1971)提出，用来计算饱和黏性土的侧阻力，其表达式为：

$$q_{su} = \alpha c_u \tag{1-4}$$

式中，α 为系数，由土的不排水剪切强度确定；c_u 为桩侧土的不排水剪切强度。

β 法由 Chandler(1968)提出，用于计算黏性土和非黏性土的侧阻力，其表达式为：

$$q_{su} = \sigma'_v k_0 \tan\delta \tag{1-5}$$

对于正常固结黏性土，$k_0 \approx 1 - \sin\varphi'$，$\delta \approx \varphi'$，代入式(1-5)得：

$$q_{su} = \sigma'_v (1 - \sin\varphi') \tan\varphi' = \beta \sigma'_v \tag{1-6}$$

式中，β 为系数，$\beta \approx (1 - \sin\varphi') \tan\varphi'$，$\varphi' = 20° \sim 30°$，$\beta = 0.24 \sim 0.29$；$k_0$ 为压力系数；δ 为外摩擦角；σ'_v 为竖向有效应力；φ' 为土层内摩擦角。

λ 法对以上两种方法进行了综合，Focht(1972)得到以下公式：

$$q_{su} = \lambda(\sigma'_v + 2c_u) \tag{1-7}$$

式中，σ'_v，c_u 的含义与上式相同；λ 为系数。

根据极限平衡理论可以较好地确定桩基的承载能力，但是在实际工程中极限平衡理论的计算较为复杂，由此得出了桩基经验公式法。

单桩极限承载力 Q_u 的表达式为：

$$Q_u = \sum_{i=1}^{n} u_i l_i q_{sui} + A_p q_{pu} \tag{1-8}$$

式中，l_i，u_i 分别为土厚度和桩身周长；A_p 为桩端底面积；q_{sui}，q_{pu} 分别为第 i 层土的极限侧阻力以及极限端阻力。

除了确定桩是否发生滑动破坏之外，还需要根据桩身强度确定单桩极限承载能力，而桩身竖向承载能力的表达式为：

$$Q_u' = \psi f_{ca} A_p \tag{1-9}$$

式中，f_{ca} 为桩身混凝土无侧限抗压强度，kPa；ψ 为工作条件系数。

设计时必须根据上部结构传递到单桩桩顶的荷载和地质资料来设计桩径和桩身混凝土的强度。

1.2.1.2 复合地基基础在竖向荷载作用下的理论分析与计算

在土质地基中造桩后，复合地基利用在桩顶设置褥垫层，将建筑物基础与桩连接为整体，形成的良好传力系统。在桩基础中，只有桩承担结构荷载，而原土质基础并没有承担。在复合地基中，竖向桩与桩间土通过褥垫层形成了一个受力整体，当上部传来荷载，桩与桩间土将共同承担。

由于复合地基基础是由复合地基桩桩身以及桩周土共同承担来自上部的荷载，所以复合地基基础在计算承载能力时需要分别考虑复合地基桩桩身的承载能力以及桩周土的承载能力。

（1）复合地基单桩承载能力的计算

复合地基单桩承载能力的计算主要考虑复合地基桩桩身与桩周土的相互作用，包括桩侧摩阻力以及桩底土抗力的作用。通过与桩周土相互作用的极限承载能力来确定复合地基单桩的极限承载能力。另外，除了桩土相互作用之外，单桩承载能力还包括单桩桩身材料的极限承载能力[27]。

对于复合地基单桩承载能力，计算桩土相互作用的公式如下：

$$R_a = u_p \sum_{i=1}^{n} q_{si} l_i + \alpha q_p A_p \tag{1-10}$$

式中，R_a 为单桩承载力，kN；u_p 为桩的周长，m；l_i 为第 i 层土的厚度，m；q_{si} 为第 i 层土侧摩阻力特征值，kPa；q_p 为土层端阻力特征值，kPa；A_p 为单桩截面面积，m²；α 为土的承载力折减系数；n 为桩长范围土层数。

上述公式主要是用来计算复合地基单桩桩身与桩周土的相互影响，确定桩周土对桩体的约束影响，防止桩体在桩身受到竖向荷载而与桩周土产生相对滑动时使基础发生破坏。

单桩桩身极限承载能力计算方法如下：

$$R_b = q_p' A_p \tag{1-11}$$

式中，R_b 为单桩极限承载能力，kN；A_p 为单桩截面面积，m^2；q_p' 为桩身材料抗压强度，kPa。

对于式(1-10)和式(1-11)得到的复合地基单桩承载能力，由于在竖向荷载作用下单桩桩身材料以及桩身与桩周土的相互作用只要其一发生破坏，即出现破坏现象，所以在竖向荷载下承载能力取两者的较小值，以确保基础不被破坏。

(2)竖向荷载作用下复合地基承载能力的计算

复合地基基础由竖向的桩、桩周土以及在桩土顶部的褥垫层共同组成。竖向荷载作用于复合地基基础上部的褥垫层，并通过褥垫层将荷载分配到桩顶和土顶，使复合地基竖向桩体以及桩周土共同承担上部的竖向荷载。

本章已经介绍了复合地基中单桩的承载能力的理论分析与计算，而复合地基的竖向承载能力则考虑到承担竖向荷载的桩体以及桩周土的共同作用。通过前期计算分别获得了单桩以及桩周土的极限承载能力，然后进行综合计算得到复合地基的极限承载能力。

复合地基极限承载能力的三个基本算法如式(1-12)～式(1-14)所示：

$$f_{spk} = \left[1 + m(n_0 - 1)\right] f_{sk} \tag{1-12}$$

$$f_{spk} = m f_{pk} + (1 - m) f_{sk} \tag{1-13}$$

$$f_{spk} = m \frac{R_a}{A_p} + \beta(1 - m) f_{sk} \tag{1-14}$$

式中，f_{spk} 为基础承载力，kPa；f_{sk} 为桩间土承载力，kPa；f_{pk} 为桩体承载力，kPa；R_a 为单桩承载力，kN；m 为桩土面积置换率，$m = \dfrac{A_p}{A}$；n_0 为桩土应力分担比；A_p 为单桩截面面积，m^2；A 为单桩承担的荷载面积，m^2；β 为土承载力折减系数。

通过上述公式可以得到竖向荷载下复合地基的承载能力。

(3)复合地基变形计算

在竖向加载情况下，所有的基础均会产生变形沉降，对不同的地基基础进行设计计算时均需控制变形沉降量，当基础出现了较为明显的沉降时，会影响其正常使用功能。

基础变形通常包括基础压缩以及沉降两种。基础的压缩变形主要是由于上部荷载作用，地基基础产生了压缩，主要的控制参数为基础的压缩模量。相较普通基础，复合地基进行了加固，基础的压缩模量增加，产生的压缩较小。但是要让复合地基变形达到标准还需要对模量大小实现控制。复合地基压缩模量主要包括桩以及桩间土压缩模量。

桩加固处理后的复合地基总面积等于所有桩体总面积与桩间土总面积之和，单

桩承担的加固面积 A' 等于单桩截面面积 A_p 与单桩承担范围内的总桩间土面积 A_c 之和。

假定加固后复合地基连同建筑物基础构成一个整体刚性体,上部荷载作用时,桩和桩间土变形量相同,当均布荷载 p 作用在复合地基上时,由于桩体变形模量 E_p 大于桩间土变形模量 E_c,故荷载 p 将向桩体集中,使桩上荷载 p_p 增大,桩间土荷载 p_c 减少,理论上:$p = p_p + p_c$。

单桩承担加固面积范围内,复合地基的变形模量 E 是由桩体的 E_p 和桩间土的 E_c 组成,理论上可用桩间土面积加权平均求出复合地基变形模量 E,其表达式为:

$$E = \frac{E_p A_p + E_c A_c}{A} \tag{1-15}$$

将 $n' = \dfrac{E_p}{E_c}$ 和 $k' = \dfrac{A_p}{A_c}$ 代入式(1-15)得:

$$E = \frac{E_c A_c (k'n' + 1)}{A_c (k' + 1)} = E_c \frac{k'n' + 1}{k' + 1} \tag{1-16}$$

式中,n' 为桩与桩间土的刚度比;k' 为桩与桩间土的面积比。

复合地基是软弱土层经过加固处理形成的,软弱土层可塑性强,可压缩性高,工程上称这种软弱土层为压缩土层。因此,要尽可能选择硬土层作为建筑物的持力层,工程上称这种硬土层为非压缩土层。但是只有压缩土层较浅的情况下才能选择硬土层作为持力层,如果压缩土层较深,往往只能把桩底放在压缩土层上,从而无法利用硬土层作为持力层。

在桩体未穿透压缩层的情况下,将复合地基的沉降分为两部分,一部分是复合地基加固区沉降量 s_1,另一部分是桩端下部土层沉降量 s_2。因此复合地基沉降量 s 的表达式为:

$$s = s_1 + s_2 \tag{1-17}$$

式中,s 为复合地基总沉降量,mm;s_1 为加固土层沉降量,mm;s_2 为加固土层下面原状土层的沉降量,mm。

实际计算中,如果桩体穿透了压缩层,则复合地基沉降量就只有 s_1,没有 s_2,这种情况下 $s = s_1$。

1.2.2 倾斜桩基础在竖向荷载作用下的理论分析与计算

桩基基础中竖直桩发生倾斜时,当上部荷载加载到桩顶部,在倾斜桩的桩身会产生较为复杂的受力变化,首先由于桩承受来自上部的竖向荷载,会在桩轴向形成轴力,桩与土层相接处的基础土层会对桩身产生侧向摩阻力以及桩端土抗力。同时,除了桩身轴向产生的受力作用之外,由于桩身倾斜,竖直的荷载作用会产生水平荷载,使桩侧受到侧向土抗力,桩身产生弯矩作用,桩身受力情况变得更为复杂。另外,由于桩身倾斜会对桩身的侧摩阻力以及桩身弯矩造成影响,所以一定会使基础的承载能力不同于竖直桩基础[28]。

宁潘芳等[28]通过对倾斜桩的研究得出结论:当桩仅出现部分倾斜但桩依旧完好时,桩周土对桩的轴向承载力并不会明显衰减。倾斜桩承载能力降低的主要原因是竖向荷载会产生一个水平分力,而桩周土为了抵抗这种力的作用会产生一个横向的反力,使桩身出现弯矩作用。当倾斜桩在横向反力的作用下稳定,桩内弯矩不超过桩在轴力作用下的抗弯承载力且满足桩在相应受力条件下的抗裂要求时,认为该桩的承载能力符合设计要求。

倾斜桩计算模型如图 1-1 所示,一根上部弯曲的倾斜桩,其上部倾斜角为 β,上部承受竖向荷载 p,桩周土给予侧向力,且假设水平方向抗力系数随着距桩顶深度 z 的增加而不断增加,其大小为 mb_0z(m 为土水平抗力系数,b_0 为桩的宽度),即桩周土提供的水平抗力为 mb_0zy(y 为水平位移)。

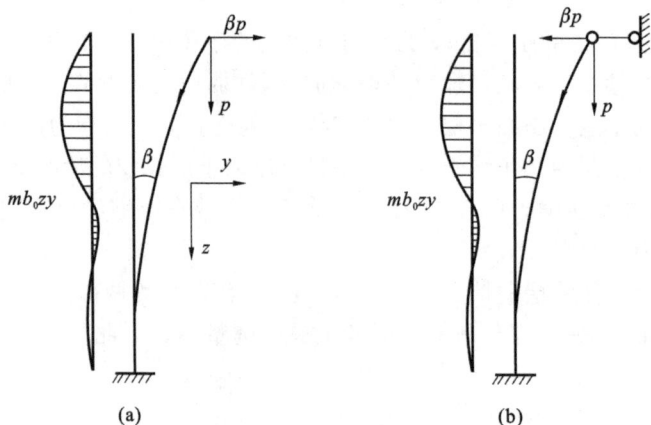

图 1-1 倾斜桩的计算模型
(a)桩顶有水平位移;(b)桩顶无水平位移

根据倾斜桩桩顶是否产生水平位移将计算模型分为桩顶有水平位移以及桩顶无水平位移(图 1-1)。这两个模型中,图 1-1(b)模型桩顶较图 1-1(a)模型多一横向水平约束,所以,受力情况更加有利,若图 1-1(a)模型验算满足要求,则图 1-1(b)模型必然满足。根据计算模型得到如下微分方程:

$$EI\frac{\mathrm{d}^4y}{\mathrm{d}z^4} + mb_0zy = 0 \tag{1-18}$$

$$\frac{\mathrm{d}^4y}{\mathrm{d}z^4} + \alpha^5zy = 0 \tag{1-19}$$

式中，α 为桩的水平变形系数，$\alpha = \sqrt[5]{\dfrac{mb_0}{EI}}$。

得到桩身弯矩：

$$M = -EI\frac{\mathrm{d}^2 y}{\mathrm{d}z^2} \tag{1-20}$$

桩身剪力：

$$Q = -EI\frac{\mathrm{d}^3 y}{\mathrm{d}z^3} \tag{1-21}$$

在实际中，图 1-1(a)模型能利用方程(1-20)解相关系数得到桩顶的水平方向的剪力 Q_0 以及桩顶水平位移 y_0 之间的关系，桩身最大弯矩值 M_{m} 的表达式如式(1-23)所示：

$$Q_0 = \frac{\alpha^3 EI y_0}{V_x} \tag{1-22}$$

$$M_{\mathrm{m}} = \frac{Q_0 V_{\mathrm{m}}}{\alpha} \tag{1-23}$$

式中，V_x 为水平位移系数，按长桩考虑，取 $V_x = 2.441$；y_0 为桩顶水平位移，可以接受的最大水平方向位移取值为 $y_{0\mathrm{m}} = 0.001\mathrm{m}$，在这种情况下桩周土的抵抗力相对稳定；$V_{\mathrm{m}}$ 为桩身最大弯矩系数，通过模拟取 $V_{\mathrm{m}} = 0.768$。

因为桩上部容易产生水平位移，使倾斜桩出现 p-Δ 效应，所以桩身的水平位移以及内力都乘增大系数 δ。增大系数利用下式进行计算：

$$\delta = \left(1 - \frac{\alpha y_0}{4\beta}\right)^{-1} \tag{1-24}$$

将 $y_0 = V_x \beta p/(\alpha^3 EI)$ 代入式(1-24)得：

$$\delta = \left(1 - \frac{V_x p}{4\alpha^2 EI}\right)^{-1} \tag{1-25}$$

上式表明 δ 与 β 无关。

倾斜桩上部产生水平位移，使倾斜桩出现 p-Δ 效应，桩上部水平方向上位移为 δy_0，桩上部水平方向上剪力为 δQ_0，桩身出现的最大的弯矩为 $M_{\mathrm{m}} = \delta \beta p V_{\mathrm{m}}/\alpha$。

而对于桩顶出现水平位移的倾斜桩，桩上部水平方向上的剪力为桩顶部竖向荷载 p 在水平方向上的剪力，其大小为桩身竖向倾斜角 β 和上部竖向荷载 p 的乘积。已知桩身最大的弯矩 M_{m} 以及桩轴力 P_x，则能利用桩身截面来验证桩身的强度以及抗裂强度。而对于低桩承台，如果桩周土的承载力大于 $50\mathrm{kN/m}$，则可忽略桩挠曲弯矩的增大系数 δ。这种方法较为简单，然而比较缺乏工程实践检验。

1.2.3　倾斜桩复合地基在竖向荷载作用下的理论分析

复合地基基础由竖直桩、桩周土以及基础上部的褥垫层组成。竖向荷载作用在基础上部时首先将荷载传递到褥垫层上部,褥垫层把上部竖向荷载分配至桩顶以及土顶,地基桩体以及桩周土将共同承担荷载,较桩基础受力情况更为复杂。而桩基础由于没有褥垫层的作用,上部荷载将直接作用在桩身,桩周土不承担上部的荷载作用。

当桩基础桩身发生倾斜时,上部荷载作用使桩侧产生向上的摩阻力,桩侧产生土抗力,从而使桩身产生弯矩作用。而当复合地基桩身发生倾斜时,桩身的受力变化较桩基础桩身倾斜时更为复杂。

分配到桩顶的荷载传递到桩身成为桩身轴力的一部分,使桩身产生压缩和沉降。桩身和桩周土由于共同承担上部荷载作用而共同产生沉降,而对于复合地基基础,桩周土沉降要大于桩身沉降,因此在桩身顶部桩周土与桩身产生了移动,桩顶部产生了向下的土摩阻力增大桩身的轴力,使桩承担了更大的荷载作用,而桩底则出现了向下刺入的情况,桩底附近土体相对于桩身向上移动,在桩底部则产生了向上的摩阻力。不同于桩基础中倾斜桩的桩侧摩阻力变化,复合地基中倾斜桩的桩身中部的侧摩阻力变化较为复杂。随着倾斜角的增加,桩侧土对桩身的侧向摩阻力发生了较为明显的变化,所以桩身倾斜对复合地基的承载能力会产生较大的影响。

由于复合地基顶部桩周土沉降要大于桩,桩周土相对于桩身向下运动。又因为桩身倾斜,桩周土相对于桩身的向下移动对桩身上部产生了侧向的土抗力,并且其在桩身上部与桩身的倾斜方向一致,这不同于倾斜桩基础的受力性状,倾斜桩基础在上部受到荷载时,由于桩身的水平位移会产生背离桩身水平位移方向上的土抗力。倾斜桩复合地基由于上部的侧向土抗力的存在,桩身在中部产生了反向的土抗力以保证桩身的稳定。侧向土抗力使复合地基中倾斜桩产生了较为复杂的弯矩变化,这也直接影响了倾斜桩复合地基桩身的承载能力。

本节以桩基础以及复合地基在竖向荷载作用下的理论分析与计算为基础,借鉴前人的研究对竖向荷载作用下倾斜桩复合地基的受力变形规律进行理论分析研究,发现倾斜桩复合地基在竖向荷载作用下桩身会产生轴力和侧向的土抗力,从而使桩身出现弯矩作用,直接影响倾斜桩复合地基桩身的承载能力。

1.3 不同倾斜角单桩复合地基受力变位规律与破坏模式试验研究

桩身倾斜时单桩复合地基的受力变位规律以及破坏模式较为复杂。加载时复合地基产生沉降,基础桩周土的沉降大于桩身沉降,在桩身上部产生了负摩阻力。由于桩身倾斜,在桩身会直接产生垂直于桩身的压力分量,受力变形情况不同于垂直单桩复合地基。垂直单桩复合地基的破坏模式基本上为沉降量过大造成破坏,而当单桩倾斜时,桩身由于受到侧向力作用而产生弯矩,弯矩作用使桩身断裂从而使基础产生破坏。

1.3.1 试验概况

1.3.1.1 试验装置

本试验是在角钢焊接成的模型箱中完成的,模型箱的尺寸为 1000mm×880mm×1100mm(长×宽×高),长边方向边框为标有刻度的钢化玻璃,便于观测水平位移以及桩身变化规律,其他方向为木板。试验所用桩是水泥砂浆桩(图 1-2),尺寸为800mm×50mm(长×截面边长),桩顶预埋直径 10mm 的钢筋,便于观测桩顶沉降。试验所用模型土为中砂,利用自重填筑而成,颗粒比较均匀。模型土级配曲线如图 1-3 所示。倾斜桩安装时,两根分为一组,桩身涂凡士林后与钢化玻璃接触。每根桩考虑 5 倍桩径影响范围,桩顶设置 250mm×125mm 加载铁板。加载铁板设置支座后放置两根 10 号工字钢,在工字钢上端安装千斤顶实施加载。安装时将千斤顶中心安装至工字钢中心,以保证两端分担荷载相等。试验共分两组进行,倾斜角为 4°、6°的倾斜桩为一组,8°、10°的桩为一组。桩底距模型槽底部 200mm,桩顶铺设 20mm厚中砂褥垫层,在桩顶、土顶以及荷载板顶设置沉降标,利用数显式百分表测量加载后的沉降。模型布置示意图如图 1-4 所示。在标有刻度的钢化玻璃板上标出加载前的桩身位置。准备完成后将桩埋入模型槽中静置一周,使土利用自重沉降。试验参照《建筑地基处理技术规范》(JGJ 79—2012)[29]进行,在复合地基上共进行了 1 次加载和卸载循环,获得倾斜单桩复合地基加卸载条件下的变形规律。

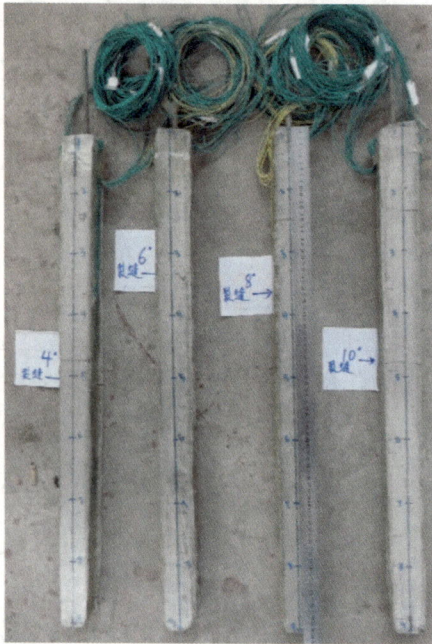

图 1-2　试验用模型桩

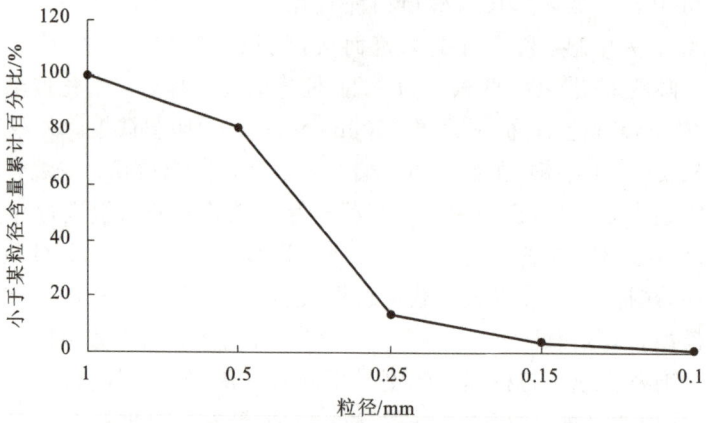

图 1-3　模型土级配曲线

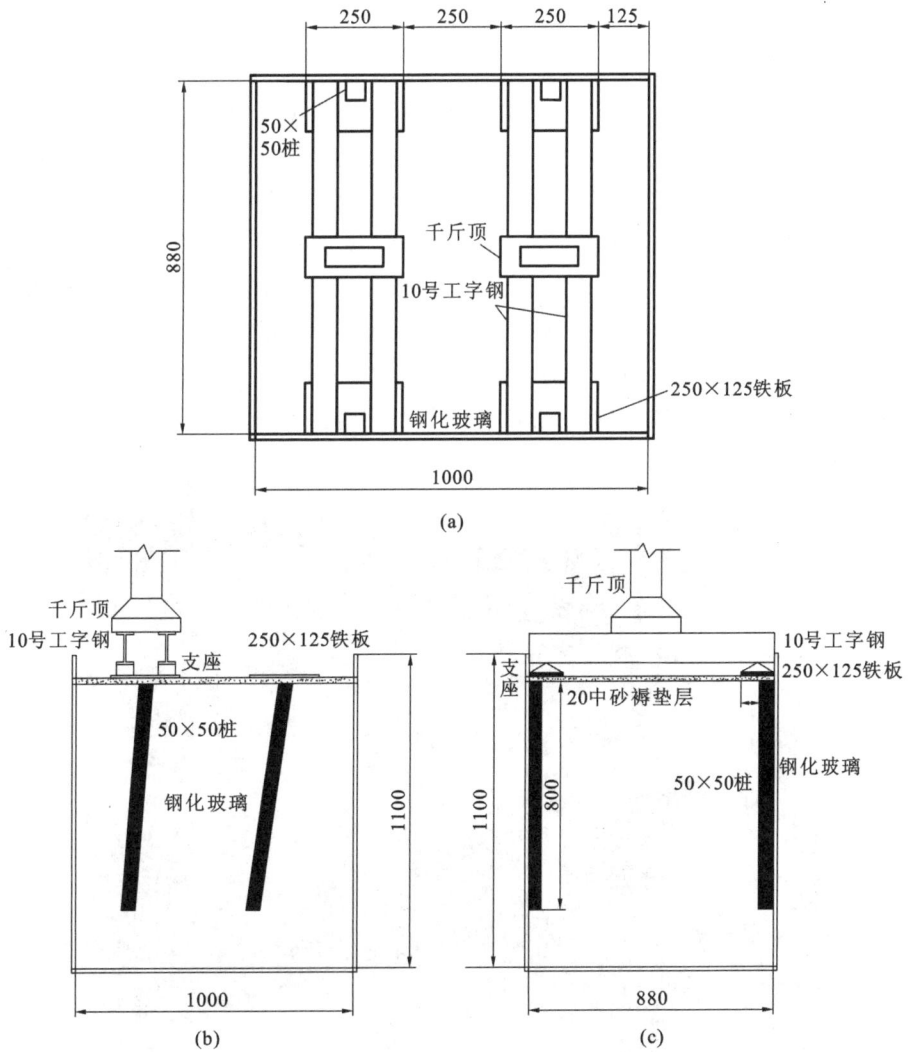

图 1-4 模型布置示意图(单位:mm)

(a)平面布置图;(b)立面布置图;(c)侧面布置图

1.3.1.2　试验装置的安装

试验装置安装及测试现场如图1-5所示。

(1)模型槽的安装

将模型槽抬至反力梁正下方(考虑测量桩身沉降的百分表架设位置及数据的观测位置),小心安装好钢化玻璃,在钢化玻璃与角钢接触缝处填充橡胶条,以防钢化玻璃上产生应力集中而引起破坏。将侧向木板分层安装在角钢槽内,并将角钢槽与木板间的间隙填充密实,以防砂土漏失。桩土顶压力盒的布置:使用双面胶将最大量程为0.5MPa的土压力盒固定在桩顶,以保证桩顶土压力盒在桩顶褥垫层以及加载装置安装过程中始终水平放置且接触桩顶,从而更加准确地反映桩顶土压力的实际值;再将最大量程为0.5MPa的土压力盒埋设在荷载板下桩侧土顶,使土顶的高度与桩顶土压力盒所在高度一致,保证能够较好地测出桩周土体的土压力情况。

图1-5　装置安装测试现场

(2)模型桩的布置

本试验研究竖向荷载作用下不同倾斜角单桩复合地基的受力变形规律。在准备期间共制作了4根桩径材料均相同的模型桩,分别将4根桩按照4°、6°、8°、10°的倾斜角埋入试验槽。安装前,使用中性笔在桩身画线定点,并涂上凡士林(桩身涂凡士林后便可以忽略桩身与钢化玻璃之间的摩擦力,使试验结果更加真实)后与钢化玻璃接触,这样在加载过程中可以通过桩身定出的点的变化表示出桩身水平位移变化。在安装时,保证桩间距大于 5 倍桩径,以便使单桩复合地基之间的相互影响降至最小。模型桩安装好后,在桩周填上试验用中砂以模拟桩周土,并分层压实。在桩顶填上20mm 厚中砂褥垫层,保证基础成为复合地基基础。

(3)机械式百分表的安装

为了准确地测试出不同倾斜角单桩复合地基基础、桩身以及桩周土的沉降情况,在桩顶预先制作的铁棍上安装方形铁片以增大百分表探针的接触面积,以防止百分表探针脱落;在荷载板上安装机械式百分表,以便准确反映基础的总沉降量。安装过程中要保证探针与桩身紧密接触以及百分表的完好,应尽量保证百分表的指针垂直。同时由于加载过程可能对模型槽的变形产生影响,为了准确地反映沉降数值,使用百分表固定架固定百分表表座并放置在模型槽旁边,保证固定架不与模型槽和整个加载系统相接触。

(4)TDS-530 高速静态应变测试系统的安装

单桩复合地基桩身两面分别粘贴了应变片,桩顶以及桩周土分别设置了土压力盒,加载系统上设置了 50kN 的荷载传感器,这些元件都是通过 TDS-530 高速静态应变测试系统进行数据采集和传输。TDS-530 高速静态应变测试系统由数据采集箱、微型计算机及支持软件组成。数据采集箱由主机以及两个分线箱组成,试验前将主机与两个分线箱连接好,并将上述电路元件分别通过导线连接在数据采集箱上,注意应变片的连接为半桥连接,而土压力盒的连接为全桥连接。连接完成之后通过计算机上预先装好的软件将采集箱中的数据实时传输到微型计算机中。当全部系统安装完成之后,打开测试系统检测各个电路元件是否正常工作,测试完成之后将各个电器元件数值清零,以备加载试验进行。

1.3.2 试验结果与分析

1.3.2.1 复合地基加卸载条件下 p-s 曲线随桩体倾斜角的变化规律

图 1-6 为加卸载条件下,不同倾斜角单桩复合地基在不同荷载条件下基础、桩顶与桩周土的荷载-沉降变化曲线。

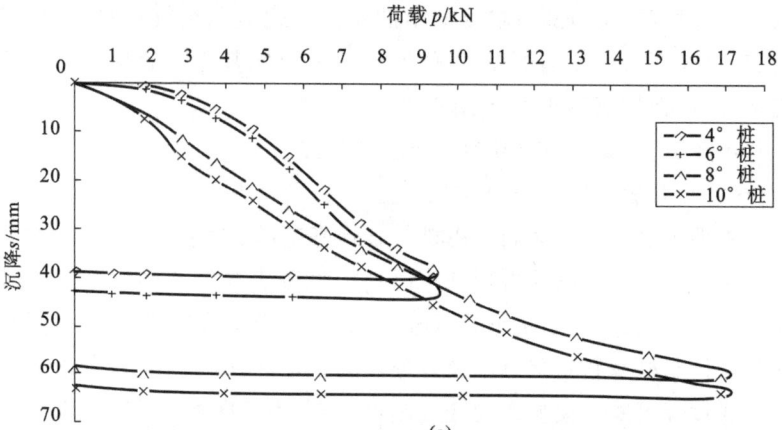

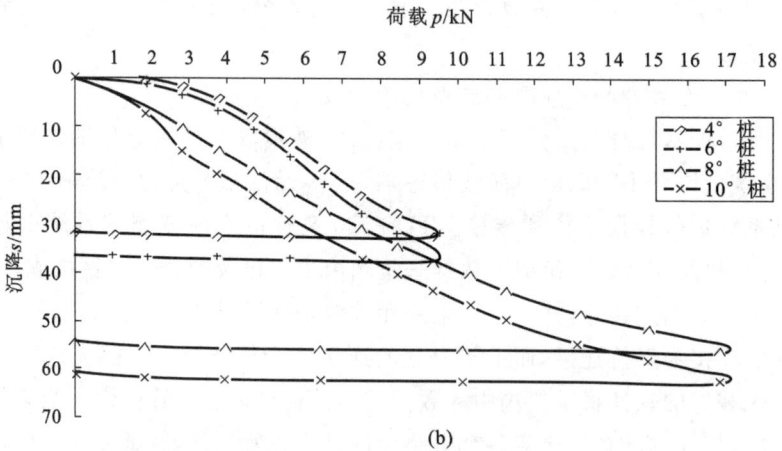

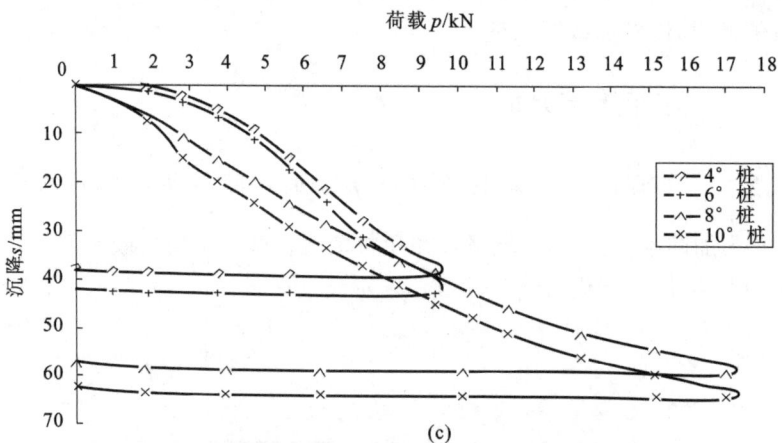

图 1-6 加卸载条件下倾斜单桩复合地基 *p-s* 曲线

(a)基础；(b)桩顶；(c)桩周土

如图 1-6 所示,随着竖向荷载的加大,不同倾斜角的单桩复合地基的基础、桩顶与桩周土均产生了较大的沉降;当荷载相同时,倾斜角越大的单桩复合地基产生的沉降越大。这说明桩身倾斜对复合地基的承载能力产生了不利影响。在加载初期,不同倾斜角的倾斜桩都产生较大沉降,大约在 5～8kN 处出现反弯点,沉降速率开始放缓。倾斜角越大,反弯点出现得越早,证明当桩身倾斜角较大时,复合地基在加载前期已经产生较大的沉降,即桩身倾斜角越大其承载能力越低。卸载时基础、桩身、桩周土会产生少量回弹。卸载前期回弹量较小,当卸载至最后两级时回弹量明显增加,回弹量从大到小依次为基础、桩周土、桩身。

1.3.2.2 加卸载条件下桩顶刺入量随桩体倾斜角的变化规律

图 1-7 为加卸载条件下,不同倾斜角单桩复合地基在不同荷载作用下桩顶刺入褥垫层量变化曲线。

如图 1-7 所示,随着荷载的增大,单桩复合地基桩顶刺入褥垫层量增大。并且,随着倾斜角的增大,单桩复合地基桩顶刺入褥垫层的量减小,这说明倾斜角越大,桩身承担的荷载越小,即桩身倾斜对单桩复合地基的承载能力产生了不利影响。在加载初期,桩顶刺入量的增长速率随着加载的进行逐渐加快,当达到某一荷载时,刺入量的增长速率开始减小;而倾斜角较小的单桩复合地基的桩顶刺入速率较快。在卸载过程中,不同倾斜角单桩桩顶刺入量均产生了少量回弹,证明卸载过程中桩周土的回弹量大于桩身回弹量。

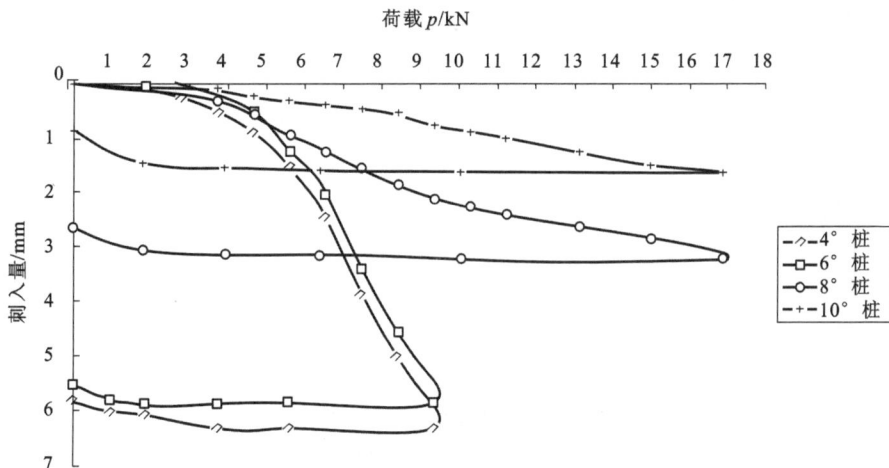

图 1-7 加卸载条件下倾斜单桩复合地基桩顶刺入褥垫层量变化曲线

1.3.2.3 加卸载条件下水平位移随桩体倾斜角的变化规律

图 1-8 为加卸载条件下,不同倾斜角单桩复合地基在不同荷载作用下桩身水平位移变化情况。

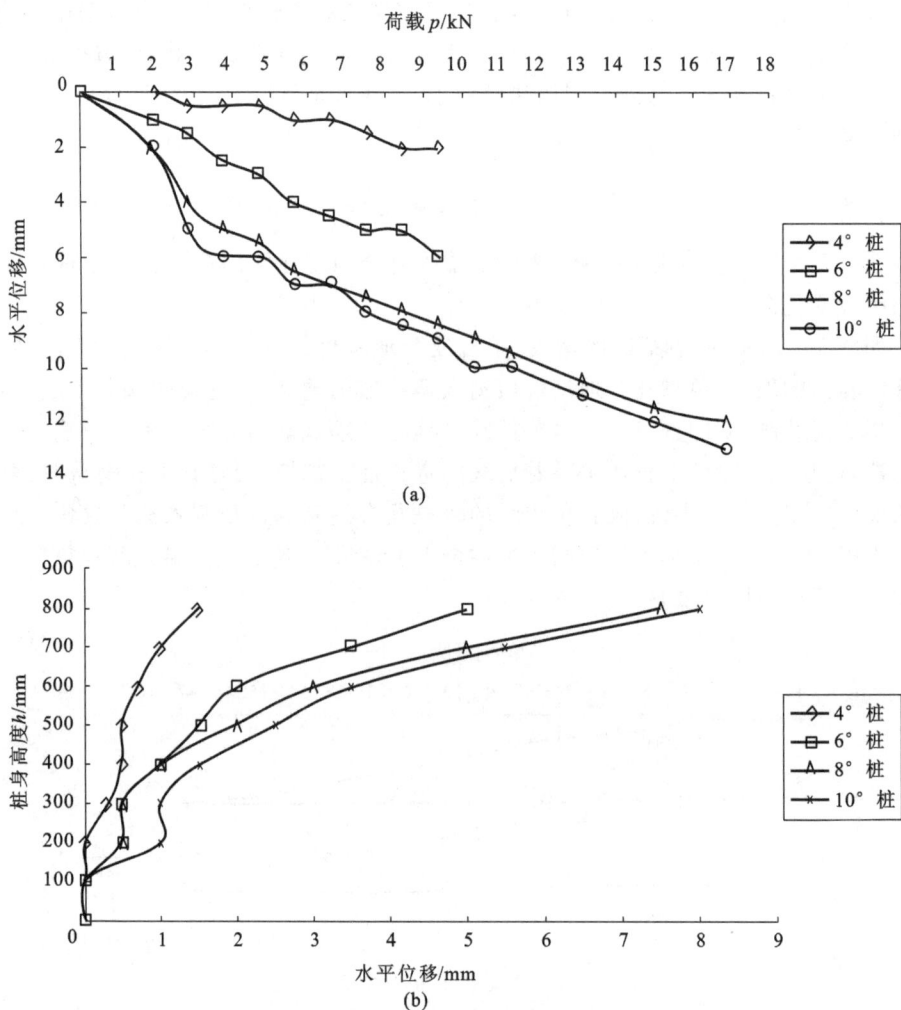

荷载 p/kN

(a)

(b)

图 1-8 加卸载条件下倾斜单桩复合地基水平位移曲线

(a)桩顶水平位移随荷载变化曲线;(b)7.5kN 荷载作用下桩身水平位移曲线

如图 1-8(a)所示,随着荷载的增大,不同倾斜角单桩复合地基桩顶均产生了水平位移,并且桩身倾斜角越大,桩顶在相同荷载下的水平位移也越大,这说明在竖向荷载作用下,倾斜单桩复合地基桩身不仅会产生竖向沉降,也会产生水平位移,且倾斜角越大,水平位移越明显,对基础承载能力越不利。

图 1-8(b)为 7.5kN 荷载作用下桩身不同高度处的水平位移情况。不同倾斜角桩在竖向荷载作用下的桩身水平位移均为上部大于下部,而桩底基本不发生水平位移,这说明不同倾斜角的倾斜桩在竖向荷载作用下基本上以桩底为圆心发生转动。

1.3.2.4　倾斜桩复合地基破坏模式

在竖向荷载作用下,不同倾斜角的倾斜单桩复合地基最终都产生了部分沉降。如图 1-9 所示,4 组倾斜单桩复合地基均由于沉降过大发生了刺入破坏,试验过程中基础上部土层表面出现了裂缝与隆起;而倾斜角较大的单桩复合地基产生的沉降更为明显,在相对较小荷载下出现了裂缝、隆起等情况,证明桩身倾斜对基础的沉降产生了不利影响。

竖直单桩复合地基承受竖向荷载作用时,由于荷载方向与桩身轴线平行,一般不会出现桩身断裂的情况。但是对于桩身倾斜的单桩复合地基,施加竖向荷载后出现了垂直于桩身轴线的力,使桩身产生了弯矩,此时桩身在弯矩作用下较容易产生断裂。在试验过程中,不同倾斜角的单桩均产生了断裂,且断裂位置基本上都为桩身中部,即弯矩较大处。而倾斜角越大的单桩出现裂缝时承担的荷载越小,证明桩身倾斜角越大,对桩身的极限承载能力越不利。

图 1-9　桩身裂缝

1.4 不同倾斜角单桩复合地基桩身受力变形特性试验研究

1.4.1 试验概况

1.4.1.1 试验装置

本试验分组情况、装置及其安装同 1.3.1.1 小节。试验参照《建筑地基处理技术规范》(JGJ 79—2012)进行,在复合地基上共进行了 1 次加载和卸载循环,得出倾斜单桩复合地基加卸载条件下的桩身变形规律。

1.4.1.2 模型桩加工与应变片粘贴

模型桩加工与应变片粘贴[30]的步骤如下。

①应变片粘贴位置的标识。首先需利用刻度尺、油性笔在模型桩桩身标识每个应变片的粘贴位置,考虑桩身和应变片的长度,对于同一桩长的 4 根单桩,分别在桩身每间隔 130mm 画出应变片的位置,每侧粘贴 6 个应变片,总共 12 个应变片,两侧应变片的位置相互对应,并且方向相同。

②初检应变片。对应变片进行外观检查,出现短路、断路、损坏、气泡、霉变的应变片不能用于试验。用欧姆表或万用表对选定的应变片进行检查,其电阻值不能超过规定的范围,上下浮动不得超过 0.5Ω。

③打磨与清洁桩身。桩身的表面比较粗糙,为使应变片与桩身贴合牢固,还需对桩身外侧预留的凹槽部位用粗砂纸进行手工打磨,打磨至贴片位置平整,切勿使用电动工具,因为难以控制打磨的平整度。打磨完后用脱脂棉球蘸取纯度为 95% 以上的乙醇对贴片处进行清洗。清洁之后,换细砂纸再次打磨凹槽,打磨完后用同样的方法再次清洗,以尽量保证凹槽内的相对平整、光滑,否则易导致下一步环氧树脂固化时出现气泡。

④初次涂抹环氧树脂。待上一步乙醇完全挥发之后,按约 1:1 的比例取环氧树脂和固化剂,混合后用力搅拌均匀至颜色变为乳白色即可。调和好之后,用与凹槽宽度一致且平滑的碳素钢薄片或是竹片在凹槽内涂抹至厚薄一致、表面平滑,尽量保证固化后的凹槽内部平滑,利于应变片的粘贴。抹匀后将模型桩摆放平整,保证环氧树脂不随意流动,能顺利固化。

⑤再次打磨与标识位置。待涂抹在凹槽内的环氧树脂固化后(24h),对于气泡或是大的凹凸处,先用锉刀轻轻铲除,之后参照步骤③,再次打磨、清洗桩身。待乙醇挥发后,用铅笔在拟贴片部位刻画标准线。

⑥粘贴应变片。事先用透明宽胶带将双手的大拇指与食指缠绕一圈,以防强力胶粘住皮肤。在贴片位置涂抹均匀强力胶且用量不宜过多,不然不易固化,然后用一只手捏着应变片一端,将应变片轻轻地贴在涂有胶水的地方,另一只手调整应变片的位置,位置无误后迅速沿应变片平滑按压至应变片尾部,整个过程要迅速,应在胶水凝固前完成。之后用右手食指尖在应变片上来回压实,切忌用力过大或垂直用力,这样有可能使应变片错位或损坏。将应变片里面的气泡和多余的胶水挤出后,将整根手指轻轻地贴在应变片上,待应变片与桩身完全黏结牢固后方可松开。若强力胶固化后,发现应变片下仍有气泡,可沿应变片边缘再挤一圈强力胶,胶水会迅速填满气泡。

⑦接线端子及导线的焊接。用强力胶将接线端子粘贴在应变片有导线端的前方,再将事先计算好长度的导线和应变片的导线缠绕在一起,用电烙铁将应变片导线连接在接线端子上,以防潮、防老化,也可保护导线及应变片在试验前及试验中不受破坏。

⑧应变片的检查及标号。在步骤⑦以后,用万用表或是欧姆表再次检查应变片是否能正常使用。

⑨应变片的密封保护。试验全部完成后,用环氧树脂将应变片和导线密封在凹槽内,由于桩身两侧都有应变片,所以此项工作需分两天完成,待一侧硬化后再密封另一侧。密封层的厚度不宜太厚,且需要涂抹均匀平整,避免桩身凹凸不平,改变桩体模量,影响测试效果。环氧树脂固化之后强度大幅增加,如果涂抹过厚将会对桩身的强度产生较为明显的影响,所以应在满足需要的前提下尽量少涂以减少环氧树脂对桩身的影响。

1.4.1.3 试验数据采集

本试验使用 TDS-530 高速静态应变测试系统采集应变的变化。

1.4.1.4 模型桩弹性模量的测量

由于桩身侧面涂抹了环氧树脂,并且在桩的制作过程中混凝土可能在桩身分布不均,所以需要设计专门试验来对模型桩桩身材料的弹性模量进行测量,设计试验装置如图 1-10 所示。使用两个简支梁支座将模型桩两端固定,形成一个简支梁,在简支梁正中间施加荷载,记录各个应变测点(应变片中心位置)与简支梁支座处的距离。然后进行加载,加载量分别为 1kg、2kg、3kg、4kg、5kg,由于试验中简支梁不同测点处正反两侧的应变片位置相互对应,所以两侧的应变片数据应该大小相等、方向相反。而最终试验得到的结果证明了桩身应变片全部正常运作,反映了桩身应变的实际情况与试验方法的可行性。所以通过测量不同加载下桩身各个测点的应变,得到了试验数据。

图 1-10　弹性模量测试试验装置

因为在同一个测点处弯矩在桩两侧产生的应变大小相等、方向相反但实际受各种条件影响会有所不同,因此可以采用正反两侧测得的数据的平均值,从而减小误差。

平均轴向应变表达式为:

$$\varepsilon = \frac{\varepsilon^+ + \varepsilon^-}{2} \tag{1-26}$$

式中,ε 为平均轴向应变;ε^+,ε^- 分别为同一测点处拉、压两侧的应变值。

并且,由应变曲线和模型桩截面大小,通过材料力学计算方法,得平均轴向应力:

$$\sigma = \frac{My}{I_z} \tag{1-27}$$

$$\sigma = E\varepsilon \tag{1-28}$$

式中,σ 为平均轴向应力;M 为横截面上的弯矩;I_z 为桩截面对中性轴 z 的惯性矩;y 为所求应力点的 y 轴坐标值;E 为弹性模量。

通过结构力学中简支梁梁身弯矩的计算方法可以得到梁身不同测点处弯矩的大小,即

$$M = FS = \frac{\sigma I_z}{y} \tag{1-29}$$

式中,M 为梁身不同测点处弯矩大小;F 是较近支座处支座反力;S 为支座距离测点之间距离。由式(1-29)得到不同测试荷载作用下不同测点的梁身弯矩,如表 1-1 所示。

表 1-1 　　　　　　　　　　　　不同测点处的弯矩

F/N	弯矩 $M/(N \cdot m)$			
	$S=0.14m$	$S=0.275m$	$S=0.245m$	$S=0.125m$
10	1.4	2.75	2.45	1.25
20	2.8	5.5	4.9	2.5
30	4.2	8.25	7.35	3.75
40	5.6	11	9.8	5
50	7	13.75	12.25	6.25

　　由式(1-29)代入桩身不同测点处的弯矩大小可以得到桩身不同位置处最大应力值 σ,通过 TDS-530 连接的应变片测得不同测点处的应变 ε。代入式(1-28),则可以计算得到桩身不同测点处弹性模量,如表 1-2 所示。

表 1-2 　　　　　　　　　　　　不同测点处的弹性模量

F/N	弹性模量 E/MPa			
	$S=0.14m$	$S=0.275m$	$S=0.245m$	$S=0.125m$
10	134421	52808	39206	120019
20	53768	44007	39206	60009
30	44807	44007	39206	51436
40	48880	44007	37638	53341
50	44807	42587	36755	50008

　　剔除明显异常的数据(134421MPa 和 120019MPa)后,将弹性模量求和、平均后得到桩身的平均弹性模量为 45916MPa。

1.4.2　试验结果与分析

1.4.2.1　加卸载条件下弯矩随桩体倾斜角的变化规律

　　对倾斜单桩复合地基上部进行加载,倾斜桩产生了弯矩,在弯矩作用下桩身在倾斜与背离倾斜方向均产生了应变,并且分别为拉、压应变,由弯矩产生的同一部位两侧应变值大小相等、方向相反。

但是上部荷载在单桩复合地基桩身上产生了纵向的轴力,从而使桩身产生了纵向的应变,而桩身正反两侧的轴力大小基本相同,则桩身两侧产生的应变也是大小相同、方向相反。所以桩身的应变为桩身弯矩以及桩身轴力所产生的应变的平均值,则桩身两侧的应变片数据即为两侧应变的平均值。

通过试验得到的各个测试断面测点处的应变 ε^+ 和压应变 ε^-,再通过对单桩复合地基桩身弯矩的计算得到了加载作用下不同倾斜角桩弯矩图(图 1-11)。

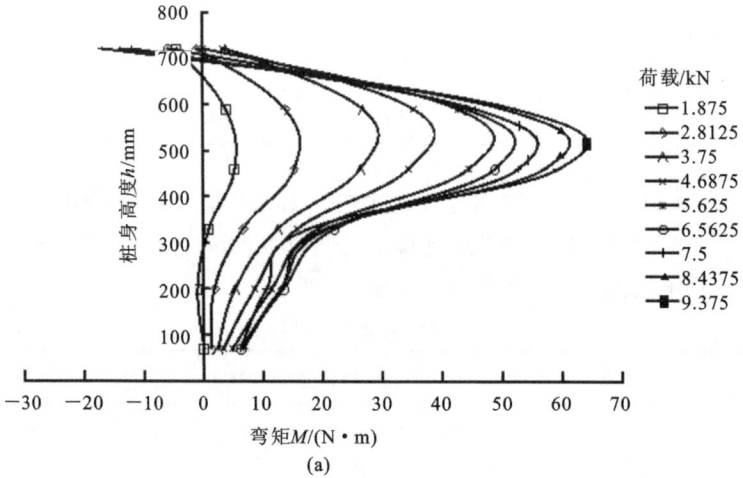

(a)

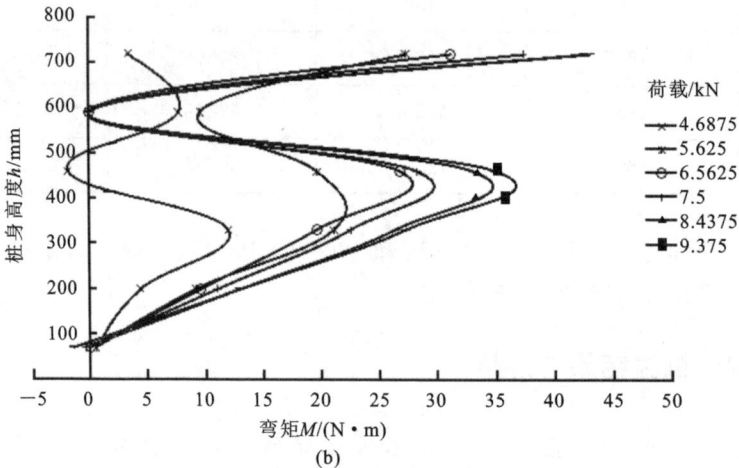

(b)

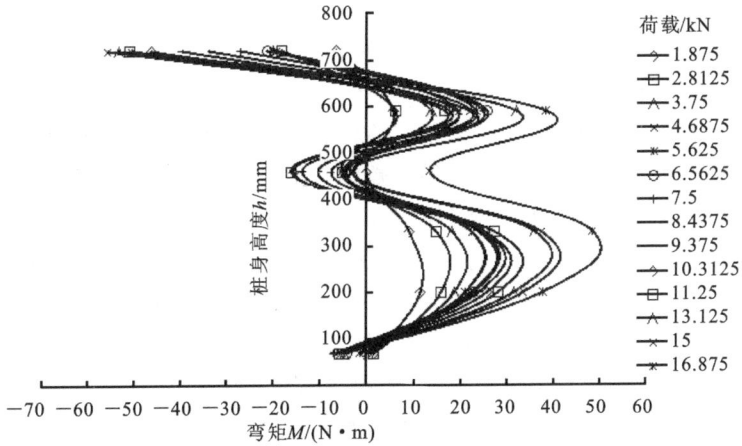

(c)

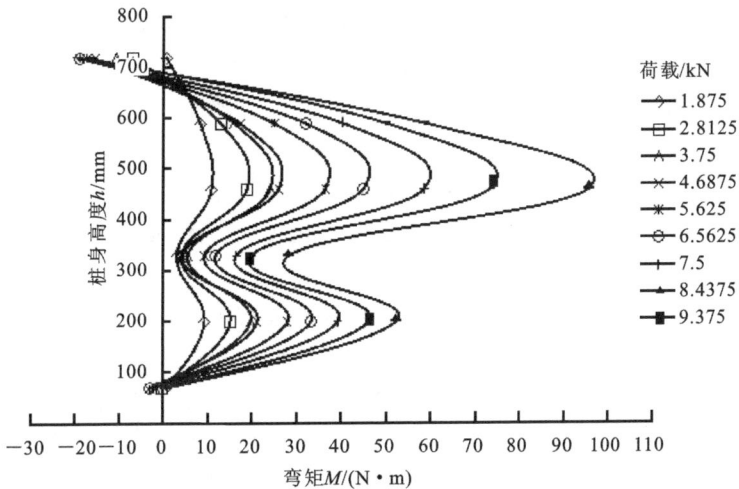

(d)

图 1-11　加载作用下不同倾斜角桩弯矩变化曲线

(a)4°桩;(b)6°桩;(c)8°桩;(d)10°桩

(1)加载条件下不同倾斜角桩弯矩变化情况

从图 1-11 中能够分析得出:

①在竖向加载条件下,不同倾斜角的单桩复合地基桩身均产生了弯矩,并且不同倾斜角的桩身均在中下部产生了最大弯矩,这个最大弯矩的弯曲方向同倾斜方向一致。证明竖向加载的复合地基中,当桩身倾斜时,桩身产生了不利于桩基承载能力的弯矩,有可能会使桩身由于弯矩过大而产生断裂,进而使基础破坏。而最终在 4 根不

同的模型桩的中部均发现了裂缝,证明弯矩的出现使复合地基的承载能力进一步降低。

②在不同的竖向荷载作用下,不同倾斜角桩的桩顶均产生了背离倾斜方向的弯曲,而桩身下部受到的弯曲情况较为复杂,随着倾斜角的变化出现了不同的弯矩变化。对于倾斜角较小的 4°桩,只在桩身中间大约距桩底 500mm 处出现弯矩最大值,并且桩中间均为正向弯曲,证明倾斜角较小时桩身受力情况较为简单;当桩的倾斜角为 6°、8°、10°时,桩身均出现了两个正向弯矩最大值,而在两个弯矩最大值出现位置之间的弯矩较小(在 8°桩中出现了反向弯曲),并且随着倾斜角的增大,每根桩出现的两个弯矩最大值点以及桩中间的弯矩最小值点都在下移;而不同倾斜角桩的两个弯矩最大值的大小变化也随着倾斜角的增大而有所不同。倾斜角较小时,桩身下部的为最大弯矩,而随着倾斜角的增大,桩身上部的则为最大弯矩。以上情况证明,随着倾斜单桩复合地基倾斜角的增加,桩身侧向受力情况变得更加复杂,增加了桩身的破坏危险性。

③不同倾斜角的单桩复合地基桩身的弯矩值随着竖向荷载的增加不断增大;在不同的倾斜桩桩身,随着竖向荷载的增加,桩身正弯矩均增大;而随着荷载的增加,桩顶负弯矩也不断增大。证明随着荷载的增加,桩受到的垂直于桩身轴线的水平抗力在不断增加。

④倾斜单桩复合地基在相同荷载作用下,当出现两个弯矩最大值时,随着倾斜角的增大,最大弯矩值也不断增加,而本试验中 4°桩由于只出现一个桩身弯矩最大值而在桩身产生了较大的弯矩。

⑤在竖向荷载作用下,不同倾斜角单桩复合地基均在桩身产生了断裂,不同倾斜角倾斜桩断裂位置如表 1-3 所示。由表可见,不同倾斜单桩复合地基桩身断裂位置接近于桩身的最大弯矩处,但并不与最大弯矩处重合,证明桩身弯矩对桩身的断裂造成了一定的影响。但桩身弯矩并不是唯一的影响因素,桩身的断裂还与桩身轴力有着直接的关系。经过对实验应变片数据的处理发现,桩身断裂位置均为桩一侧应变最大处,证明桩身断裂是桩身弯矩以及桩身轴力共同作用的结果。

表 1-3   **不同倾斜角桩断裂位置**

倾斜角/(°)	4	6	8	10
断裂位置/mm	376	568	529	420

(2)卸载条件下不同倾斜角桩弯矩变化情况

图 1-12 为不同倾斜角的倾斜单桩复合地基桩身在卸载条件下桩身弯矩变化情况,从图中可得:不同倾斜角的单桩复合地基在卸载条件下均产生了弯矩的回弹,桩身的最大正、负弯矩均减小,并且随着荷载的不断减小,不同倾斜角桩身弯矩均减小。

但是当荷载降为 0 至基础变形稳定后,桩身还保留一部分的弯矩没有回弹。

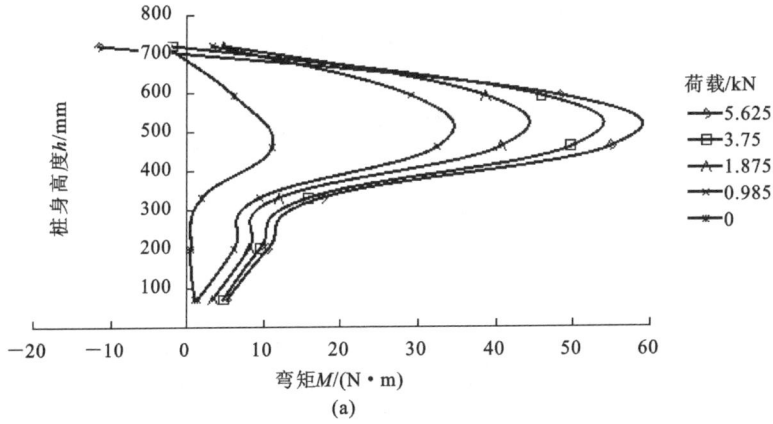

(a)

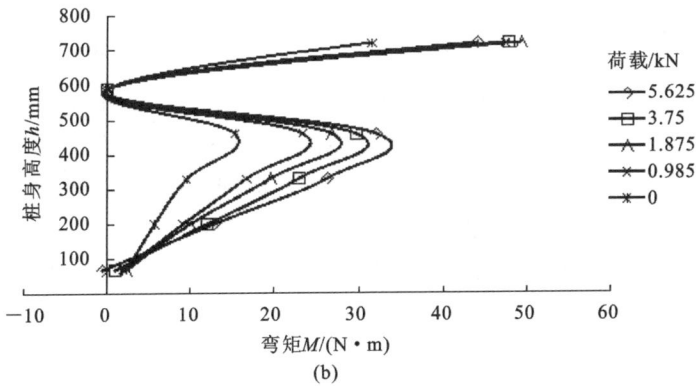

(b)

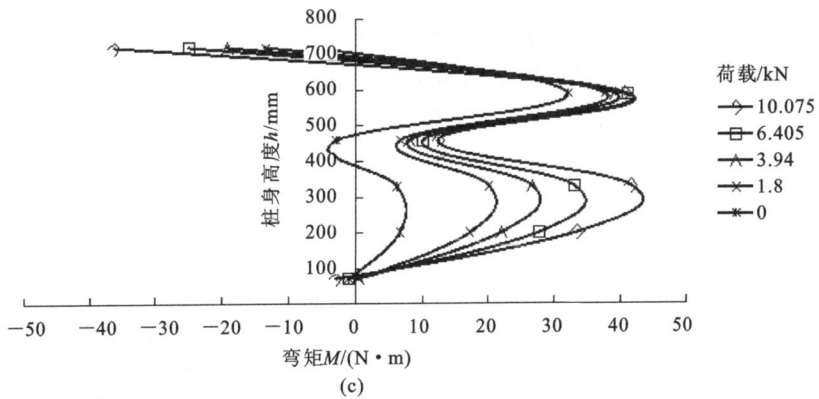

(c)

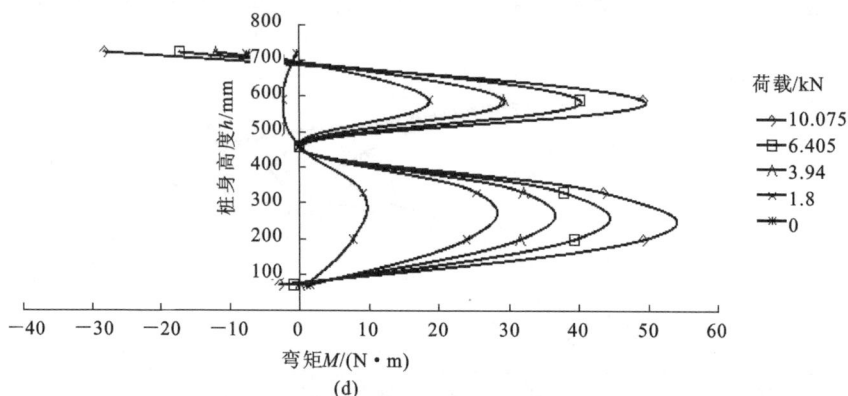

图 1-12 卸载作用下不同倾斜角桩弯矩变化曲线

(a)4°桩;(b)6°桩;(c)8°桩;(d)10°桩

1.4.2.2 加卸载条件下轴力随桩体倾斜角的变化规律

在竖向加载条件下,倾斜单桩复合地基桩身产生了沿着桩身方向的轴力,这个轴力的出现使桩身两侧产生了相同的应变,而桩身两侧应变除了由轴力产生,还有一部分是由桩身弯矩产生,在同一部位的桩身两侧由桩身弯曲产生的应变是大小相等、方向相反的。而桩侧应变片得到的数据为这两部分应变之和。

试验得到各个测试断面测点处的拉应变 ε^+ 和压应变 ε^-,而桩身轴力产生应变为:

$$\varepsilon' = \frac{\varepsilon^+ + \varepsilon^-}{2} \tag{1-30}$$

前文已得到桩身弹性模量 $E = 45916\mathrm{MPa}$,因此通过式(1-31)可以得到桩身轴力。

$$F = \varepsilon E A_p \tag{1-31}$$

式中,ε' 为桩身轴力应变;E 为桩身弹性模量;A_p 为桩截面面积。

通过对竖向荷载作用下不同倾斜角单桩复合地基桩身轴力测试数据进行整理得到加卸载作用后倾斜桩轴力变化图(图 1-13、图 1-14)。

(1)加载条件下桩身轴力随桩体倾斜角的变化规律

图 1-13 是竖向加载条件下不同倾斜角桩轴力变化曲线,图中能够明显得到以下规律:

①竖向荷载作用下,不同倾斜角桩均出现了压力,并且随着荷载不断加大,桩身不同位置处的压力也在不断增加,桩身轴力并没有出现递增或递减的变化趋势。桩身轴力由桩顶褥垫层直接产生的压力和桩侧土的摩阻力两部分组成,因此桩侧土体对桩侧的摩阻力并不是同一方向,而是变化的。这说明竖向加载条件下,倾斜桩单桩

复合地基桩身轴力变化较为复杂。

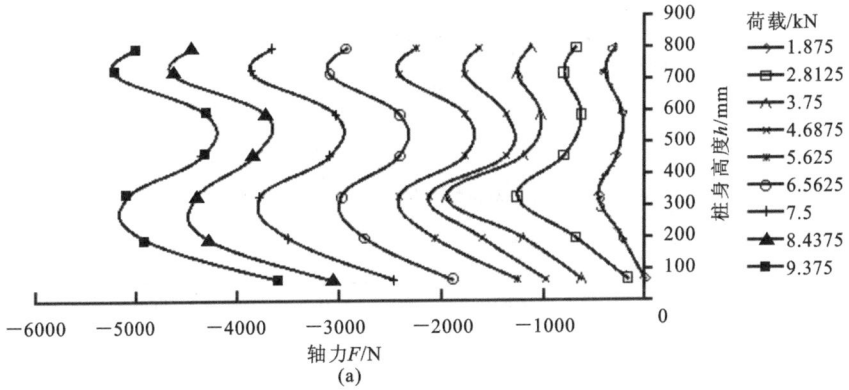

(a)

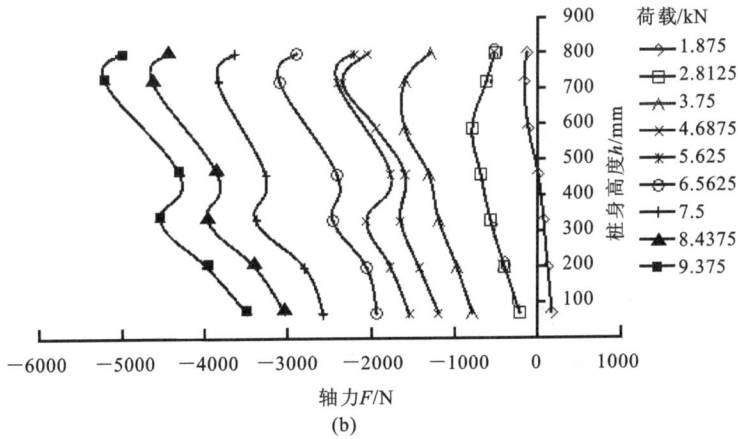

(b)

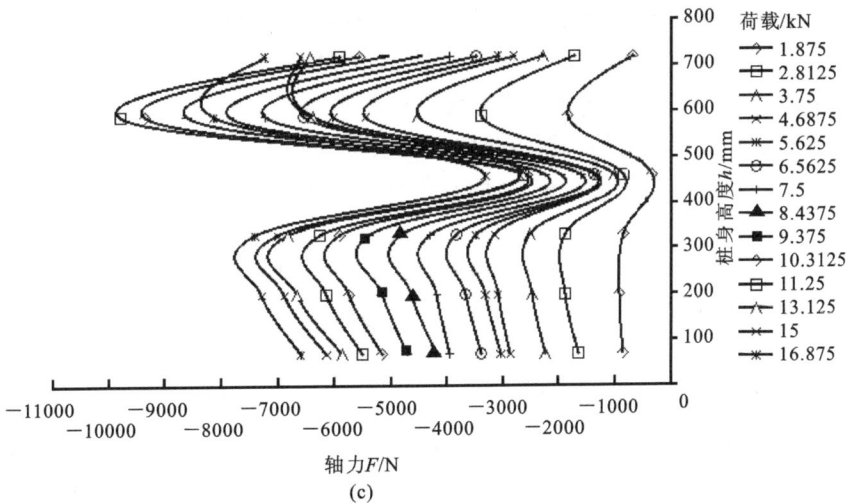

(c)

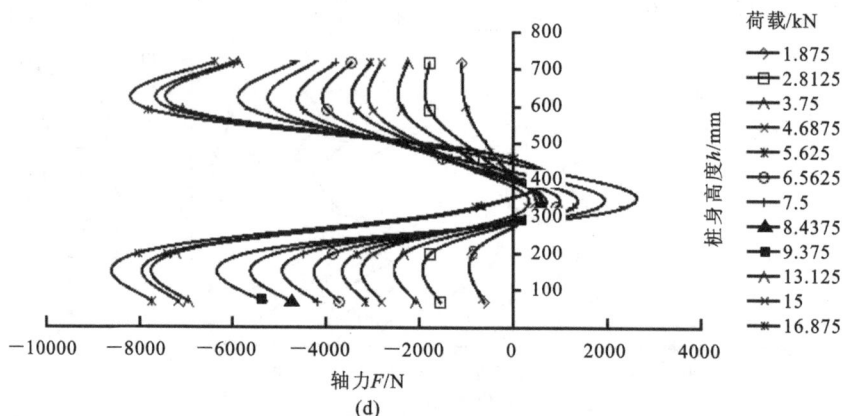

图 1-13　加载条件下不同倾斜角桩轴力变化曲线

(a)4°桩；(b)6°桩；(c)8°桩；(d)10°桩

②竖向荷载作用下,轴力在不同倾斜角桩均产生了两个峰值点,分别位于桩身上部和桩身下部,而桩身中部处于两个最大值点中间,出现了轴力减小的情况。对于单桩复合地基,加载条件下桩顶以及桩周土共同承担来自上部的荷载。桩顶荷载直接产生了桩顶处的桩身轴力,桩顶处的桩周土也受到荷载作用产生沉降,因为桩周土的沉降大于桩顶沉降,桩周土对桩身产生了向上的摩阻力,使桩上部轴力从桩顶处向下增加,桩身上部出现最大值。而桩身的沉降使桩底产生端部承载压力,产生桩底的桩身轴力,同时桩底下部刺入土体,在桩下部产生向上的土摩阻力,也使桩下部的轴力从桩底向上增加,产生下部的轴力最大值。由于桩身中部产生了轴力最小值,产生压缩应变也较小,在桩身弯矩产生的拉应变作用下,桩身中部产生了较大的拉应变,使得桩身中部更加容易断裂。

③在竖向荷载作用下,随着倾斜角增加,不同倾斜角单桩复合地基桩身轴力变化更加明显,证明随着桩身倾斜角的增加,桩侧土的摩阻力出现了更为复杂的变化,对于倾斜角为10°的倾斜桩,桩身中部出现了拉伸轴力。不同倾斜角的倾斜桩出现最大轴力的位置基本相同。但是倾斜角较小桩的桩身轴力变化较为不明显,所以对于桩身轴力叠加之后得到的桩身抗力,倾斜角较小的桩则更有优势,说明当倾斜角增加时,桩身抵抗竖向荷载能力不断减小。

(2)卸载条件下桩身轴力随桩体倾斜角的变化规律

图 1-14 为竖向卸载条件下不同倾斜角桩轴力变化曲线,从图中可以得出以下规律：

①不同倾斜角桩在竖向卸载过程中桩身轴力均减小,卸载时,每一级荷载所产生的轴力沿桩身的变化规律与加载时的变化规律基本相同,最大桩身轴力以及最小轴

力出现的位置也基本相同。

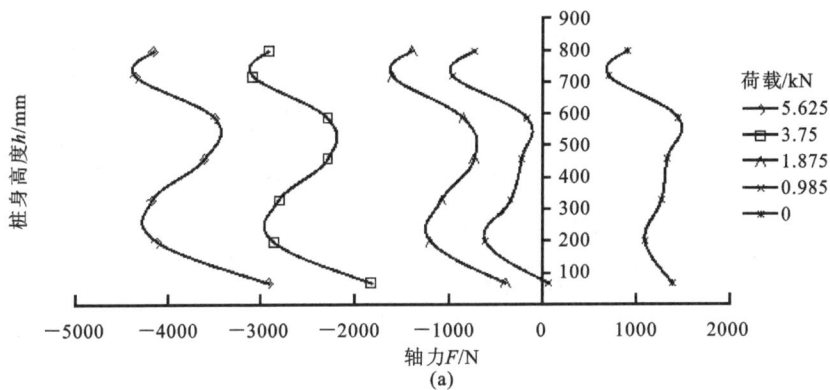

(a)

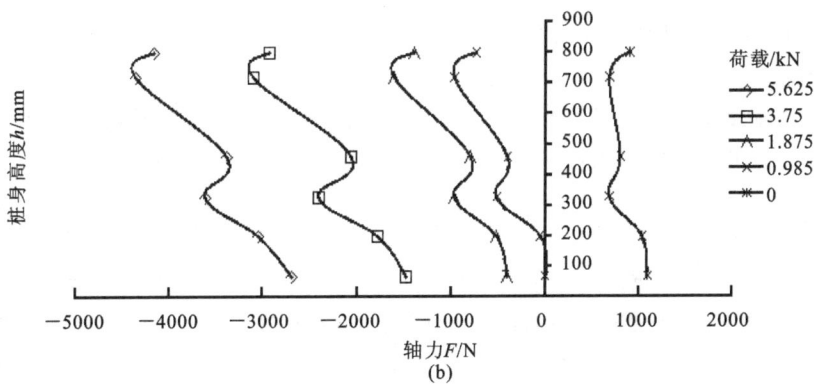

(b)

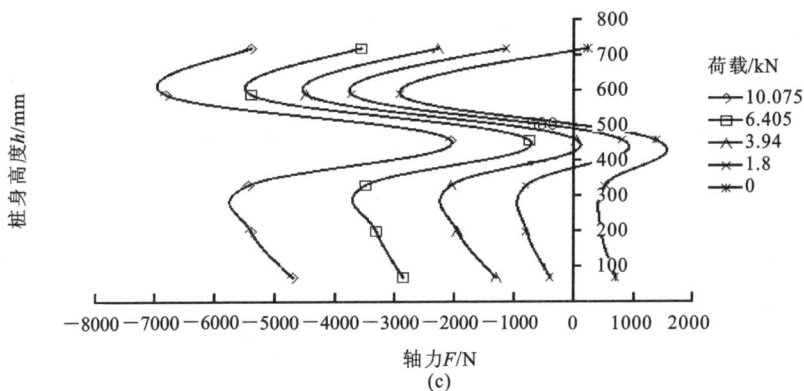

(c)

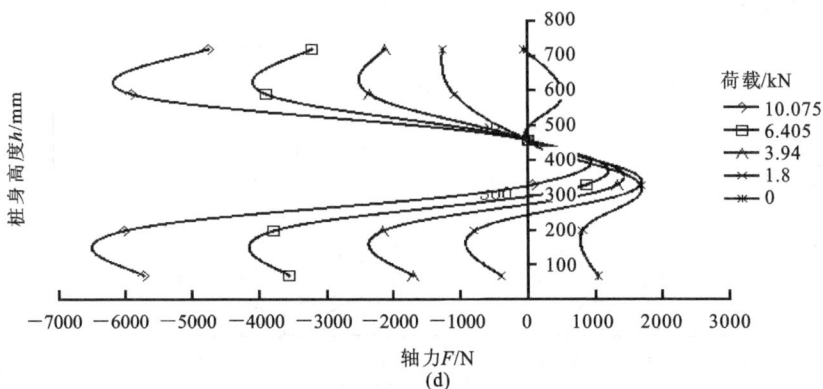

图 1-14　卸载条件下不同倾斜角桩轴力变化曲线

(a)4°桩;(b)6°桩;(c)8°桩;(d)10°桩

②不同倾斜角桩在竖向荷载卸载至 0 时,桩身都出现了拉伸轴力,这是由于卸载至 0 时,复合地基发生了回弹,而桩周土的回弹量要大于桩身的回弹量,桩周土在桩身产生了反向的摩阻力,对桩身产生了拉伸作用。倾斜角越大的桩,桩身产生的拉伸轴力越小,说明倾斜角越大,复合地基回弹量越小。

1.4.2.3　加卸载条件下桩身侧摩阻力随桩体倾斜角的变化规律

对倾斜单桩复合地基基础上部进行竖向加载时,桩顶以及桩周土体共同承担来自上部的荷载。桩顶承担的竖向荷载沿着桩体竖向传递,成为桩身轴力的一部分,而另一部分桩身轴力则由桩侧摩阻力提供。桩身与桩周土在竖向荷载作用下产生了差异沉降,相对位移的出现使桩周土体在桩身产生了摩阻力,这一部分摩阻力能由桩身轴力反推得到[31]。

不同深度桩侧的平均摩阻力可根据下式求得:

$$q_s = \frac{\Delta P}{\Delta F} \tag{1-32}$$

式中,q_s 为桩侧的平均摩阻力;ΔP 为量测点截面之间轴力差;ΔF 为量测点截面之间桩侧表面积。

通过对不同荷载作用下桩身轴力数据进行处理,再对桩侧表面积进行计算,得到加卸载条件下,不同倾斜角单桩复合地基桩侧摩阻力的变化规律(图 1-15、图 1-16)。

(1)加载条件下侧摩阻力随桩体倾斜度的变化规律

图 1-15 为竖向加载条件下不同倾斜角桩侧摩阻力变化曲线,从图中可以得出以下规律:

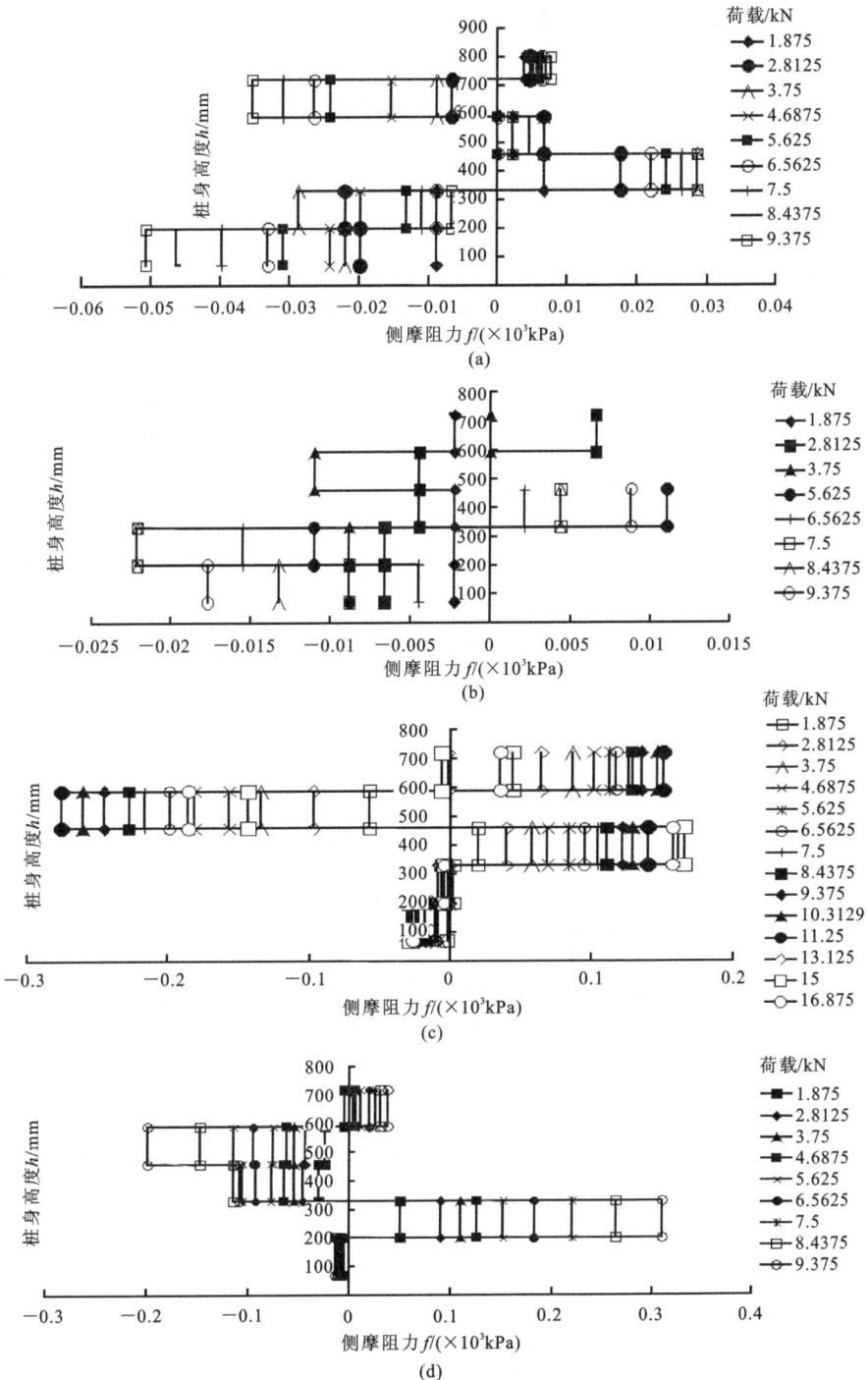

图 1-15　加载作用下不同倾斜度桩侧摩阻力变化曲线

(a)4°桩；(b)6°桩；(c)8°桩；(d)10°桩

①在竖向加载条件下,不同倾斜角桩桩身顶部均产生了向上的侧摩阻力,这是由于竖向加载条件下复合地基顶部桩周土沉降大于桩顶沉降,桩周土相对于桩身顶部产生了向下的位移,使桩身上部产生了向下的侧摩阻力。在桩身底部,不同倾斜角桩均产生了向上的侧摩阻力,这是由于竖向加载过程中,桩底对于桩底部土层产生了刺入,桩底桩周土相对于桩身底部产生了向上的位移,即产生了向上的侧摩阻力。而对于不同倾斜角的单桩复合地基桩身中部,均产生了较为复杂的桩身侧摩阻力变化情况——在桩身的中上部产生了向上的侧摩阻力,而在桩身中下部产生了向下的侧摩阻力。

②随着竖向荷载的增加,不同倾斜角桩桩身在不同位置处所受到的正、负摩阻力均不断增加。并且在同样的荷载下,随着倾斜角的增加,桩侧摩阻力发生了明显的变化,随着倾斜角的增加,桩身侧面承受的正、负侧摩阻力都较大,这可能是倾斜角较大时桩身发生转动水平位移导致的。

(2)卸载条件下侧摩阻力随桩体倾斜度的变化规律

图 1-16 为竖向卸载条件下不同倾斜角桩侧摩阻力变化曲线,从图中可以明显看出,在卸载条件下,不同倾斜角单桩复合地基桩侧摩阻力均逐渐减小,当荷载卸载至 0 时仍存在一定的桩侧摩阻力,说明卸载完成之后桩体与桩周土体之间还存在着摩阻力。

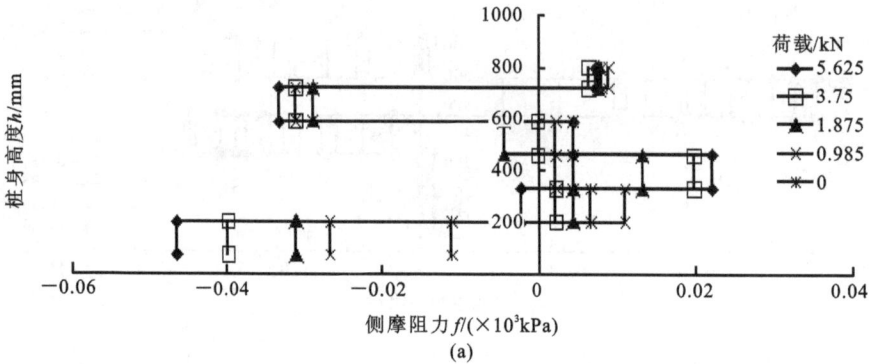

(a)

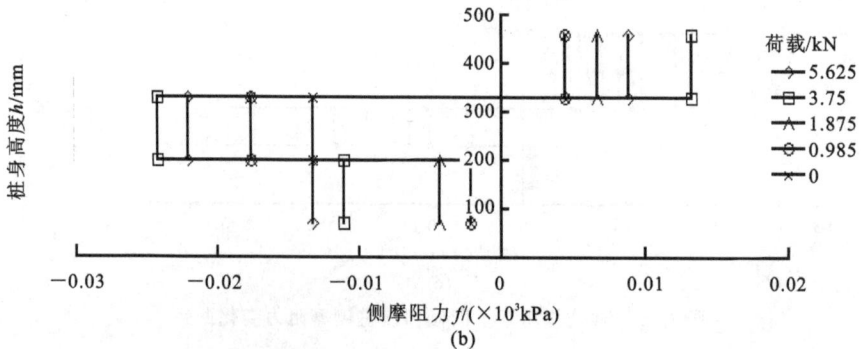

(b)

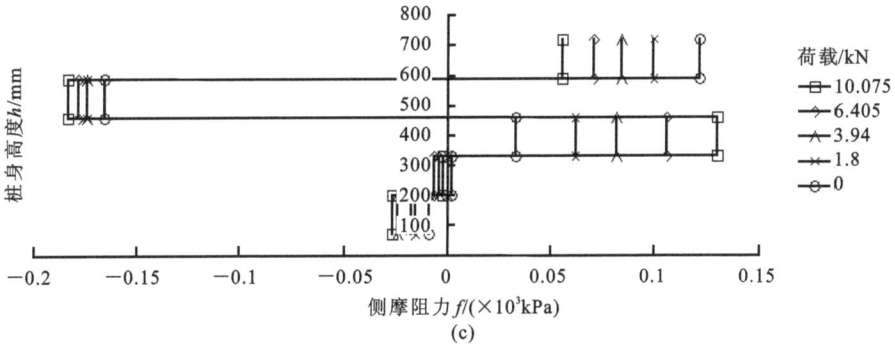

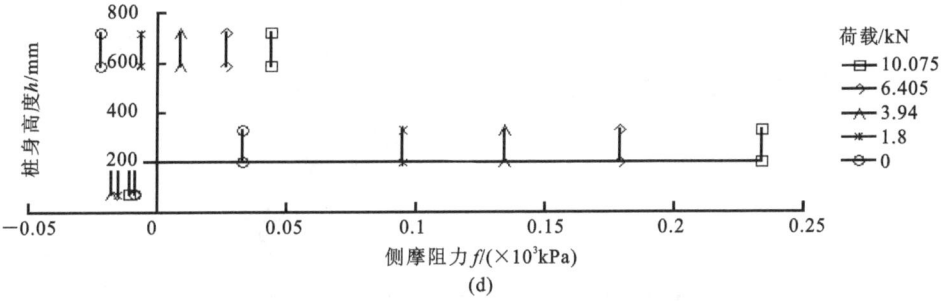

图 1-16　卸载条件下不同倾斜角桩桩侧摩阻力变化曲线

(a)4°桩;(b)6°桩;(c)8°桩;(d)10°桩

1.4.2.4　加载条件下桩身侧向土抗力随桩体倾斜角的变化规律

由于桩身倾斜,在竖向荷载作用下,倾斜单桩复合地基桩身会受到垂直于桩身轴线方向的水平土抗力,使桩身产生弯矩。1.4.2.1 小节对不同倾斜角桩身弯矩的变化情况进行了分析。而弯矩之所以产生就是桩身产生了水平方向上的抗力作用,所以研究水平方向上的土抗力作用也对倾斜桩复合地基的研究非常重要。

水平土抗力的计算主要通过对桩身弯矩的数据进行处理得到,桩身侧向土抗力变化曲线如图 1-17 所示。

从图 1-17 中可以看出,在竖向加载条件下,竖向加载越大,不同倾斜角桩身受到的侧向土抗力也就越大,而桩身受到的侧向土抗力明显呈反"S"形变化规律,即桩身上部明显受到与倾斜方向相同的土抗力而桩身下部则受到相反方向的侧向土抗力。当倾斜角较小时,桩身的侧向土抗力变化较为简单,例如 4°桩,其桩身上部及中部受到负方向的土抗力,在接近桩底部位出现了明显的正方向土抗力,而土抗力在桩顶部最大,桩底部则较小,符合竖向荷载的传递规律。而当倾斜角增大时,桩身侧向土抗力出现了较为复杂的变化,例如 6°、8°桩,沿桩身从上至下,土抗力由负到正,再变为负,在桩底又出现了正向土抗力。说明桩身倾斜角增大时,桩侧土抗力出现了较为明显的变化,侧向受力情况也更为复杂。而这两根桩土抗力的变化幅度也较 4°桩而言出现了明显的增大。当倾斜角继续增大至 10°时,桩身侧向土抗力又出现了较为明显的变化,这时桩顶同样受到负方向的侧向土抗力,桩身中部出现了反方向的桩身侧向土抗力,但是桩底出现了较大的正向土抗力,这时的桩底土抗力数值已经大于同级荷载作用下桩顶的侧向土抗力数值,这可能是桩身产生了较为明显的转动破坏,而反力区处于接近桩底的位置所致。

在相同荷载作用下,不同倾斜角的倾斜桩受到的最大侧向土抗力随着倾斜角的增大出现了明显的增加(10°桩除外),证明桩身倾斜角越大,桩身受到的侧向作用力也越大,即桩身倾斜角变大对基础的承载能力造成了不利的影响。

(a)

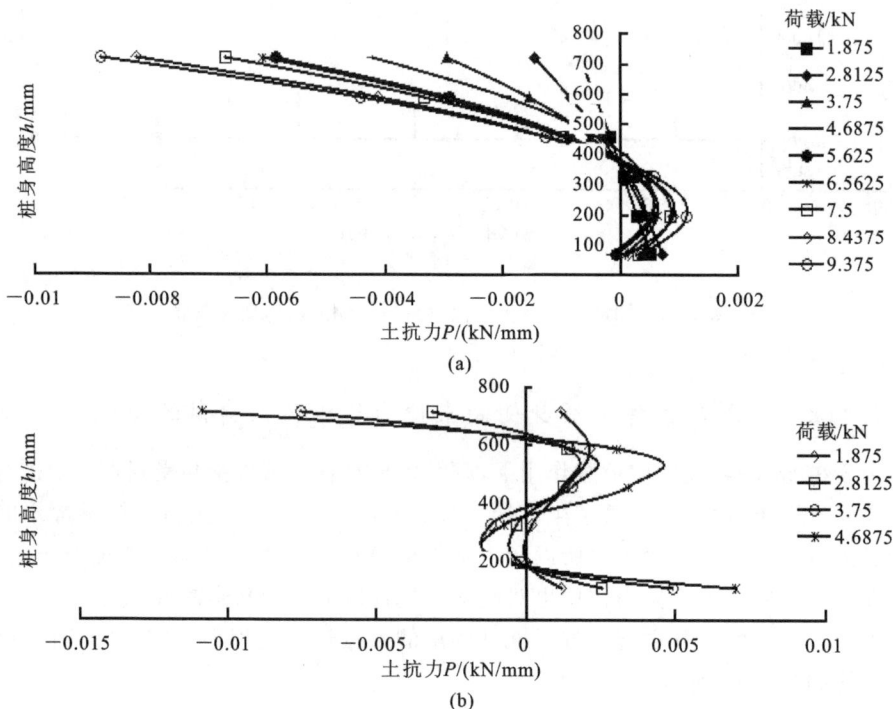
(b)

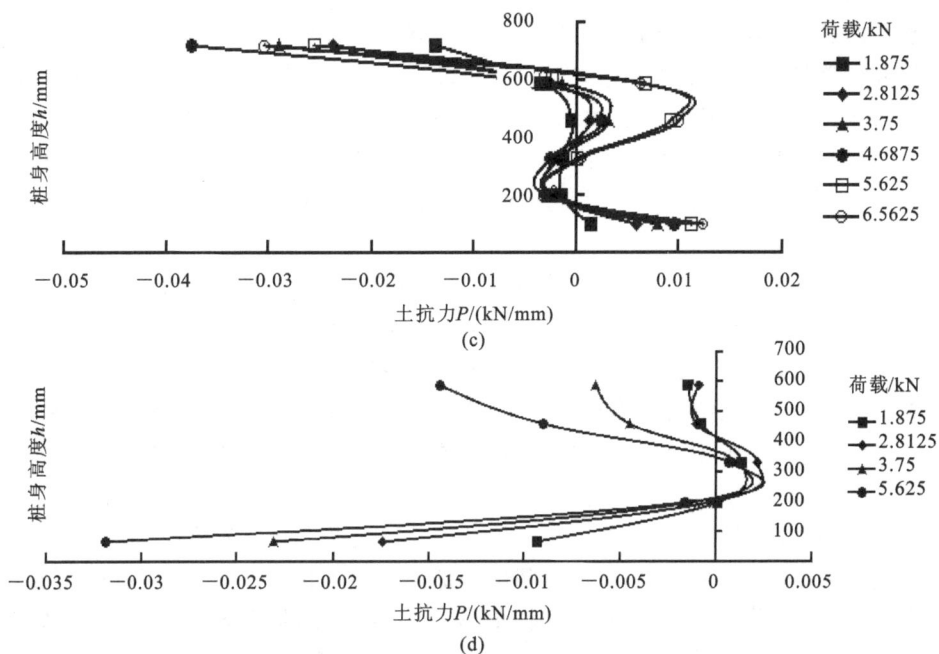

图 1-17　加载条件下不同倾斜角桩桩侧土抗力变化曲线

(a)4°桩;(b)6°桩;(c)8°桩;(d)10°桩

1.5　本 章 小 结

本章通过设计模型试验,对不同倾斜角单桩复合地基基础进行竖向加卸载,研究单桩复合地基的受力变形规律,主要得到以下结论:

①在竖向荷载作用下,不同倾斜角的单桩复合地基均产生了较大的沉降,并且桩身倾斜角越大的单桩产生的沉降越明显。这说明桩身倾斜对基础的沉降控制较为不利。而在加载初期,不同倾斜角的倾斜桩都沉降较快,荷载在 $5 \sim 8 kN$ 处荷载-沉降曲线出现反弯点,沉降速率开始放缓。而倾斜角越大的单桩复合地基反弯点出现得越早,证明当桩身倾斜度较大时,复合地基在加载前期已经产生较大的沉降,对基础沉降控制更为不利。综上所述,桩身倾斜对于复合地基的沉降控制较为不利,并且随着倾斜角增大,不利影响也会增大。

②在竖向荷载作用下,不同的倾斜单桩都会对褥垫层产生刺入。随着荷载的增大,刺入量也会逐渐增大,而在加载初期,桩顶刺入褥垫层的速率也随着荷载逐渐增

加,当刺入量达到某一数值时,刺入的速率开始逐渐减慢。对于不同的倾斜角的单桩,桩身倾斜角越大,桩顶的刺入量越小,桩顶刺入褥垫层的速率也越小。证明当桩身倾斜时,单桩复合地基的桩体本身承受的来自上部的荷载较小,桩身分担的荷载比较小,且倾斜角越大,荷载分担比越小。在卸载过程中,倾斜单桩复合地基在竖向产生了部分回弹,在回弹过程中,桩周土的回弹量大于桩顶的回弹量,由此使桩顶上刺入量也产生了小幅度减小。综上所述,桩身倾斜对复合地基基础中桩身的荷载承载能力不利。

③在竖向荷载作用下,不同倾斜角单桩会产生水平位移,并且随着竖向荷载的增加,水平位移会逐渐增加。不同倾斜角的单桩水平位移都是上部大于下部,在桩顶产生最大水平位移,而桩底的水平位移基本不变,桩身产生了一个大致以桩底为圆心的转动。而对于不同倾斜角的单桩,其倾斜角越大,在相同的荷载作用下产生的水平位移也越明显。综上所述,桩身倾斜对复合地基基础的稳定性不利,会降低基础的承载能力。

④在竖向荷载作用下,倾斜桩复合地基的破坏模式主要分为两种:第一种是由于沉降过大造成基础破坏,具体表现为基础上部土层表面出现了隆起、裂缝等情况,对于不同倾斜角的单桩复合地基,其倾斜角越大,基础产生的沉降也越大,也就越容易使基础产生沉降破坏;第二种是由于桩身倾斜,上部荷载施加到桩顶时在桩身产生了弯矩,使桩身断裂,对于不同倾斜角的单桩复合地基,其倾斜角越大,桩身的裂缝出现得越早,即桩身更容易造成破坏。综上所述,桩身倾斜对复合地基基础的破坏的影响较为明显,也较为不利。

⑤在竖向荷载作用下,不同倾斜角单桩复合地基桩身弯矩情况不相同,桩身弯矩随着倾斜角的增大出现了较为复杂的变化,桩身的最大弯矩随着倾斜角的增大也不断增加。

⑥在竖向荷载作用下,不同倾斜角单桩复合地基桩身轴力的变化规律明显不同,随着倾斜角的增加,桩身轴力的变化更为明显。

⑦不同倾斜角单桩复合地基桩身侧摩阻力也随着倾斜角的增加出现了较为明显的变化,随着倾斜角的增加,桩身侧摩阻力的变化也更为复杂,并且侧摩阻力也在增大。

⑧不同倾斜角单桩复合地基侧向土抗力也随着桩身倾斜角的增加而出现了较为明显的变化,并且随着倾斜角度的增加,桩身受到的最大土抗力也在增大,证明桩身倾斜对桩体本身造成了不利影响。

参 考 文 献

[1] 屠毓敏,魏汝龙.曲桩竖向承载力的确定[J].土木工程学报,1999,32(4):64-68.

[2] 杨剑,高玉峰,程永锋,等.受侧向土体位移斜桩的特性[J].防灾减灾工程学报,2008,28(4):506-512.

[3] 靳彩,赵瑜,李风兰,等.送电线路铁塔复合式斜桩基础试验研究[J].工业建筑,2001,31(9):45-60.

[4] 赵剑,李永刚.有倾斜桩群桩基础沉降研究[J].公路交通科技(应用技术版),2011(83):206-210.

[5] 李坤,徐长节,蔡袁强.成层地基中斜桩弯曲性状及其竖向承载力分析[J].工业建筑,2003,33(9):56-86.

[6] 吕凡任,陈云敏,尹继明.打入式直桩发生偏斜后竖向承载力分析[J].工业建筑,2006,36(5):59-64.

[7] 云天铨,云飞,张桂标.刚性斜桩顶部受任意力的位移的线载荷积分方程法的分析[J].应用力学学报,1992,9(4):114-123.

[8] 杨阳,王国才,金菲力.斜向荷载作用下桩群中设置斜桩对其沉降的影响分析[J].浙江工业大学学报,2012,40(1):96-100.

[9] 刘杰伟,王兴斌,潘健,等.桩群中设置斜桩对其工作性质影响的研究[J].昆明理工大学学报(理工版),2008,33(1):56-59.

[10] 杨位洸,杨小平,刘叔灼.基坑开挖中软土侧移形成的曲桩的竖向承载力[J].华南理工大学学报(自然科学版),1995,23(3):98-105.

[11] 陈为群.倾斜桩的承载能力及其利用[J].福建工程学院学报,2009,7(3):226-228.

[12] TEJCHMAN A. Model investigations of pile groups in sand[J]. Journal of the Soil Mechanics and Foundation Division,1973,2:199-217.

[13] YAO S,KOBAYASHI K,MATSUO H. Pile foundation behavior in liquefied sand layer of small scale model[J]. Journal of Structural and Construction,1992,435:81-90.

[14] DUNCAN J M,EVANS L T,OOI P S K. Lateral load analysis of single piles and drilled shafts[J]. Journal of Geotechnical Engineering,1994,120(6):

1018-1033.

[15]　FEAGIN L B. Discussion on lateral pile-loading tests[J]. Canadina Geotechnical Journal,1935,102:272-278.

[16]　ALIZADEH M, DAVISSON M T. Lateral load tests on piles-Arkansas river project[J]. Journal of the Soil Mechanics and Foundations Division,1970,96(5): 1583-1601.

[17]　MEYERHOF G G. Behaviour of pile foundations under special loading conditions:1944 R. M. Hardy keynote address[J]. Canadian Geotechnical Journal, 1995,32(2): 204-222.

[18]　SASTRY V V R N,MEYERHOLF G G. Behaviour of flexible piles in layered clays under eccentric and inclined loads[J]. Canadina Geotechnical Journal, 1995,32(3): 387-396.

[19]　ZHANG L M,MCVAY M C, LAI P W. Centrifuge modelling of laterally loaded single battered piles in sands[J]. Canadian Geotechnical Journal,2000, 36(6): 1074-1084.

[20]　杨征宇,王天慧,杨剑,等.斜桩负摩擦及弯曲特性研究[J].水利水电科技进展,2009,29(5):32-36,60.

[21]　吴琼,陈锦剑,夏小和,等.桩侧堆载作用下被动桩受力性状研究[J].地下空间与工程学报,2010,6(3):467-471.

[22]　杨宝珠,王丽,郑刚.基坑开挖引起邻近桩倾斜时竖向承载性状有限元分析[J].岩土工程学报,2008,30(S1):144-150.

[23]　王丽,郑刚.局部倾斜桩竖向承载力的有限元研究[J].岩土力学,2009, 30(11):3533-3538.

[24]　梁伟刚.倾斜桩承受竖向荷载能力的分析[J].山西建筑,2009,35(15): 107-108.

[25]　RAJASHREE S S,SITHARAM T G. Nonlinear finite-element modeling of batter piles under lateral load[J]. Journal of Geotechnical and Geoenvironmental Engineering,2001,127(7):604-612.

[26]　张忠苗.桩基工程[M].北京:中国建筑工业出版社,2007.

[27]　薛殿基,冯仲林.复合地基桩处理技术[M].北京:中国建筑工业出版社,2011.

[28]　宁潘芳,胡卫红.倾斜桩的竖向承载力理论计算探讨[J].广东土木与建

筑,2006(11):3-5.

[29]　中华人民共和国住房和城乡建设部.建筑地基处理技术规范:JGJ 79—2012[S].北京:中国建筑工业出版社,2013.

[30]　周德泉,陈坤,赵明华,等.室内模型实验中低强度桩侧应变片粘贴技术与应用[J].实验力学,2009,24(6):558-562.

[31]　邓立志,雷金山,陆海平,等.超长桩承载力自平衡试验及其应用[J].铁道科学与工程学报,2008,5(5):50-56.

2 竖向重复加卸载下倾斜桩复合地基变形规律试验研究

2.1 研究背景

由于施工工艺不当或者侧向堆载、开挖导致桩身倾斜的情况在地基基础工程中屡见不鲜,已经引起工程界和学术界的关注。吕凡任等[1]假设地基土体为半无限弹性体,分析了倾斜桩桩顶受任意平面荷载作用下的受力变形,认为承受竖向荷载的倾斜桩可以有小于 10°的倾斜角。苏子将等[2]采用 FLAC3D 软件分析了软土地区承台下基桩的倾斜角对竖向承载力的影响,认为在倾斜角为 0°~12°时,倾斜桩容许承载力随倾斜角的增加而逐渐增大;当倾斜角超过 12°时,容许承载力逐渐减小。王云岗等[3]采用数值模拟软件分析竖直桩、倾斜桩的单桩轴向承载特性和群桩基础荷载分担情况,揭示了倾斜桩基础的受力性状。Zhang 等[4]采用离心机模型试验研究了横向荷载对倾斜群桩侧向抗力的影响,试验结果表明,其影响因素主要在于桩体布置、桩体倾斜角和土的密实度。Meyerhof 等[5]通过室内模型试验研究了倾斜桩在倾斜荷载作用下的受力-变形特性,认为桩的承载力取决于分层结构、荷载倾斜角和桩体倾斜角。曹卫平等[6]通过模型试验研究竖向荷载作用下砂土中倾斜桩的荷载传递机理,分析了桩身倾斜角及长径比对倾斜桩轴力、弯矩、剪力、摩阻力及端阻比的影响。王新泉等[7]通过塑料套管现浇混凝土桩模型试验研究竖直桩与倾斜角为 5°、8°、10°和 15°的倾斜桩的承载性能,试验结果表明,当倾斜角不大于 8°时,承载力和桩顶沉降影响不明显,对于倾斜角为 10°、15°的桩,其承载力明显降低。李龙起等[8]利用相似材料物理模拟试验研究了倾斜角为 0°~12°周边倾斜桩的群桩基础的竖向承载力,结果表明竖直桩基的荷载-沉降曲线为缓变型,倾斜桩基则为陡降型,就倾斜群桩基础竖向承载力而言,倾斜基桩的容许倾斜角为 8°左右。徐江等[9]结合有限元与试验结果进行分析,认为倾斜桩(倾斜角为 12°)的竖向极限承载力小于竖直

44

桩的竖向极限承载力。胡文红等[10]通过现场荷载试验结合有限元方法,分析了浅层桩周土加固改善倾斜桩竖向承载性能的机理。郑刚等[11,12]通过现场荷载试验结合有限元方法进行研究,认为桩的垂直度不大于4‰且桩身具有足够的抗弯强度和刚度时,相同荷载下其沉降反而小于竖直桩,并就倾斜角对单桩竖向承载性能的影响提出阈值的概念。以上研究主要采用数值模拟[1-3]、模型试验[4-8]及两者结合[9-12]的方法分析了含倾斜桩的桩基础承载力特性,但对于含有倾斜桩的复合地基工程性状少有研究。本章基于马来西亚碧桂园的工程背景设计制作模型槽,采用模型试验研究竖向重复加卸载下含倾斜桩复合地基的竖向和水平变形规律,以期为桥台地基整治设计提供试验依据。

2.2　模型试验设计

2.2.1　工程背景

马来西亚碧桂园工程 BR06 桥采用双柱式桥墩,柱下采用单排摩擦灌注桩,桩径为 1.5m,桩长为 47m;桥台设计加筋挡土墙,高度为 8.816m,桥台下设计桩径为 0.3m 的预应力管桩复合地基,桩长为 20～24m,间距为 1.7m,三角形布置。实际施工时,灌注桩、承台、立柱先行施工,预应力管桩后续施工。在施工管线桥及主线桥左幅盖梁时,发现立柱出现 200～300mm 位移。为了扶正灌注桩和立柱,在灌注桩与管桩之间挖槽、墩间堆载,结果发现立柱扶正时,众多管桩倾斜,现场情况如图 2-1 所示。

图 2-1　侧向开挖后管桩倾斜

采用加桩、管内充填混凝土等措施加固该含倾斜桩复合地基后按原设计方案施工桥台。在填筑土方及安装挡土墙至 7m 高时，筏板端头女儿墙、桥墩立柱出现裂缝。该裂缝随着填筑高度的增加而加宽，导致工程被迫暂停。为了揭示该裂缝的形成机制，开展模型试验研究。

2.2.2 模型试验方案

为了便于利用既有反力架进行加卸载，设计 1420mm×720mm×1100mm（长×宽×高）的模型槽[13]，该模型槽采用钢条焊接成框架，再加钢化玻璃和木板组装而成。5 根模型桩参数相同，正方形截面边长为 50mm、长度为 800mm，弹性模量为 17.37GPa，均采用木板制成方形模具，再填充水泥砂浆，并在桩顶部位的模具边缘埋置钢钉，凝固 90d。用 1mm×1mm 纱网过筛后再晾干得到试验用的中砂[装填时混入了粒径 1～5mm 颗粒，粒组含量（质量分数）约 3%]，密度为 1.82g/cm³，相对密度为 2.66，含水量为 2%，最大粒径为 5mm，不均匀系数 $C_u=5.5$，曲率系数 $C_c=2.7$，级配良好，级配曲线见图 2-2。土工试验于模型试验后完成。

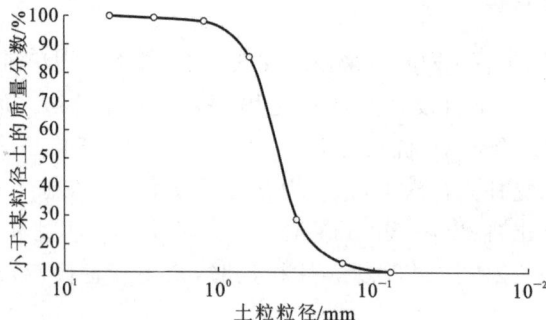

图 2-2 模型土级配曲线

桩顶平面布置如图 2-3（a）所示。本章定义桩轴线与垂线之间的夹角为倾斜角。实体工程预应力管桩倾斜角为 0°～12°，试验设置倾斜角分别为 3°、6°、9°、12°的 4 根倾斜桩（分别记为 Z3、Z6、Z9 和 Z12）和 1 根竖直桩。Z3、Z6、Z9、Z12 围绕正中心位置的竖直桩同向等距放置，角度顺时针依次增大，正方形对称布置。为了准确测试千斤顶竖向加卸载下承压板及各倾斜桩的沉降和水平位移，参照直接剪切试验原理专门设计了承载装置，以模拟实体工程，如图 2-3（b）所示，竖向荷载通过千斤顶先后传递给钢珠和承压板，再传递给细砂垫层和倾斜桩。安装前期，先填土 200mm 厚度到达设计桩底。采用方木和透明胶固定 5 根模型桩的中部和顶部，采用砂雨法（让砂土从一定高度下落，其势能转变为动能，砂土颗粒相互冲击碰撞、重新排列，这种模型土填筑过程类似于砂土自然沉积）充填模型，确保填土时桩的倾斜角稳定。填筑完成后，静置 30d,让模型土自重沉降。试验前,先水平安装承载装置,后安装测试装置。由图 2-3 可知:360mm×360mm 的承压板上,桩顶边缘预留 4 个 20mm×100mm 的长条空隙,目的是伸出 4 根倾斜桩的位移测标(钢钉),并按尺寸焊接 20mm 高的钢条作为挡板围挡 32 颗 ϕ32 钢珠,并在钢珠上涂抹黄油,再水平安装底钢板,放置千斤顶,涂抹黄油的钢珠允许承压板水平移动。为了准确测量桩顶水平位移和沉降,专门设计了独特的测试装置,该装置采用加长探针连接百分表,其中,Z3、Z6、Z9、Z12 倾斜桩顶部的铁钉上各焊接 1 块角钢,角钢的竖向和横向铁片上各安装 1 个百分表,分别测试水平位移和沉降,竖向铁片留有一定的安全高度(探针接触点与铁片顶边缘之间的距离),保证每级荷载作用下,测量水平位移的百分表不会因为沉降太大而脱落。整个试验由预先标定的千斤顶加载,通过固定的反力梁提供反力。

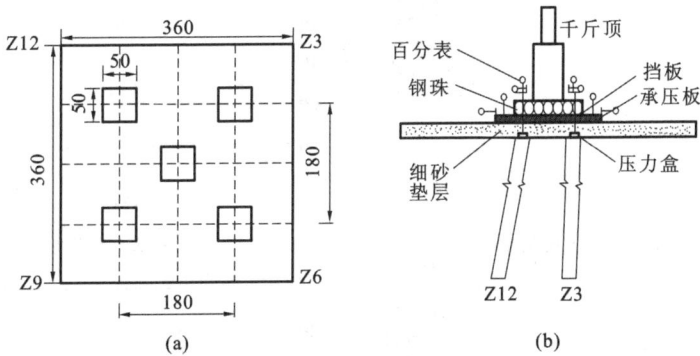

图 2-3 模型试验方案

(a)桩顶平面布置示意图(单位:mm);(b)承载装置示意图

本试验共进行 5 次加卸载循环,最大荷载分别为 36.49kN、39.22kN、44.68kN、50.14kN、55.6kN。试验参照文献[14]附录 B 进行,试验要点为:测试前加载 5kN,以校核试验系统的整体工作性能,然后分级加载,根据平台反力与变形特征决定终载时刻;每级荷载前后测读百分表,每 0.5h 测读 1 次,当 1h 内承压板沉降小于 0.1mm 时加下一级荷载;卸载时操作油泵旋钮,尽量分级卸载,每级维持 0.5h,测读百分表,如此反复。本试验用来测试倾斜桩复合地基 5 次加卸载过程中各倾斜桩及承压板的位移变化。

2.3 模型试验结果与分析

2.3.1 不同加卸载过程中倾斜桩及其复合地基沉降特征

图 2-4 为倾斜桩及其复合地基在 5 次竖向加卸载循环过程中的荷载-沉降曲线。承压板上测得位移为倾斜桩复合地基（相当于背景工程中的筏板，下同）的位移。经分析发现：

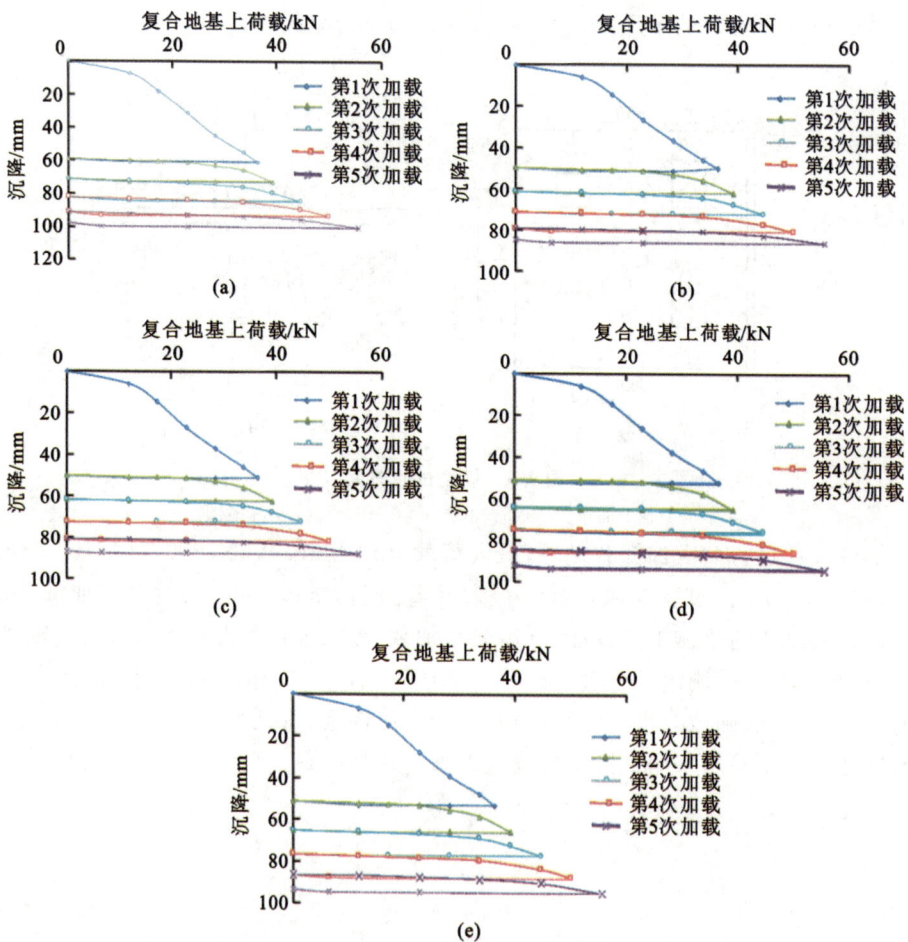

图 2-4　5 次加卸载过程中倾斜桩及其复合地基的荷载-沉降曲线

(a)倾斜桩复合地基；(b)Z3；(c)Z6；(d)Z9；(e)Z12

①倾斜桩及其复合地基的加载-沉降曲线均呈上凸形,首次加载-沉降曲线比较陡峻,沉降量最大,第2~5次加载-沉降曲线均接近平行,沉降量随加载次数增加而减小,说明倾斜桩复合地基上堆载预压能够完成大部分沉降量。工程中,对倾斜桩复合地基进行预压可以减少实际填筑期间的沉降量。

②倾斜桩及其复合地基的卸载-沉降曲线均呈下凹形,弹性变形恢复较晚。

③倾斜桩及其复合地基第 $i+1$ 次加载-沉降、卸载-沉降曲线均位于第 i 次曲线下方,线形相似,说明加载产生的变形均包括弹性变形和永久变形,永久变形随加载次数的增加而增加。这些规律与岩土体的再压缩曲线特征类似[15,16],说明本试验的荷载-沉降测试系统可靠。

2.3.2 不同加载阶段各倾斜桩与复合地基沉降规律对比

图 2-5 为 5 次加载过程中不同倾斜角倾斜桩及复合地基的荷载-沉降曲线,得到的结果如下:

①5 次加载过程中,倾斜桩桩顶及复合地基的沉降量随荷载增大而增大,其增长率也随荷载增大而增大,随加载次数增大而减小。因此在实际工程中,可通过减少荷载来降低倾斜桩及其复合地基的沉降量。

②5 次加载过程中,相同荷载作用下,复合地基的沉降量始终最大,原因是:复合地基的沉降量等于桩顶沉降量与垫层压缩量之和。其次是 Z12、Z9、Z6、Z3 沉降最小。说明在加载作用下,倾斜桩的倾斜角越大,桩顶沉降量就越大,超过 6°时沉降量更加显著。随着循环加载次数增加,承压板与桩的沉降差有逐渐增大的趋势。据此推断,在确保桩体不被破坏的前提下,可以通过减小倾斜角来增大桩体竖向承载力。

③前 3 次加载过程中,小角度桩(Z3、Z6)顶部沉降基本接近,说明倾斜桩存在沉降临界倾斜角,其值为 6°,倾斜角小于临界值时,倾斜对桩的受力性能影响不大;倾斜角大于临界值时,倾斜显著降低桩的受力性能。这与文献[7]、[11]、[12]研究成果类似,文献[7]认为存在受力特性明显降低的倾斜角,其值为 8°,而文献[11]、[12]在发现临界值的同时提出了阈值的概念,但其阈值主要基于倾斜桩与竖直桩沉降大小关系产生,与沉降临界倾斜角不同。

④随着加载次数的增加,土的密实度增大,土质条件变好,而本试验采用的模型土为砂性土,能在荷载施加后较快完成变形,小角度桩(Z3、Z6)顶部沉降不再接近,倾斜角大于 3°的桩的受力特性都显著降低,可见其临界值呈降低趋势,接近 3°。分析认为,荷载和倾斜角相同时,倾斜桩和复合地基的沉降临界倾斜角和桩顶沉降均随土体密实度的提高而降低。

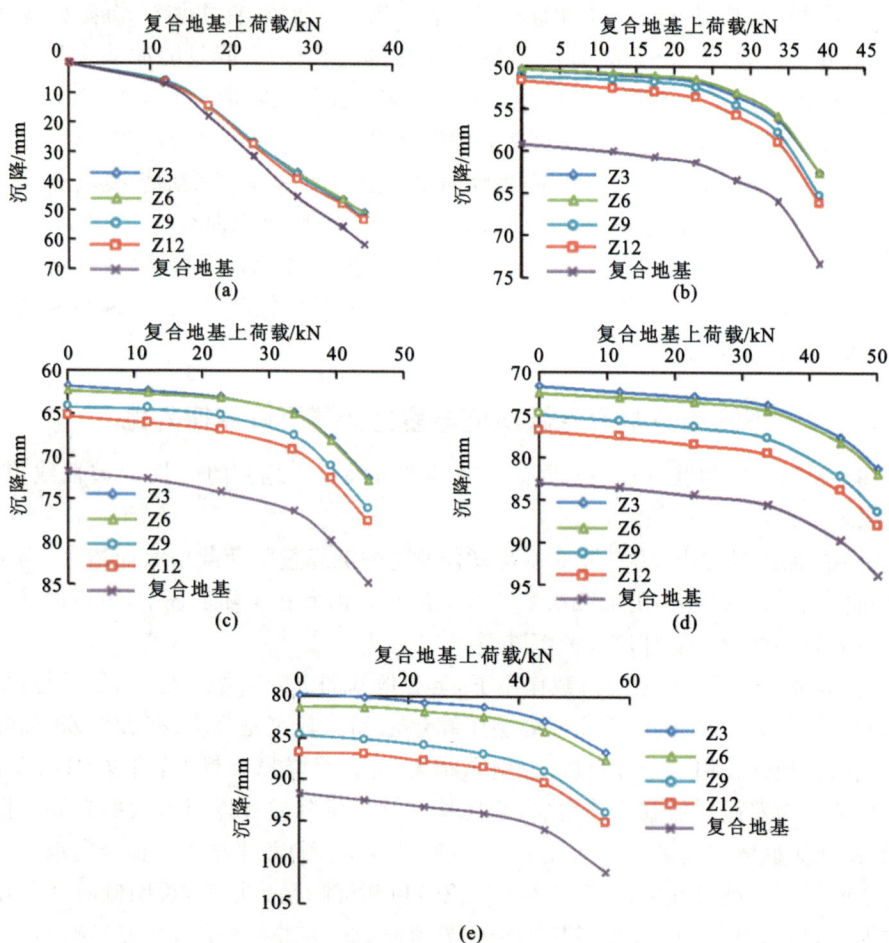

图 2-5　5 次加载过程中倾斜桩与复合地基的荷载-沉降曲线

(a)第 1 次加载；(b)第 2 次加载；(c)第 3 次加载；(d)第 4 次加载；(e)第 5 次加载

2.3.3　不同卸载阶段各倾斜桩与复合地基沉降规律对比

图 2-6 为 5 次卸载过程中不同倾斜角的倾斜桩及复合地基的荷载-沉降曲线，得到的结果如下：

①5 次卸载过程中，曲线由水平线经弧线向原点偏转，具有拐点。即在刚开始卸载时，倾斜桩桩顶及复合地基沉降变化不明显，是不可恢复的塑性变形，而最后 1～2 级卸载时开始出现弹性变形。荷载卸为 0 时，弹性变形达到最大。

②5 次卸载过程中，相同荷载作用下，倾斜桩桩顶及复合地基的沉降量由大到小依次为复合地基、Z12、Z9、Z6、Z3，说明卸载作用下的情况与加载一样，倾斜桩的倾斜

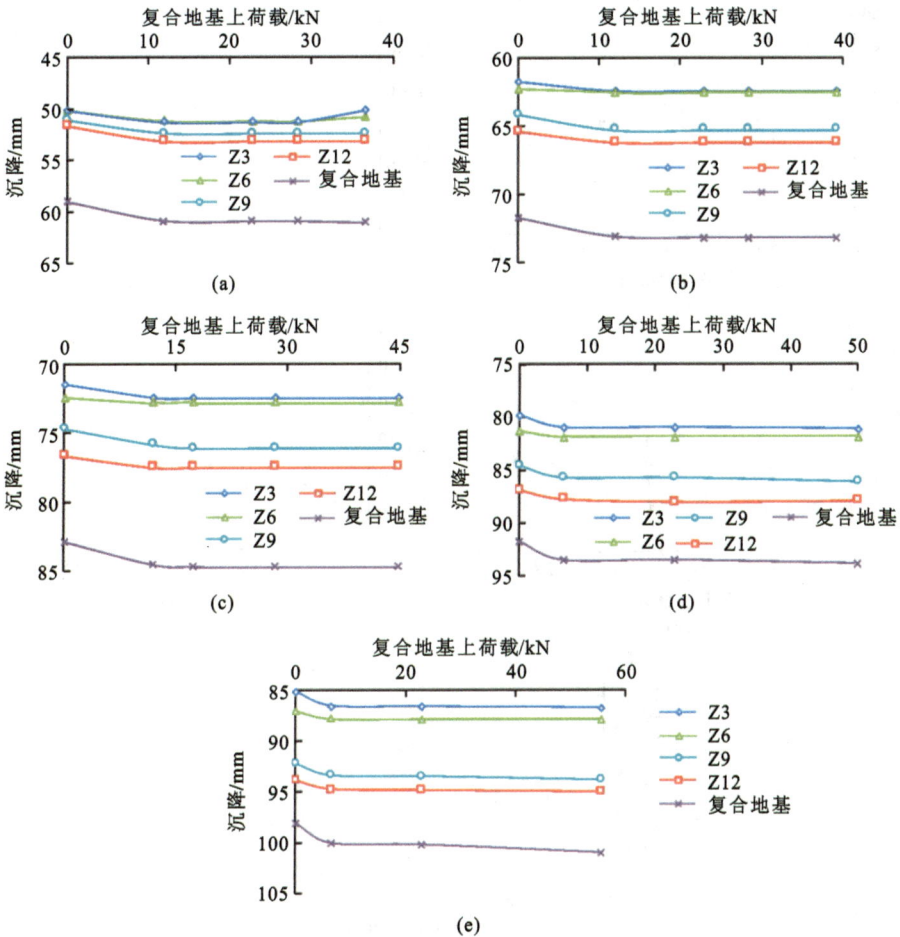

图 2-6　5 次卸载过程中倾斜桩与复合地基的荷载-沉降曲线

(a)第 1 次卸载;(b)第 2 次卸载;(c)第 3 次卸载;(d)第 4 次卸载;(e)第 5 次卸载

角越大,桩顶沉降量就越大,超过 6°时沉降更加显著。

③前 3 次卸载过程中,小角度桩(Z3、Z6)顶部沉降基本接近,同样说明倾斜桩存在沉降临界倾斜角,倾斜角小于临界值时,倾斜对桩的卸载性能影响不大;倾斜角大于临界值时,倾斜显著降低桩卸载性能。

2.3.4　加卸载过程中各倾斜桩桩顶与复合地基水平位移规律对比

图 2-7 为 5 次循环加卸载阶段倾斜桩桩顶及复合地基的荷载-水平位移曲线,得到的结果如下:

①倾斜桩及其复合地基的加载-水平位移曲线大部分呈左凸形,第 1 次加载-水

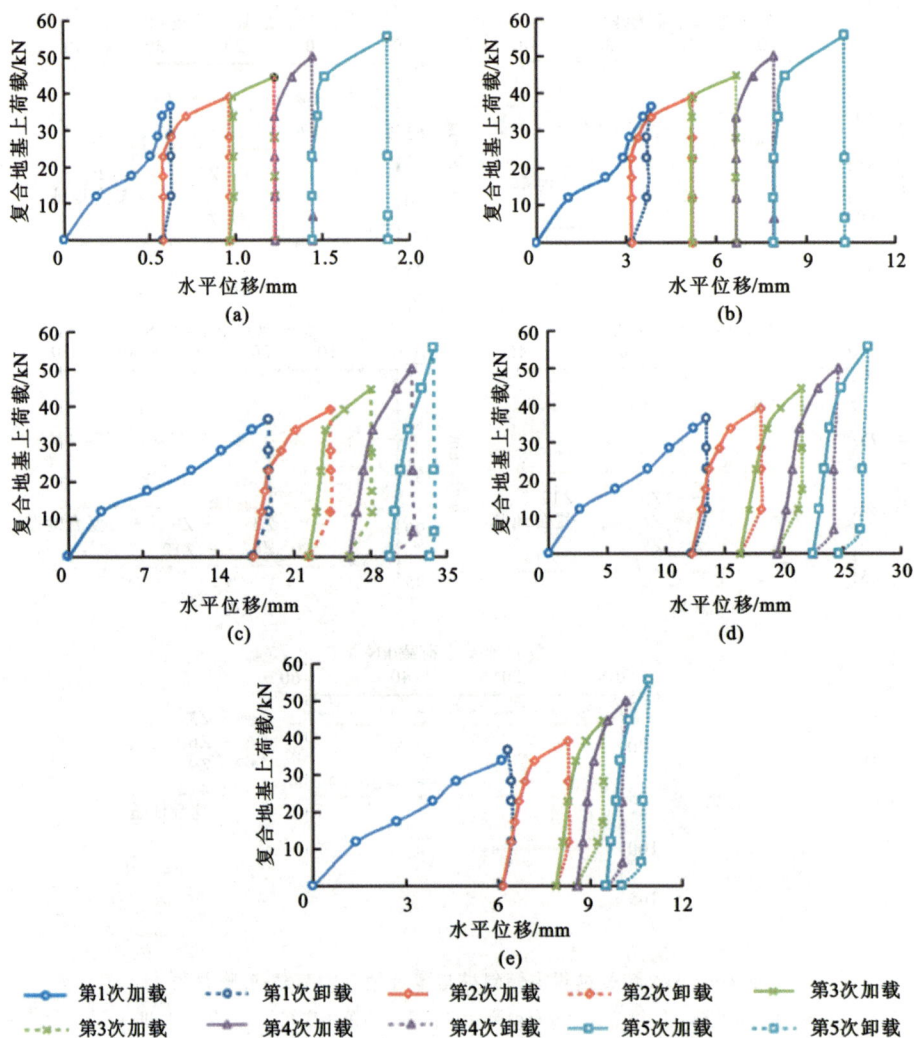

(a)

(b)

(c)

(d)

(e)

第1次加载　　第1次卸载　　第2次加载　　第2次卸载　　第3次加载

第3次加载　　第4次加载　　第4次卸载　　第5次加载　　第5次卸载

图 2-7　5 次加卸载阶段倾斜桩及复合地基的荷载-水平位移曲线

(a)Z3；(b)Z6；(c)Z9；(d)Z12；(e)复合地基

平位移曲线水平位移量最大，第 2～5 次加载-水平位移曲线均接近平行，水平位移量随加载次数的增加而减小，说明倾斜桩复合地基上堆载预压能够减少水平位移量。工程中，对倾斜桩复合地基进行预压可以减少实际填筑期间的水平位移量。

②倾斜桩及其复合地基的卸载-水平位移曲线均呈右凹形，弹性变形恢复较晚。

③倾斜桩及其复合地基第 $i+1$ 次加载-水平位移、卸载-水平位移曲线均位于第 i 次曲线右侧，线形相似，说明加载产生的水平位移变形均包括弹性变形和永久变

形,永久变形随加载次数增加而增加。这些规律与侧向约束桩的水平位移特征类似[17],说明本试验的荷载-水平位移测试系统可靠。

2.3.5 加载阶段各倾斜桩桩顶与复合地基水平位移规律对比

图 2-8 为 5 次加载过程中不同倾斜角的倾斜桩桩顶及复合地基的荷载-水平位移曲线,得到的结果如下:

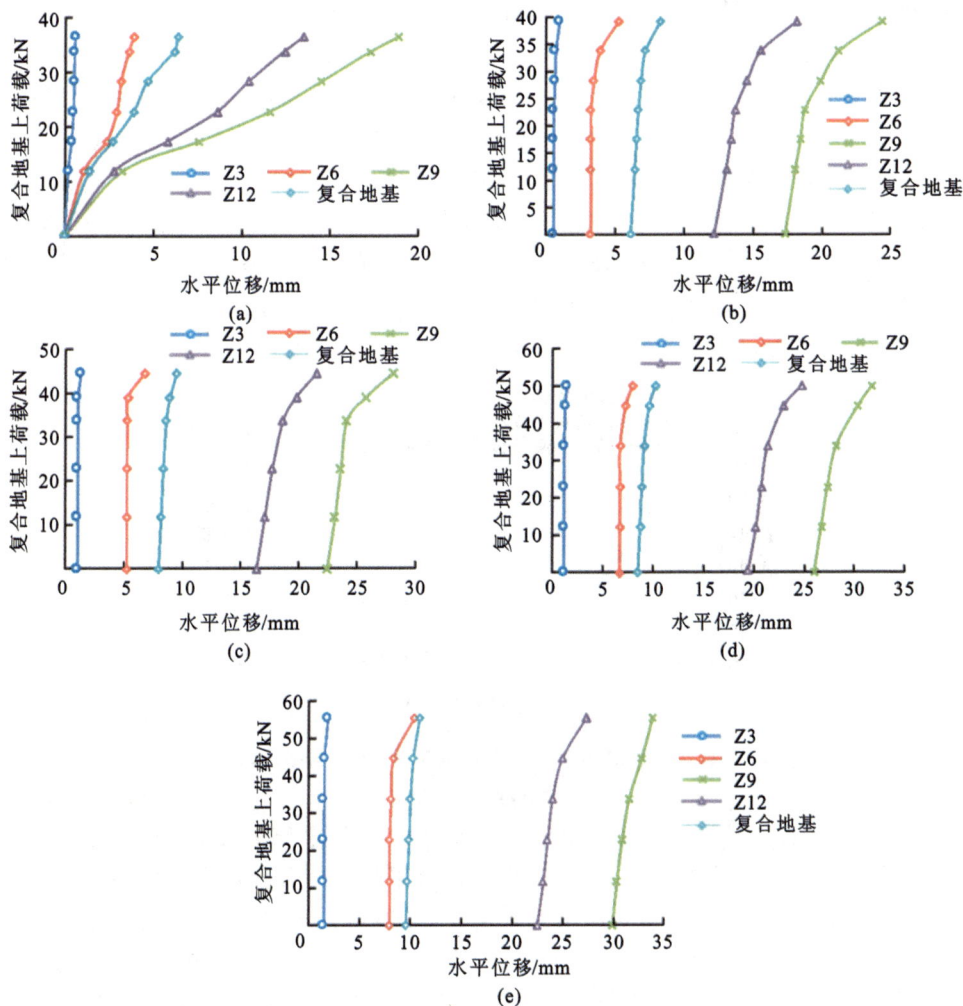

图 2-8 5 次加载过程中倾斜桩桩顶及复合地基荷载-水平位移曲线

(a)第 1 次加载;(b)第 2 次加载;(c)第 3 次加载;(d)第 4 次加载;(e)第 5 次加载

①5次加载过程中,倾斜桩桩顶及复合地基的水平位移及其增长率随荷载增大而增大,随加载次数的增加而减小。因此在实际工程中,可通过减少荷载来降低倾斜桩及其复合地基的水平位移量。

②5次加载过程中,相同荷载作用下复合地基与倾斜桩桩顶的水平位移从大到小依次为 Z9、Z12、复合地基、Z6、Z3,也就是说,复合地基水平位移并不比所有倾斜桩顶的水平位移都大,也不是各倾斜桩水平位移之和,而是小于 Z12,大于 Z6,表现出与沉降不一样的规律。分析认为,倾斜桩复合地基加载过程中,倾斜桩桩顶首先发生水平移动,与桩顶砂土垫层产生剪切,砂土垫层内部从下到上的剪切引起垫层顶面与承压板底面产生剪切,牵引承压板水平移动,类似于水平群桩效应,其定量计算尚处于探索阶段。

③5次加载过程中,相同荷载作用下,倾斜桩桩顶水平位移从大到小依次是 Z9、Z12、Z6、Z3。可以推断,0°桩和90°桩在极限状态下的水平位移为 0。36.49kN 是第1次加载阶段复合地基上作用的最大荷载,也是该加载阶段的最后一级荷载,该荷载具有代表性。因此,作出首次加载到 36.49kN 时桩顶沉降、水平位移及沉降与水平位移比值随倾斜角变化的曲线,见图 2-9。

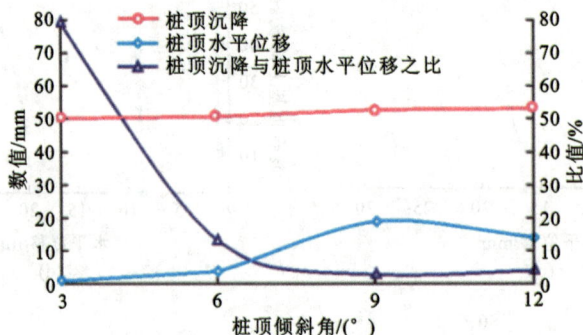

图 2-9　首次加载到 36.49kN 时桩顶沉降、水平位移及二者比值随倾斜角变化曲线

如图 2-9 所示,桩顶沉降随倾斜角的增大而增大,但增长率较小。桩顶水平位移曲线在倾斜角为 9°时存在峰值,说明桩顶存在水平位移临界倾斜角。倾斜角小于临界值时,桩顶水平位移随倾斜角的增大而增大;倾斜角大于临界值时,桩顶水平位移随倾斜角增大而减小,直至为 0。桩顶水平位移量远比沉降量小,但是倾斜角增大时,水平位移比沉降敏感;沉降与水平位移比值在倾斜角为 6°处有拐点,验证了存在沉降临界倾斜角。这样,在沉降和水平位移方面各存在一个临界值,即沉降临界倾斜角和水平位移临界倾斜角,这与文献[11]、[12]研究成果类似。

2.3.6 卸载阶段各倾斜桩桩顶与复合地基水平位移规律对比

图 2-10 为 5 次卸载过程中不同倾斜角倾斜桩桩顶及复合地基的荷载-水平位移曲线,得到的结果如下:

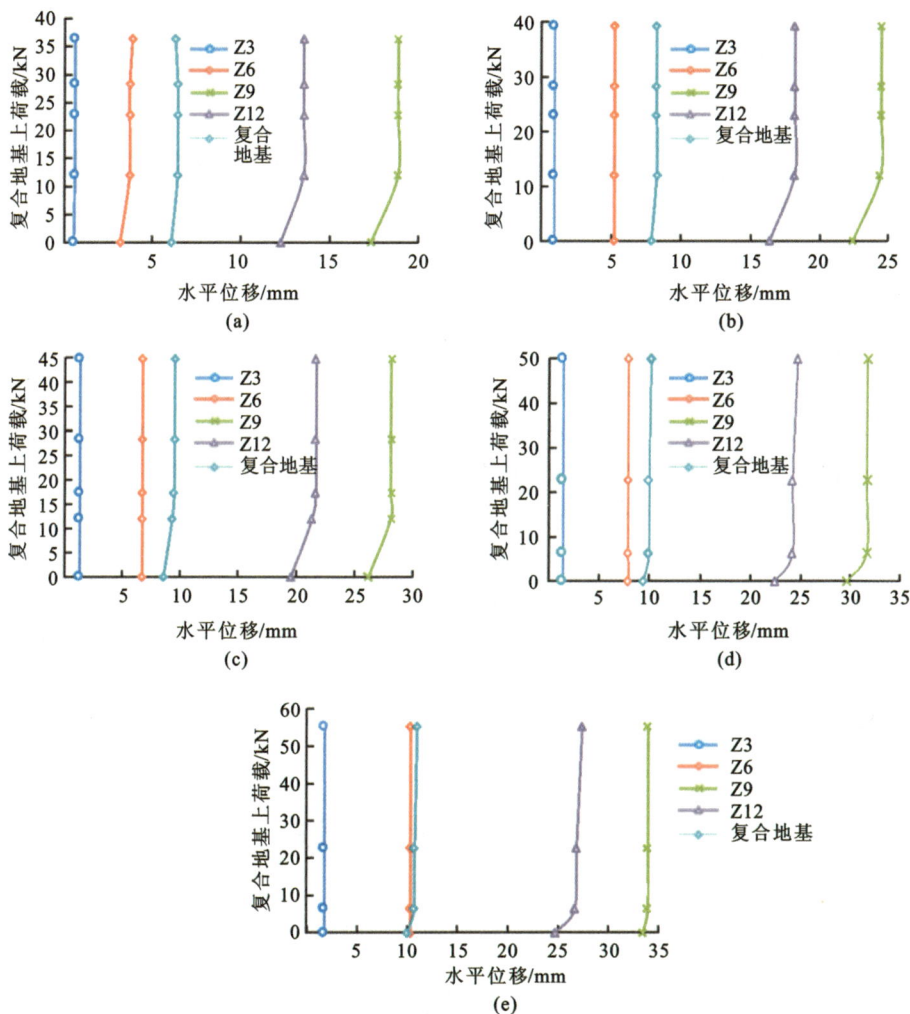

图 2-10 5 次卸载过程中倾斜桩桩顶及复合地基荷载-水平位移曲线

(a)第 1 次卸载;(b)第 2 次卸载;(c)第 3 次卸载;(d)第 4 次卸载;(e)第 5 次卸载

①5 次卸载过程中,曲线由竖直线经弧线向原点偏转,具有拐点。即在刚开始卸载时,桩顶水平位移变化不明显,是不可恢复的塑性变形,而最后 1～2 级荷载时开始出现弹性变形。荷载卸为 0 时,弹性变形达到最大。此规律与地基岩土的垂直位移

回弹曲线相似[15,16]。

②5 次卸载过程中,相同荷载作用下复合地基与倾斜桩桩顶水平位移从大到小依次是 Z9、Z12、复合地基、Z6、Z3,此规律与加载过程(图 2-8)相同。

③5 次卸载过程中,大角度桩(Z9、Z12)较小角度桩(Z6、Z3)拐点更为明显(图 2-10 中对应荷载为 10~15kN),说明大角度桩的回弹变形较大,而复合地基与小角度桩类似,回弹不明显。

2.4　筏板、立柱的开裂原因与治理方案

筏板、立柱的开裂原因与治理方案如下。

①筏板端头女儿墙的开裂原因:倾斜角较大的倾斜桩产生较大的沉降。背景工程中,邻近桥墩的预应力管桩倾斜角较大,桩顶沉降也较大,不同倾斜角的预应力管桩顶部产生的差异沉降引起筏板端头女儿墙开裂。

②桥墩立柱的开裂原因:倾斜桩及复合地基在竖向荷载下产生水平位移,水平位移随荷载的增大而增大。背景工程中,在填筑土方及安装挡土墙期间,竖向荷载增大,筏板及挡土墙产生水平位移并不断增大,推挤桥梁上部结构、桥墩立柱和桩基础,导致立柱开裂。

③治理方案:试验的第 2 次加载初期,复合地基基本不产生沉降和水平位移,加载至第 1 次加载的最大荷载前,沉降曲线和水平位移曲线均非常平缓,产生的沉降和水平位移非常小。因此,卸减部分填土,采用 EPS(聚苯乙烯泡沫塑料)轻质路堤是一种控制裂缝的可行方案。

2.5　本 章 小 结

本章通过 5 次加卸载,研究了竖向荷载作用下倾斜桩及复合地基的沉降、水平位移规律,得到的主要结论如下:

①5 次加载过程中,倾斜桩桩顶及复合地基的沉降和水平位移均随荷载的增大而增大,其增长率随荷载的增大而增大,随加载次数增加而减小。因此在工程中,对倾斜桩复合地基进行预压可以减少实际填筑期间的沉降和水平位移量。

②5 次卸载过程中,卸载初期的倾斜桩桩顶及复合地基的沉降和水平位移变化不明显,是不可恢复的塑性变形,最后 1~2 级卸载时开始出现弹性变形。荷载卸为 0 时,弹性变形达到最大。

③5次加卸载过程中,相同荷载作用下的桩顶沉降量随倾斜角的增加而增大,倾斜角为3°～6°时沉降量接近,超过6°时沉降量差异显著。倾斜桩存在沉降临界倾斜角(前3次加卸载循环中其值为6°),沉降临界倾斜角和桩顶沉降均随土体密实度的提高而降低。倾斜角小于临界值时,倾斜对桩的受力性能影响不大;倾斜角大于临界值时,倾斜显著降低桩的竖向受力性能。倾斜桩存在水平位移临界倾斜角(为水平位移峰值对应倾斜角,本试验中为9°),倾斜角小于临界值时,桩顶水平位移随倾斜角增大而增大;倾斜角大于临界值时,桩顶水平位移随倾斜角增大而减小。

④相同荷载作用下,倾斜桩复合地基的沉降大于倾斜桩沉降,而水平位移大于Z6,小于Z12。桩身倾斜时,倾斜桩及其复合地基的水平位移量远小于沉降量,但是水平位移比沉降更敏感。实际工程中,应尽量减小桩身倾斜,降低倾斜桩及其复合地基的沉降量和水平位移量。

参 考 文 献

[1] 吕凡任,陈云敏,陈仁朋,等.任意倾角斜桩承受任意平面荷载的弹性分析[J].浙江大学学报(工学版),2004,38(2):191-194.

[2] 苏子将,罗书学,康寅.软土地基中倾斜桩基承载力数值分析[J].四川建筑,2008,28(5):75-76.

[3] 王云岗,章光,胡琦.斜桩基础受力特性研究[J].岩土力学,2011,32(7):2184-2190.

[4] ZHANG L M,MCVAY M C,HAN S J,et al. Effects of dead Loads on the lateral response of battered pile groups [J]. Canadian Geotechnical Journal,2002,39(3):561-575.

[5] MEYERHOF G G,YALCIN A S. Behaviour of flexible batter piles under inclined load layered soil [J]. Canadian Geotechnical Journal,1993,30(2):247-256.

[6] 曹卫平,陆清元,樊文甫,等.竖向荷载作用下斜桩荷载传递性状试验研究[J].岩土力学,2016,37(11):3048-3056.

[7] 王新泉,陈永辉,安永福,等.塑料套管现浇混凝土桩倾斜对承载性能影响的模型试验研究[J].岩石力学与工程学报,2011,30(4):834-842.

[8] 李龙起,罗书学.非均匀地基中倾斜桩基竖向承载特性模拟试验研究[J].岩土力学,2012,33(5):1300-1305.

[9] 徐江,龚维明,张琦,等.大口径钢管斜桩竖向承载特性数值模拟与现场试

验研究[J].岩土力学,2017,38(8):2434-2440,2447.

[10]　胡文红,郑刚.浅层土体加固对倾斜桩竖向承载力影响研究[J].岩土工程学报,2013,35(4):697-706.

[11]　郑刚,王丽.竖向荷载作用下倾斜桩的荷载传递性状及承载力研究[J].岩土工程学报,2008,30(3):323-330.

[12]　郑刚,李帅,杜一鸣,等.竖向荷载作用下倾斜桩的承载力特性[J].天津大学学报(自然科学版),2012,45(7):567-576.

[13]　周德泉,罗坤,冯晨曦,等.一种室内土工模型实验装置:ZL201520323607.3[P].2015-08-26.

[14]　中华人民共和国住房和城乡建设部.建筑地基处理技术规范:JGJ 79—2012[S].北京:中国建筑工业出版社,2013.

[15]　周德泉,李传习,杨帆,等.空隙岩体与溶洞充填混凝土竖向变形特性对比试验研究[J].岩土力学,2011,32(5):1309-1314.

[16]　周德泉,谭焕杰,徐一鸣,等.循环荷载作用下花岗岩残积土累积变形与湿化特性试验研究[J].中南大学学报(自然科学版),2013,44(4):1657-1665.

[17]　周德泉,颜超,罗卫华.复合桩基重复加卸载过程中侧向约束桩变位规律试验研究[J].岩土力学,2015,36(10):2780-2786.

3　倾斜桩事故的分析及处理

3.1　研 究 背 景

本章图库

对预应力管桩基础侧向堆载或开挖卸载可能导致桩体受侧向作用而倾斜,此时管桩基础承受上部竖向荷载时将产生更大的沉降,并且极易发生水平位移失稳,造成基础破坏,甚至威胁邻近的结构物。

对于发生倾斜的预应力管桩基础的处理,目前通用的做法是进行补桩,通过在基础中增加打入竖直管桩,补足基础的竖向承载力及侧向稳定性,但是这种做法存在两个问题:①发生倾斜的预应力管桩的残余承载力如何确定? 准确确定不同倾斜度的预应力管桩的残余承载力有助于确定补桩的数量及长度;②工程事故中的预应力管桩基础通常发生单向倾斜,承担竖向荷载的同时产生水平位移进而造成侧向失稳,使用竖直管桩进行补桩时,竖直管桩的侧向承载能力较弱,若想得到满意的侧向稳定处理效果,势必要大量增加管桩的用量及处理深度。

目前,对于倾斜桩承受竖向荷载时的工程特性的研究较多。Meyerhof 等[1]采用模型试验的方法研究了倾斜桩在倾斜荷载下的受力-变形特性,提出桩顶极限弯矩和极限剪应力的经验公式,给出了不同倾斜角时桩顶水平位移和径向位移随荷载变化的规律。Rajashree 等[2]用非线性有限元模拟静荷载和循环荷载下的倾斜桩,考虑了轴力引起的 p-Δ 效应和循环荷载下土体强度降低的影响,模拟结果给出桩体水平力与水平位移的关系曲线。Hanna 等[3]对不同倾斜角度的倾斜桩进行了砂土沉桩模型试验,分析认为,随着倾斜角增大,桩身极限承载力略有下降。Gerolymos 等[4]利用有限元软件分析了倾斜桩在两种土体模型中的抗震反应,发现倾斜桩对结构可能是有利的,也可能是有害的,这取决于很多因素,包括上层建筑以及桩顶的连接类型。Wang 等[5]在已经完成的整体倾斜桩现场试验和有限元分析的基础上建立了桩身局部倾斜的有限元模型,通过对桩土体系荷载传递规律的有限元分析,发现在相同土质、相同竖向荷载作用下,垂直度小于5%的局部倾斜桩的桩顶沉降均小于竖直桩。Xu等[6]开展了倾斜桩的现场试验,并配合数值模拟对试验结果进行了分析,结果证明倾斜桩的竖向承载能力明显小于竖直桩。Cao等[7]在砂土中开展了一系列关于倾斜桩承载能力的试验,分析认为,倾斜桩轴向承载力明显小于竖直桩。

上述研究对准确确定倾斜桩的竖向承载力起到了一定的指导作用,但是上述研究的对象主要集中在主动设置的大直径灌注桩或钢管桩上。而影响倾斜桩的工程特性的因素较多,不同类型的桩发生倾斜之后可能体现出不同的承载力特征。目前,对于被动形成大范围同向倾斜的预应力管桩的竖向承载力及侧向稳定性的研究较少。这导致工程事故发生后,不能准确判断倾斜群桩的残余承载力,造成加固方案的不准确,从而极易导致二次衍生事故的发生。

仅使用竖直管桩进行加固时,形成的新结构在水平方向上不对称,在承受上部竖向荷载时,势必会造成基础在水平方向上的移动,基础的侧向稳定性很难满足要求。而在基础内部施工反向倾斜的预应力管桩进行加固补强,形成水平方向对称的结构,其在承受上部竖向荷载时,能够较好地克服水平方向的不稳定性。相似的结构在输电塔基础及水上平台使用较多,部分研究成果也证明该结构类型能够较为有效地控制基础变形[4,6,8]。但是水上平台下部多使用大直径钢管桩,桩身承载力较强,不易破坏,且倾斜桩多布置在基础边部。而预应力管桩桩径较小,桩身承载力较弱,容易发生弯曲破坏,倾斜桩的布置较为灵活,可在基础内部大面积分布,其在承受竖向荷载时,基础的变形、桩身受力特征以及基础的破坏模式均不同于图3-1(c)中结构。对图3-1(b)中的倾斜桩补强结构开展研究能够更为清楚地了解该结构的工程特性,并为如何在倾斜管桩工程处理中使用该结构提供理论指导。

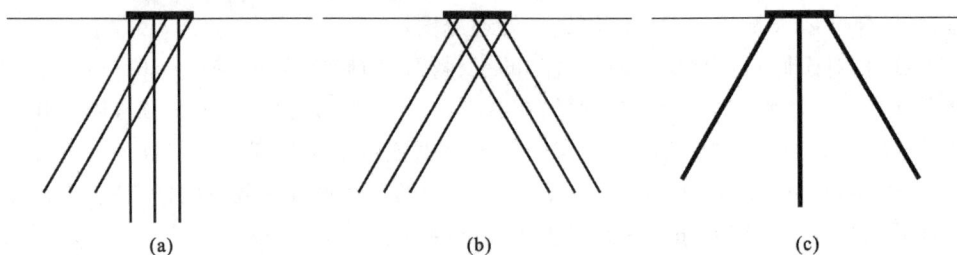

图 3-1　倾斜桩补桩模型

(a)竖直桩加固;(b)反向倾斜桩加固;(c)耙桩基础

本章将对一起预应力管桩发生倾斜的工程事故进行分析,并以此为背景建立有限元分析模型,通过与竖直预应力管桩进行对比,分析倾斜之后预应力管桩的承载能力及受力特性的变化规律;并建立竖直管桩补桩模型及反向倾斜管桩补桩模型,分析、对比不同加固方案的受力变形规律及受力特性;最后通过对补桩加固之后的预应力管桩区域进行检测,将检测结果与有限元分析结果进行对比,为类似工程施工处理提供参考。

3.2　工程事故分析

3.2.1　工程背景

工程背景同 2.2.1 节。

3.2.2　工程事故

由于工期紧张、施工工序错误,该工程先完成了灌注桩的施工,后打设预应力管桩。预应力管桩的挤土效应对灌注桩产生侧向作用力,致使灌注桩、承台及桥梁立柱产生 200~300mm 的水平位移。采用在预应力管桩和灌注桩之间挖槽卸载、在另一侧堆土加载的方式使灌注桩归位,却引起大面积的预应力管桩倾斜。现场对部分发生断裂的管桩进行补强处理后,直接施工钢筋混凝土筏板并逐层填筑路基。填筑过程中,桥台、附近土体及灌注桩发生明显水平位移,并在筏板基础边部发现裂缝。

3.2.3　现场测试分析

如图 3-2 所示,通过在筏板边部设置 5 个位移测点,以及在基础边部土体中设置 2 个深层位移检测孔,测得路基填筑至 7m 高时,最后一次填土(0.5m)施加后筏板基础以及基础边部土体的变位情况。

3.2.3.1　筏板位移观测

图 3-3 为停止填筑后筏板上 5 个位移测点水平位移及沉降随时间的变化规律曲线。由图 3-3 可知,填土荷载施加完成之后不同测点的水平位移及沉降呈现不同的变化规律。

①测点的水平位移量自大而小依次为测点 5、测点 4、测点 3、测点 1、测点 2。由图 3-2 可知测点 3、4、5 位于管桩倾斜区域,即该区域在受到上部填土荷载作用时产生了较大水平位移,水平位移普遍大于 15mm,观测 80d 时,水平位移仍未收敛,基础

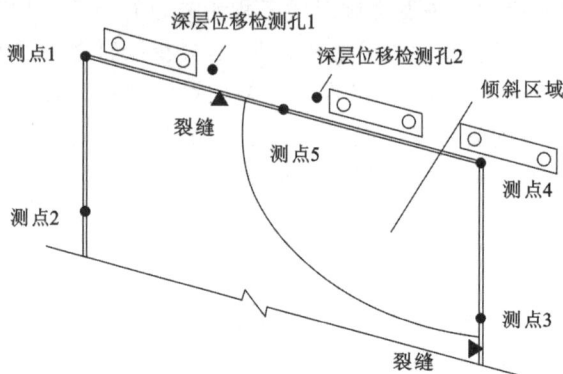

图 3-2　平面布置示意图

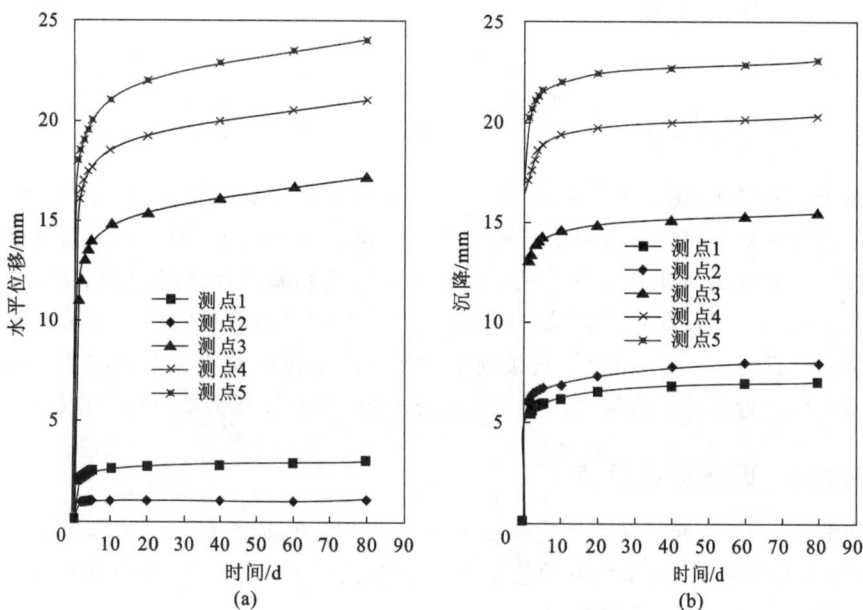

图 3-3　5 个位移测点水平位移及沉降随时间的变化规律曲线

(a) 水平位移；(b) 沉降

存在侧向失稳垮塌的可能。而管桩未倾斜区域 (测点 1、2) 水平位移相对较小,观测结束时水平位移小于 3mm,且水平位移已经收敛,基础较为稳定。这说明管桩倾斜对基础的侧向稳定性造成了极为严重的影响。

②不同测点的沉降量自大而小依次为测点 5、测点 4、测点 3、测点 2、测点 1。管桩倾斜区域的 3 个测点沉降较大,而管桩未倾斜区域 (测点 1、2) 沉降较小,即管桩倾斜对基础竖向承载力也产生了不利影响。

由上述监测结果分析可知,管桩倾斜区域在侧向稳定性及竖向承载力方面均小于管桩未倾斜区域,在施加竖向荷载后,基础发生较大的沉降及水平位移。且由于竖直桩区域的沉降及水平位移均较小,基础发生不均匀的沉降及水平位移,填土完成之后发现在两个区域连接带附近的筏板出现断裂(图3-4)。

图 3-4　筏板基础裂缝

3.2.3.2　基础边部土体位移监测

图3-5为两个深层位移检测孔测得的加载完成后最终深层土体位移曲线。由图3-5可知,检测孔1测得的深层土体水平位移均小于10mm,证明检测孔1附近土体的水平位移较小。检测孔2测得的深层土体位移在距离地面7m以上时与检测孔1测得的数据差别不大,而在距离地面7m范围内差别较大,位移自上而下呈现减小的变化趋势,在地面处达到峰值,峰值位移达到37mm,即检测孔2附近土体发生严重水平位移,且水平位移主要集中在土层上部。

图3-6为两个深层检测孔测得的地表处土体位移随时间变化的规律曲线。由图3-6可知,加载完成之后检测孔1处地表土体位移增长较小且快速达到稳定。检测孔2处地表位移快速增大,在监测时间达到80d时仍未稳定,此时检测孔2附近土体已经出现侧向失稳的现象。

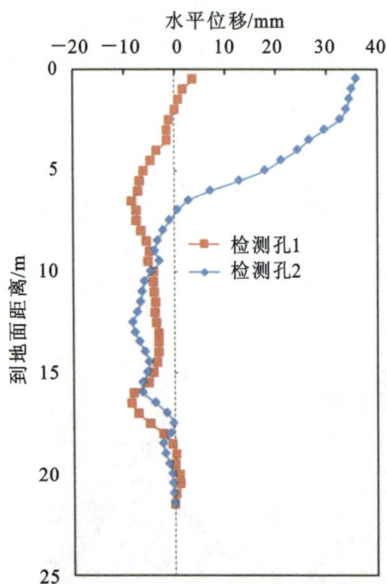

图 3-5　深层土体位移曲线

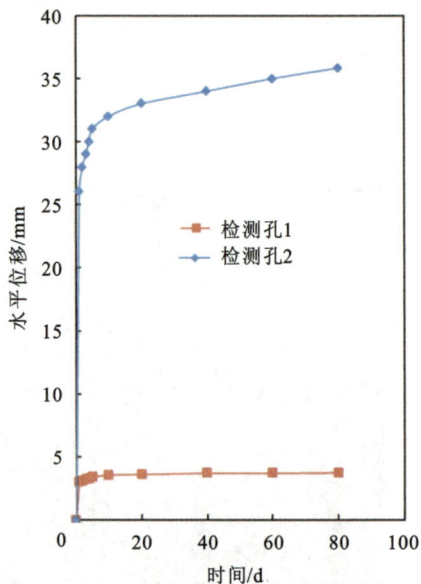

图 3-6　地表土体水平位移曲线

由图 3-2 所示的深层位移检测孔位置可知,检测孔 1 位于管桩未倾斜区域附近,检测孔 2 位于管桩倾斜区域附近。综合上述分析可知,管桩倾斜区域附近土体产生较大水平位移,稳定性较差。且两个检测孔均位于桥梁灌注桩附近,较大的土体水平位移势必会对桥梁灌注桩产生侧向作用力,对桥梁结构产生不利影响。填筑完成之后发现桥梁伸缩缝宽度减小,即桥梁桩基、承台受到了移动土体的侧向作用而出现了水平位移的现象。且桥梁上部结构的反向顶推作用使桥梁墩柱受到了较大的剪力及弯矩,桥梁墩柱表面出现大量裂缝(图 3-7)。

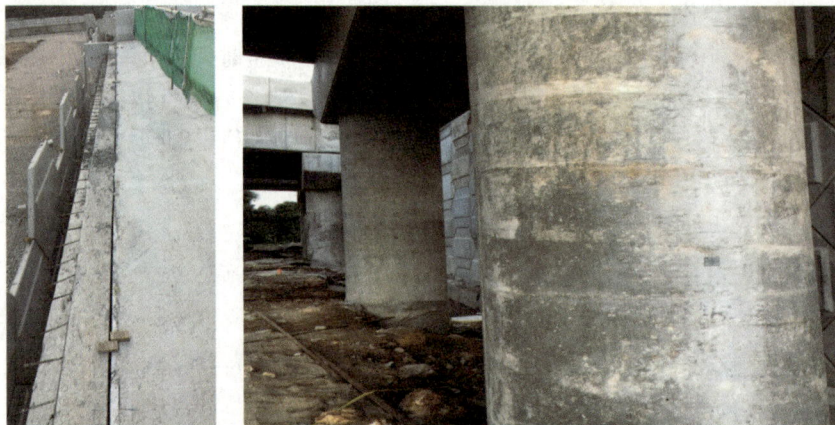

图 3-7　桥梁结构发生破坏

3.3 有限元分析模型

3.3.1 有限元模型的建立

为详细分析预应力群桩基础发生倾斜后基础的变形特性及预应力管桩的受力特性,为工程事故处理提供指导,本节建立有限元分析模型。

有限元分析模型中,参考本章工程背景中的管桩布置及桩身长度选取一标准段进行建模分析。为最大限度减小边界效应对结果的影响,模型几何参数沿 X 方向取长度 45m,沿 Y 方向取宽度 10.2m,沿 Z 方向取高度 40m。筏板基础几何尺寸为 15.3m×10.2m×0.3m($X×Y×Z$),预应力管桩截面取 300mm×70mm,桩长 21m。有限元模型布置图如图 3-8 所示。

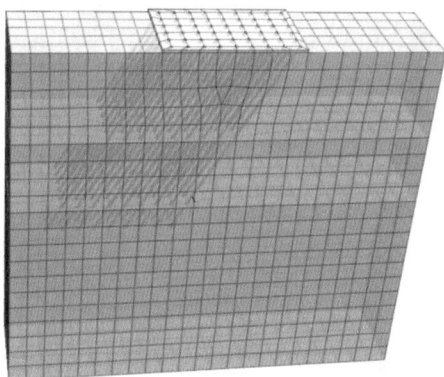

图 3-8 有限元分析模型

预应力管桩顶部进入筏板基础内部与筏板基础刚性连接。为分析不同倾斜角的预应力管桩基础的工程特性,本次分析模型分 4 组进行,不同模型的管桩布置情况如表 3-1 所示。

表 3-1　　　　　　　　　　　　　**模型管桩布置情况**

分组编号	管桩倾斜角 $\theta/(°)$	管桩数量 $n/$个	管桩截面尺寸 (mm×mm)	管桩长度/m	管桩间距/m
1	0				
2	10				
3	20	54	300×70	21	1.7
4	30				

3.3.2　模型参数的确定

分析模型中,预应力管桩、筏板基础采用线弹性模型,黏土、砂土采用莫尔-库仑模型。考虑地下水位位于地表以下0.5m。参考现场地质勘查资料,模型材料的参数如表3-2所示。

表 3-2　　　　　　　　　　　　　　　模型材料参数

名称	模型	E/kPa	泊松比 υ	密度 ρ/ (kg/m³)	内摩擦角 φ/(°)	黏聚力 c/kPa
黏土	莫尔-库仑模型	9×10^3	0.45	17	11	23
粉质黏土		1×10^4	0.4	18	15	30
砂质黏土		5.2×10^4	0.3	18	25	20
预应力管桩	线弹性模型	3.7×10^7	0.17	25	—	—
筏板基础		2.8×10^7	0.3	25	—	—

根据表3-2中选取的材料参数建立单桩数值模拟模型,得到单桩的荷载-沉降曲线,将其与现场实测的单桩载荷试验的荷载-沉降曲线进行对比,结果如图3-9所示。由图3-9可知模拟结果与现场载荷试验结果吻合较好,所取土层参数合理,可以利用上述参数进行计算。

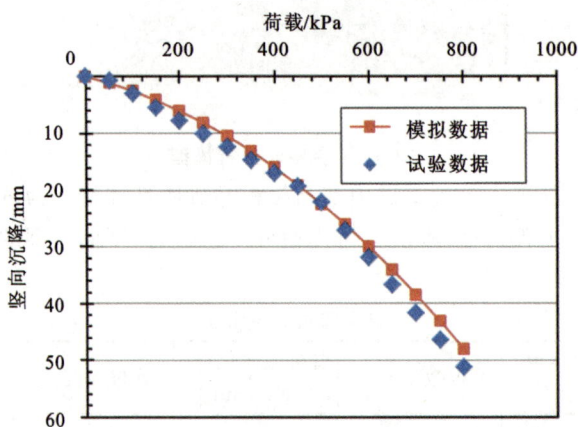

图 3-9　单桩荷载-沉降曲线

3.4 结果与分析

3.4.1 基础变形

图 3-10 为不同倾斜角预应力管桩基础在设计承载力(150kPa)作用下的基础变形云图(非实际变形),由图可知不同倾斜角管桩基础在竖向荷载作用下的形变特征不同。

①竖直管桩基础在受到竖向荷载时,整体均匀下沉,形成下沉盆,筏板附近土体在该设计承载力作用下未出现明显隆起。基础最大变形出现在筏板中部,为 0.046m。位移随与筏板距离的增大而逐渐减小,且位移场等值线沿筏板中心线左右对称,该位移场特征符合管桩基础在竖向荷载作用下的基础形变特征[9],该模型能够较好地体现基础的实际变形情况。

②倾斜管桩基础在受到竖向荷载作用时,其基础的变形情况不同于竖直管桩基础。筏板整体向右下方移动,发生不均匀沉降。基础最大变形出现在筏板右边缘,筏板左边缘变形相对较小。倾斜 10°管桩基础、20°管桩基础、30°管桩基础在筏板右侧边缘的最大变形分别为 0.1m、0.17m、0.21m。倾斜管桩基础的最大变形均大于竖直管桩(0°桩)基础的最大变形(0.046m),并且随着管桩基础倾斜角的增大,基础的最大变形呈不断增大的趋势。证明预应力管桩倾斜会对基础的承载力及稳定性产生不利影响,并且该不利影响随倾斜角的增大而不断加剧。

③基础在受到荷载作用时,附近土体发生较大隆起为基础发生破坏的现象之一。倾斜管桩基础筏板右侧土体均出现隆起现象。倾斜 10°管桩基础土体隆起高度相对较小,为 0.077m,此时基础出现破坏的趋势。倾斜 20°管桩基础、30°管桩基础土体隆起高度相对较大,分别为 0.157m、0.188m,此时基础明显已经发生破坏。相同荷载作用下,土体隆起高度随管桩倾斜角的增大呈增大趋势,证明随着倾斜角增大,基础边部土体更容易被挤出而发生破坏。土体移动、隆起的范围也随倾斜角的增大而呈增大趋势,此时土体的移动极易对附近的其他结构物造成不利影响。

④不同于竖直管桩基础,倾斜管桩基础的位移场等值线整体上沿桩身方向倾斜分布。随着管桩倾斜角的增大,位移场的影响范围在上部软土层向右下侧不断扩大,而在下部砂质黏土层向左水平移动且不断减小。分析认为:竖直管桩基础在承担上部竖向荷载时,很大一部分荷载通过预应力管桩传递至桩底强度较高的砂质黏土层,砂质黏土层在承担荷载后发生变形并提供较强的反作用力,此时基础承载力较高。而管桩发生倾斜之后,桩底强度较高的砂质黏土层产生的变形随桩身倾斜角增大呈减小趋势,提供的反力也逐渐减小。而桩侧软土层变形逐渐增大,提供的垂直于桩身

的反作用力效果也逐渐增强，即管桩基础发生倾斜之后，随着倾斜角的增大，管桩基础的承载力逐渐从由深层强度较高的土层提供转变为由浅层强度较低的土层提供。桩身倾斜之后表层土体水平位移趋势明显，基础极易发生失稳破坏。

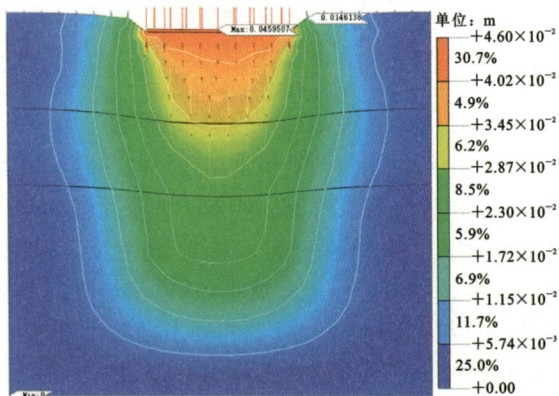

(a)

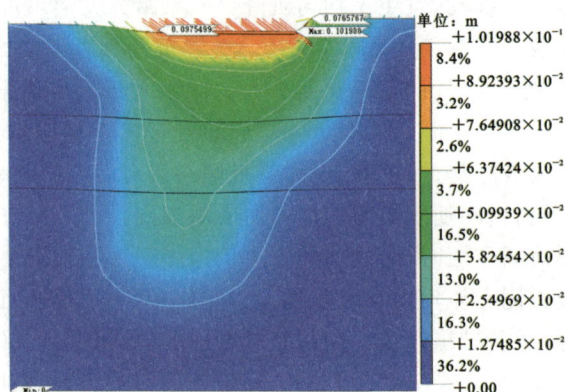

(b)

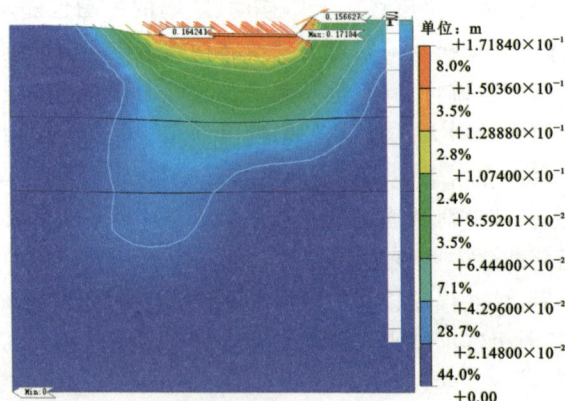

(c)

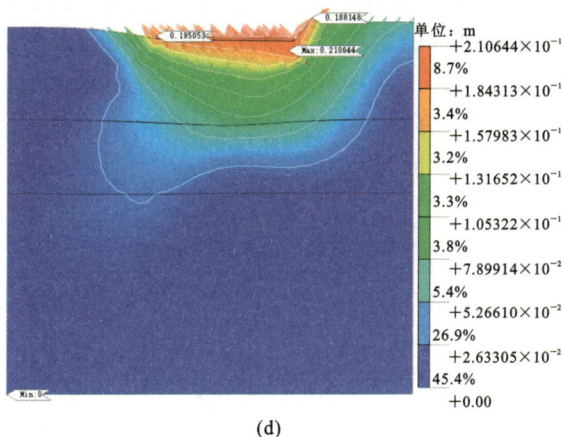

(d)

图 3-10　基础变形云图

（a）竖直管桩；（b）倾斜 10°管桩；（c）倾斜 20°管桩；（d）倾斜 30°管桩

3.4.2　加载沉降规律

图 3-11 为不同倾斜角管桩基础在竖向荷载作用下的荷载-沉降曲线。为更加方便地对比桩身倾斜度对基础竖向承载力的影响,增加了相同情况下竖直管桩基础及天然地基的荷载-沉降曲线。

由图 3-11 可知,不同情况下基础的沉降均随竖向荷载的增加快速增大。荷载较大时,基础沉降快速增加,符合预应力管桩基础荷载沉降变化规律[9]。对于不同的基础类型,荷载-沉降曲线自上而下依次为竖直管桩基础、倾斜 10°管桩基础、倾斜 20°管桩基础、倾斜 30°管桩基础、天然地基基础。证明在相同的荷载作用下,倾斜管桩基础的竖向沉降随管桩倾斜角的增大而增加。管桩倾斜影响了基础的竖向承载能力。

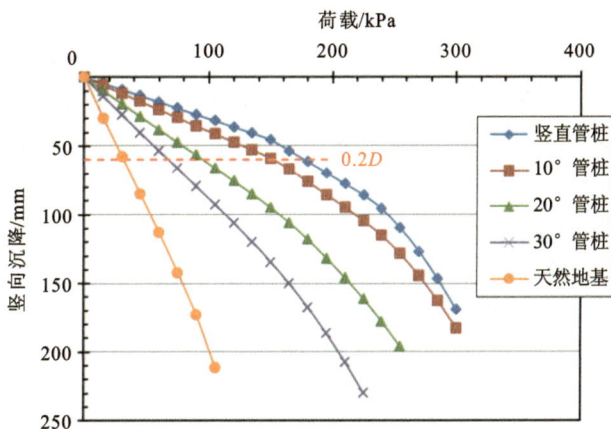

图 3-11　不同倾斜角管桩基础在竖向荷载作用下的荷载-沉降曲线

桩基础在承受上部填土荷载时会因发生较大沉降而丧失承载力,并导致基础发生破坏。Chen 等[10]认为桩基础在沉降达到 $0.2D$(D 为桩径)时不适合继续增加竖向荷载。不同基础竖向沉降 $0.2D$(60mm)时基础所承受的竖向荷载为基础的竖向极限承载力。不同基础的竖向极限承载力如表 3-3 所示,并通过表 3-3 数据绘制基础极限承载力随倾斜角变化的曲线,如图 3-12 所示。本工程中设计承载力要求为 150kPa。

表 3-3 不同基础的竖向极限承载力

基础类型	竖直管桩基础	倾斜 10°管桩	倾斜 20°管桩	倾斜 30°管桩	天然地基
极限承载力 P/kPa	176	153	99	70	32

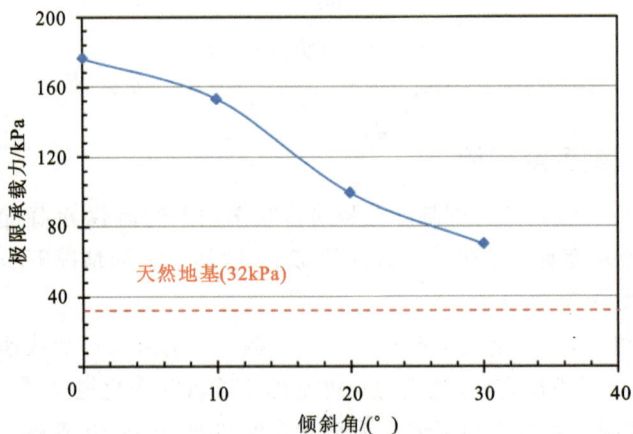

图 3-12 极限承载力变化曲线

桩基础的极限承载力随倾斜角的增大呈现不断减小的变化趋势。竖直管桩及倾斜 10°管桩基础竖向极限承载力均大于 150kPa,满足本工程中设计承载力的要求;而倾斜 20°、30°管桩基础的竖向极限承载力小于 100kPa,明显不满足要求。当基础倾斜角小于 10°时,桩基础的竖向极限承载力随倾斜角的增大而缓慢减小;当倾斜角大于 10°时竖向承载力快速减小;当倾斜角大于 20°时,基础的竖向极限承载力减小速度再次放缓,并随着倾斜角增大逐渐趋近于天然地基的极限承载力。证明对于倾斜管桩基础的竖向极限承载力而言,存在一个 10°左右的临界倾斜角,小于该倾斜角时,管桩发生倾斜对基础的竖向极限承载力影响较小。该结论与 Zheng 等[11]关于倾斜单桩的竖向承载力的分析结论相似。

对于发生倾斜的管桩基础,如果暂时不考虑基础水平位移及桩身破坏,单纯从桩基竖向沉降方面确定基础的极限承载力,当管桩基础倾斜角小于10°时,基础承载力损失较少,可对承载力进行折减后确定其是否满足承载力要求,如果满足则可不进行加固处理;管桩基础倾斜角大于10°时,基础承载力损失较大,原基础失效,必须进行加固处理。

3.4.3　加载水平位移规律

对同向倾斜的预应力管桩基础进行竖向加载势必会造成基础的水平位移。基础水平位移过大会导致基础失稳破坏,同时也对附近结构物造成严重的不利影响。所以对于倾斜管桩基础,基础水平位移是必须考虑的重要因素。图 3-13 为竖向加载过程中不同倾斜角管桩基础上部筏板的水平位移随荷载的变化曲线。

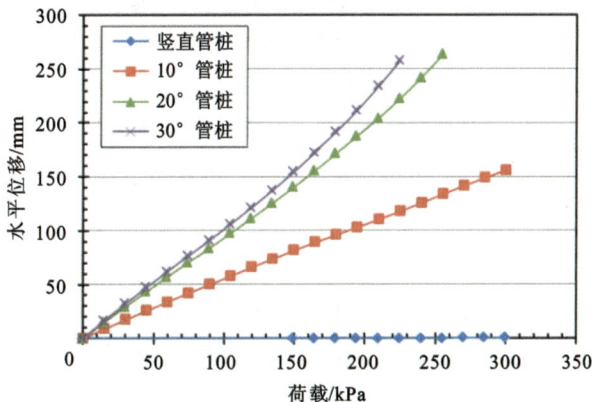

图 3-13　不同倾斜角管桩基础上部筏板水平位移变化曲线

由图 3-13 可知,对于竖直桩基础,筏板在竖向荷载作用下保持稳定,未发生水平位移。而倾斜桩基础上部筏板均在竖向荷载作用下发生了较大的正向水平位移,水平位移均随荷载增大而增加,且水平位移均未收敛。在倾斜角较大(大于20°)时,基础水平位移的增加率增大得也较为明显,继续增加荷载会导致基础存在失稳的可能。而筏板荷载-水平位移曲线自下而上依次为竖直桩基础、倾斜10°桩基础、倾斜20°桩基础、倾斜30°桩基础。即筏板的侧向稳定性与桩身倾斜度直接相关,桩身倾斜角越大,筏板的水平位移量越大,侧向稳定性越差。

图 3-14 为不同荷载作用下筏板水平位移随桩身倾斜角的变化曲线。由该图可知,在倾斜角小于20°时,筏板水平位移随倾斜角增大而快速增加;而倾斜角大于20°时,筏板水平位移趋于稳定。而荷载较大时,水平位移的增长率也较大。

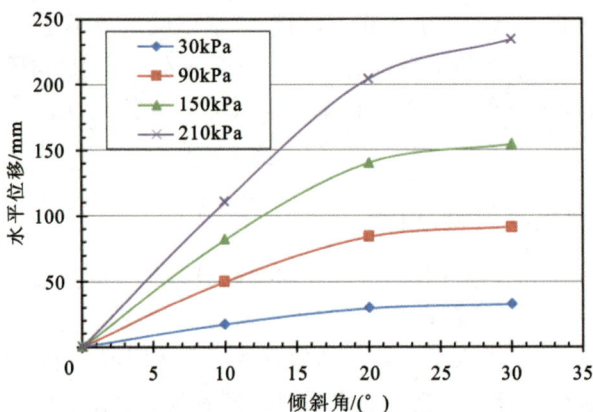

图 3-14　不同荷载作用下筏板水平位移曲线

参考 3.4.2 节中通过基础竖向沉降得出的基础极限承载力,对应得到不同倾斜角管桩基础在达到竖向极限承载力时筏板的水平位移量,如表 3-4 所示。

表 3-4　　　　　　　　不同倾斜角管桩基础的筏板水平位移量

基础类型	倾斜 10°管桩	倾斜 20°管桩	倾斜 30°管桩
筏板水平位移量/mm	81.6	95	75

由表 3-4 可知,在不同倾斜角管桩基础达到竖向极限承载力时,筏板的水平位移量均大于 70mm,大大超过了基础侧向稳定性的要求。故必须对产生倾斜的预应力管桩基础进行侧向稳定性加固,从而防止可能出现的基础水平失稳。

3.4.4　桩身受力

预应力管桩能够承受较强的压力,单纯受压时不易发生破坏。但管桩发生倾斜之后,在受压过程中势必在桩身出现法向的作用力,进而在桩身产生弯矩,极易造成预应力管桩发生弯曲破坏。

图 3-15 分别为不同倾斜角管桩基础在 60kPa 及 105kPa 作用下桩身的弯矩曲线。由图 3-15 可知,竖直管桩基本不产生弯矩;倾斜管桩均在距离桩顶 2m 范围内产生正向弯矩,在桩顶处达到正弯矩最大值,在桩身中部距桩顶 2~15m 范围内产生负弯矩,在距桩顶 10m 附近出现负弯矩最大值,桩底弯矩较小。

　　在相同的荷载作用下,倾斜管桩桩顶正弯矩值及桩身中部负弯矩值均随倾斜角的增大而增大。即倾斜角越大的单桩承受的弯矩作用越大,也就越容易导致桩身发生破坏。增加荷载时,相同倾斜角的桩身弯矩分布规律保持一致,其大小随荷载增加而呈增大的趋势。相同情况下,桩身顶部的正弯矩最大值大于桩身中部的负弯矩最大值,即荷载作用下首先在桩顶处发生弯曲破坏。

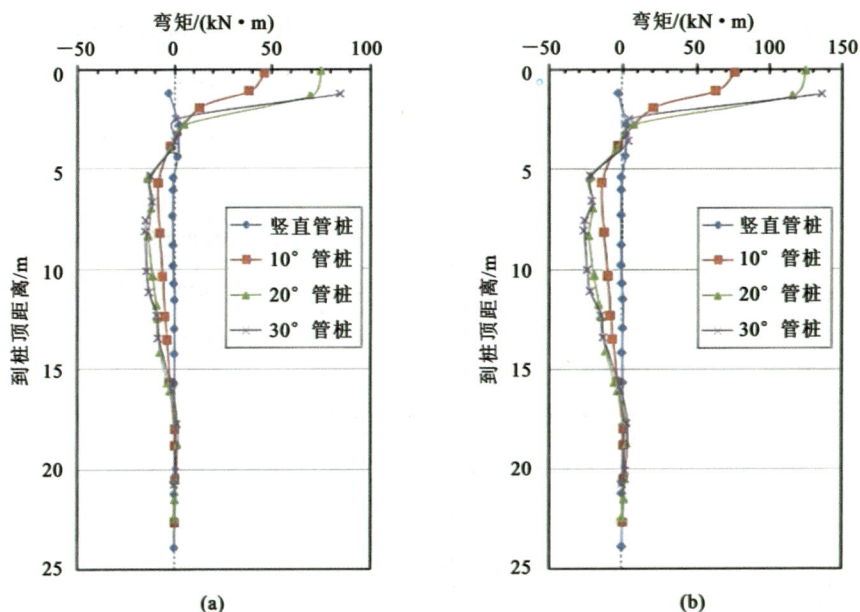

图 3-15　桩身弯矩曲线

(a)60kPa;(b)105kPa

　　桩身承受的弯矩最大值为基础处理过程中需要考虑的重要因素。图 3-16 为不同荷载作用下桩顶正弯矩最大值及桩身中部负弯矩最大值随管桩倾斜角的变化曲线。

　　如图 3-16 所示,不同荷载作用下,桩身正弯矩最大值及负弯矩最大值随桩身倾斜角的变化曲线呈相似的变化规律。当管桩倾斜角小于 20°时,弯矩最大值均随倾斜角增大快速增加;而倾斜角大于 20°时,继续增大倾斜角,桩身弯矩增加较少。

　　参考 3.4.2 节中确定的由桩身沉降控制的基础极限承载力,对应得到基础在达到极限承载力时的桩身最大弯矩,如表 3-5 所示。

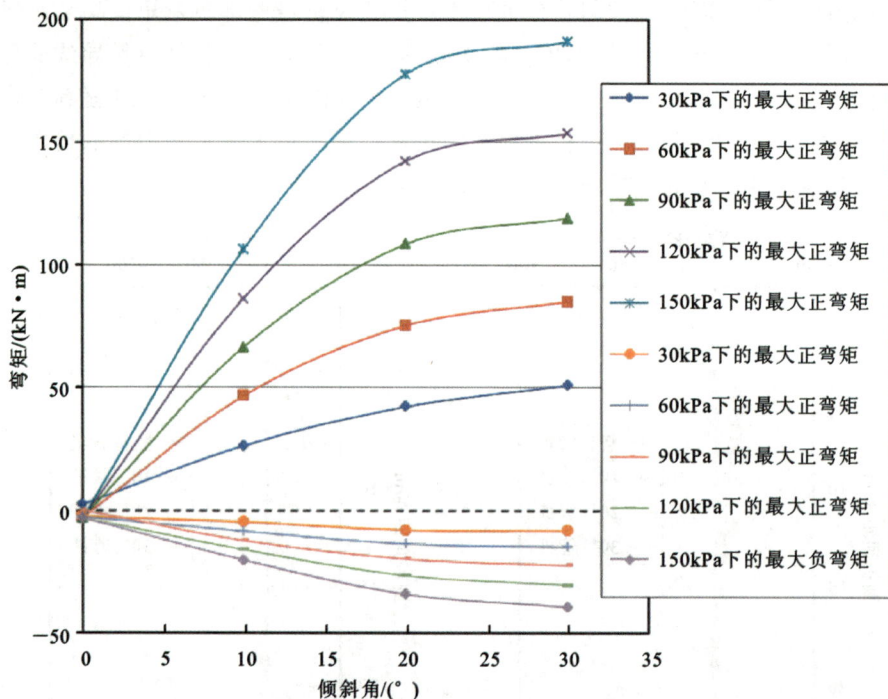

图 3-16 桩顶正弯矩最大值及桩身中部负弯矩最大值随管桩倾斜角的变化曲线

表 3-5   桩身最大弯矩

基础类型	倾斜 10°管桩	倾斜 20°管桩	倾斜 30°管桩
正弯矩最大值/(kN·m)	106	125	102
负弯矩最大值/(kN·m)	−20.2	−23	−18.6

　　本工程中所使用的预应力管桩截面尺寸为 300mm×70mm,其极限弯矩值为 34kN·m。由表 3-5 可知,桩身中部负弯矩最大值在基础达到极限承载力时均未达到极限弯矩(34kN·m),证明此时桩身中下部较为安全,不会发生桩身弯曲破坏。而桩顶处正弯矩最大值均大于 100kN·m,远远超过桩身的极限弯矩 34kN·m,即基础承受荷载达到极限承载力之前桩顶就已经发生了弯曲破坏。故在倾斜管桩处理过程中必须考虑桩顶承受的弯矩,对桩顶进行加固,防止桩顶产生弯曲破坏。

3.5　事故加固方案分析

　　预应力管桩在发生倾斜之后,基础的竖向承载力、侧向稳定性均出现了较大程度的降低。同时桩身顶部受到了较大的弯矩作用,导致桩顶极易发生弯曲破坏。

　　通常情况下,对倾斜预应力管桩的处理方式为补设相同材料的管桩,利用补设的管桩补足原管桩因为倾斜而损失的承载力,从而达到工程的设计要求。但是竖直管桩对于基础侧向稳定性的加强效果较差,发生倾斜的原管桩基础受到竖向荷载时将产生较大水平位移,仅使用竖直管桩加固,基础仍可能出现水平位移失稳。

　　为避免上述现象发生,可使用反向倾斜管桩加固原倾斜管桩基础[4]。通过在基础内部施加反向倾斜管桩,与原倾斜管桩组成新的承载结构以提高基础的侧向稳定性。

　　为详细分析上述两种方案对原倾斜管桩基础的加固效果以及桩身的受力特性,本节以倾斜30°管桩模型为基础建立了两组加固模型。两组加固模型的材料参数与原倾斜30°管桩模型保持一致,且均采用40根相同的管桩进行加固,桩长24m,桩间距1.7m。方案A采用竖直管桩进行加固,方案B采用反向倾斜30°的管桩进行加固。布桩方案如图3-17所示。

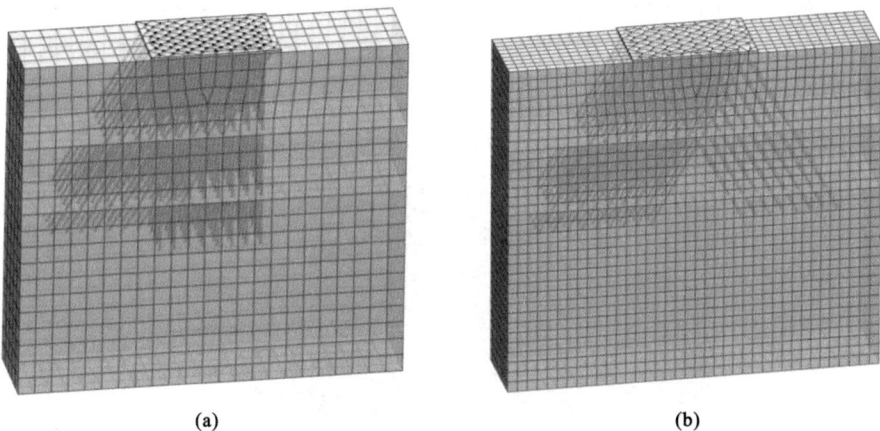

(a)　　　　　　　　　　　　　　　(b)

图 3-17　倾斜管桩加固方案计算模型

(a)方案 A;(b)方案 B

3.5.1　基础变形

图 3-18 为加固方案 A 及方案 B 在设计承载力(150kPa)作用下的基础变形云图(非实际变形),由图可知:

①经过方案 A 或方案 B 进行加固之后,基础变形的影响范围扩大至深层砂土层,均不同于原倾斜管桩基础的变形情况。说明使用补桩加固确实能够明显改善桩基础的受力变形特性,达到较好的加固效果。

②方案 A 中筏板基础在受到上部竖向荷载时产生了不均匀沉降,基础右边缘出现的变形最大值达到 0.076m,基础左边缘变形最大值相对较小,为 0.065m。而方案 B 中基础变形相对比较均匀,右侧出现的变形最大值为 0.04m,左侧变形最大值为 0.039m。说明使用方案 B 进行加固时,筏板基础在竖向荷载作用下沉降更加均匀,且出现更小的变形值。

③方案 A 的云图等值线分布与竖直桩云图等值线[图 3-11(a)]分布规律相似,近似沿基础中线对称分布;随着与筏板基础距离的增大,基础变形逐渐减小。而方案 B 的基础变形云图明显不同,变形等值线近似沿桩身分布;基础变形的影响范围较大,且基础下部坚硬土层的变形范围明显大于方案 A。说明方案 B 相较于方案 A 更多地利用了桩底坚硬土层提供的约束反力。

④两种方案中筏板基础附近土体均未产生明显的隆起变形。方案 B 中基础附近土体主要发生向下的移动,而方案 A 中基础附近土体主要发生水平移动,土体向外挤出。说明使用采用竖直管桩进行加固的方案 A 对附近土体影响较大,进而可能对附近结构物造成影响。

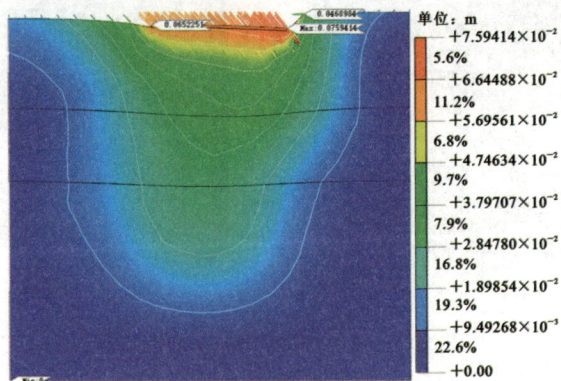

(a)

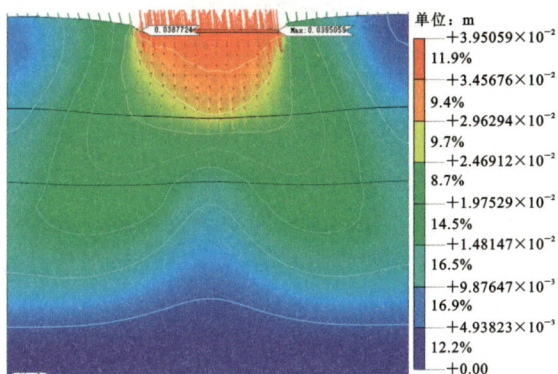

(b)

图 3-18　基础变形云图

（a)方案 A；（b)方案 B

3.5.2　沉降变化规律

图 3-19 为经方案 A 及方案 B 加固之后的基础以及原倾斜管桩基础在竖向荷载作用下的荷载-沉降曲线。

由图 3-19 可知,经过加固之后在相同的竖向荷载作用下基础明显产生了更小的沉降,即补桩加固能够明显增加基础的竖向承载力。而在相同的竖向荷载作用下,使用方案 B 进行加固时,基础产生的竖向沉降小于使用方案 A 进行加固的情况。在沉降达到 $0.2D(60\text{mm})$ 时,基础的竖向承载力如表 3-6 所示。

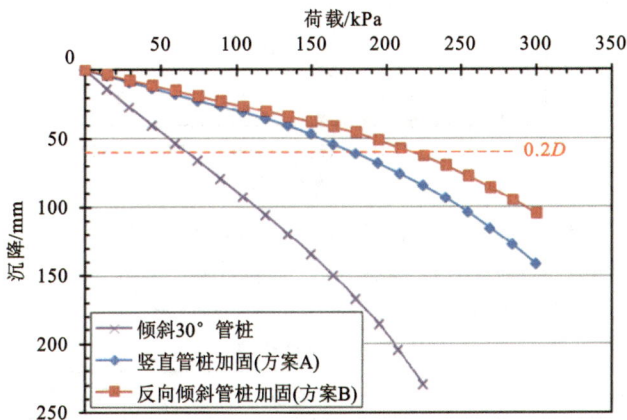

图 3-19　不同加固方案的基础荷载-沉降变化曲线

表 3-6 基础的竖向承载力

基础类型	倾斜 30°管桩	竖直管桩加固(方案 A)	反向倾斜管桩加固(方案 B)
竖向承载力/kPa	70	180	210

由表 3-6 可知,经过补桩加固的倾斜管桩基础的竖向承载力均大于 150kPa,满足设计竖向承载力要求。且使用相同的桩间距及桩长进行处理时,反向倾斜管桩加固方案的竖向承载力要高于使用竖直管桩加固。即对倾斜管桩基础进行处理时,使用反向倾斜管桩进行加固更为有利。

3.5.3 水平位移变化规律

图 3-20 为经方案 A 及方案 B 加固之后的基础以及原倾斜管桩基础在竖向荷载作用下筏板水平位移随荷载的变化曲线。

由图 3-20 可知,经过补桩加固之后筏板在竖向荷载作用下的水平位移减小,稳定性增加。经方案 B 加固之后筏板产生的水平位移明显小于方案 A,说明在相同情况下,使用反向倾斜管桩进行加固对基础的侧向稳定性更为有利。

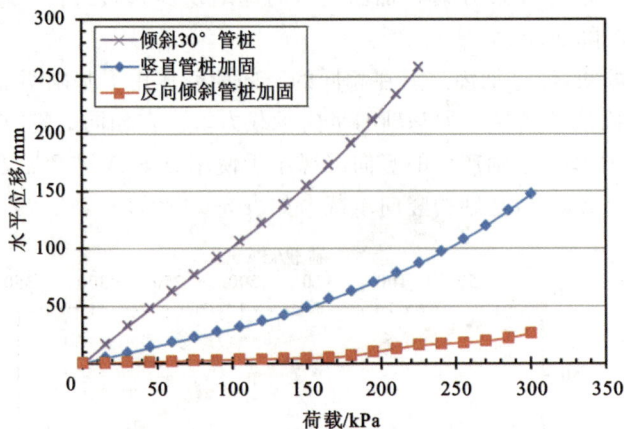

图 3-20 加固后在竖向荷载作用下筏板水平位移变化曲线

基础在达到极限承载力时的筏板水平位移数据[极限承载力大于设计承载力(150kPa)时以承载 150kPa 时的数据为准]如表 3-7 所示。

表 3-7 筏板水平位移量

基础类型	倾斜 30°管桩	竖直管桩加固(方案 A)	反向倾斜管桩加固(方案 B)
筏板水平位移量/mm	75	47.9	4.79

由表 3-7 可知,补桩加固基础的水平位移量明显减小,起到了侧向稳定的作用。

但是在仅使用竖直管桩进行加固时,基础依旧产生了 47.9mm 的水平位移,该水平位移量仍较大,不满足设计要求。为满足侧向稳定性的要求,必须增加竖直管桩的数量,扩大加固范围,这势必造成大量的材料浪费。而使用反向倾斜管桩进行加固,在基础达到设计要求承载力 150kPa 时,筏板产生的水平位移为 4.79mm,满足设计要求。说明对于倾斜管桩复合地基,使用反向倾斜管桩进行加固的方案 B 能够更好地满足基础侧向稳定性的要求。

3.5.4 桩身受力变化规律

图 3-21 分别为竖向加载 60kPa 及 105kPa 作用下,方案 A 及方案 B 中倾斜管桩及补强管桩的桩身弯矩曲线。

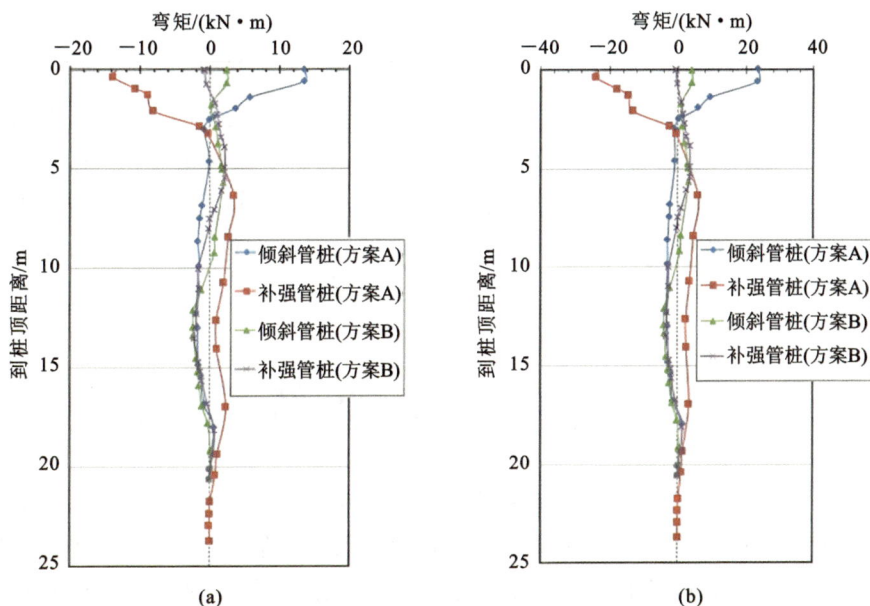

图 3-21 方案 A、方案 B 中倾斜管桩及补强管桩的桩身弯矩曲线
(a)60kPa;(b)105kPa

由图 3-21 可知,在竖向荷载作用下,方案 A 中的原倾斜管桩在自桩顶向下 0～3m 范围内出现正弯矩,弯矩沿桩长向下逐渐减小,在桩顶附近出现正弯矩最大值。自桩顶 3m 以下桩身出现负弯矩,且负弯矩较小。补强竖直管桩的弯矩曲线与原倾斜管桩的分布曲线大致对称。其在桩顶以下 0～3m 范围内出现负弯矩,沿桩长向下逐渐减小,在桩顶附近出现负弯矩最大值。自桩顶 3m 以下桩身出现正弯矩,且正弯矩较小。方案 B 中原倾斜管桩及补强倾斜管桩的弯矩分布沿桩身整体较小,且两组分布曲线较为类似,均在桩顶向下 0～10m 范围内产生正弯矩,自桩顶 10m 以下桩身产生负弯矩。

由以上两组方案对比可知,相较于方案 A,方案 B 中的管桩上部承受弯矩较小,更不易发生弯曲破坏。

预应力管桩在承受竖向荷载时,桩身是否发生断裂破坏对基础的竖向承载能力有非常重要的影响。表 3-8 为方案 A、B 在承受设计荷载 150kPa 以及原倾斜 30°管桩基础达到竖向沉降控制的极限承载力(70kPa)时的桩身正、负弯矩最大值。

表 3-8 桩身弯矩最大值

基础类型	倾斜 30°管桩	方案 A		方案 B	
		倾斜管桩	补强竖直管桩	倾斜管桩	补强倾斜管桩
正弯矩最大值/(kN·m)	102	34.59	9.13	5.69	5.01
负弯矩最大值/(kN·m)	−18.6	−5.35	−35.71	−5.60	−4.52

由表 3-8 可知,通过方案 A 或方案 B 的加固,原基础中倾斜管桩的正、负最大弯矩均出现了一定程度的减小。方案 A 中最大弯矩接近管桩极限弯矩 34kN·m,较为不安全,极易发生管桩断裂破坏。而方案 B 使用倾斜管桩加固,其桩身最大弯矩均小于极限弯矩,桩身不会发生断裂破坏,即采用方案 B 进行加固时,桩身受力满足要求。

3.6　本章小结

本章在对一起因预应力管桩倾斜导致的工程事故进行分析的基础上,建立有限元分析模型,分析了预应力管桩基础发生倾斜之后的基础变形、沉降、水平位移以及桩身受力的变化规律,提出了使用反向倾斜管桩进行基础加固的方案并进行分析,得出了以下结论:

①倾斜桩上部筏板易发生不均匀沉降。在相同的竖向荷载作用下,随着倾斜角的增大,桩底坚硬土层提供的桩端阻力减小,基础沉降及水平位移增大。基础容易发生失稳破坏。倾斜管桩上部产生正弯矩,中部产生负弯矩,弯矩最大值出现在桩顶,极易在桩顶发生弯曲破坏。相同荷载作用下,随管桩倾斜角的增大,桩顶弯矩最大值呈增大的变化趋势。

②存在影响倾斜管桩基础竖向沉降的临界倾斜角(本章中为 10°)。当管桩基础倾斜角小于临界倾斜角时,管桩倾斜对基础的竖向沉降变形影响较小;大于临界倾斜角时,管桩倾斜对基础的竖向沉降影响较大。同时存在影响基础水平位移及桩身承

受弯矩的另一个临界倾斜角(本章中为 20°)。相同荷载下,当倾斜角小于临界倾斜角时,基础水平位移及桩身弯矩随倾斜角增大快速增加;倾斜角大于临界倾斜角时,基础水平位移及桩身弯矩增加缓慢。

③相较于竖直管桩加固,使用反向倾斜管桩加固倾斜预应力管桩基础能够更好地利用基础下部深层土体的承载力,并使筏板基础在竖向荷载作用下获得均匀的沉降。且经过反向倾斜预应力管桩加固之后的基础在相同荷载作用下产生的沉降、水平位移以及桩身弯矩均较小,更利于基础的加固。

参 考 文 献

[1] MEYERHOF G G, YALCIN A S. Behaviour of flexible batter piles under inclined loads in layered soil[J]. Canadian Geotechnical Journal, 1993, 30(2): 247-256.

[2] RAJASHREE S S, SITHARAM T G. Nonlinear finite-element modeling of batter piles under lateral load[J]. Journal of Geotechnical and Geoenvironmental Engineering, 2001, 127(7): 604-612.

[3] HANNA A, NGNYEN T Q. Shaft resistance of single vertical and batter piles driven in sand[J]. Journal of Geotechnical and Geoenvironmental Engineering, 2003, 129(7): 81-86.

[4] GEROLYMOS N, GIANNAKOU A, ANASTASOPOULOS I, et al. Evidence of beneficial role of inclined piles: observations and summary of numerical analyses[J]. Bulletin of Earthquake Engineering, 2008, 6(4): 705-722.

[5] WANG L, ZHENG G. Research on vertical bearing capacity of partially inclined pile with finite element method[J]. Rock and Soil Mechanics, 2009, 30(11): 3533-3538.

[6] XU J, GONG W M, ZHANG Q, et al. Numerical simulation and field test study on vertical bearing behavior of large diameter steel of inclined piles[J]. Rock and Soil Mechanics, 2017, 38(8): 2434-2440,2447.

[7] CAO W P, LU Q Y, FAN W F, et al. Experimental study of load transfer behavior of batter piles under vertical loads[J]. Rock and Soil Mechanics, 2016, 37(11): 3048-3056.

[8] HUO S L, CHAO Y, DAI G L, et al. Field test research of inclined large-scale steel pipe pile foundation for offshore wind farms[J]. Journal of Coastal

Research，2015，73：132-138.

[9]　YANG M，LIU S X. Field tests and finite element modeling of a pres-
tressed concrete pipe pile-composite foundation[J]. KSCE Journal of Civil Engi-
neering，2015,19(7)：2067-2074.

[10]　CHEN Y D，DENG A，WANG A T，et al. Performance of screw-shaft
pile in sand：model test and DEM simulation[J]. Computers and Geotechnics，
2018,104：118-130.

[11]　ZHENG G，LI S，DU Y M，et al. Bearing capacity behaviors of in-
clined pile under vertical load[J]. Transactions of Tianjin University，2012，
45(7)：567-576.

4 路堤重复加卸载下坡脚倾斜摩擦桩变位规律试验研究

4.1 研究背景

本章图库

倾斜桩常用于桥梁、码头、输电线路等高耸结构物基础，以抵抗较大的水平荷载，因其作为主动桩的工作机制备受关注。Meyerhof 等[1]采用模型试验研究了倾斜桩在倾斜荷载下的受力-变形特性，给出了桩身倾斜度、荷载对倾斜桩桩顶水平位移的影响曲线。Zhang 等[2]通过离心机试验研究了倾斜桩的水平承载特性，并对竖直桩 p-y 曲线进行修正，得到了倾斜桩的 p-y 曲线。郑刚等[3-7]对倾斜桩受水平荷载和竖向荷载作用下的承载力特性开展研究，认为在同等条件下，受水平荷载时倾斜单排桩的抗倾覆能力优于竖直单排桩；随着排桩倾斜度增加，桩身最大水平位移和桩身最大弯矩均逐渐减小。吕凡任等[8-10]开展对称双倾斜桩基础研究，认为受相同水平荷载作用的双倾斜桩基础的水平位移随着倾斜桩倾斜角的增大逐渐减小；受竖向荷载作用的桩的倾斜角在 5°～10°时，其竖向承载力较大，与其他倾斜角的对称双倾斜桩基础相比，该倾斜角范围最优。凌道盛等[11]研究了砂土地基倾斜桩水平承载特性，认为 p-y 曲线法能够很好地揭示倾斜桩水平承载特性。徐江等[12]对大口径钢管倾斜桩进行数值模拟与现场试验研究，认为竖直桩的极限承载力小于设计值；倾斜桩的极限承载力大于设计值，倾斜桩端阻力占比高于竖直桩，桩侧阻力占比低于竖直桩。王新泉等[13]开展倾斜桩模型试验，认为倾斜桩水平位移主要发生在桩体上部约 1/3 桩长范围内；倾斜桩水平位移量随着上部荷载和倾斜角的增大而增大。曹卫平等[14,15]采用有限元软件模拟了倾斜桩在水平荷载作用下的变形性状，认为正向倾斜桩的水平承载力比竖直桩大，负向倾斜桩的水平承载力比竖直桩小，正向倾斜桩桩顶水平位移小于竖直桩，负向倾斜桩桩顶水平位移大于竖直桩。李吉人等[16]通过数值模拟，认为在倾斜桩结构的内力中，倾斜桩的轴力起主要支配作用，可有效分担地震的作用力，在输入不同地震动时，竖直桩结构与倾斜桩结构的抗震性能不同。

以上研究集中在倾斜桩主动承载时的工作机制,倾斜桩作为被动桩的工作机制却少见报道。本章提出在路堤坡脚采用负向倾斜桩抵抗软土水平位移,通过室内模型试验研究路堤重复加卸载下坡脚处顶部约束双排倾斜摩擦桩变位规律,为高路堤下软土工程的处置设计提供指导与参考。

4.2 模型试验概况

本试验在 1420mm×720mm×1100mm(长×宽×高)的模型槽中进行,模型槽用钢条焊接成框架,加钢化玻璃和木板组装而成。

槽内模型桩布置如图 4-1 所示,图中 4 根桩和 4 根连梁都采用木板制成方形模具,再填充水泥砂浆。4 根桩的倾斜角(桩轴线与垂线之间的夹角)分别为 0°、3°、6°、9°。模型桩和连梁的具体参数见表 4-1。

注:□—0°桩;□—6°桩;□—3°桩;□—9°桩;□—连梁。

(a)

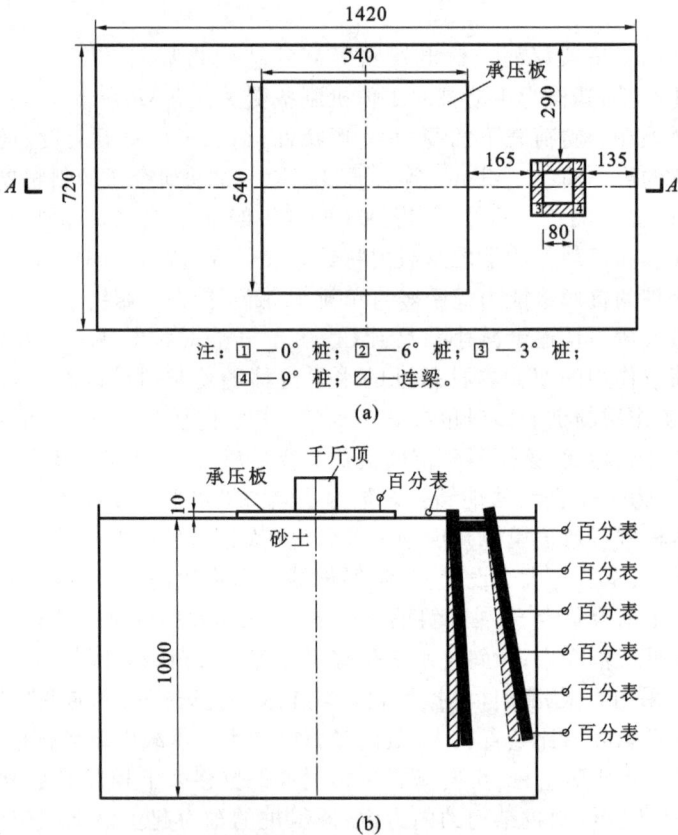

(b)

图 4-1 模型桩布置示意图(单位:mm)
(a)平面布置图;(b)A—A 剖面图

表 4-1　　　　　　　　　　　　模型桩和连梁的参数

结构名称	边长 D/mm	长度 L/mm	截面形状	弹性模量 E/GPa	材料
0°桩、3°桩、6°桩、9°桩	30	800	方形	12.06	水泥砂浆
连梁	30	80	方形	12.06	水泥砂浆

模型土采用干砂,最大粒径 3mm,不均匀系数 $C_u=5.5$,曲率系数 $C_c=2.7$,级配良好,土体在自重作用下没有明显分层,填土厚度 1m。填土前,先确定各桩在模型槽内的分布位置,然后用方木和透明胶在所有模型桩的中部、顶部分别固定,确保填土时桩的倾斜角准确、稳定。当填土厚度为 500mm 左右时,拆除支护方木,用 AB 胶固定连梁。6°桩和 9°桩外侧在不同深度(分别距离桩顶 50mm、190mm、330mm、470mm、610mm、750mm)水平设置直径为 10mm 的 12 根 PVC 管,用透明胶将 PVC管端与桩表面无缝紧贴,确保模型土不进入 PVC 管内,以免形成堵塞、影响水平位移的测试精度。填筑采用砂雨法,每层 10cm,完成后静置近 30d,让模型土自重沉降。百分表用加长探针接长。试验前,将加长探针水平穿过 PVC 管,稳固安装 6°、9°桩竖直方向上不同位置的 12 个百分表,0°、3°桩的顶部各安装 1 个百分表。整个试验由标定后的千斤顶加载,通过固定式反力梁提供反力。试验参照《建筑地基处理技术规范》(JGJ 79—2012)[17] 进行,在 540mm×540mm×10mm(长×宽×厚)的承压钢板上共进行了 3 次加载和卸载循环,模拟路堤 3 次重复加卸载,获得了承压钢板侧面(相当于路堤坡脚处)顶部约束的双排倾斜摩擦桩的变位规律。

4.3　模型试验结果与分析

4.3.1　路堤 3 次重复加卸载过程与沉降曲线特征

图 4-2 为荷载 p 沉降 s 曲线,第 1～3 次加载的最大荷载分别为 44.524kN、117.3kN、54.448kN。

由图 4-2 可知,第 1 次和第 3 次加载曲线形态相似,均呈上凸形,符合填土地基的变形特征;第 2 次加载前期曲线形态也呈上凸形,加载后期沉降增长缓慢,第 3 次加载曲线也比前 2 次加载曲线平缓,原因是模型土在高压下非常密实。3 次卸载曲线规律相似,即卸载前期均体现不可恢复的塑性变形,卸载到 0 才有明显的弹性变形。

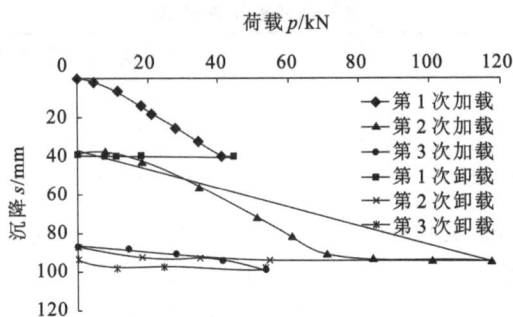

图 4-2　荷载 p-沉降 s 曲线

4.3.2　加载过程中后排桩桩身水平位移随到桩顶距离变化规律

图 4-3～图 4-5 为 3 次加载过程中,后排倾斜桩在各级荷载下(指地基承受的垂直荷载,下同)桩身水平位移与到桩顶距离的变化曲线。

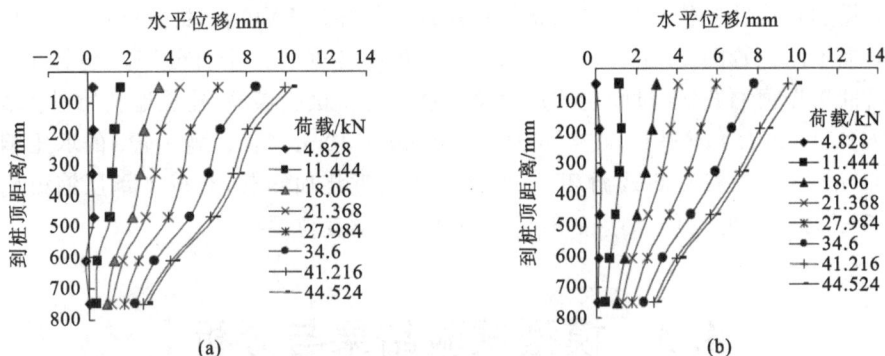

图 4-3　第 1 次加载过程中后排桩桩身水平位移随到桩顶距离变化规律

(a)6°桩;(b)9°桩

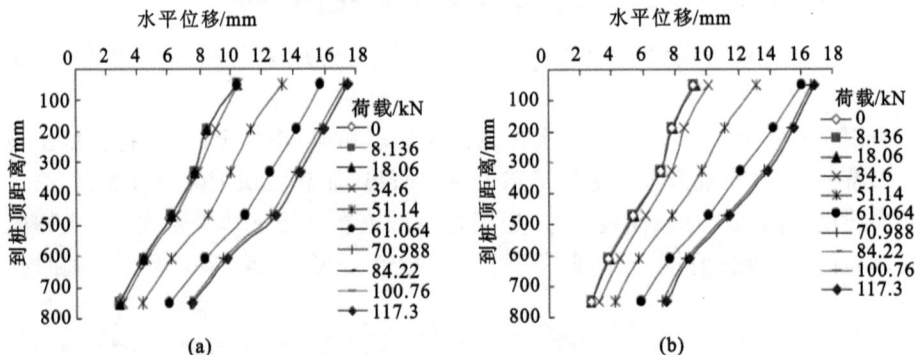

图 4-4　第 2 次加载过程中后排桩桩身水平位移随到桩顶距离变化规律

(a)6°桩;(b)9°桩

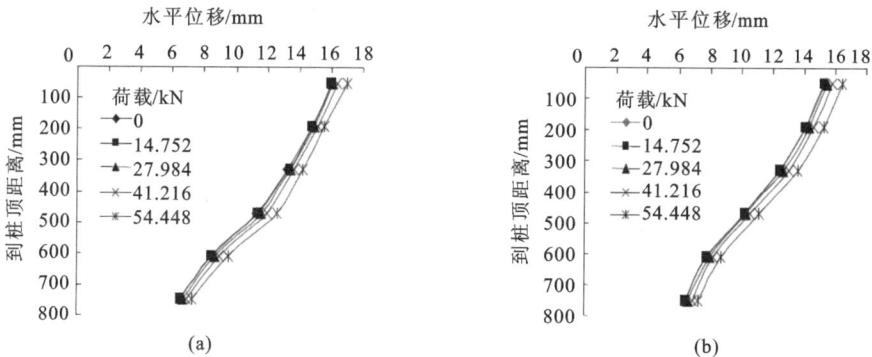

图 4-5　第 3 次加载过程中后排桩桩身水平位移随到桩顶距离变化规律

(a)6°桩；(b)9°桩

由图 4-3～图 4-5 可知：

①3 次加载过程中，桩身水平位移随到桩顶距离变化曲线与纵轴之间均呈上宽下窄的倒梯形，即随着荷载的增加，6°桩和 9°桩的桩身各截面水平位移逐渐增加，且桩身上部水平位移增速大于下部水平位移增速，桩底水平位移最小，但不为零，与复合地基上加载时侧向约束桩的变化规律[18]明显不同，说明加载过程中，顶部约束的后排倾斜摩擦桩的破坏模式为平移＋绕桩底转动。

②不同加载阶段的水平位移发展过程有差异。第 1 次加载过程中，桩身水平位移随荷载增大而增大，加载到一定数值，水平位移增速减小。第 2 次加载过程中，到达第 1 次加载的极限荷载前，桩身水平位移不敏感，超过第 1 次加载的极限荷载后，水平位移随荷载增大而增加，加载到一定数值，水平位移增速减小。第 3 次加载过程与第 2 次加载类似。分析认为，土体在每一级加载过程中逐渐产生塑性变形，土体压实度逐渐增高，模型槽的约束使桩背产生被动土压力，使桩水平位移趋于稳定。

4.3.3　卸载过程中后排桩桩身水平位移随到桩顶距离变化规律

图 4-6～图 4-8 为卸载过程中，后排桩在各级荷载下桩身水平位移与到桩顶距离的变化曲线。

由图 4-6～图 4-8 可知：

①3 次卸载过程中，桩身水平位移随到桩顶距离变化曲线维持相应最大加载时的曲线线形，与纵轴之间均呈上宽下窄的倒梯形。

②3 次卸载过程中，后排桩桩身水平位移不敏感，仅卸载到 0 才明显减小，与4.3.1小节规律一致。原因是桩身各截面水平位移主要为塑性变形。

③不同卸载阶段，桩身水平位移发展过程基本相同。

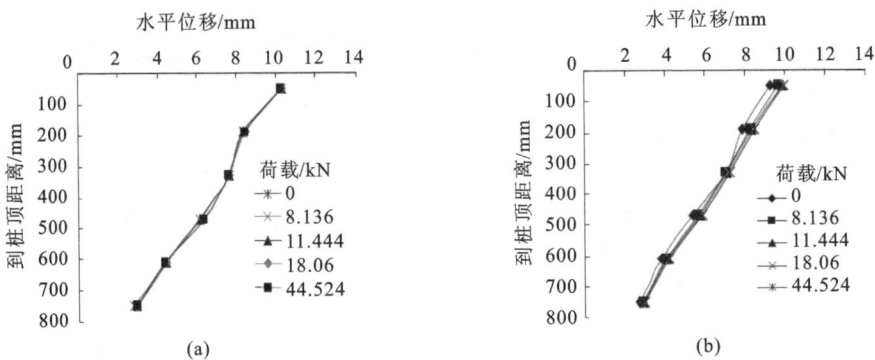

图 4-6 第 1 次卸载过程中后排桩桩身水平位移随到桩顶距离变化规律

(a)6°桩;(b)9°桩

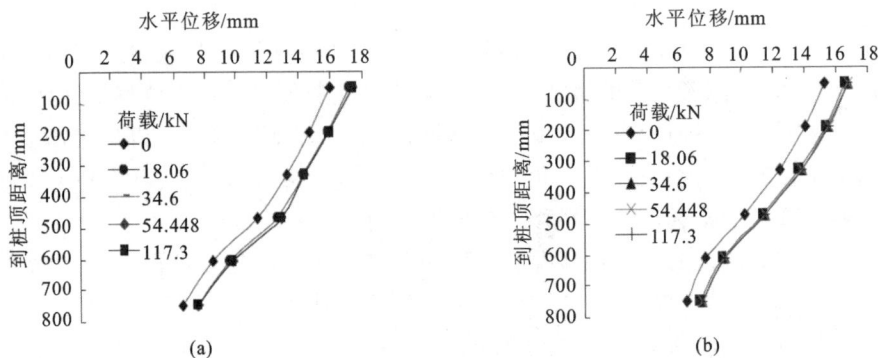

图 4-7 第 2 次卸载过程中后排桩桩身水平位移随到桩顶距离变化规律

(a)6°桩;(b)9°桩

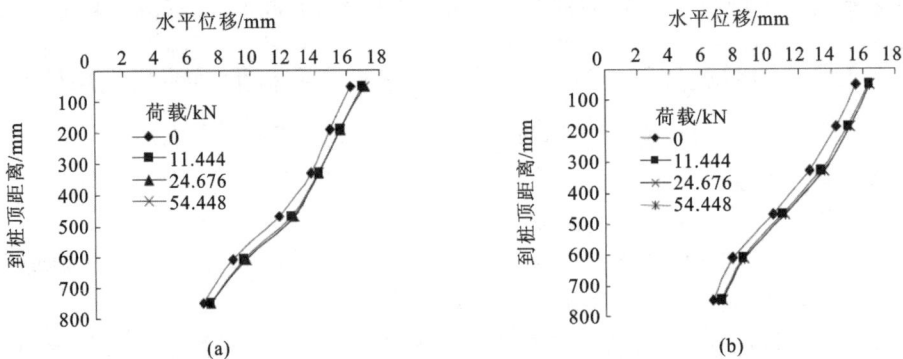

图 4-8 第 3 次卸载过程中后排桩桩身水平位移随到桩顶距离变化规律

(a)6°桩;(b)9°桩

4.3.4 不同加卸载阶段相同压力下后排桩桩身水平位移变化规律

图 4-9 为 3 次循环加卸载阶段桩身水平位移变化规律的对比图。此处加载指每次循环最大荷载,卸载指每次卸载到 0。

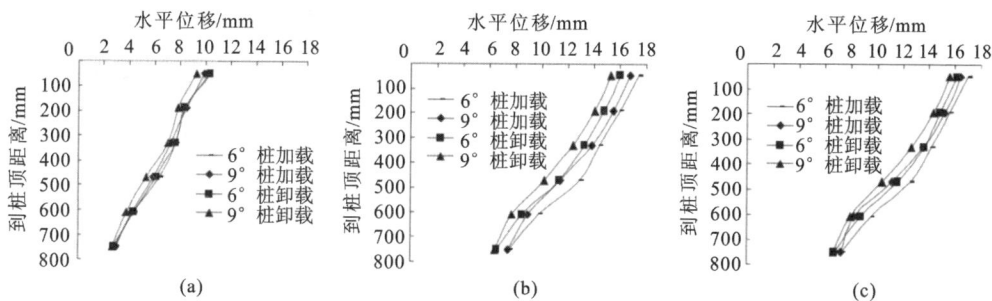

图 4-9 不同加卸载阶段桩身水平位移随到桩顶距离变化规律

(a)第 1 次加卸载;(b)第 2 次加卸载;(c)第 3 次加卸载

由图 4-9 可知:

①3 次循环加载阶段,6°桩加载曲线均在 9°桩加载曲线的右侧;3 次循环卸载阶段,6°桩卸载曲线均在 9°桩卸载曲线的右侧。说明某荷载作用下,到桩顶距离相同处的 6°桩水平位移大于 9°桩水平位移,即对于负向倾斜桩,加卸载过程中桩身水平位移随倾斜角的增大而减小。

②3 次循环加卸载阶段,各桩加载到每次循环的最大荷载、卸载到 0,桩身水平位移曲线形态相同;卸载曲线总在加载曲线左侧,说明卸载到 0 时出现弹性变形。

4.3.5 各倾斜桩桩顶水平位移随 3 次重复加载变化规律

图 4-10 为重复加载过程中不同倾斜角桩桩顶水平位移与地基侧向加载的变化曲线。

由图 4-10 可知:

①3 次加载过程中,桩顶水平位移均随荷载的增大而增大。第 1 次加载到一定值时,0°桩桩顶水平位移突增,率先屈服,随后趋于稳定,说明竖直桩的水平承载力比负向倾斜桩小。再次加载时,各倾斜桩桩顶水平位移均随荷载增大而缓慢增大,荷载超过前一次加载的最大荷载时,倾斜桩桩顶水平位移突增,达到屈服,随后趋于稳定,这与桩周土体趋于被动状态密切相关。

②相同荷载作用下,负向倾斜桩桩顶水平位移小于竖直桩,与负向倾斜桩主动承受桩顶水平荷载作用时桩顶水平位移大于竖直桩的规律[14]相反。桩顶水平位移均随倾斜角增大而减小,说明适当增大倾斜角可减少桩顶水平位移。实际工程施工时,

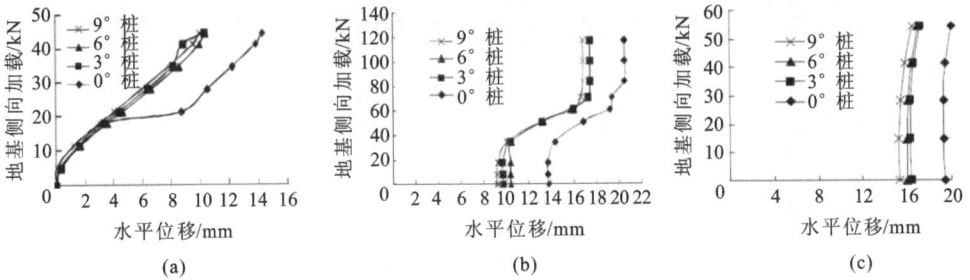

图 4-10 不同倾斜角桩桩顶水平位移随加载变化规律

(a)第 1 次加载;(b)第 2 次加载;(c)第 3 次加载

可以将坡脚桩设置一定倾斜角来减少桩顶水平位移,提高加固效果。

4.3.6 各倾斜桩桩顶水平位移随 3 次重复卸载变化规律

图 4-11 为重复卸载过程中不同倾斜角桩桩顶水平位移与地基侧向卸载的变化曲线。

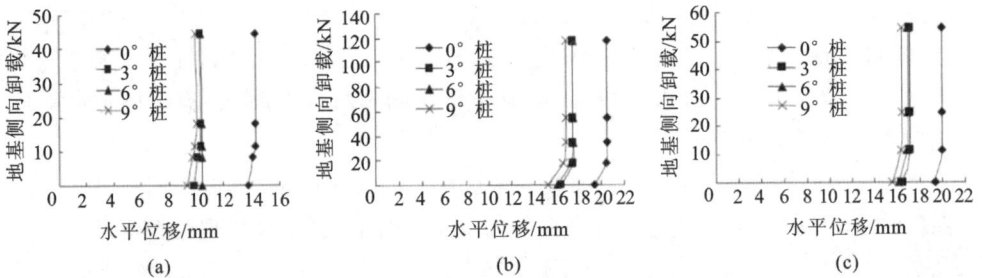

图 4-11 不同倾斜角桩桩顶水平位移随卸载变化规律

(a)第 1 次卸载;(b)第 2 次卸载;(c)第 3 次卸载

由图 4-11 可知:

①3 次卸载过程中,荷载大于 20kN 时曲线竖直,低于 20kN 时才出现明显转折,说明在卸载的初、中期,桩顶水平位移没有变化,为不可恢复的塑性变形,到最后 1~2 级荷载时开始出现弹性变形。荷载卸为 0 时,弹性变形最大。

②3 次卸载过程中,桩顶水平位移从大到小依次为 0°桩、3°桩、6°桩、9°桩,说明在相同荷载作用下,桩顶水平位移随倾斜角的增大而减小。

4.3.7 不同加载阶段倾斜桩桩顶水平位移变化规律

图 4-12 为不同加载阶段桩顶水平位移与地基侧向加载的变化曲线。

由图 4-12 可知:

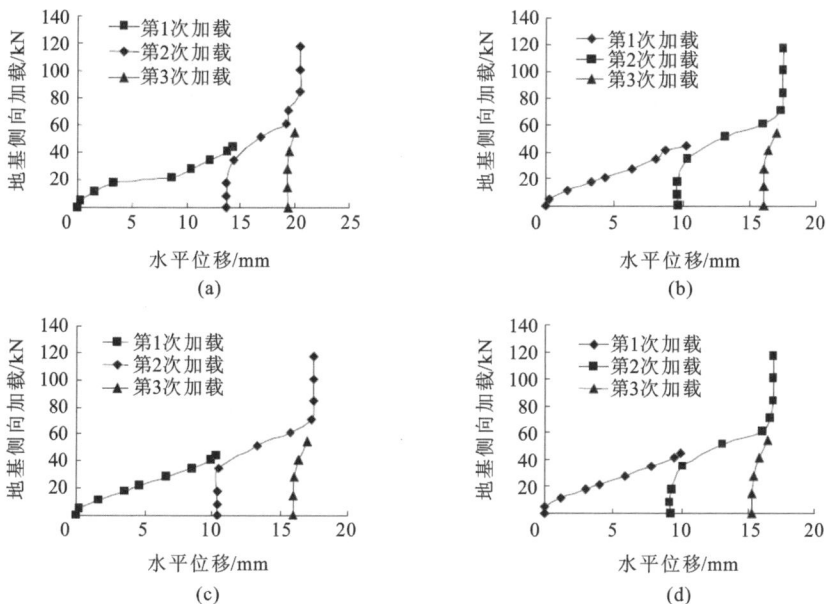

图 4-12 不同加载阶段桩顶水平位移的变化规律

(a)0°桩；(b)3°桩；(c)6°桩；(d)9°桩

①首次加载和重复加载过程中，桩顶水平位移随荷载的增加而增加，增加速率随重复加载次数的增加而减少。分析认为，经过前一次加载，桩土发生了不可恢复的塑性变形。第 2 次加载到一定值后，桩顶水平位移不再增加，经分析，原因为图 4-2 所示地基沉降在压力增大到一定值后增长缓慢。

②重复加载过程中，若荷载超过前次加载的最大荷载，地基侧向加载与桩顶水平位移的曲线将与前次加载曲线的延长线重叠，即具有记忆效应。这与土体的再压缩曲线特征类似。

4.3.8 不同卸载阶段倾斜桩桩顶水平位移变化规律

图 4-13 为不同卸载阶段桩顶水平位移与地基侧向卸载的变化曲线。

由图 4-13 可知，每次卸载阶段的曲线都是从竖直线向原点发展。卸载初期，荷载的减小不影响桩顶水平位移，当卸载到最后 1～2 级时，桩顶水平位移开始减小，尤其是当荷载减为 0 时，桩顶水平位移回弹最大。每次卸载的曲线线形相似。

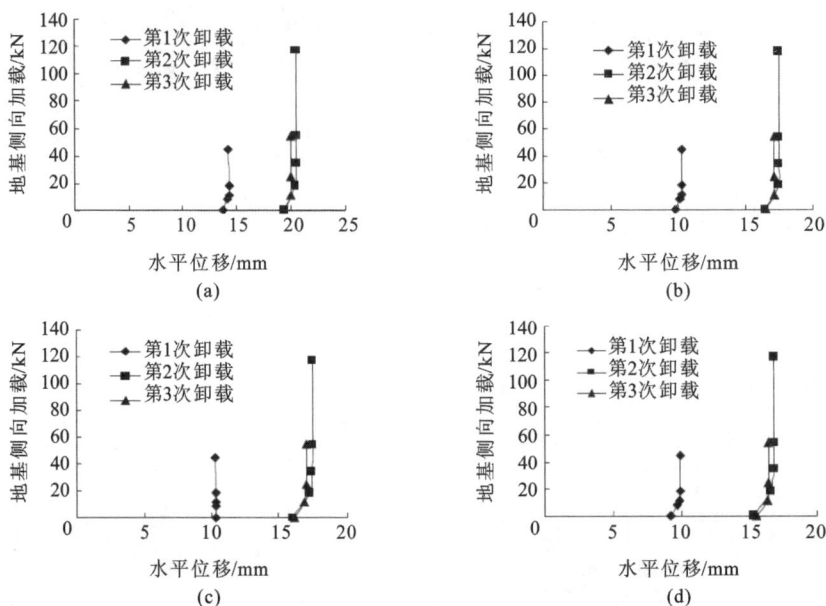

图 4-13　不同卸载阶段桩顶水平位移的变化规律

(a)0°桩;(b)3°桩;(c)6°桩;(d)9°桩

4.4　本章小结

通过对路堤重复加卸载,研究顶部约束倾斜摩擦桩被动受力变位规律,得到以下结论:

①加载过程中,顶部约束后排倾斜摩擦桩桩身水平位移随到桩顶距离变化曲线与纵轴之间呈上宽下窄的倒梯形,与复合地基加载时侧向约束桩的桩身水平位移沿深度先增大后减小,峰值明显不同。破坏模式为平移+绕桩底转动。对于负向倾斜桩,加载过程中桩身水平位移随倾斜角的增大而减小。不同加压阶段,水平位移发展过程有差异。第 1 次加载过程中,桩身水平位移随加载的增加而增加。再次加载过程中,上次加载极限压力范围内桩身水平位移不敏感,超过上次极限压力时,水平位移随加载的增加而增加。

②相同荷载作用下,负向倾斜桩桩顶水平位移小于竖直桩,与负向倾斜桩主动承受桩顶水平荷载作用时桩顶水平位移大于竖直桩的规律相反。首次加载时,各倾斜桩桩顶水平位移均随荷载的增大而增大,加载到一定值时,竖直桩顶水平位移突增,率先屈服,随后趋于稳定。再次加载时,荷载超过前一次加载的最大荷载时,倾斜桩

顶水平位移突增,地基侧向加载与桩顶水平位移曲线与前次加载曲线的延长线重叠,即具有记忆效应,随后倾斜桩屈服、趋于稳定;荷载没有超过前一次加载的最大荷载时,桩顶水平位移随荷载的增大而缓慢增加。

③卸载过程中,桩身各截面水平位移不敏感,仅卸载到最后1~2级荷载时才明显减小。

④实际工程中,建议将坡脚桩尽量设置适当的倾斜角(斜向道路中线),以减少桩顶、桩身水平位移,提高加固效果。

参 考 文 献

[1] MEYERHOF G G, YALCIN A S. Behaviour of flexible batter piles under inclined loads in layered soil[J]. Canadian Geotechnical Journal, 1993, 30(2): 247-256.

[2] ZHANG L M, MCVAY M C, LAI P W. Centrifuge modeling of laterally loaded single battered piles in sands[J]. Canadian Geotechnical Journal, 1999, 36(6):1074-1084.

[3] 王丽,郑刚.局部倾斜桩竖向承载力的有限元研究[J].岩土力学,2009, 30(11):3533-3538.

[4] 郑刚,王丽.竖向荷载作用下倾斜桩的荷载传递性状及承载力研究[J].岩土工程学报,2008(3):323-330.

[5] 郑刚,白若虚.倾斜单排桩在水平荷载作用下的性状研究[J].岩土工程学报,2010,32(S1):39-45.

[6] 郑刚,李帅,杜一鸣,等.竖向荷载作用下倾斜桩的承载力特性[J].天津大学学报,2012,45(7):567-576.

[7] 徐源,郑刚,路平.前排桩倾斜的双排桩在水平荷载下的性状研究[J].岩土工程学报,2010,32(S1):93-98.

[8] 吕凡任,邵红才,金耀华.对称双倾斜桩基础水平承载力模型试验研究[J].长江科学院院报,2013,30(2):67-70.

[9] 吕凡任,陈云敏,陈仁朋,等.任意倾角斜桩承受任意平面荷载的弹性分析[J].浙江大学学报(工学版),2004(2):191-194,248.

[10] 吕凡任,邵红才,金耀华.对称双斜桩桩基础竖向承载力模型试验研究[J].工业建筑,2012,42(5):102-105.

[11] 凌道盛,任涛,王云岗.砂土地基斜桩水平承载特性 p-y 曲线法[J].岩土

力学,2013,34(1):155-162.

[12] 徐江,龚维明,张琦,等.大口径钢管斜桩竖向承载特性数值模拟与现场试验研究[J].岩土力学,2017,38(8):2434-2440,2447.

[13] 王新泉,陈永辉,安永福,等.塑料套管现浇混凝土桩倾斜对承载性能影响的模型试验研究[J].岩石力学与工程学报,2011,30(4):834-842.

[14] 曹卫平,樊文甫.水平荷载作用下斜桩承载变形性状数值分析[J].中国公路学报,2017,30(9):34-43.

[15] 曹卫平,夏冰,赵敏,等.砂土中水平受荷斜桩的 p-y 曲线及其应用[J].岩石力学与工程学报,2018,37(3):743-753.

[16] 李吉人,宋波,吴澎.全竖直桩与斜桩高桩码头结构地震动力损伤对比研究[J].建筑结构学报,2016,37(7):151-157.

[17] 中华人民共和国住房和城乡建设部.建筑地基处理技术规范:JGJ 79—2012[S].北京:中国建筑工业出版社,2013.

[18] 周德泉,颜超,罗卫华.复合桩基重复加卸载过程中侧向约束桩变位规律试验研究[J].岩土力学,2015,36(10):2780-2786.

5 侧向堆载下倾斜桩长度影响斜直双排桩受力响应试验研究

5.1 研究背景

在路堤坡脚处使用斜直双排桩[1]能够有效抵抗路堤滑移,提升基础稳定性,但其工作机制尚不清楚。而对于倾斜桩和双排桩的工作机制,国内外开展了很多研究。Zhang 等[2]利用离心机进行了砂土中倾斜单桩与倾斜群桩的水平荷载特性离心试验研究,试验结果表明该特性主要受桩体布置、倾斜角和土体密实度的影响。Meyerhof 等[3]通过室内模型试验研究了倾斜桩在倾斜荷载作用下的受力与变形特征,认为桩的承载力特性取决于荷载、桩体倾斜角。Ghasemzadeh 等[4]采用数值模拟软件对倾斜桩群在轴向和横向静载作用下相互作用系数的变化进行了研究,发现间距与桩径比值的增大会使倾斜桩的相互作用系数减小。龚健等[5]对软土地基中的微型桩进行了水平荷载试验,认为微型桩可以较好地抵抗水平荷载,尤其是倾斜桩基础能有效地减少水平荷载所产生的位移。双排桩结构因为其整体刚度大、水平位移小、施工简捷等优点[6-8],成为新型水平承载桩体结构,目前广泛应用于基坑支护[9-11]、边坡抗滑[12,13]等工程。何颐华等[14]通过室内模型试验及工程分析,研究了双排桩变形、内力分布特征,发现双排桩水平位移及内力明显比单排桩少。杨德健等[8]通过数值模拟软件对双排桩支护结构进行分析,认为其具有较大的侧向刚度。郑刚等[15]使用考虑桩土相互作用的平面杆系有限元双排桩分析模型研究了双排桩与土的相互作用问题,并给出了双排桩的计算分析方法。申永江等[16]基于文克勒(Winkler)弹性地基梁模型和极限平衡条件,提出了柔性双排长短组合桩滑坡推力的计算方法。但是,关于倾斜桩和双排桩组合形成的斜直双排桩的工作机制少见研究。

本章利用室内模型箱,研究在侧向加载下 4 种长度的外侧倾斜桩(倾斜角为 9°)与内侧竖直桩组合的斜直双排桩的水平土压力、弯矩的变化规律和破坏模式及竖直桩的水平位移,推动路堤坡脚处斜直双排桩工作机制的深入研究与推广应用。

5.2 模型试验概况

5.2.1 基本原理

斜直双排桩受力响应的影响因素很多,如桩和连梁的几何尺寸、外侧倾斜桩倾斜度、桩体刚度、地质条件、荷载大小等,仅依靠单次模型试验获得相应变化规律非常困难。本章将 4 组斜直双排桩(仅外侧倾斜桩长度不同,其他参数均相同)对称设置在承压板两侧,模拟实际工程中的斜直双排桩单元,以砂土模拟均质地基,居中的承压板分级受载模拟路堤填筑。承压板两侧对称布置的 4 组斜直双排桩必然承受对称荷载的作用,因此其受力响应的差异必然源自外侧倾斜桩长度的不同。

5.2.2 模型试验的设计与安装

在坡脚设置的斜直双排桩[1]由内侧竖直桩、外侧倾斜桩和连梁构成,见图 5-1。

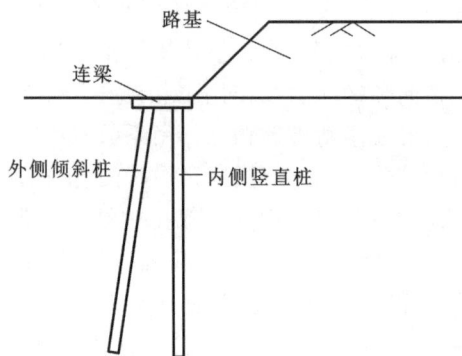

图 5-1 斜直双排桩示意图

本试验在钢条焊接而成的框架及外加钢化玻璃与木板所组成的模型槽[17]中进行,尺寸为 1420mm×720mm×1100mm(长×宽×高)。槽内竖直桩与倾斜桩的布置图如图 5-2 和图 5-3 所示。

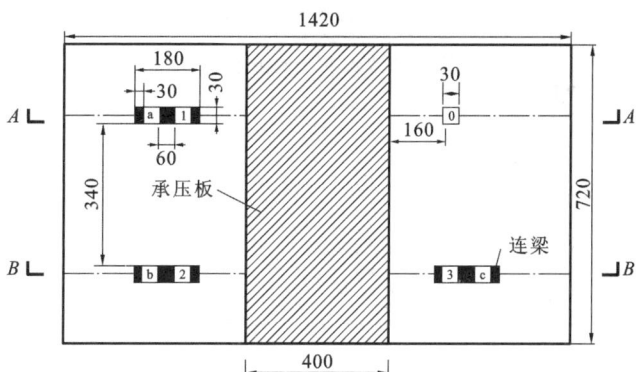

注：⬚0⬚1⬚2⬚3—竖直桩(桩长为800mm); ⬚a—9°倾斜桩(桩长为600mm);
⬚b—9°倾斜桩(桩长为800mm); ⬚c—9°倾斜桩(桩长为1000mm)。

图 5-2 模型桩平面布置图(单位:mm)

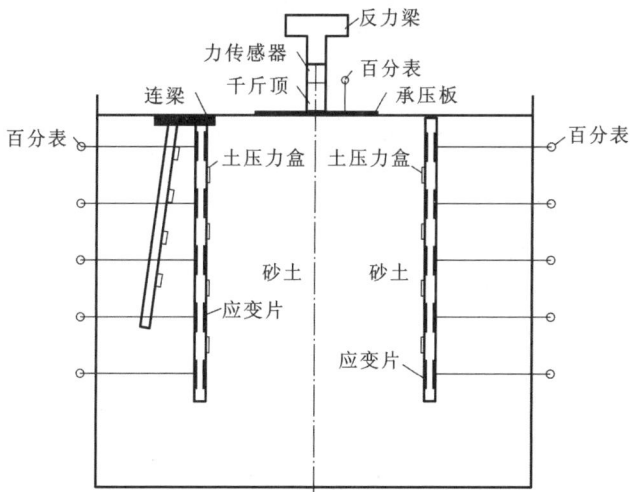

图 5-3 模型桩 *A—A* 剖面图

试验所用的 7 根模型桩均使用木板制成方形模具并充填水泥砂浆制作、养护而成。模型桩截面为方形,边长均为 30mm,倾斜桩和竖直桩分成 4 个组合(每个组合代表 1 种桩长比,即倾斜桩与竖直桩桩身长度之比,4 种桩长比分别为 0、0.75、1、1.25),4 根竖直桩(桩号为 Z0、Z1、Z2、Z3)的长度均为 800mm,3 根倾斜桩(桩号为 Xa、Xb、Xc)的倾斜角(桩轴线与垂线之间夹角)均为 9°,Xa、Xb、Xc 对应桩长分别是 600mm、800mm、1000mm。倾斜桩与竖直桩的顶部使用连梁连接,连梁采用硬质纸壳模具现浇水泥砂浆制作、养护成型。具体参数见表 5-1。

表 5-1   模型桩的参数

组合	桩号	竖直桩长度/mm	倾斜桩长度/mm	桩长比	边长/mm	弹性模量/GPa
组合 0	Z0	800	—	0	30	12.69
组合 1	Z1,Xa	800	600	0.75	30	12.69
组合 2	Z2,Xb	800	800	1	30	12.69
组合 3	Z3,Xc	800	1000	1.25	30	12.69

天然河砂经纱网过筛后晾干,形成模型土,最大粒径为 5mm,天然密度为 1.84g/cm^3,相对密度为 2.68,含水率约为 2%,不均匀系数 $C_u = 5.5$,曲率系数 $C_c = 2.7$,级配良好,级配曲线见图 5-4。在安装前,先填土 250mm 使厚度达到设计桩底,确定桩的位置,然后用塑料条和透明胶固定模型桩的中部与顶部。模型土采用砂雨法填筑,填土达到一定深度后再拆除固定用塑料条,确保填土时桩的位置、倾斜角稳定。完成填筑后静置 30d,让模型土自重沉降。

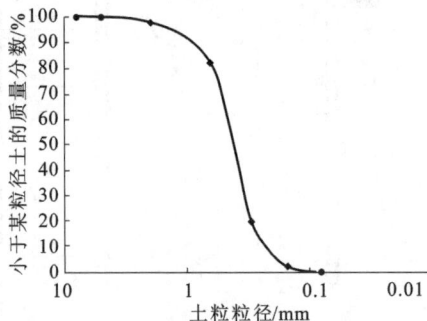

图 5-4   模型土级配曲线

试验由千斤顶加载,通过固定式反力梁提供反力,力传感器放置于千斤顶与反力梁之间,通过力传感器精准测得每级荷载大小。试验参照《建筑地基处理技术规范》(JGJ 79—2012)进行,分 7 级进行加载,力传感器测得荷载大小依次为 9.5kN、23.3kN、32.4kN、39.8kN、49.0kN、60.4kN、70.7kN,在 720mm × 400mm × 20mm (长×宽×厚)的承压钢板上模拟路基加载,并获得承压钢板侧面(相当于路堤坡脚处)不同桩长比的斜直双排桩的水平土压力、弯矩及竖直桩水平位移变化规律。

5.3 模型试验结果与分析

5.3.1 模型土沉降曲线特征

图 5-5 为模型土的压力 P-沉降 s 曲线。加载曲线整体呈上凸形。卸载前期出现不可恢复的塑性变形,模型土回弹很小,直至卸载至 0 才有明显的弹性变形,此规律与岩土体的压缩-回弹曲线特征类似[18],说明本试验的加载、位移测试系统可靠。

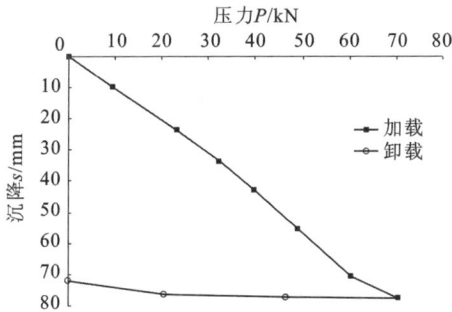

图 5-5 模型土的压力-沉降曲线

5.3.2 斜直双排桩水平土压力变化规律

5.3.2.1 内侧竖直桩水平土压力变化规律

4 根竖直桩的土压力盒布设位置相同,分别距离桩顶 160mm、320mm、480mm、640mm。通过 TDS-530 应变仪测读桩侧土压力应变,通过标定的压力-微应变关系曲线求得桩侧土压力。加载前期荷载(9.5kN,相当于路基承受的垂直荷载,后同)、中期荷载(39.8kN)、后期荷载(70.7kN)时,4 组斜直双排桩中竖直桩的水平土压力 P 与到桩顶距离 z 的变化曲线(简称 P-z 曲线,下同)如图 5-6 所示。

分析图 5-6 发现:

①各竖直桩水平土压力沿桩身自上而下均先增大后减少。加载过程中,土压力在距桩顶 $0.6L$(L 为桩身长度,后同)处出现最大值,桩身中部增长率较大,说明坡脚处各竖直桩中部对路基加载产生的水平土压力较敏感。

②相同荷载作用下,内侧竖直桩 Z0、Z1、Z2、Z3 水平土压力依次增大,说明内侧竖直桩水平土压力随外侧倾斜桩长度增大而增大,但增大幅度不明显。

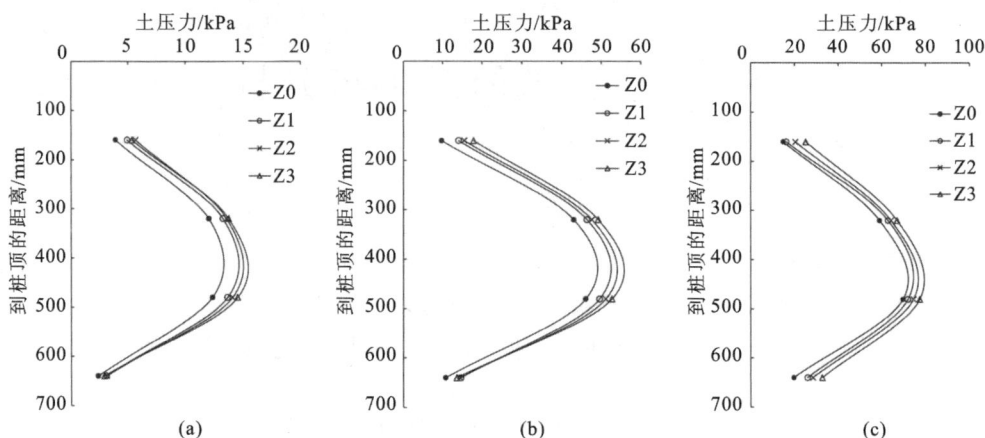

图 5-6　内侧竖直桩水平土压力变化规律

(a)9.5kN；(b)39.8kN；(c)70.7kN

5.3.2.2　外侧倾斜桩水平土压力变化规律

因倾斜桩的长度不一，其土压力盒的布设位置也不同。对于倾斜桩 Xa、Xb，土压力盒到桩顶距离依次为 0.2L、0.4L、0.6L、0.8L；对于倾斜桩 Xc，则为 0.17L、0.33L、0.50L、0.67L、0.83L。加载至 9.5kN、39.8kN、70.7kN 时，3 组斜直双排桩的倾斜桩 P-z 曲线变化规律如图 5-7 所示。

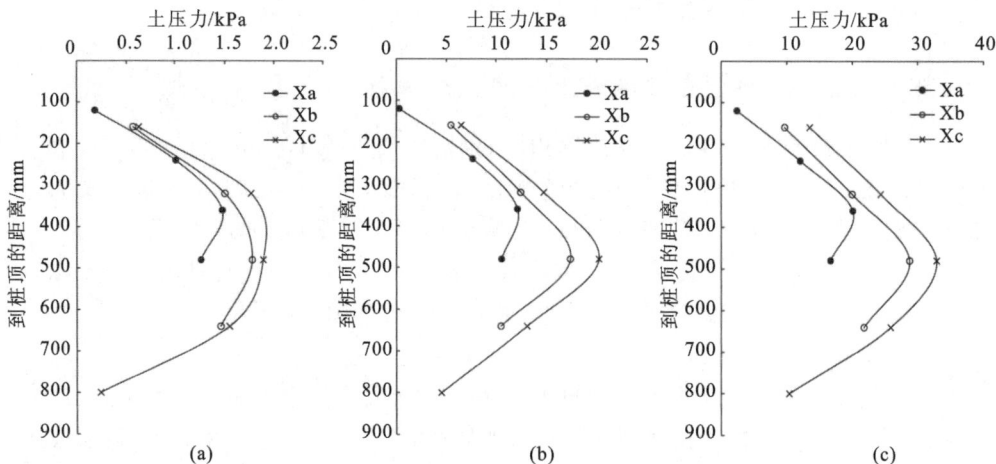

图 5-7　外侧倾斜桩水平土压力变化规律

(a)9.5kN；(b)39.8kN；(c)70.7kN

分析图 5-7 发现：

①倾斜桩 Xa、Xb、Xc 水平土压力沿桩身自上而下先增大后减少，Xa、Xb 桩在 0.6L 处出现最大值，Xc 在 0.5L 处出现最大值，这与竖直桩内侧土压力沿桩身的分布规律类似。

②相同荷载作用下，相同位置倾斜桩水平土压力从大到小依次为 Xa、Xb、Xc，说明外侧倾斜桩的水平土压力随外侧倾斜桩长度的增大而增大。

③对比竖直桩土压力变化规律，发现内侧竖直桩与外侧倾斜桩的水平土压力最大值比均大于 2。

5.3.3 竖直桩水平位移变化规律

准确测试各竖直桩水平位移的方法：使用丙烯酸结构胶在竖直桩 Z0、Z1、Z2、Z3 外侧不同深度（距离桩顶 80mm、240mm、400mm、560mm）粘贴尺寸为 60mm × 25mm×3mm（长×宽×厚）的钢片，钢片在桩的横向外伸表面处，用于粘贴 PVC 管，PVC 管端部粘贴磁铁片，用于加载时吸附百分表探针而不与之产生相对滑移，这样，PVC 管端部与钢片牢固黏结。百分表加长探针伸入 PVC 管并抵住磁铁片。在内侧竖直桩外侧钢片处安装 5 个百分表，以测读桩身水平位移变化。图 5-8 为 4 组斜直双排桩在模型土加载至 9.5kN、39.8kN、70.7kN 时，内侧竖直桩水平位移与到桩顶距离的变化曲线。

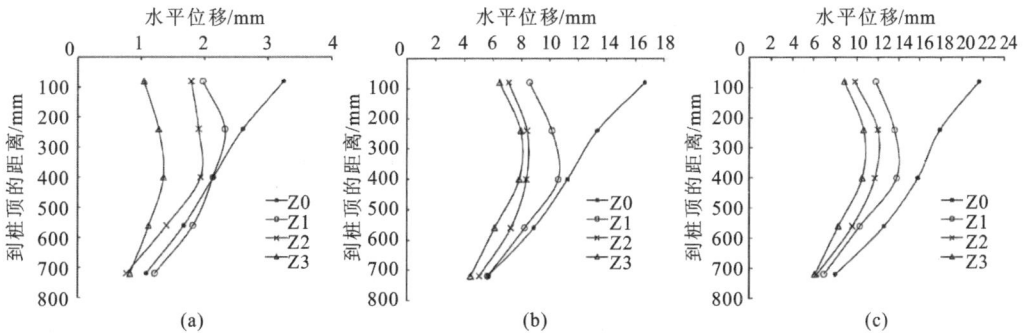

图 5-8 内侧竖直桩水平位移变化规律

(a)9.5kN；(b)39.8kN；(c)70.7kN

分析图 5-8 发现：

①竖直桩桩身各点水平位移均随荷载的增大而逐渐增大，且桩底水平位移最小，但不为 0。其中，Z0 桩与 Z1、Z2、Z3 桩水平位移变化规律存在明显差异，表现为 Z0 桩水平位移量从桩顶至桩底依次减小，即桩身上部水平位移量明显大于下部，顶部水平位移量最大，而 Z1、Z2、Z3 桩水平位移最大值出现在桩身中部，水平位移量由桩身

中部向两端逐渐减小,且桩底的水平位移递减速率稍大。相同荷载作用下,竖直桩整体水平位移由大到小排序为 Z0、Z1、Z2、Z3,说明内侧竖直桩的水平位移随外侧倾斜桩长度的增大而减小。

②单竖直桩 Z0 整体水平位移呈平移＋绕桩底转动,而斜直双排桩中竖直桩 Z1、Z2、Z3 表现出平移＋中部向外弯曲,其顶部水平位移远远小于 Z0,说明外侧倾斜桩能有效减少内侧竖直桩的水平位移。

5.3.4 斜直双排桩弯矩变化规律

5.3.4.1 内侧竖直桩弯矩变化规律

4 组斜直双排桩的竖直桩内外侧应变片位置相同,到桩顶距离分别为 $0.1L$、$0.3L$、$0.5L$、$0.7L$、$0.9L$。通过 TDS-530 应变仪测读桩身距离桩顶相同位置正、反两侧应变量,计算得到弯矩。

加载 9.5kN、39.8kN、70.7kN 时,4 组斜直双排桩的竖直桩弯矩 M 与到桩顶的距离 z 曲线(简称 M-z 曲线,下同)变化规律如图 5-9 所示。

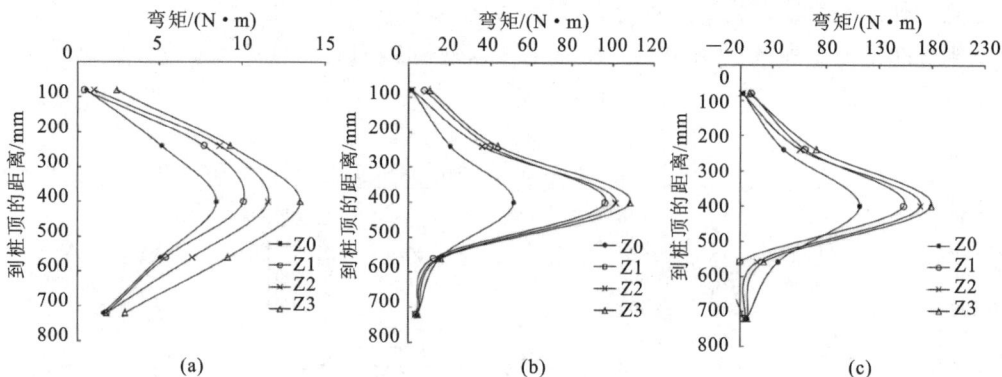

图 5-9 内侧竖直桩弯矩变化规律

(a)9.5kN;(b)39.8kN;(c)70.7kN

分析图 5-9 发现:

①4 根竖直桩弯矩沿桩身自上而下均先增大后减小,且最大值呈现在桩身中部,随着荷载的增加,桩身中部的弯矩增长率相较其他部位更大,说明在路基荷载作用下,坡脚处竖直桩中部弯矩对加载较为敏感,实际工程中应加大竖直桩中部的抗弯刚度。

②相同荷载作用下,相同位置竖直桩弯矩由小到大依次为 Z0、Z1、Z2、Z3,说明竖直桩弯矩随外侧倾斜桩长度的增大而增大。

5.3.4.2 外侧倾斜桩弯矩变化规律

3根倾斜桩应变片布设位置离桩顶距离分别为 $0.1L$、$0.3L$、$0.5L$、$0.7L$、$0.9L$。加载 9.5kN、39.8kN、70.7kN 时,3根倾斜桩的 M-z 曲线变化规律如图 5-10 所示。

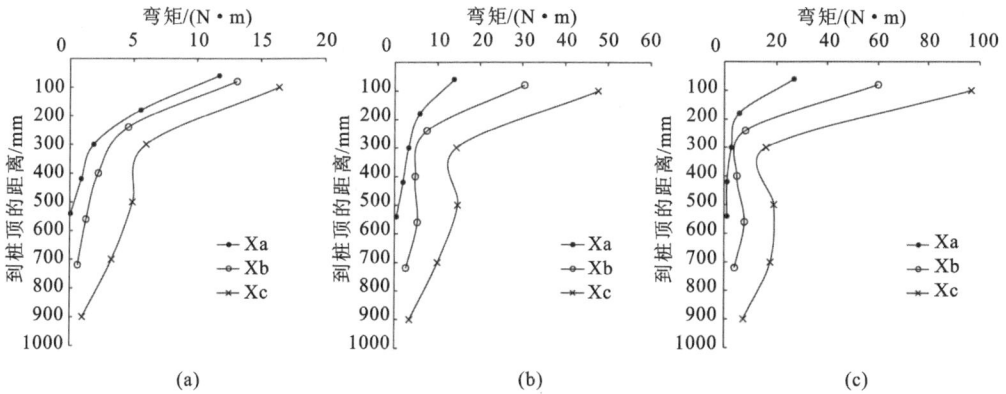

图 5-10 外侧倾斜桩弯矩变化规律

(a)9.5kN;(b)39.8kN;(c)70.7kN

分析图 5-10 发现:

①3根倾斜桩弯矩变化规律相似,弯矩峰值均位于桩身顶部(距离桩顶0.1L处),弯矩沿桩身从上到下先快速减小,经拐点(距离桩顶 0.3L 处)后呈缓慢减小趋势,至桩身底部达到最小值。由此推断,在坡脚处斜直双排桩水平支挡结构中,路基荷载先传递到竖直桩,再由连梁和土体传递到外侧倾斜桩,致使倾斜桩桩顶处作用效果较大,而对倾斜桩桩身下部作用效果不明显。推理认为,斜直双排桩中倾斜桩桩顶易发生弯曲破坏。

②相同荷载作用下,相同位置外侧倾斜桩弯矩由小到大依次为 Xa、Xb、Xc。随着荷载的增大,桩顶处弯矩差值越来越明显,当后期荷载为 70.7kN 时,Xc桩桩顶处的弯矩约为 Xa 的 4 倍。这说明桩长比的增大对其倾斜桩桩顶处弯矩的影响较大,更易使其在桩顶处发生弯曲破坏。

5.3.4.3 竖直桩、倾斜桩弯矩最大值变化规律

内侧竖直桩弯矩最大值与外侧倾斜桩弯矩最大值之比简称弯矩最大值比。图 5-11为斜直双排桩弯矩最大值的变化规律。

分析图 5-11 发现:

①内侧竖直桩弯矩最大值、外侧倾斜桩弯矩最大值均随桩长比的增大而增大,外侧倾斜桩弯矩最大值的增长速率更快,说明桩长比增大将加剧内侧竖直桩、外侧倾斜

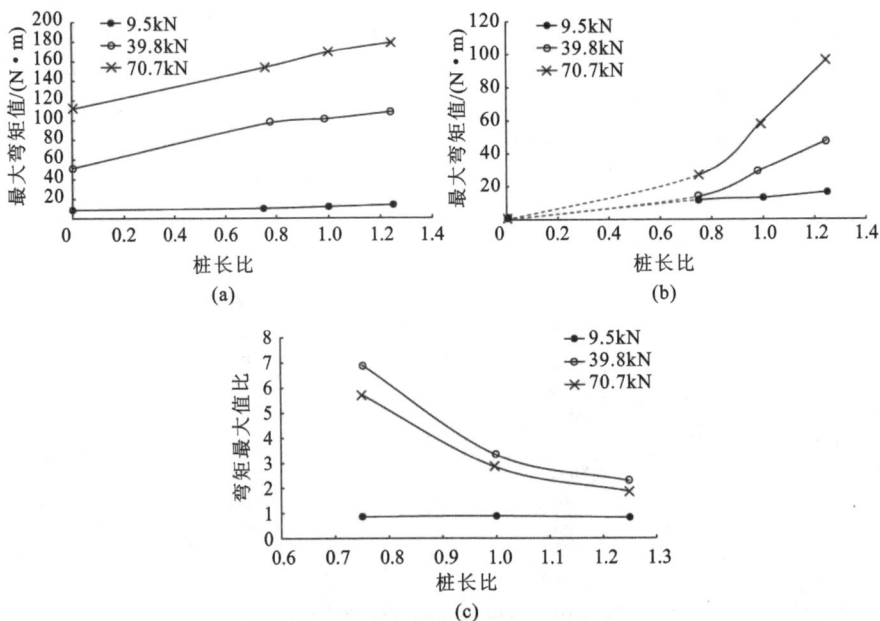

图 5-11　斜直双排桩弯矩最大值变化规律

(a)内侧竖直桩弯矩最大值变化;(b)外侧倾斜桩弯矩最大值变化;(c)桩弯矩最大值比变化

桩弯曲程度,使其更容易发生弯曲破坏,这种效果随着荷载的增加而越发明显。

②在低荷载(9.5kN)阶段,桩长比对斜直双排桩内侧竖直桩弯矩最大值与外侧倾斜桩弯矩最大值影响较小,二者比值较接近;在高荷载(39.8kN、70.7kN)阶段,弯矩最大值比随桩长比增大而减小,且比值均大于2,分析认为,斜直双排桩中,内侧竖直桩桩中先发生弯曲破坏,外侧倾斜桩桩顶处后破坏,且桩长比越大,外侧倾斜桩对内侧竖直桩的支撑作用越好。

5.3.5　斜直双排桩的破坏模式

表 5-2 为侧向加载下斜直双排桩受力响应,图 5-12 和图 5-13 为 4 组模型试验完成后的破坏实物图。

表 5-2　　　　　　　　　　　侧向堆载下斜直双排桩受力响应

桩长比	竖直桩水平位移	水平土压力	桩身弯矩	破坏位置
0	桩顶处出现最大值	3/5 桩长处出现最大值	1/2 桩长处出现最大值	未出现破坏

桩长比	竖直桩水平位移	水平土压力	桩身弯矩	破坏位置
0.75	①桩身中部出现最大值;②桩身水平位移及最大值均随桩长比增大而减小,且均小于单桩	①竖直(倾斜)桩中下部出现最大值;②竖直(倾斜)桩水平土压力最大值随桩长比增大而增大	①竖直、倾斜桩弯矩最大值分别出现在桩中、桩顶处;②竖直、倾斜桩弯矩最大值比大于2;③竖直(倾斜)桩弯矩最大值随桩长比增大而增大;④竖直(倾斜)桩弯矩最大值比随桩长比增大而减小	竖直桩2/5桩长处
1				①竖直桩2/5桩长处;②倾斜桩1/20桩长处
1.75				

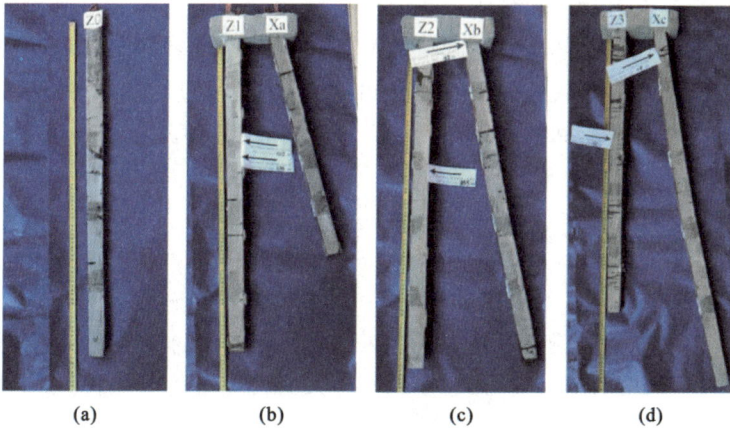

图 5-12 斜直双排桩破坏整体图

(a)组合 0;(b)组合 1;(c)组合 2;(d)组合 3

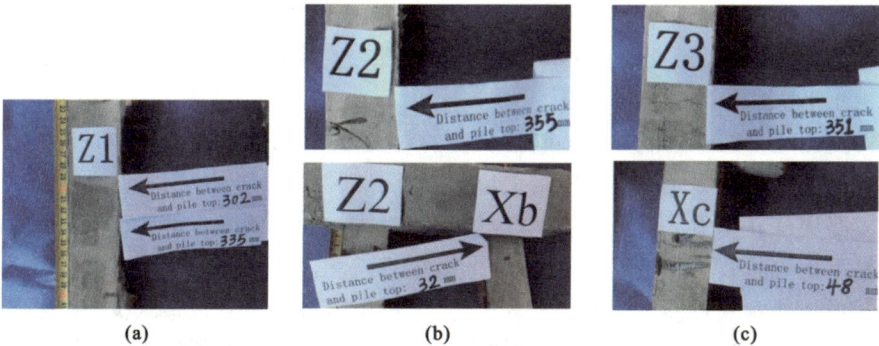

图 5-13 斜直双排桩破坏局部图

(a)组合 1;(b)组合 2;(c)组合 3

如图 5-12、图 5-13 所示,单竖直桩 Z0 未见破坏;组合 1 破坏裂缝出现在竖直桩桩身中上部(竖直桩出现两条裂缝,分别位于距桩顶 302mm、335mm 处);组合 2 竖直桩与倾斜桩均出现破坏裂缝,分别位于竖直桩中部与倾斜桩桩顶(竖直桩与倾斜桩裂缝分别位于距桩顶 355mm、32mm 处);组合 3 破坏模式与组合 2 一致,破坏裂缝分别位于竖直桩中部与倾斜桩桩顶(竖直桩与倾斜桩裂缝分别位于距桩顶 351mm、48mm 处)。结合水平位移、水平土压力、弯矩分析认为:

①单竖直桩未出现破坏,但是产生较大的水平位移,具有较低稳定性。斜直双排桩的水平位移较小,整体稳定性较高。

②斜直双排桩组合中,所有竖直桩中部偏上,倾斜桩 Xb、Xc 顶部均出现裂缝,倾斜桩 Xa 未见破坏。这说明路堤荷载作用下,外侧倾斜桩对内侧竖直桩具有斜撑作用。砂土中斜直双排桩的破坏机制是:内侧竖直桩受到路堤荷载挤压而承受水平土压力和弯矩,产生水平移动和弯曲,并将荷载通过连梁和土体传递到外侧倾斜桩。荷载增大时,内侧竖直桩中部和外侧倾斜桩的顶部弯矩超过容许弯矩而开裂。内侧竖直桩先发生开裂破坏,导致外侧倾斜桩受到更大弯矩而随后破坏。外侧倾斜桩长度越长,内侧竖直桩顶部受到的约束作用越大、破坏荷载越小。

5.4 本章小结

①相同荷载作用下,单竖直桩水平土压力较小,斜直双排桩内侧竖直桩水平土压力随外侧倾斜桩长度的增大而增大,土压力最大值出现在竖直桩中下部;外侧倾斜桩水平土压力随其长度的增大而增大,在桩身中下部出现最大值。

②单竖直桩整体水平位移呈平移+绕桩底转动,水平位移最大值在桩顶处;斜直双排桩中竖直桩水平位移表现出平移+桩中朝外弯曲,水平位移最大值出现在桩身中部。外侧倾斜桩能显著减少内侧竖直桩的水平位移。内侧竖直桩水平位移随着桩长比的增大而减少。实际工程中,可通过增大斜直双排桩的桩长比来降低内侧竖直桩产生水平位移。

③内侧竖直桩弯矩随外侧倾斜桩长度的增大而增大,随着荷载增加,桩身中部对加载较为敏感。外侧倾斜桩弯矩最大值位于桩身顶部。

④路堤荷载作用下,砂土地基坡脚处斜直双排桩的内侧竖直桩中部、外侧倾斜桩顶部易发生弯曲破坏。竖直桩先破坏,倾斜桩后破坏。

⑤增加外侧倾斜桩长度的工程效果是:内侧竖直桩的水平位移减少、弯矩最大值比减小。实际工程中,为了提高坡脚抗滑移能力,建议设置斜直双排桩,并增加外侧倾斜桩的长度,使内侧竖直桩与外侧倾斜桩的抗弯刚度比大于 2。

参 考 文 献

[1] 周德泉,周果子.一种加固倾斜软基的组合型复合地基:ZL 201621328014. 7 [P]. 2017-04-27.

[2] ZHANG L M,MCVAY M C,LAI P W. Centrifuge modelling of laterally loaded single battered piles in sands [J]. Canadian Geotechnical Journal,1999,36 (6):1074-1084.

[3] MEYERHOF G G, YALCIN A S. Behaviour of flexible batter piles under inclined loads in layered soil [J]. Canadian Geotechnical Journal,1993,30(2): 247-256.

[4] GHASEMZADEH H, TARZABAN M, HAJITAHERIHA M M. Numerical analysis of pile-soil-pile interaction in pile groups with batter piles [J]. Geotechnical & Geological Engineering,2018,126(1): 1-27.

[5] 龚健,陈仁朋,陈云敏,等.微型桩原型水平荷载试验研究[J].岩石力学与工程学报,2004,23(20):3541-3546.

[6] 万智,王贻荪,李刚.双排桩支护结构的分析与计算[J].湖南大学学报(自然科学版),2001(S1):116-120,131.

[7] 王湛,刘冰花.双排桩计算方法探讨[J].东北地震研究,2001,17(2): 64-68.

[8] 杨德健,王铁成.双排桩支护结构优化设计与工程应用研究[J].工程力学,2010,27(S2):284-288.

[9] 邓小鹏,陈征宙,韦杰.深基坑开挖中双排桩支护结构的数值分析与工程应用[J].西安工程学院学报,2002,24(4):42-47.

[10] 林鹏,王艳峰,范志雄,等.双排桩支护结构在软土基坑工程中的应用分析[J].岩土工程学报,2010,32(S2):331-334.

[11] 陈师演,何锦华.双排桩支护结构在深基坑工程中的应用[J].建筑结构,2019,49(S1):783-785.

[12] 刘鸣,黄华,韩冰,等.延安地区某边坡双排抗滑桩支护分析[J].长安大学学报(自然科学版),2011,31(2):63-67.

[13] 邵广彪,孙剑平,崔冠科.某永久边坡双排桩支护设计及应用[J].岩土工程学报,2010,32(S1):215-218.

[14] 何颐华,杨斌,金宝森,等.双排护坡桩试验与计算的研究[J].建筑结构

学报,1996,17(2):58-66,29.

　　[15]　郑刚,李欣,刘畅,等. 考虑桩土相互作用的双排桩分析[J]. 建筑结构学报,2004,25(1):99-106.

　　[16]　申永江,杨明,项正良,等. 柔性双排长短组合桩滑坡推力的计算方法[J]. 岩土力学,2018,39(10):3597-3602.

　　[17]　周德泉,罗坤,冯晨曦,等. 一种室内土工模型实验装置:ZL201520323607.3[P]. 2015-08-26.

　　[18]　周德泉,谭焕杰,徐一鸣,等. 循环荷载作用下花岗岩残积土累积变形与湿化特性试验研究[J]. 中南大学学报(自然科学版),2013,44(4):1657-1665.

6 路堤荷载下坡脚处不同排距斜直双排桩工程特性试验研究

6.1 研究背景

本章图库

在公路、铁路工程中,软弱路基不均匀沉降造成的开裂、边坡垮塌等灾害时常发生。坡脚处设置侧向约束桩对于路基边坡的防治效果较好,引起学者们的广泛关注与研究。周德泉等[1]提出在路基坡脚处设置斜直双排桩加固软基,该倾斜桩和竖直桩在坡脚处承受路堤荷载发生水平位移,类似抗滑桩,属"被动桩",但其受力机制尚不清楚。Duncan 等[2]通过模拟试验发现,当不承受竖向荷载时,反向倾斜桩的水平承载能力明显比竖直桩强,而正向倾斜桩的水平承载力明显比竖直桩弱,说明反向倾斜桩对地基稳定性有明显的增强作用。徐小林等[3]构建了 4 种计算模型以研究排架微型桩组合结构的受力性状,发现横梁能将桩与桩间土体更好地组合在一起,在排架微型桩组合结构中布置后排桩对发挥组合结构的抗滑力有重大影响。Chen 等[4]通过计算分析得到了抗滑桩的荷载传递机理以及双排桩的土拱效应。邱志华[5]通过室内模型试验及数值模拟对门架式抗滑桩进行了研究,发现门架式抗滑桩水平位移随荷载的增大而增大,水平位移峰值出现在桩顶处,且沿桩体向下呈非线性减小趋势。Zhao 等[6]建立有限元模型并通过室内试验研究"h"形桩的性状,发现"h"形桩比门形桩和普通桩更具结构优势。黄小艳等[7]、周德培等[8]、梅敏[9]、张建华等[10]通过理论计算、有限元分析及有限差分模型研究了桩间距对滑坡推力及双排桩桩身受力情况的影响,提出了较为合理的桩间距计算方法与参考取值。张虎元等[11]通过建立双排桩支护结构的有限元模型,发现双排桩桩身位移随排距的增大而逐渐减小,桩身弯矩则随排距的增大而增大,在黄土基坑双排桩支护体系中,排距应取 $2d\sim5d$(d 为桩径),此时结构最安全。白冰等[12]通过构建双排桩支护结构计算模型,研究了不同开挖深度下桩身的内力和位移情况以及冠梁对桩身的影响,得到了双排桩中冠梁与桩身的弯矩和位移的变化规律。郑刚等[13,14]通过建立平面杆系有限元模型分析双排桩的桩土作用,将双排桩桩间土假定为薄压缩层,通过对前后排桩之间的相互作用进行模拟分析,发现倾斜单排桩的抗倾覆能力强于竖直单排桩。排桩在抵抗侧向加载[2-10]和侧向卸载[11-14]方面的研究成果可为斜直双排桩抵抗水平位移机制的研究提供借鉴。坡脚斜直双排桩受力响应的影响因素很多,包括倾斜桩和竖直桩之间的排距、外侧倾斜桩倾斜度、桩体刚度、地质条件、荷载等。本章采用室内模型试验,以斜直双排桩为对象,研究不同排距对桩侧土压力、水平位移和桩身弯矩的影响,分析其破坏特征,以期获得斜直双排桩的合理排距,为斜直双排桩的工程应用提供理论依据。

6.2　模型试验概况

在承压板两侧对称设置 4 种排距的斜直双排桩(其他条件均相同),模拟实际工程中的斜直双排桩单元;以砂土模拟均质地基,以居中的承压板分级受载模拟路堤填筑。

斜直双排桩选用竖直桩和 9° 倾斜桩并通过连梁连接于桩顶。组合 A、B、C、D 的排距 S 分别为 $1.0d$、$2.5d$、$4.0d$ 和 $5.5d$(d 为桩径,后同)。连梁长度分别为 0、$1.5d$、$3.0d$ 和 $4.5d$,呈方形,边长为 30mm。模型桩为 8 根由预制水泥砂浆组成的方桩,长度为 800mm,边长为 30mm,长径比约为 27,桩体弹性模量为 13133.5MPa。模型槽[15]的长×宽×高为 1420mm×720mm×1100mm,承压板的长×宽×高为 720mm×400mm×20mm。模型桩具体布置如图 6-1 所示。

为避免 4 种排距组合 A、B、C 和 D 之间相互影响,组合 A 与 B、C 与 D 之间距离均大于 $5.0d$,4 个组合的竖直桩与承压板的距离相等。通过在桩身粘贴应变片[16]、桩侧布置土压力盒来获得各桩的受力和应变,布置示意图如图 6-2 所示。

在各桩桩身距桩顶 10cm、25cm、40cm、55cm 和 70cm 处的预留凹槽两侧粘贴 5 对应变片。应变片型号为 B×120-80AA,电阻为 $(120.8\pm0.5)\Omega$,栅长×栅宽为 80mm×3mm,灵敏系数为 2.06。各倾斜桩上百分表与应变片的位置相同。每桩等距布置 4 个土压力盒,土压力盒中心分别距离桩顶 17.5cm、32.5cm、47.5cm 和 62.5cm。土压力盒(丹东市三达测试仪器厂生产,型号为 DYB-2,量程为 0.1MPa)固定在桩的迎土面。模型土由湘江河砂与红黏土拌和而成,颗粒粒度均匀。填筑后经测试可得:砂土密度为 1.82g/cm^3,最大粒径为 3mm,含水率为 2%,不均匀系数 C_u 为 5.91,曲率系数 C_c 为 2.62,级配良好。

加载装置设置完成后,按照《建筑地基处理技术规范》(JGJ 79—2012)[17]进行试

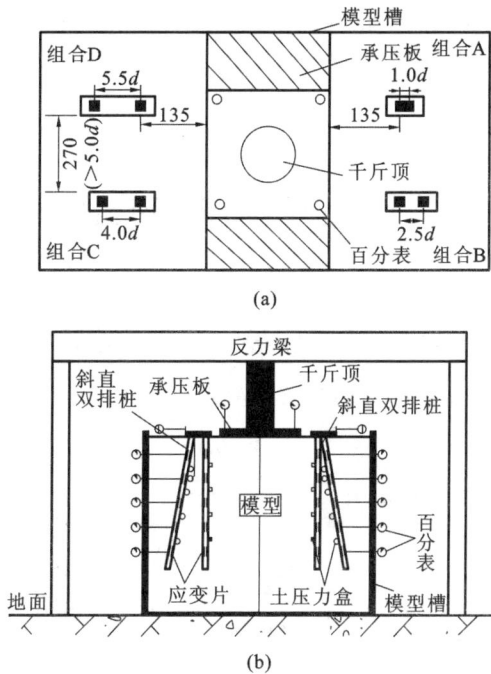

图 6-1 模型桩布置示意图(单位:mm)

(a)平面布置图;(b)剖面布置图

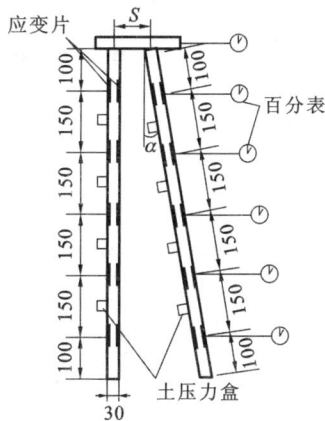

图 6-2 应变片、土压力盒和百分表布置示意图(单位:mm)

验,共 3 次加载、3 次卸载,即 3 次循环加载,3 次循环最大荷载分别为 37.25kN、67.06kN 和 72.01kN。正式分级加载前预加载 5kN,测试整个加载系统及数据采集系统,以便判断试验系统的工作状态。采用 TDS-530 型应变仪测读应变片和土压力盒数据,并同步测读水平位移与承压板沉降。试验结束后,分析 3 次加卸载过程中承压板的沉降曲线特征,研究第1次加载(荷载分别为 23.34kN、30.30kN 和37.25kN)及第2次、第3次加载(荷载均为 37.25kN)时斜直桩土压力、倾斜桩水平位移及斜直桩弯矩的变化规律。

6.3　模型试验结果与分析

6.3.1　3 次加卸载过程中承压板的沉降曲线特征

如图 6-3 所示为承压板的压力-沉降曲线。

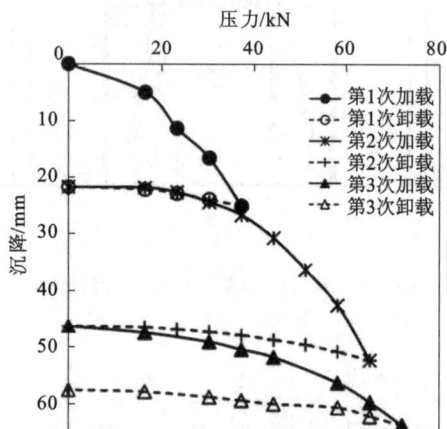

图 6-3　承压板的压力-沉降曲线

由图 6-3 可知:

①加载阶段的压力-沉降曲线呈上凸形,沉降随压力的增大而增大。第1次加载时,压力-沉降曲线陡峭,沉降速率最大;第2次加载时,压力-沉降曲线在 0～37.25kN范围内较平缓,沉降量很小,当荷载超过 37.25kN 后,曲线明显变陡;第3次加载时,压力-沉降曲线较平缓,沉降速率最小,说明预压可以减小沉降量。卸载时,压力-沉降曲线平缓,线形相似,说明模型土卸载变形主要为塑性变形,回弹变形很小。

②3 次加卸载曲线变化规律一致,且与加卸载条件下的土体压缩曲线变化规律[18-20]一致,说明加载装置及位移测量系统是可靠的。

6.3.2 不同加载过程中土压力的变化规律

6.3.2.1 后排竖直桩土压力变化规律

采用土压力盒测量桩侧土压力。试验中通过数据采集仪采集微应变,再由标定方程计算出土压力。绘制竖直桩桩侧土压力变化曲线,如图 6-4 所示。

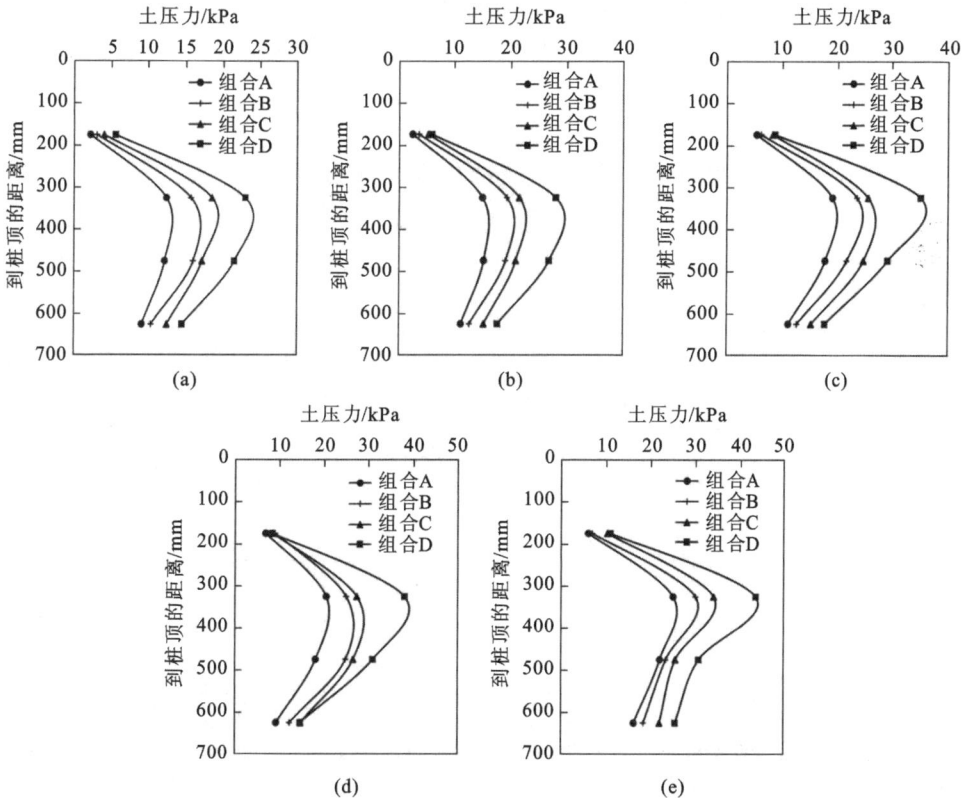

图 6-4 加载过程中后排竖直桩桩侧土压力变化曲线

(a)第 1 次加载(23.34kN);(b)第 1 次加载(30.30kN);(c)第 1 次加载(37.25kN);

(d)第 2 次加载(37.25kN);(e)第 3 次加载(37.25kN)

由图 6-4 可知：

①在第 1 次加载过程中，后排竖直桩桩侧土压力随荷载的增大而增大，沿桩身从上而下先增大后减小，在桩体 $0.4L$ 处达到最大值（L 为桩长），这与侧向约束桩桩侧土压力峰值变化规律[21]相似。

②第 1 次加载时，后排竖直桩桩侧土压力整体比第 2 次和第 3 次加载时小，说明后排竖直桩桩侧土压力随加载循环次数的增加而增大。

③荷载和到桩顶距离相同时，竖直桩桩侧土压力从小到大依次为组合 A、组合 B、组合 C、组合 D，说明后排竖直桩桩侧土压力随排距的增大而增大。

6.3.2.2 前排倾斜桩土压力变化规律

如图 6-5 所示为加载过程中前排倾斜桩桩侧土压力的变化曲线。

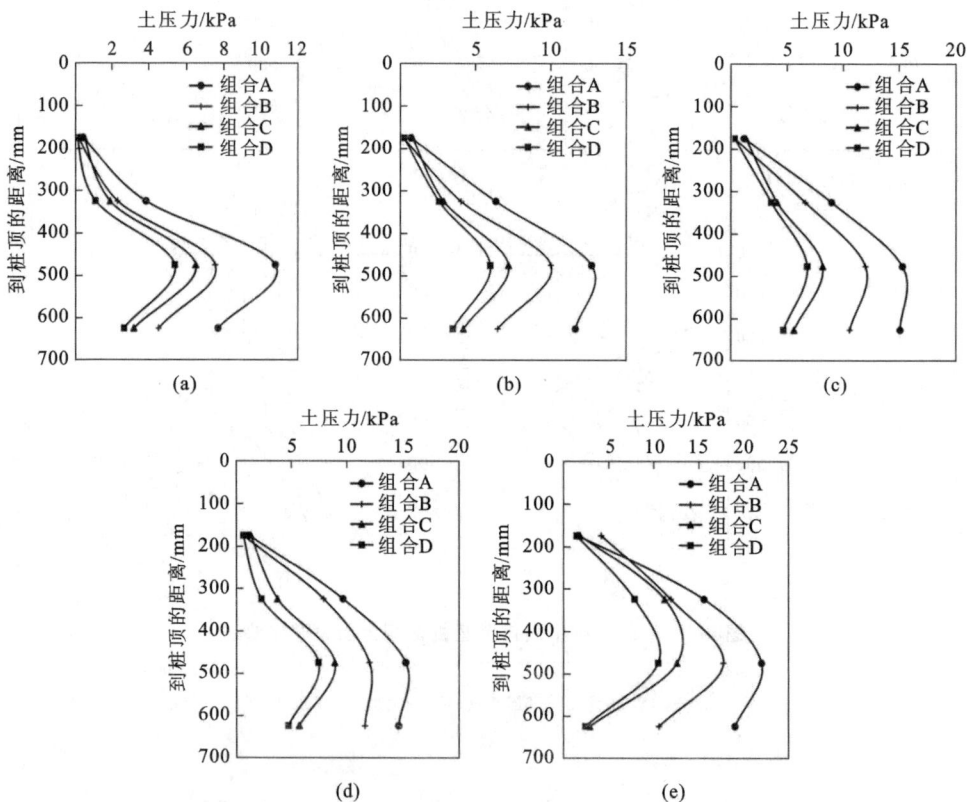

图 6-5 加载过程中前排倾斜桩桩侧土压力变化曲线

(a)第 1 次加载(23.34kN)；(b)第 1 次加载(30.30kN)；(c)第 1 次加载(37.25kN)；

(d)第 2 次加载(37.25kN)；(e)第 3 次加载(37.25kN)

由图 6-5 可知：

①在第 1 次加载过程中,前排倾斜桩桩侧土压力随荷载的增大而增大,沿桩身自上向下先增大后减小,在倾斜桩体 $0.6L$ 处达到最大值。

②在相同荷载下,到桩顶距离相同处的前排倾斜桩桩侧土压力随加载循环次数的增加而增大,与后排竖直桩桩侧土压力的变化规律一致。

③荷载和到桩顶距离相同时,倾斜桩桩侧土压力从大到小依次为组合 A、组合 B、组合 C、组合 D,说明前排倾斜桩桩侧土压力随排距的增大而减小,这与文献[5]中的结论较为一致。

6.2.3.3　斜直双排桩桩侧土压力峰值随排距的变化规律

如图 6-6 所示为斜直双排桩土压力峰值随排距变化的曲线。

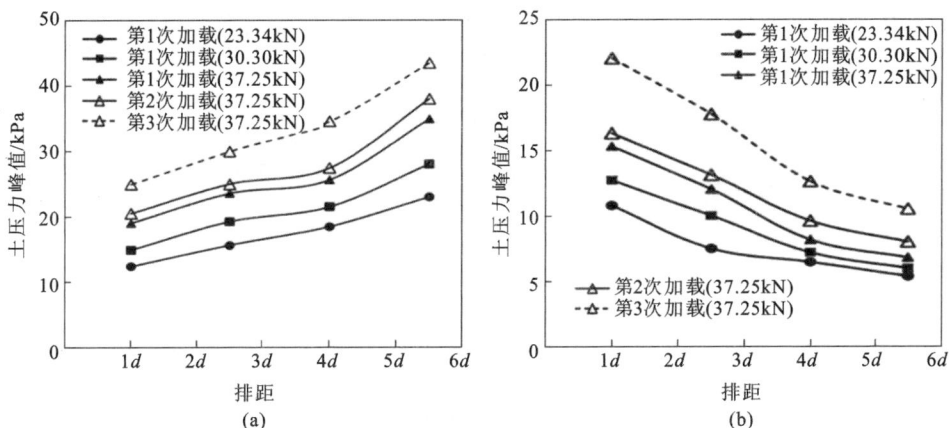

图 6-6　斜直双排桩桩侧土压力峰值随排距变化的曲线

(a)后排竖直桩;(b)前排倾斜桩

由图 6-6 可知：

①后排竖直桩与前排倾斜桩桩侧土压力峰值均随荷载的增大而增大。

②在相同荷载下,后排竖直桩桩侧土压力峰值随排距的增大而增大,前排倾斜桩桩侧土压力峰值随排距的增大而减小。

③后排竖直桩与前排倾斜桩桩侧土压力峰值随加载循环次数的增加而增加。可以看出:第 1 次与第 2 次加载下土压力的峰值曲线距离较近,与第 3 次加载下土压力的峰值曲线距离较远,原因在于第 2 次加载荷载最大值(67.06kN)远大于第 1 次加载荷载最大值(37.25kN),说明在 $i+1$ 次加载下,后排竖直桩与前排倾斜桩桩侧土压力峰值随第 i 次加载荷载最大值的增大而增大。

由图 6-4～图 6-6 可知,在 4 种斜直双排桩中,前排倾斜桩桩侧土压力(峰值)均小于后排竖直桩桩侧土压力(峰值),且前排倾斜桩桩身上部土压力更小。

6.3.3　不同加载过程中前排倾斜桩水平位移变化规律

6.3.3.1　前排倾斜桩水平位移变化规律

加载前在前排倾斜桩布置百分表,并测读加载过程中前排倾斜桩的水平位移,绘制前排倾斜桩水平位移变化曲线,见图 6-7。

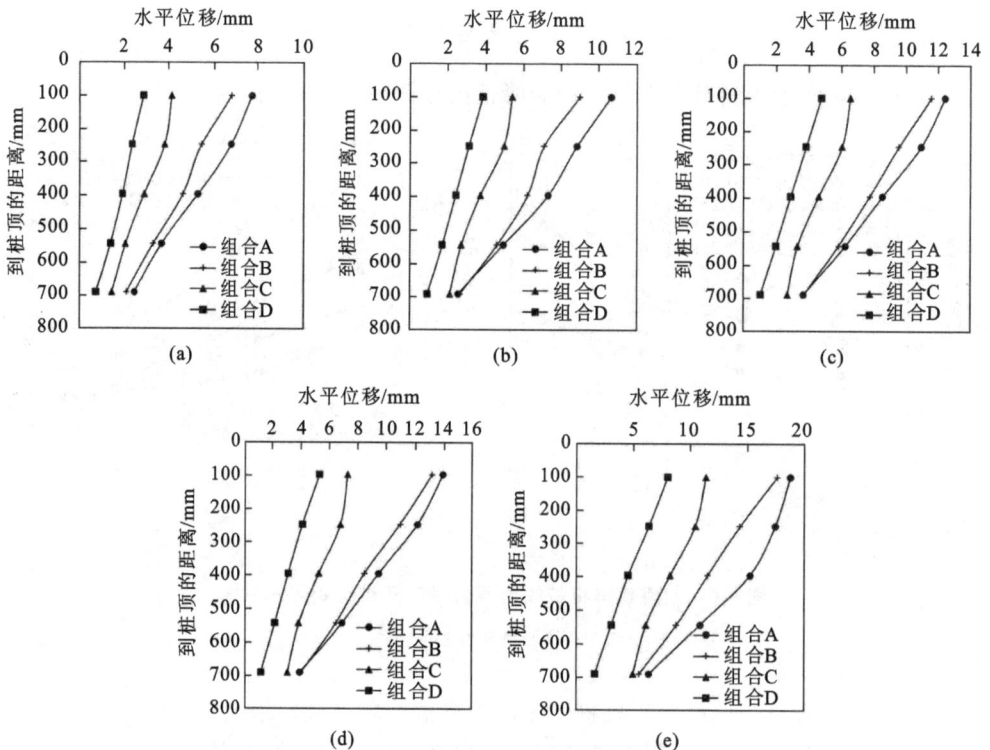

图 6-7　前排倾斜桩水平位移变化曲线

(a)第 1 次加载(23.34kN);(b)第 1 次加载(30.30kN);(c)第 1 次加载(37.25kN);
(d)第 2 次加载(37.25kN);(e)第 3 次加载(37.25kN)

由图 6-7 可知:

①第 1 次加载时,前排倾斜桩水平位移随荷载的增大而增大,且上部位移增速比下部的大,桩顶位移增速最大,说明砂土中前排倾斜桩的受力破坏模式为平移＋绕桩底转动。

②在相同荷载下,前排倾斜桩水平位移随加载次数的增加而增大。

③在相同荷载下,倾斜桩的水平位移从大到小依次为组合 A、组合 B、组合 C、组合 D,说明前排倾斜桩水平位移随排距的增大而减小,与门架式抗滑桩的变化规律[5]相似。

6.3.3.2　前排倾斜桩水平位移峰值变化规律

为了更好地揭示水平位移随排距变化的规律,绘制水平位移峰值随排距变化的曲线,见图 6-8。

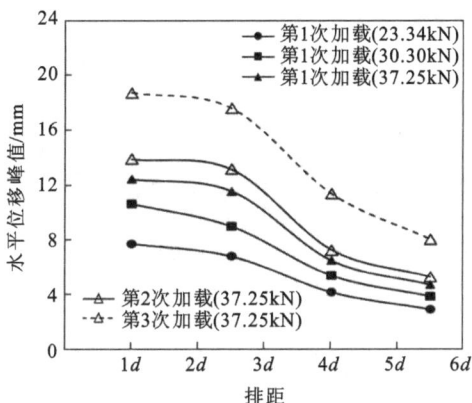

图 6-8　前排倾斜桩水平位移峰值随排距变化的曲线

由图 6-8 可知:

①前排倾斜桩水平位移峰值随荷载的增大而增大。

②前排倾斜桩水平位移峰值随加载循环次数的增加而增大,且其水平位移峰值随前一次加载荷载最大值的增大而增大。

③前排倾斜桩水平位移峰值随排距的增大而减小。当排距为 $2.5d \sim 4.0d$ 时,水平位移峰值随排距的增加而快速递减。

6.3.4　不同加载过程中斜直双排桩弯矩变化规律

通过 TDS-530 型应变仪采集斜直双排桩的拉应变和压应变(微应变),计算得到弯矩。

6.3.4.1　后排竖直桩弯矩变化规律

不同加载过程中的后排竖直桩弯矩的变化曲线如图 6-9 所示。

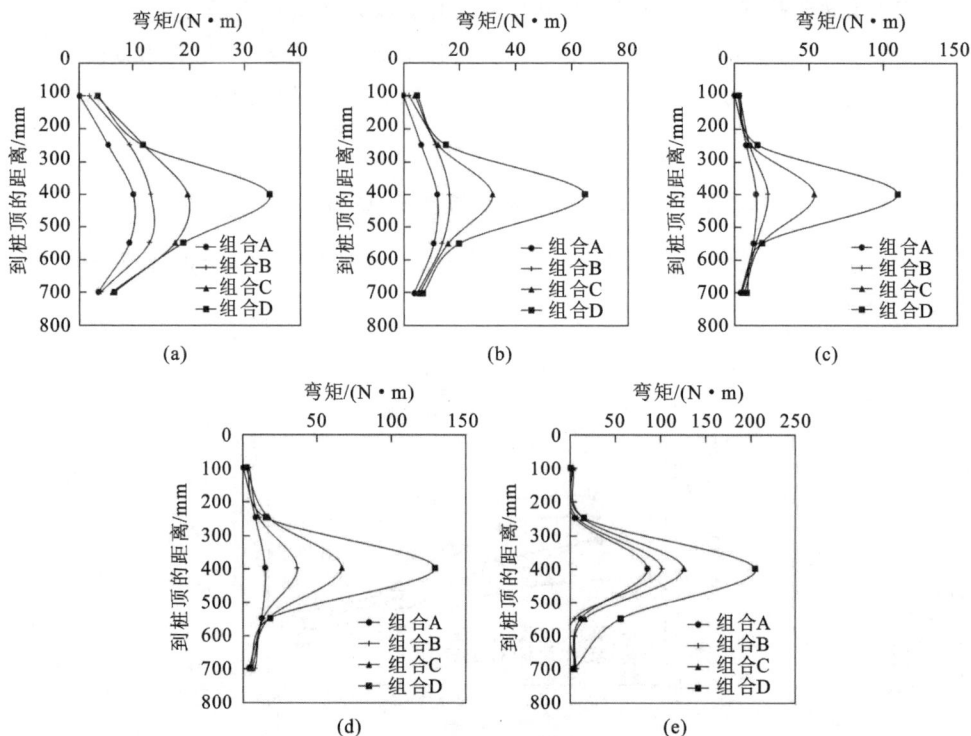

图 6-9　加载过程中后排竖直桩弯矩变化曲线

(a)第 1 次加载(23.34kN);(b)第 1 次加载(30.30kN);(c)第 1 次加载(37.25kN);

(d)第 2 次加载(37.25kN);(e)第 3 次加载(37.25kN)

由图 6-9 可知:

①在加载过程中,后排竖直桩弯矩随荷载的增大而增大,沿桩身自上向下先增大后减小,且桩身 0.5L 处的弯矩最大。由此推测,当荷载增大时,后排竖直桩将在桩身中部发生弯曲破坏。

②在相同荷载下,后排竖直桩弯矩随循环加载次数的增加而增大,也随前一次加载荷载峰值的增大而增大。

③在加载过程中,后排竖直桩弯矩随排距的增大而增大,与文献[22]的结论类似。竖直桩中部弯矩发生突增,其中组合 D 的弯矩最先突增,组合 C 和 B 的弯矩随后突增,组合 A 的弯矩最晚突增,说明排距越大,后排竖直桩的弯矩越容易发生突增,进而发生弯曲破坏。在实际工程中,若要加大斜直双排桩的排距,则需增大后排竖直桩的抗弯刚度。

6.3.4.2　前排倾斜桩弯矩变化规律

绘制前排倾斜桩弯矩随到桩顶距离变化的曲线,见图 6-10。

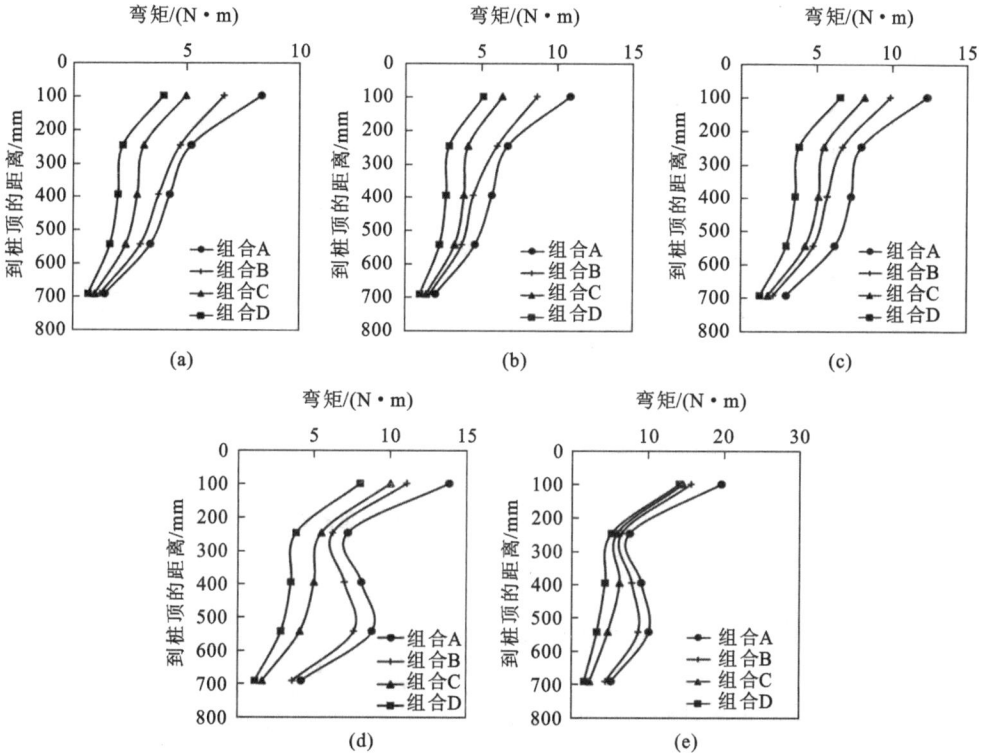

图 6-10　加载过程中前排倾斜桩弯矩变化的曲线

(a)第 1 次加载(23.34kN);(b)第 1 次加载(30.30kN);(c)第 1 次加载(37.25kN);

(d)第 2 次加载(37.25kN);(e)第 3 次加载(37.25kN)

由图 6-10 可知:

①在加载过程中,前排倾斜桩弯矩随荷载的增大而增大,曲线呈倾斜的"S"形,桩顶弯矩最大。由此推测,当荷载增大时,前排倾斜桩将首先在桩顶开裂。在工程实践中,应注意提高倾斜桩桩顶的抗弯能力。

②在相同荷载下,前排倾斜桩弯矩随循环加载次数的增加而增大,且随前一次加载荷载峰值的增大而增大。

③在相同荷载下,前排倾斜桩弯矩从大到小依次为组合 A、组合 B、组合 C、组桩 D,说明前排倾斜桩弯矩随排距的增大而减小,与双排抗滑桩中前排桩弯矩的变化规律[22]一致。

6.3.4.3 斜直双排桩弯矩峰值变化规律

桩身一般在弯矩峰值处发生破坏。因此,绘制后排竖直桩、前排倾斜桩在加载过程中桩身弯矩峰值随排距变化的曲线,如图 6-11 所示。

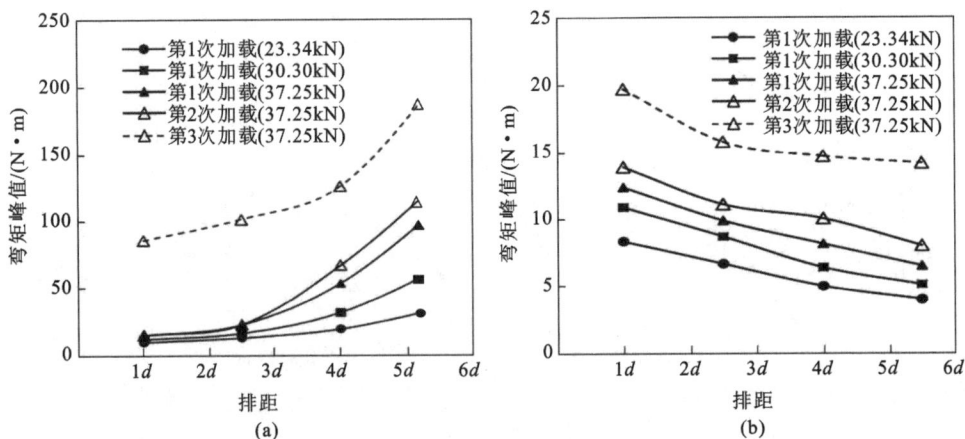

图 6-11 斜直桩弯矩峰值随排距变化的曲线
(a)后排竖直桩;(b)前排倾斜桩

由图 6-11 可知:

①第 1 次加载过程中,后排竖直桩与前排倾斜桩的弯矩峰值随荷载的增大而增大。

②后排竖直桩与前排倾斜桩弯矩峰值随加载次数的增加而增大,且随前次加载荷载最大值的增大而增大。

③荷载相同时,后排竖直桩的弯矩峰值随排距的增大而增大,前排倾斜桩的弯矩峰值随排距的增大而减小;当排距大于 2.5d 时,后排竖直桩弯矩峰值增速急剧增大。

6.3.5 斜直双排桩排距对破坏特征的影响

试验结束后,取出模型桩进行观察,发现后排竖直桩中部有裂缝,前排倾斜桩未出现明显裂缝,如图 6-12 所示。

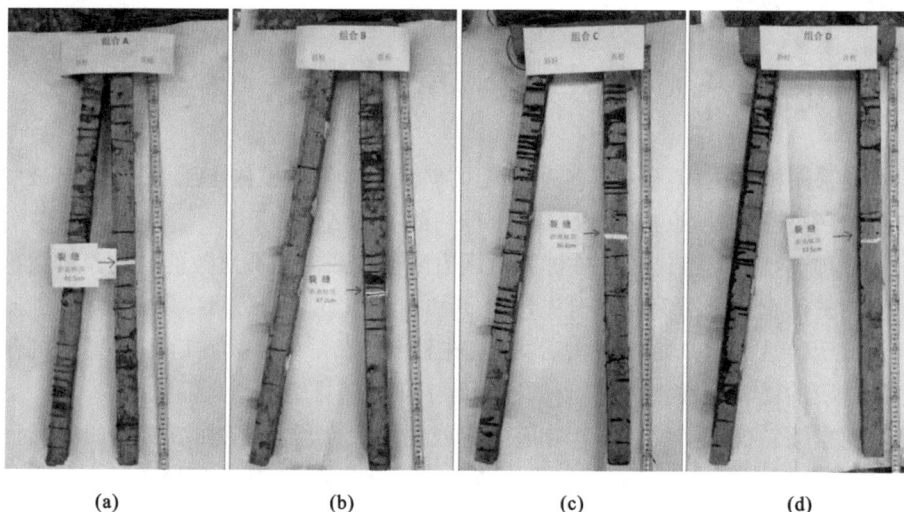

| (a) | (b) | (c) | (d) |

图 6-12 斜直双排桩模型桩身裂缝实物图

(a)组合 A;(b)组合 B;(c)组合 C;(d)组合 D

前排倾斜桩无裂缝、后排竖直桩在桩身中部出现裂缝的现象与前文所述规律一致,进一步证明了试验数据的可靠性。斜直双排桩受力破坏特征见表 6-1。

表 6-1 斜直双排桩受力破坏特征

组合	排距	桩侧土压力		倾斜桩水平位移	桩身弯矩		桩身裂缝特征	
		竖直桩	倾斜桩		竖直桩	倾斜桩	竖直桩	倾斜桩
A	1.0d	土压力峰值位于桩体 0.4L 处,随排距增大而增大	土压力峰值位于桩体 0.6L 处,随排距增大而减小	水平位移峰值在桩顶最大,沿桩身自上而下递减;随排距增大而减小,超过 2.5d 时,减速增大	弯矩峰值位于桩体 0.5L 处,随排距增大而增大	弯矩峰值出现在桩顶,随排距增大而减小	裂缝距桩顶 41.5cm	无裂缝
B	2.5d						裂缝距桩顶 47.2cm	
C	4.0d						裂缝距桩顶 36.6cm	
D	5.5d						裂缝距桩顶 37.5cm	

由表 6-1 可推测,在路堤坡脚下,均质地基后排竖直桩将率先在桩身中部发生弯曲破坏,排距越大,破坏越早发生;前排倾斜桩将发生平移+绕桩底转动,最后在桩顶破坏。因此,后排竖直桩的抗弯刚度必须足够大。在工程实践中,建议排距取 2.5d,后排竖直桩的抗弯刚度取前排倾斜桩的 2.5 倍。

6.4 本 章 小 结

本章采用模型试验,研究了4种排距的斜直双排桩的桩侧土压力、弯矩与破坏特征,前排倾斜桩的水平位移的变化规律,得到的主要结论如下:

①后排竖直桩与前排倾斜桩桩侧土压力随荷载或者加载次数的增加而增大。后排竖直桩桩侧土压力沿深度方向先增大、后减小,且在桩身 $0.4L$ 处最大;前排倾斜桩桩侧土压力沿深度方向先增大后减小,在桩身 $0.6L$ 处最大。后排竖直桩桩侧土压力随排距的增大而增大,前排倾斜桩桩侧土压力随排距的增大而减小。

②前排倾斜桩水平位移及其峰值随荷载的增大而增大,随加载次数的增加而增大,随排距的增大而减小。上部位移增速大于下部位移,桩顶位移增速最大。当排距为 $2.5d \sim 4.0d$ 时,桩身水平位移峰值随排距的增加而快速递减。

③后排竖直桩与前排倾斜桩弯矩及其峰值随荷载的增大而增大,随加载次数的增加而增大。后排竖直桩弯矩峰值出现在桩身中部,前排倾斜桩弯矩峰值出现在桩顶。后排竖直桩的弯矩峰值随排距的增大而增大,前排倾斜桩的弯矩峰值随排距的增大而减小。

④在加载过程中,均质砂土地基中后排竖直桩将率先在桩身中部发生弯曲破坏,排距越大,桩身越早发生破坏;前排倾斜桩将先发生平移并绕桩底转动,最后在桩顶发生破坏。在工程实践中,建议排距取 $2.5d$,后排竖直桩的抗弯刚度大于前排倾斜桩的 2.5 倍。

参 考 文 献

[1] 周德泉,周果子.一种加固倾斜软基的组合型复合地基:ZL 201621328014.7 [P]. 2017-04-27.

[2] DUNCAN J M,EVANS L T,OOI P S K. Lateral load analysis of single piles and drilled shafts[J]. Journal of Geotechnical Engineering, 1994,120(6):1018-1033.

[3] 徐小林,王全才,王浩,等. 边坡防护中排架微型桩组合结构受力研究[J]. 水电能源科学,2012,30(9):99-102.

[4] CHEN C Y,MARTIN G R. Soil-structure interaction for landslide stabi-

lizing piles[J]. Computers and Geotechnics,2002,29(5)：363-386.

[5]　邱志华. 门架式抗滑桩土拱效应的数值分析研究[J]. 土工基础,2018,32(3):318-321,325.

[6]　ZHAO B,WANG Y S,WANG Y,et al. Retaining mechanism and structural characteristics of h type anti-slide pile(hTP pile)and experience with its engineering application[J]. Engineering Geology,2017,222：29-37.

[7]　黄小艳,徐年丰,王汉辉,等. 双排抗滑桩受力规律的数值研究[J]. 人民长江,2012,43(1)：4-8.

[8]　周德培,肖世国,夏雄. 边坡工程中抗滑桩合理桩间距的探讨[J]. 岩土工程学报,2004,26(1)：132-135.

[9]　梅敏. 斜坡积土双排抗滑桩受力特性及优化设计研究[J]. 公路工程,2015,40(3)：181-184,191.

[10]　张建华,谢强,张照秀. 抗滑桩结构的土拱效应及其数值模拟[J]. 岩石力学与工程学报,2004,23(4)：699-703.

[11]　张虎元,李秀祥. 黄土基坑双排桩支护结构的有限元分析[J]. 地下空间与工程学报,2016,12(4)：1102-1109.

[12]　白冰,聂庆科,吴刚,等. 考虑空间效应的深基坑双排桩支护结构计算模型[J]. 建筑结构学报,2010,31(8)：118-124.

[13]　郑刚,李欣,刘畅,等. 考虑桩土相互作用的双排桩分析[J].建筑结构学报,2004,25(1)：99-106.

[14]　郑刚,白若虚. 倾斜单排桩在水平荷载作用下的性状研究[J]. 岩土工程学报,2010,32(S1)：39-45.

[15]　周德泉,罗坤,冯晨曦,等. 一种室内土工模型实验装置:ZL20201520323607.3[P]. 2015-08-26.

[16]　周德泉,陈坤,赵明华,等. 室内模型实验中低强度桩侧应变片粘贴技术与应用[J]. 实验力学,2009,24(6)：558-562.

[17]　中华人民共和国住房和城乡建设部.建筑地基处理技术规范:JGJ 79—2012[S].北京:中国建筑工业出版社,2013.

[18]　周德泉,李传习,杨帆,等. 空隙岩体与溶洞充填混凝土竖向变形特性对比试验研究[J]. 岩土力学,2011,32(5)：1309-1314.

[19]　周德泉,肖宏宇,雷鸣,等. 重复加卸载条件下全风化泥质砂岩累积变形与湿化规律试验研究[J]. 岩石力学与工程学报,2013,32(3)：465-473.

［20］ 周德泉,谭焕杰,徐一鸣,等. 循环荷载作用下花岗岩残积土累积变形与湿化特性试验研究［J］. 中南大学学报(自然科学版),2013,44(4)：1657-1665.

［21］ 周德泉,颜超,刘宏利.桩体复合地基受压过程中侧向约束桩工程特性试验研究［J］. 中南大学学报(自然科学版),2016,47(11)：3784-3791.

［22］ 申永江,吕庆,尚岳全.桩排距对双排抗滑桩内力的影响［J］. 岩土工程学报,2008,30(7)：1033-1037.

7 倾斜度影响斜直双排桩单侧受力响应试验研究

7.1 研究背景

在深厚软弱地基或厚度不均匀软弱地基上修筑公(铁)路路堤或广场时,常采用竖直桩复合地基,并在坡脚外设置3~4排或者更多排桩体,目的是对软基形成侧向约束[1,2],但仍未能避免填筑体滑移、坍塌等事故发生。为确保地基稳定,研究者们提出了许多有效的方法,如郑刚等[3,4]在离心试验研究基础上,采用有限差分法对路堤下刚性桩复合地基稳定性进行分析,认为在群桩条件下,坡脚附近部分桩体首先在软硬土层交界面附近发生弯曲破坏,最后由于部分桩体发生整体倾覆破坏或者再次发生弯曲破坏而导致路堤发生失稳破坏,为此,提出了路堤下复合地基关键桩的概念和分区不等强的稳定性控制设计理念,通过提高关键桩桩体抗弯强度及延性,有效提高路堤整体稳定性;黄俊杰等[5]通过离心试验和数值模拟分析了素混凝土桩复合地基支承路堤稳定破坏机制,认为最靠近坡脚的素混凝土桩最先产生弯曲破坏而不是剪切破坏,随着桩间距增大,桩体弯曲破坏逐渐向路堤中心方向发展。这些研究表明坡脚桩非常关键,坡脚桩工程性状研究应受到重视。为此,本章提出在坡脚设置斜直双排桩[6]以抵抗复合地基水平移动,以1排倾斜桩代替3~4排竖直桩。目前,关于斜直双排桩的相关研究很少,而与之相似的倾斜桩、其他双排桩的研究较多。周健等[7]采用室内模型试验与颗粒流数值模拟相结合的方法对被动侧向受荷桩在砂土中的桩土相互作用进行了研究,认为长桩绕某固定点转动,短桩以平移方式为主运动。周德泉等[8,9]采用室内模型试验研究了复合桩基侧向约束桩水平位移和受力规律,认为侧向约束桩的桩身水平位移沿桩身深度先增大后减小且存在峰值,峰值出现在距离地面 $0.4H$(H 为地面以下桩长)处,弯矩随间距的增大而增大。Chen 等[10]采用有限差分法研究了不同倾斜度单桩在水平荷载作用下的工程性状,认为随着倾斜桩倾斜角增大,桩身水平位移减小。曹卫平等[11]采用有限元模型研究水平荷载作用下倾斜角在5°~25°变化时倾斜桩变形规律,认为在桩顶水平荷载作用下,倾斜桩的桩身弯矩、剪力均比竖直桩的小,倾斜桩最大弯矩出现在桩顶下约5倍桩径深度处,最大剪力出现在桩顶处。周翠英等[12]提出了将内、外侧桩中间的连系梁和桩间土视为一个整体,将内、外侧桩受到的地基土抗力简化为弹性支撑,提出了桩间土对内侧竖直桩的作用模式和作用力计算分析模型。Zhao等[13]利用数值模拟对比分析单排抗滑桩、锚固抗滑桩、门式抗滑桩、"h"形双排桩的桩土作用,认为"h"形双排桩的受力性状更加合理。以上研究表明,倾斜桩水平工作性状研究主要集中在主动承受水平荷载方面,对被动承受水平荷载性状的研究较少[10,11];其他双排桩[12,13]比竖直单桩[7-9]、双排单桩在限制土体水平位移方面的能力更强且受力分布更佳。斜直双排桩[6]结合倾斜桩、其他双排桩的优势,对抵抗路堤坡脚水平位移更具有优势,但其工作机制尚不清楚。本章采用室内模型试验研究松散砂土中4种不同倾斜度的斜直双排桩(桩顶通过连梁连接)在单侧加载下的土压力、水平位移和弯矩变化规律,分析其破坏形式,并根据模型试验进行数值模拟,最后进行了不同形式双排桩的数值对比,为坡脚斜直双排桩的设计应用提供试验依据。

7.2 模型试验概况

7.2.1 基本原理

斜直双排桩受力响应的影响因素很多,如外侧倾斜桩倾斜度、桩和连梁的几何尺寸、桩体刚度、地质条件、荷载等,仅仅依靠单次模型试验获得相应变化规律非常困难。本试验将4组斜直双排桩(仅外侧倾斜桩倾斜度不同,其他参数均相同)对称设置在承压板两侧,模拟实际工程中的斜直双排桩单元,以砂土模拟均质地基,居中的承压板分级受载,以模拟路堤填筑。承压板两侧对称布置的4组斜直双排桩必然承受对称荷载的作用,因此其受力响应的差异控制变量为外侧倾斜桩倾斜度不同。

7.2.2 模型试验的设计与安装

在坡脚设置的斜直双排桩[6]由内侧竖直桩、外侧倾斜桩和连梁3部分构成,其示意图同图5-1。

模型试验在长×宽×高为1420mm×720mm×1100mm的模型箱中进行,模型箱框架由钢条焊接,由钢化玻璃(长边)和木板(短边)组合而成。参照《建筑桩基技术规范》(JGJ 94—2008)[14]进行倾斜度的设置。根据外侧倾斜桩倾斜度,将斜直双排桩分为组合Ⅰ、组合Ⅱ、组合Ⅲ和组合Ⅳ,按照对称原则布置在承压板两侧。其中Z1~Z4为组合Ⅰ~Ⅳ的内侧竖直桩,X1~X4为组合Ⅰ~Ⅳ中倾斜度分别为5%、10%、15%和20%的外侧倾斜桩。参照文献[15]、[16]设置内侧竖直桩与外侧倾斜桩桩顶间距为90mm,各组合间距为240mm,内侧竖直桩桩顶距荷载板150mm,以确保4个组合间互不影响,并尽可能减小边界效应。考虑砂土参数恒定,模型土选用干砂,由纱网过筛后再晾干得到试验要求的中砂,内摩擦角 $\varphi = 32°$,最大粒径约5mm,密度为 $1.84g/cm^3$,相对密度为2.68,含水率约为2%,不均匀系数 $C_u = 5.50$,曲率系数 $C_c = 2.70$。级配良好,模型土的级配曲线如图7-1所示。

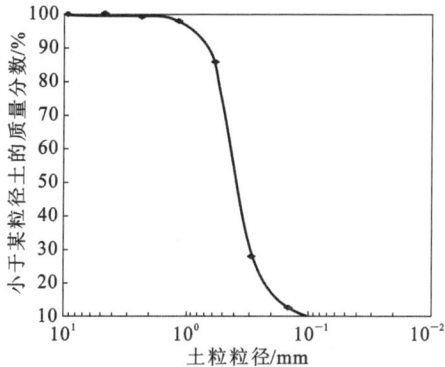

图 7-1 模型土级配曲线

试验测试系统由百分表、应变片、TDS-530型应变仪和土压力盒组成,分别用于测试外侧倾斜桩水平位移、内外侧桩应变和水平土压力。试验前对桩体浇模时,采用凹槽法[17]在桩两面对应粘贴应变片[型号为B×120-80AA,电阻为 $(120.8 \pm 0.5)\Omega$,栅长×栅宽为80mm×3mm,灵敏系数为2.06]。每根桩安装10个应变片,分别在距桩顶80mm、240mm、400mm、560mm和720mm处。土压力盒(丹东市三达测试仪器厂生产,型号为DYB-2,量程为0.1MPa)固定在桩的主要受力面,每根桩安装4个土压力盒,分别在距桩顶175mm、325mm、475mm和625mm处。模型安装时,在外侧倾斜桩的不同深度处(距桩顶分别80mm、240mm、400mm、560mm和720mm)水平设置直径为10mm的PVC管,并用AB胶将PVC管端与可伸缩软管粘贴,保留软管长度3cm,再用502胶将软管另一端与桩表面贴紧,以预留一定的桩体位移空间,同时,确保模型土不进入PVC管内部,以免造成堵塞、影响水平位移测试精度,然后将加长探针穿过水平PVC管紧贴桩身。填土时,先填150mm厚度达到设计桩底。安置时,贴合预先做好的可活动框架,并利用方木和透明胶在全部模型桩中部、顶部分别固定,确保填土时桩的倾斜度准确、不受扰动。采用砂雨法充填模型土至桩中部时拆除方木并继续填土至桩顶附近,预留高度为30mm,用方形模具现浇连梁,填筑完成后静置 30d，使模型土自重沉降。模型桩参数如表 7-1 所示，待桩体埋入土体后，桩顶预留空间（长×宽×高为 180mm×30mm×30mm），现浇水泥砂浆形成连梁。

表 7-1 模型桩参数

组合	组合形式	内侧竖直桩长度/mm	外侧倾斜桩长度/mm	弹性模量/GPa
I	Z1＋连梁＋X1	800	802.7	12.71
II	Z2＋连梁＋X2	800	807.6	12.71
III	Z3＋连梁＋X3	800	814.7	12.71
IV	Z4＋连梁＋X4	800	824.3	12.71

试验加载系统由预先标定的千斤顶和固定的反力梁组成。试验参照《建筑地基处理技术规范》(JGJ 79—2012)[18]进行，分 9 级进行加载，第一级荷载为 55kPa，最大荷载 255kPa。每级加载后立即读取百分表，记录应变数据，隔 10min、10min、10min、15min 和 15min 采集数据，之后每隔 0.5h 采读 1 次，直到稳定为止。当外侧倾斜桩水平位移大幅度增加时，停止加载。

7.2.3 模型试验结果与分析

7.2.3.1 地基荷载-沉降曲线特征

如图 7-2 所示为模型砂土的荷载-沉降的变化曲线。

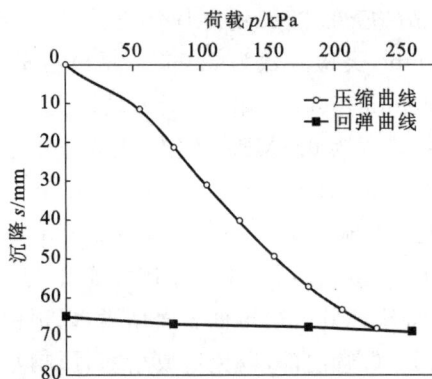

图 7-2 砂土地基的 p-s 曲线

在加载过程中,荷载-沉降曲线整体呈上凸形;回弹曲线几乎水平。该曲线符合竖向加载作用下地基的荷载-沉降规律,说明本次试验的加载、位移测试系统可靠。

7.2.3.2 内、外侧桩水平土压力变化规律

如图 7-3 所示为加载至 80kPa、180kPa 和 255kPa 时 4 种组合的内侧竖直桩水平土压力与距桩顶深度的变化曲线(简称 P-z 曲线)。

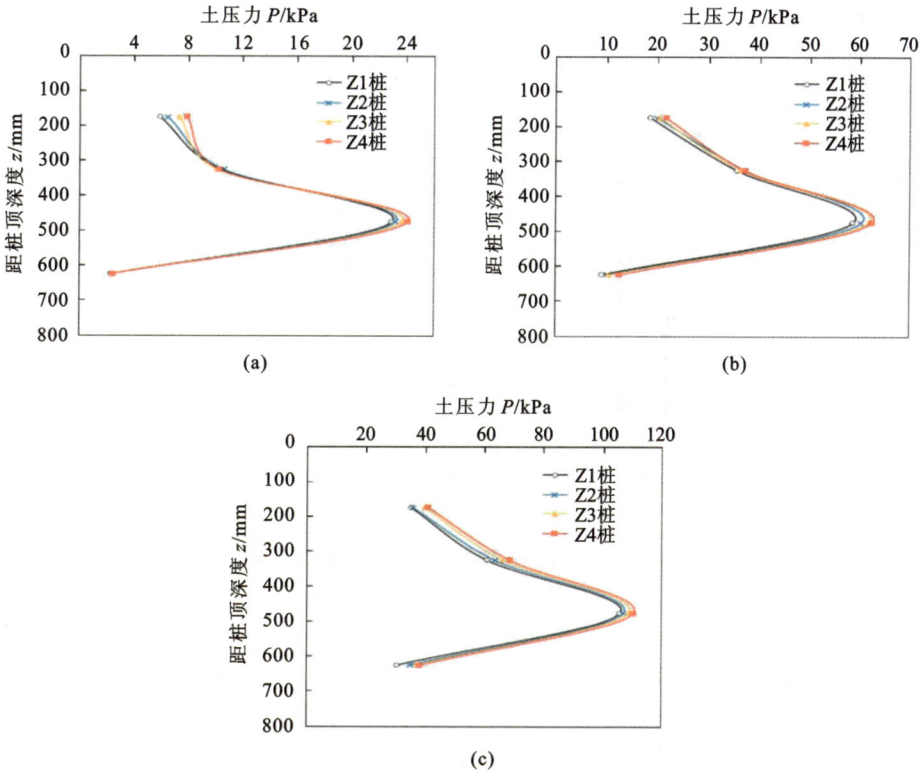

图 7-3 4 种组合中内侧竖直桩水平土压力变化规律
(a)80kPa;(b)180kPa;(c)255kPa

由图 7-3 分析可得:

①内侧竖直桩水平土压力沿桩身自上而下先增大后减小,峰值位于桩身中部。桩身中部增长率较大,说明内侧竖直桩中部对单侧加载下的土压力较敏感。

②在相同荷载下,内侧竖直桩水平土压力从小到大依次为 Z1、Z2、Z3、Z4,说明斜直双排桩内侧竖直桩水平土压力随外侧倾斜桩倾斜度的增大而增大。

如图 7-4 所示为加载至 80kPa、180kPa、255kPa 时 4 种组合外侧倾斜桩的 P-z 曲线。

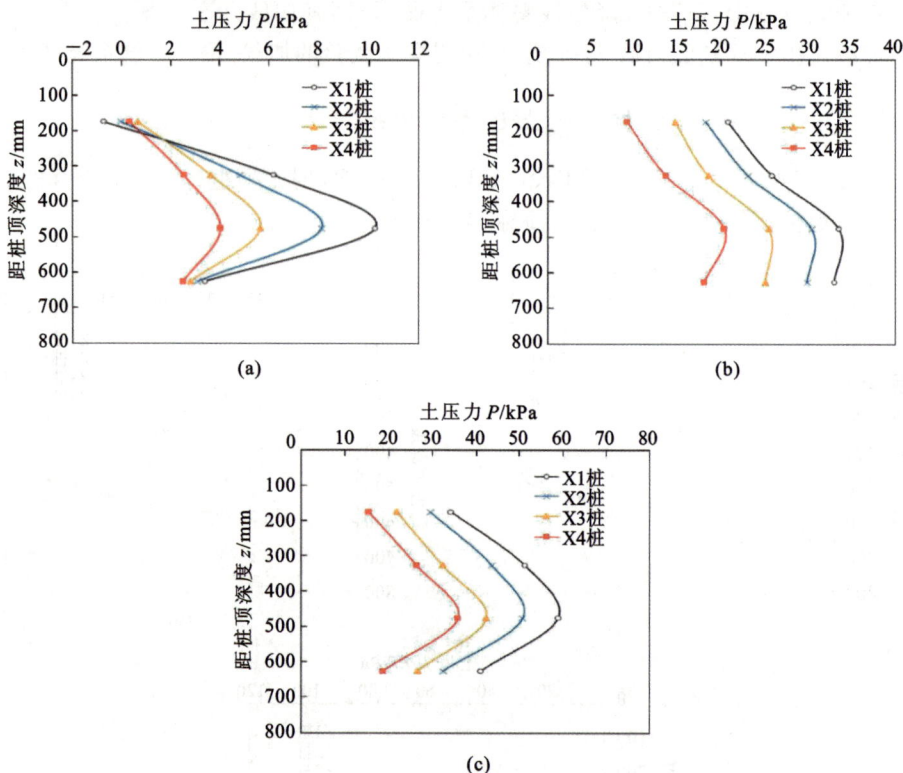

图 7-4 4 种组合的外侧倾斜桩水平土压力变化规律
(a)80kPa;(b)180kPa;(c)255kPa

由图 7-4 分析可得:

①外侧倾斜桩水平土压力沿桩身自上而下先增大后减小,峰值位于桩身中部。X1 和 X2 号桩桩顶处土压力出现负值,原因是桩埋入砂土后才平衡土压力盒,当外侧倾斜桩倾斜度较小时,在连梁作用下桩顶较桩间土先水平位移,桩侧土压力盒出现应力释放[7]。

②在相同荷载下,4 种组合外侧倾斜桩的水平土压力差异较内侧竖直桩的水平土压力(图 7-3)明显;外侧倾斜桩水平土压力从小到大依次为 X4、X3、X2、X1,说明外侧倾斜桩水平土压力随倾斜度的增大而显著减小。

定义土压力峰值比为内侧竖直桩水平土压力峰值与外侧倾斜桩水平土压力峰值之比。如图 7-5 所示为不同荷载下斜直双排桩内、外侧桩水平土压力峰值和土压力峰值比随外侧倾斜桩倾斜度变化曲线。

(a)

(b)

(c)

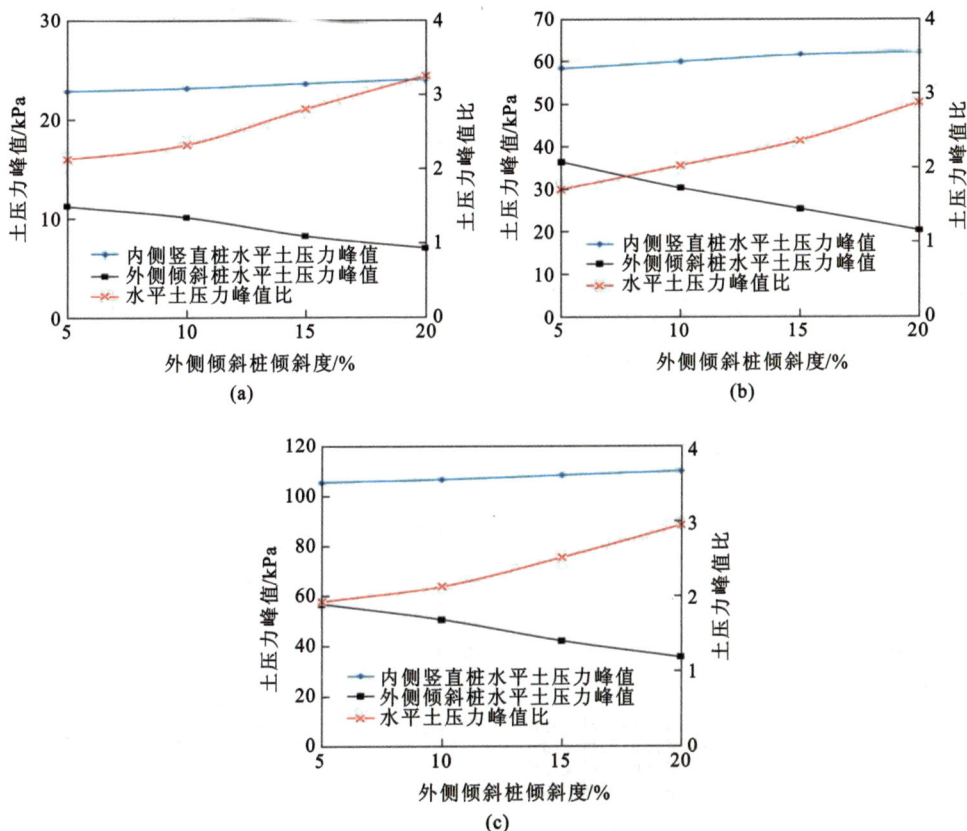

图 7-5　斜直双排桩内、外侧桩水平土压力峰值及土压力峰值比变化规律

(a)80kPa；(b)180kPa；(c)255kPa

由图 7-5 分析可知：

①内、外侧桩水平土压力峰值均随荷载的增大而增大。

②内侧竖直桩水平土压力峰值随外侧倾斜桩倾斜度的增大而缓慢增大,外侧倾斜桩水平土压力峰值随外侧倾斜桩倾斜度的增大而明显减小。

③内、外侧桩水平土压力峰值比随外侧倾斜桩倾斜度的增大而增大。在加载过程中,内侧竖直桩水平土压力为外侧倾斜桩水平土压力的 1.5～3.0 倍,甚至大于3.0 倍。

7.2.3.3　外侧倾斜桩水平位移变化规律

图 7-6 为加载过程中 4 种倾斜度外侧倾斜桩的水平位移 x 与距桩顶深度 z 的变化曲线(简称 x-z 曲线)。

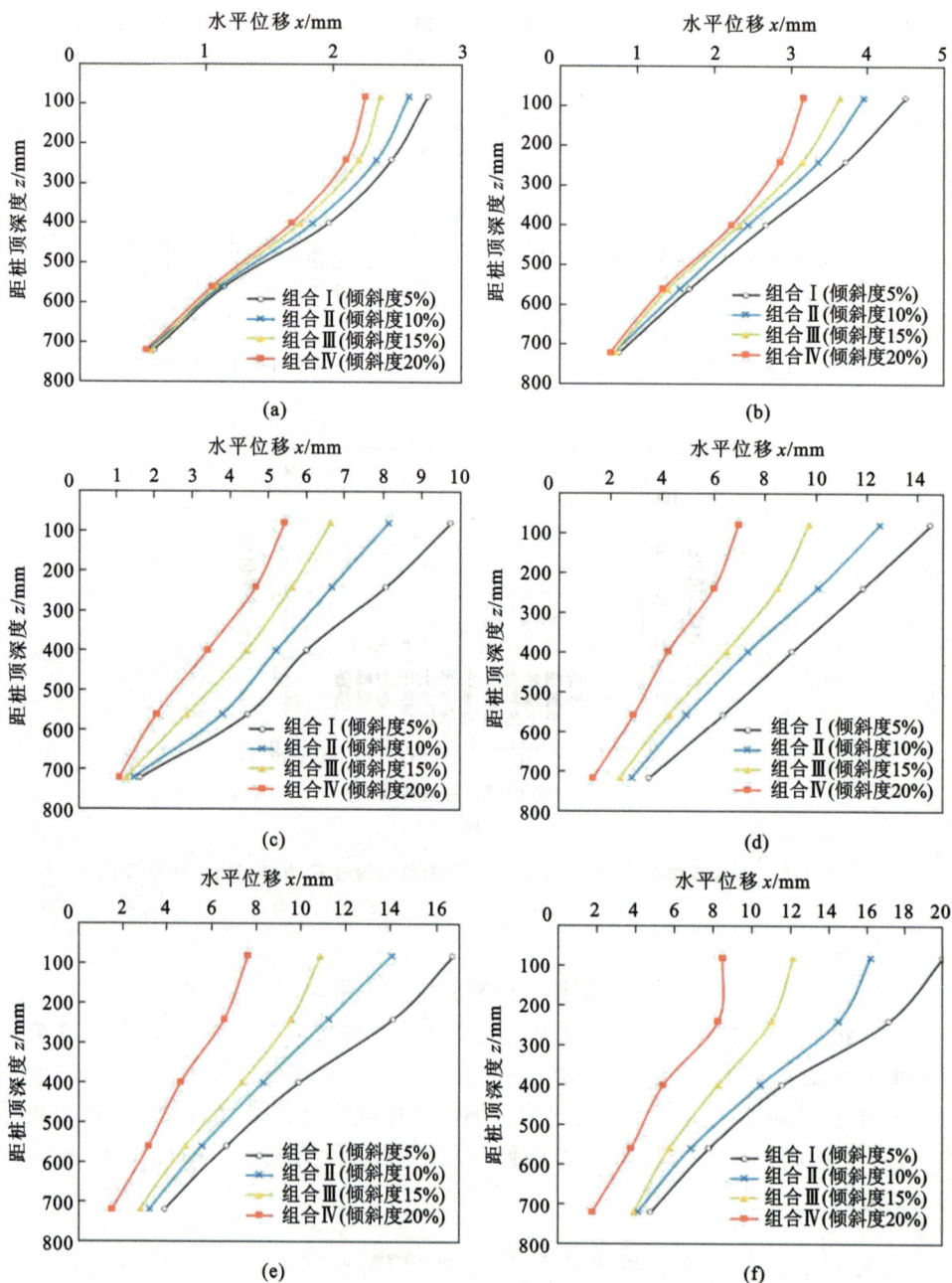

图 7-6　4 种倾斜度的外侧倾斜桩水平位移变化规律

(a)55kPa；(b)80kPa；(c)130kPa；(d)180kPa；(e)230kPa；(f)255kPa

由图 7-6 分析可知：

①外侧倾斜桩水平位移随荷载的增加而增大，桩顶水平位移最大，桩底最小(不为 0)，桩身上部水平位移均比桩身下部大，水平位移曲线整体呈倾斜分布。加载前中期($p \leqslant 180\text{kPa}$)，桩顶处水平位移增速最大，说明荷载较小时，桩体先后表现为转动、平移；加载后期($p \geqslant 230\text{kPa}$)，$z = 240\text{mm}$ 处水平位移增速最大，说明荷载较大时桩体表现出平移、弯曲。

②在相同荷载下，外侧倾斜桩水平位移从小到大依次为 X4、X3、X2、X1，说明倾斜度越大，外侧倾斜桩水平位移越小。因此，增大外侧倾斜桩的倾斜度将减小外侧倾斜桩的横向变形。

7.2.3.4 内、外侧桩弯矩变化规律

通过 TDS-530 型应变仪测读桩身距离桩顶相同位置的拉应变和压应变，再由材料力学弯矩计算公式可得到相应位置弯矩。

如图 7-7 所示为加载至 80kPa、130kPa、180kPa、255kPa 时内侧竖直桩弯矩 M 随距桩顶深度 z 的变化曲线(简称 M-z 曲线)。

由图 7-7 分析可知：

①内侧竖直桩弯矩变化相似，均沿桩身从上到下先增大后减小，整体呈单峰曲线分布，弯矩峰值位于桩身中部。

②在相同荷载下，内侧竖直桩弯矩从小到大依次为 Z1、Z2、Z3、Z4，说明内侧竖直桩弯矩随外侧倾斜桩倾斜度的增大而显著增大。

图 7-8 为加载至 80kPa、130kPa、180kPa、255kPa 时外侧倾斜桩的 M-z 曲线。

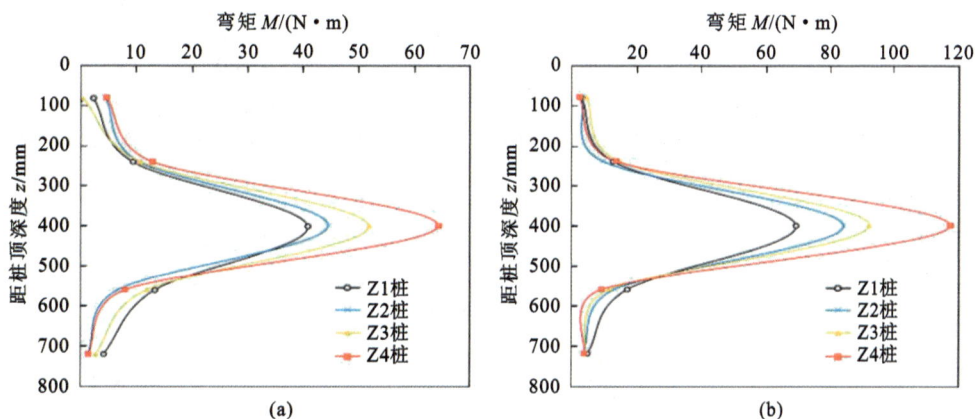

(a)

(b)

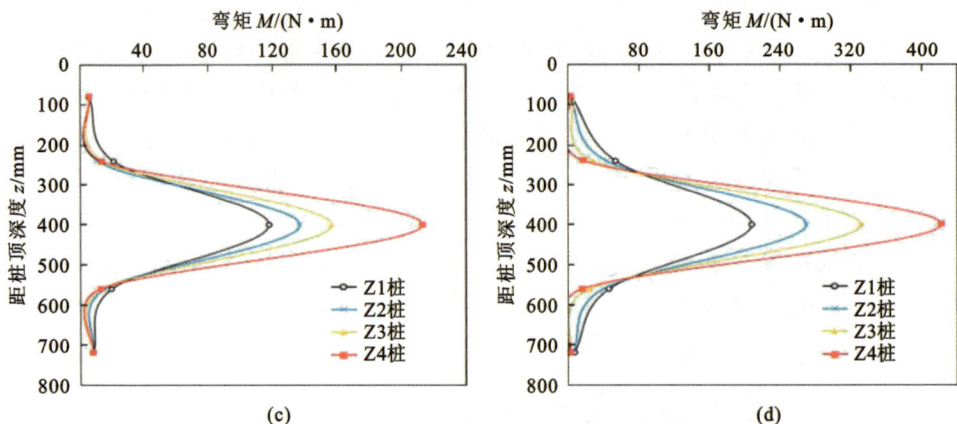

图 7-7 4 种组合的内侧竖直桩弯矩变化规律

(a)80kPa；(b)130kPa；(c)180kPa；(d)255kPa

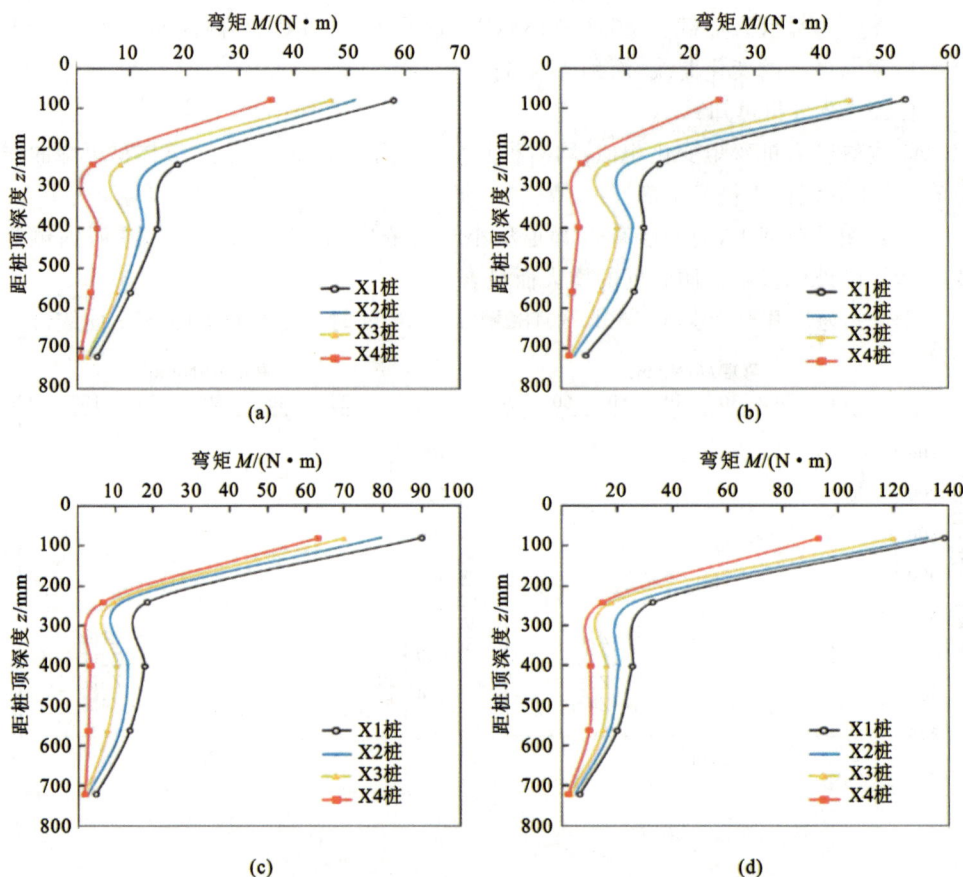

图 7-8 4 种组合的外侧倾斜桩弯矩变化规律

(a)80kPa；(b)130kPa；(c)180kPa；(d)255kPa

由图 7-8 分析可得:

①外侧倾斜桩弯矩沿桩身从上到下,从桩顶最大峰值起快速减小,经过0.3H(H为桩的长度)后逐渐增大,在桩身中部达到峰值后逐渐减小至接近 0。桩顶处出现最大值的原因是:通过连梁传递,力作用在外侧倾斜桩桩顶,使其发生挠曲;外侧倾斜桩中部弯矩峰值由水平土压力作用产生。经分析认为,对于均质砂土中的斜直双排桩,连梁对外侧倾斜桩桩顶处的弯矩作用效果比水平土压力对外侧倾斜桩中部的弯矩作用效果更加明显。

②在相同荷载下,外侧倾斜桩弯矩从小到大依次为 X4、X3、X2、X1,说明外侧倾斜桩弯矩随倾斜度的增大而减小。显然,外侧倾斜桩倾斜度对斜直双排桩弯矩产生了较大的影响。

为进一步分析倾斜度对弯矩的影响,根据不同荷载下内侧竖直桩弯矩峰值和外侧倾斜桩弯矩峰值,得出不同荷载下弯矩峰值随外侧倾斜桩倾斜度变化曲线,如图 7-9 所示。

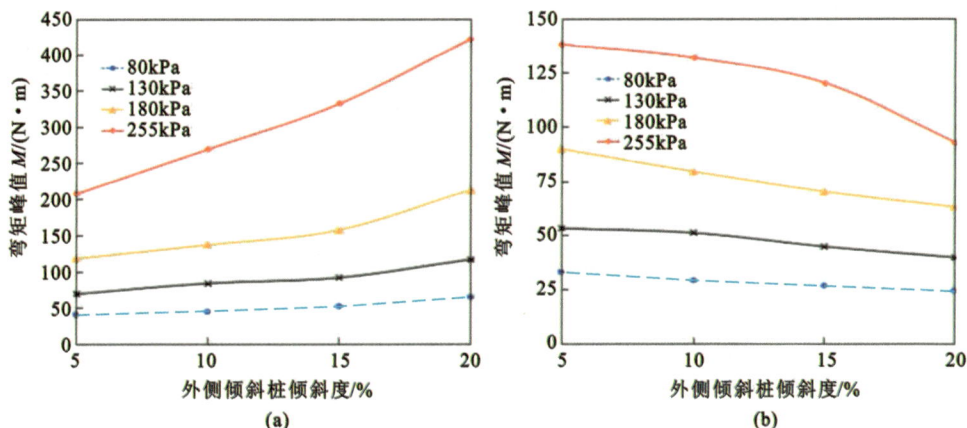

图 7-9　不同荷载下弯矩峰值随外侧倾斜桩倾斜度变化规律

(a)内侧竖直桩;(b)外侧倾斜桩

由图 7-9 分析可知:

①内侧竖直桩弯矩峰值随外侧倾斜桩倾斜度的增大而增大,其增长率(曲线斜率)随荷载增大而增大,说明随着外侧倾斜桩倾斜度的增大,内侧竖直桩越容易发生弯曲破坏。

②外侧倾斜桩弯矩峰值随外侧倾斜桩倾斜度的增大而减小,其减小率(曲线斜率)随荷载增大而增大,说明外侧倾斜桩倾斜度增大,外侧倾斜桩越安全。

定义弯矩峰值比为内侧竖直桩弯矩峰值与外侧倾斜桩弯矩峰值之比,并作出弯矩峰值比随荷载及外侧倾斜桩倾斜度的变化规律曲线,如图 7-10 所示。

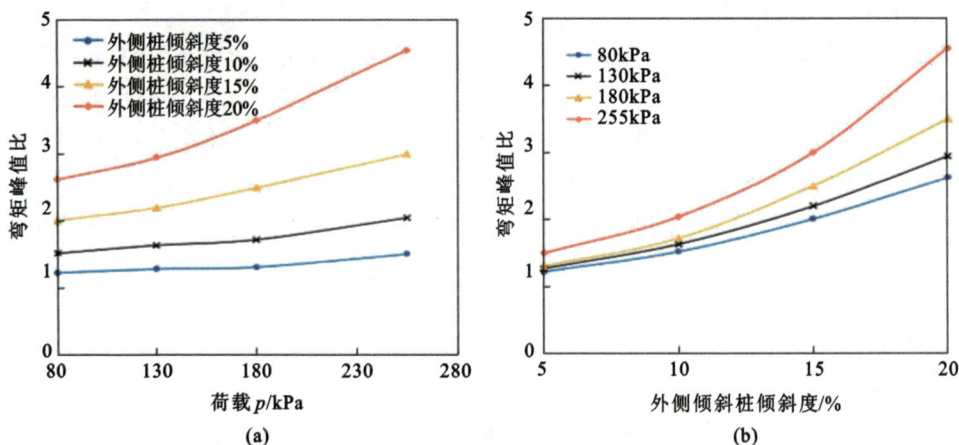

图 7-10 弯矩峰值比变化规律

(a)弯矩峰值比随荷载变化;(b)弯矩峰值比随外侧倾斜桩倾斜度变化

由图 7-10 分析可得:

①弯矩峰值比随荷载的增大而增大,其增长率随外侧倾斜桩倾斜度的增大而增大。当外侧倾斜桩倾斜度为 5% 和 10% 时,弯矩峰值比随荷载变化曲线较平缓;当外侧倾斜桩倾斜度为 15% 和 20% 时,弯矩峰值比随荷载变化曲线较陡峻。这说明外侧倾斜桩倾斜度越大,弯矩峰值比对荷载越敏感。

②弯矩峰值比随外侧倾斜桩倾斜度的增大而增大,当外侧倾斜桩倾斜度大于 15% 时,增长率加大,曲线存在明显拐点。这说明当外侧倾斜桩倾斜度超过 15% 时,弯矩峰值比快速增大。

③实际工程中,建议外侧倾斜桩倾斜度为 10%~15%,并根据路堤高度(荷载)选取内侧竖直桩与外侧倾斜桩刚度的比值为 2~3。例如,当荷载为 225kPa 时,若路堤填土重度为 18.5kN/m³,即路堤高度约为 12m 时,可使外侧倾斜桩倾斜度为 15%,取内侧竖直桩与外侧倾斜桩刚度的比值约为 3。

7.2.3.5 砂土中斜直双排桩破坏形式

试验结束后,拆除模型箱挡板使砂土流出,取出模型桩并清洗,观察模型桩破坏特征,如图 7-11 和图 7-12 所示(图中箭头指示桩身裂缝位置)。

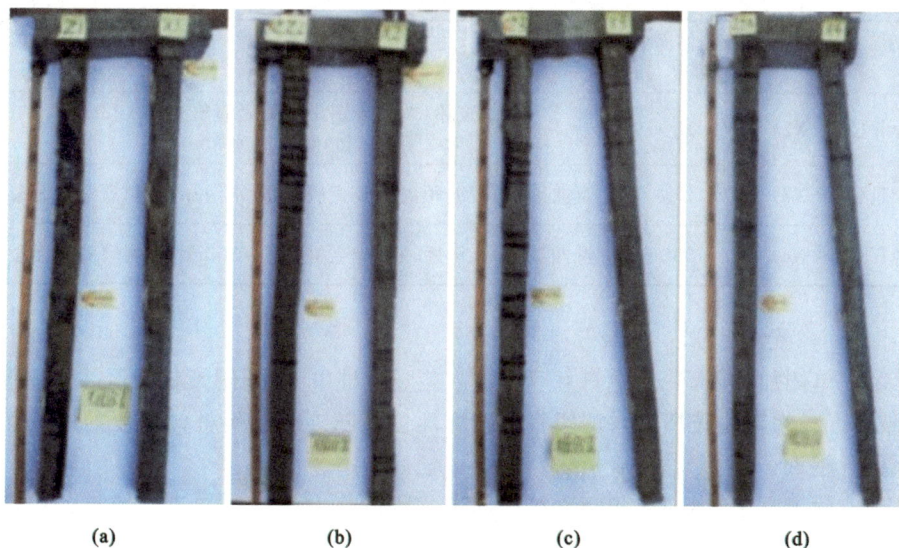

(a)   (b)   (c)   (d)

图 7-11   砂土中斜直双排桩的破坏特征

(a)组合 Ⅰ;(b)组合 Ⅱ;(c)组合 Ⅲ;(d)组合 Ⅳ

图 7-12   模型桩局部弯曲破坏特征

结合水平位移、水平土压力和桩身弯矩变化规律,得到单侧加载下砂土中斜直双排桩的破坏特征,见表 7-2。

表 7-2   **单侧加载下砂土中斜直双排桩的破坏特征**

编号	外侧倾斜桩 倾斜度/%	破坏特征
组合 Ⅰ(Z1+X1)	5	弯曲破坏,裂缝分别距内侧竖直桩桩顶 496mm, 距外侧倾斜桩桩顶 82mm

续表

编号	外侧倾斜桩倾斜度/%	破坏特征
组合Ⅱ(Z2+X2)	10	弯曲破坏,裂缝分别距内侧竖直桩桩顶492mm,距外侧倾斜桩桩顶80mm
组合Ⅲ(Z3+X3)	15	弯曲破坏,裂缝距内侧竖直桩桩顶485mm,外侧倾斜桩无裂缝
组合Ⅳ(Z4+X4)	20	弯曲破坏,裂缝距内侧竖直桩桩顶480mm,外侧倾斜桩无裂缝

由表7-2分析可知:

①在单侧加载下,砂土中斜直双排桩内侧竖直桩中部、外侧倾斜桩顶部为危险截面,破坏形式为弯曲破坏。内侧竖直桩破坏面位置随外侧倾斜桩倾斜度的增大而距桩顶位置越近。

②实际工程中,增加内侧竖直桩中部抗弯刚度将大幅提升斜直双排桩的稳定性并有效控制斜直双排桩横向变形。根据可施工倾斜桩的最大倾斜度,倾斜桩倾斜度宜尽量加大。

7.3 数 值 模 拟

7.3.1 数值模拟目的

室内模型试验研究了砂土中侧向堆载条件下不同倾斜度倾斜桩对斜直双排桩受力特性的影响,相比现场试验的高成本和长时间,模型试验与数值模拟结合能在一定程度上打破模型试验的局限性。采用FLAC3D软件对室内模型试验进行数值模拟,验证模型试验与数值模拟结果,为斜直双排桩的工程特性研究提供一定依据。

7.3.2 数值实现及结果分析

7.3.2.1 模型建立及参数设置

(1)模型建立

建立的模型尺寸及参数均参照室内模型试验,利用FLAC3D软件中默认命令流进行建模。模型土体深1.0m,为保留桩土间的相互作用,桩体采用实体单元,桩体截面直径为0.03m,长为0.8m。由于采用了实体单元建模,不同倾斜度的斜直双排桩在建模过程和网格划分中存在点容差过高的现象,因此建立的模型采用1/4的室内模型尺寸,在 AutoCAD 软件上分别作图后对组合Ⅰ～Ⅳ单独进行有限差分分析。建立的模型如图 7-13 所示,由土体、桩体、承载板三部分组成。

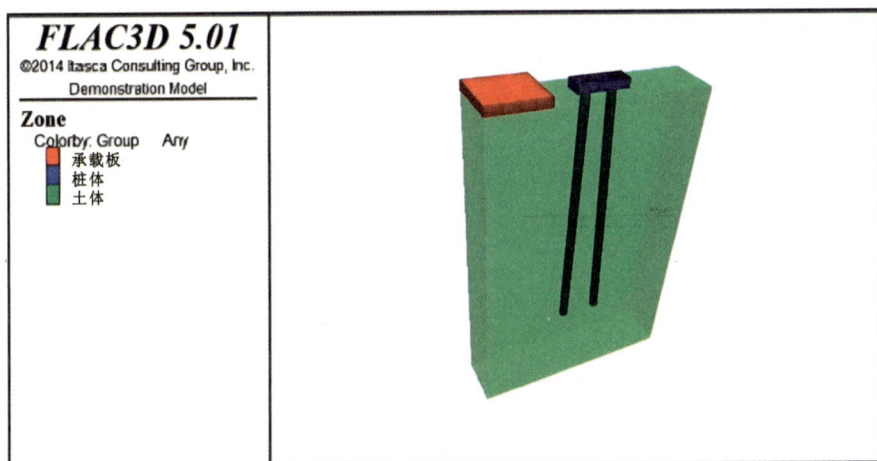

图 7-13　模型的建立

(2)参数设置

①土体参数。

土体本构模型采用莫尔-库仑模型模拟模型试验的砂土,根据相关资料,土体的弹性模量为 25MPa,泊松比为 0.3,砂土密度为 1800kg/m³。土体的体积模量为 2.084×10^7Pa,切变模量为 7.81×10^6Pa。除了以上弹性模型参数,土体的黏聚力为 0Pa,内摩擦角为 32°。

②桩体参数。

桩体本构模型为弹性模型,弹性模量均为采用室内模型试验的简支梁法计算得出的数据,弹性模量为 12.71GPa,泊松比为 0.2。

各材料的参数如表 7-3 所示。

表 7-3　材料参数

材料	体积模量 K/Pa	切变模量 G/Pa	泊松比 υ	黏聚力 c/Pa	内摩擦角 φ/(°)	密度 r/ (kg/m³)
砂土	2.084×10^7	7.81×10^6	0.3	0	32	1800
桩体	7.06×10^9	4.54×10^9	0.2	—	—	2300

③接触面参数。

本模型设置两种类型的接触面,分别为桩土接触面、承载板与土体接触面,共 6 个接触面,如图 7-14 所示。

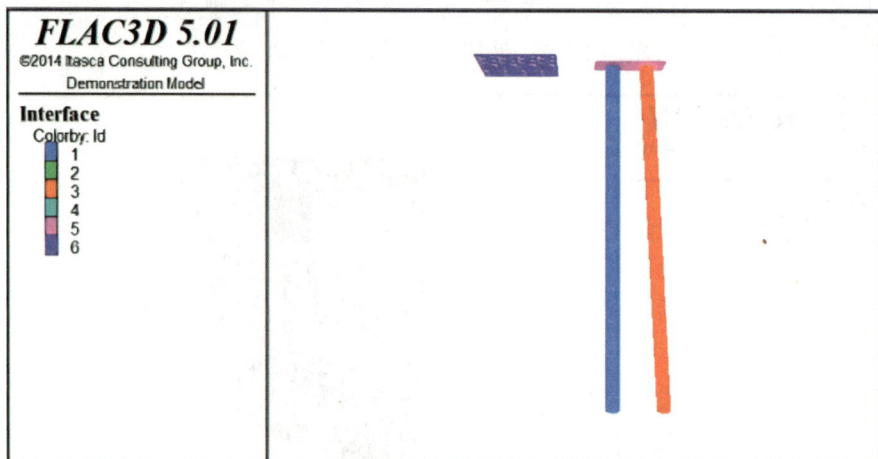

图 7-14　接触面设置

桩土接触面包括：桩身与土体的接触面（编号 1、3）、桩底与土体的接触面（编号 2、4）、桩顶连梁与土体的接触面（编号 5）。桩土接触面的黏聚力和内摩擦角取土体参数的 7/10，即 $c_1=0\mathrm{Pa}$，$\varphi_1=22.4°$。

由于承载板为钢板且材质较光滑，因此承载板与土体接触面（编号 6）的黏聚力和内摩擦角分别为 $c_2=0\mathrm{Pa}$，$\varphi_2=0°$。

各接触面的参数如表 7-4 所示。

表 7-4　　　　　　　　　　　　　接触面参数

接触面	k_n/Pa	k_s/Pa	内摩擦角 $\varphi/(°)$	黏聚力 c/Pa
接触面 1～5	1.0×10^7	1.0×10^7	22.4	0
接触面 6	1.0×10^8	1.0×10^8	0	0

④边界条件设置。

地应力平衡前对模型的底部和侧面进行约束，并施加 X、Y 方向的约束，对于模型顶部不采取约束。

⑤地应力平衡。

加载前对模型进行自重应力平衡，地应力取为 $-10\mathrm{m/s^2}$。地应力平衡后，将土体的位移、速度清零，桩体的位移、速度、应力状态清零，承载板的位移、速度清零，以避免自重应力对加载结果造成影响。

⑥加载方式设置。

模拟加载方式采用与模型试验相同的分级加载方式，采用 FLAC3D 内置的 fish 语言建立 loop 语句，以达到分级加载效果，同时对每一级荷载作用下监测点的 Z 向位移进行记录,并将荷载和沉降分别记入 X、Y 轴,导入 FLAC3D 内置 Charts 的 Tables 内形成图表。模拟分级加载与室内模型试验一致,加载达到室内模型试验的最大值(255kPa)。

7.3.2.2　土体沉降模拟

如图 7-15 所示为 FLAC3D 图表里的土体荷载-沉降曲线。通过监测模型土顶面发现,在模拟分级施加堆载过程中,当加载至第 9 级荷载(229.5kPa)时,荷载-沉降曲线出现拐点,加载至第 10 级(255kPa)荷载后曲线趋于平缓,说明此时土体发生了塑性变形,这与模型试验曲线规律一致,同时加载至最大荷载时的最终沉降量(图 7-16)与模型试验相差不大。

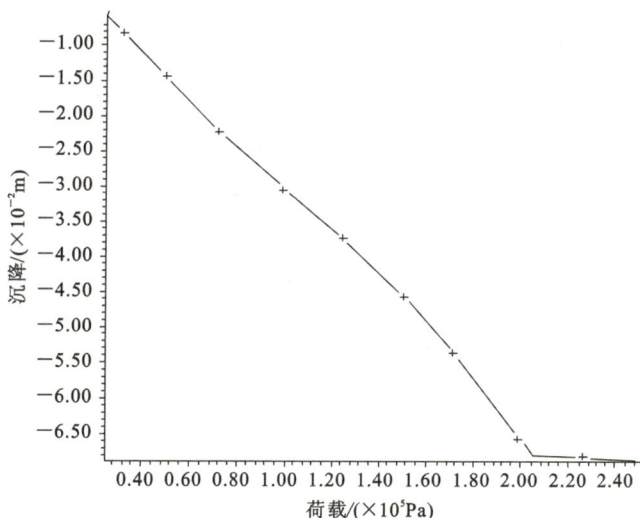

图 7-15　模型土荷载-沉降曲线

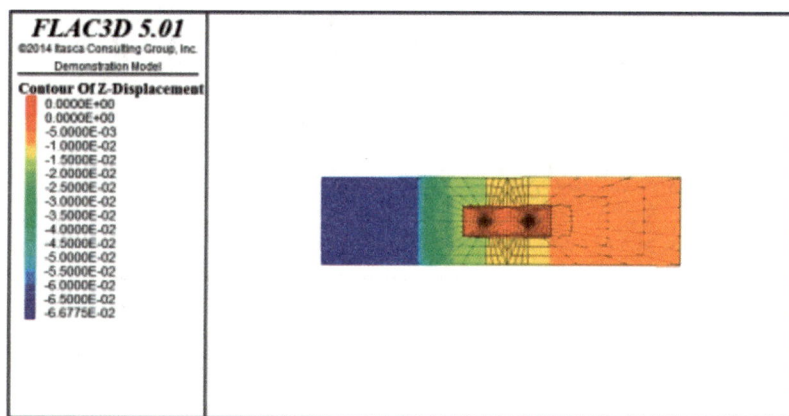

图 7-16　荷载作用下土体最终沉降

7.3.2.3　桩身水平位移模拟

如图 7-17 所示为 4 种组合桩身水平位移云图,分析可得:

①4 种组合水平位移均为桩顶最大,桩底最小(但不为零),数值模拟的水平位移随外侧倾斜桩倾斜度的增大而减小,与室内模型试验水平位移变化规律一致。

②相同深度下,外侧倾斜桩较内侧竖直桩水平位移小,说明外侧倾斜桩在斜直双排桩中起到了有效限制内侧竖直桩水平位移的作用。

外侧倾斜桩水平位移随倾斜度增大而减小,整体上模型试验结果略大于数值模拟结果,原因可能是模型试验的模型槽短边由木板构成,有一定的变形空间,但数值分析中 X 方向的位移被严格约束。

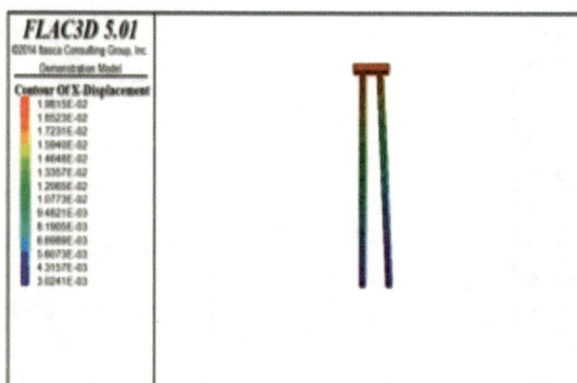

(a)

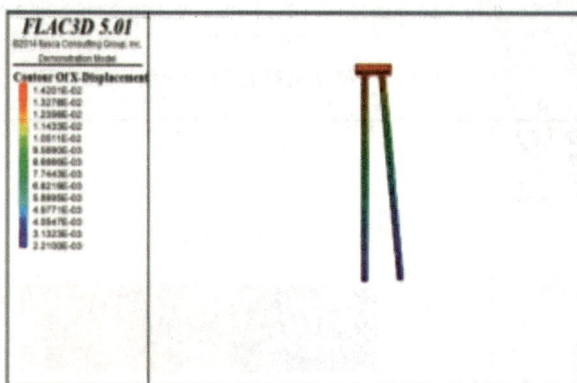

(b)

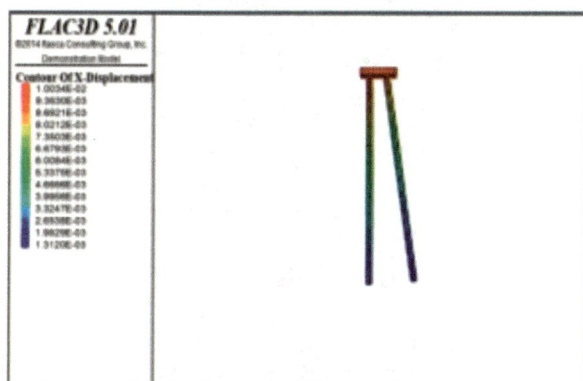

(c)

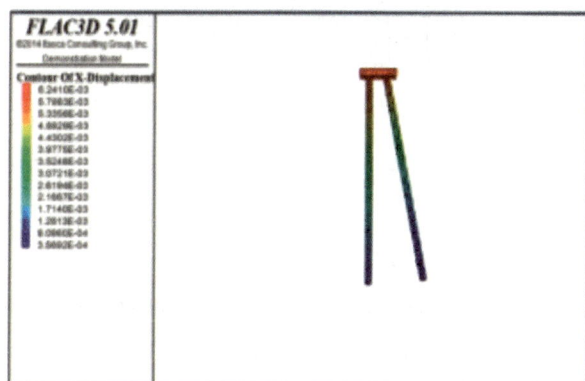

(d)

图 7-17　各组合桩身最终水平位移云图

(a)组合Ⅰ;(b)组合Ⅱ;(c)组合Ⅲ;(d)组合Ⅳ

通过 FLAC3D 的 Def Factor 功能放大模型桩的变形效果后发现,临近荷载端出现连梁翘起和桩身倾倒的现象(图 7-18),与模型试验一致,即数值模拟的桩身位移表现为整体倾倒和中上部明显挠曲,水平位移集中在内侧竖直桩的中上部和外侧倾斜桩的桩顶。

7.3.2.4　桩身弯矩模拟

由于数值模拟桩体采用实体单元建模,FLAC3D 无法直接获得实体单元的弯矩数据,因此需找出相应的单元的编号并得到其水平向应力。同水平位移节点设置一致,每 50mm 设置一个单元,每根桩共 16 个。

由于在 FLAC3D 结果处理中计算弯矩时输出的结果为桩身单元的应力而不是应变,故数值模拟中的弯矩计算公式转换为

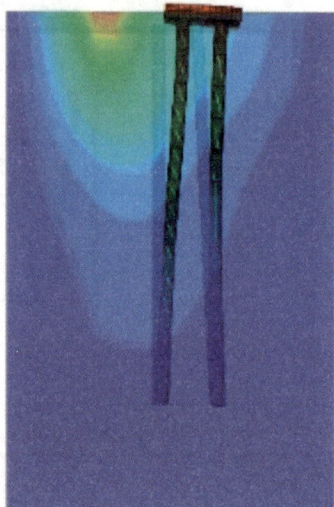

图 7-18　经放大后的斜直双排桩水平位移云图

$$M = EI\,\frac{\varepsilon}{b_0} = EI\,\frac{\Delta\sigma}{Eb_0} = \frac{I\Delta\sigma}{b_0} \tag{7-1}$$

式中，ε 为拉、压面应变差；$\Delta\sigma$ 为拉、压面应力差；b_0 为拉、压面的间距；E 为桩体弹性模量；I 为截面对中性轴 y 的惯性矩。

由式(7-1)可知，可通过 FLAC3D 计算结果中提取的桩身拉压两面的应力，计算得到弯矩，图 7-19～图 7-22 为不同荷载下 4 种倾斜度斜直双排桩弯矩随距桩顶深度变化曲线。

分析图 7-19～图 7-22 可得：

①竖直桩弯矩分布呈现双峰曲线，两峰值点位于竖直桩中上部，且桩顶弯矩为负值，与室内模型试验弯矩呈单峰分布结果略有不同，原因可能是模型试验应变点间隔较宽且模型试验参数与数值模拟参数取值存在误差；倾斜桩弯矩呈现双峰曲线，最大弯矩位于倾斜桩桩顶，与室内模型试验结果基本一致，但近桩顶处为负弯矩。

②竖直桩弯矩最大值随外侧倾斜桩倾斜度的增大而增大，倾斜桩弯矩最大值随外侧倾斜桩倾斜度的增大而减小，与模型试验结果一致。

③加载前中期荷载较小时($p < 180\text{kPa}$)，内侧竖直桩桩顶为负弯矩、桩底为正弯矩；加载中后期($p \geqslant 180\text{kPa}$)，内侧竖直桩桩顶负弯矩变大，桩底逐渐变为负弯矩，这可能与土体密实程度以及接触面不允许出现空隙的设置有关，同时说明在砂土中竖直桩与连梁连接处截面与竖直桩中部同样易发生弯曲破坏，这与模型试验结果略有不同。

弯矩 $M/(\text{N} \cdot \text{m})$

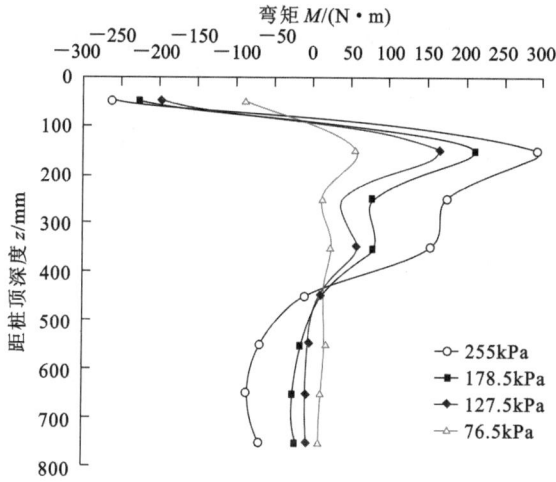

(a)

弯矩 $M/(\text{N} \cdot \text{m})$

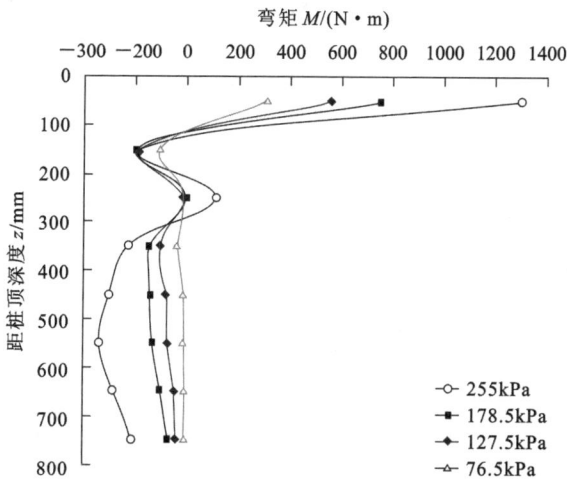

(b)

图 7-19　组合 I 桩身弯矩随深度变化规律

（a）组合 I 内侧竖直桩；（b）组合 I 外侧倾斜桩

弯矩 $M/(N \cdot m)$

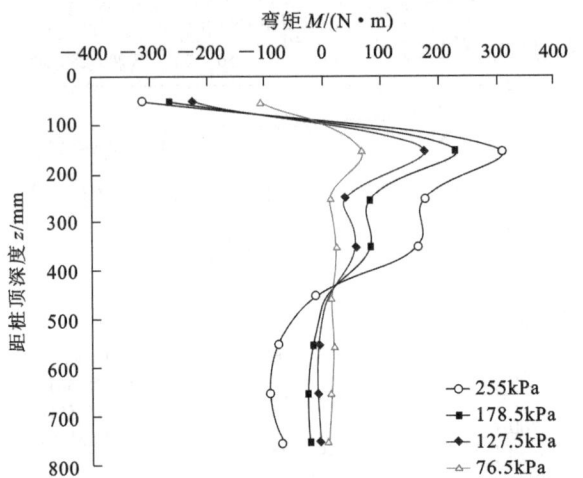

(a)

弯矩 $M/(N \cdot m)$

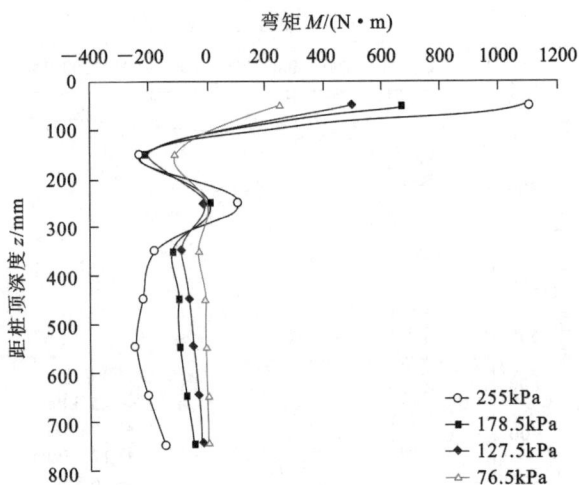

(b)

图 7-20　组合 Ⅱ 桩身弯矩随深度变化规律

（a）组合 Ⅱ 内侧竖直桩；（b）组合 Ⅱ 外侧倾斜桩

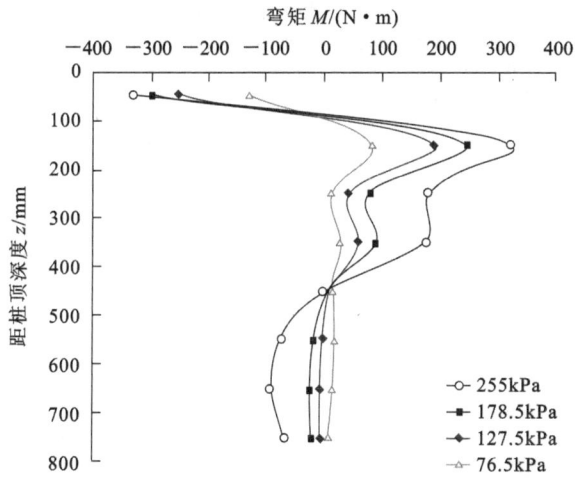

(a)

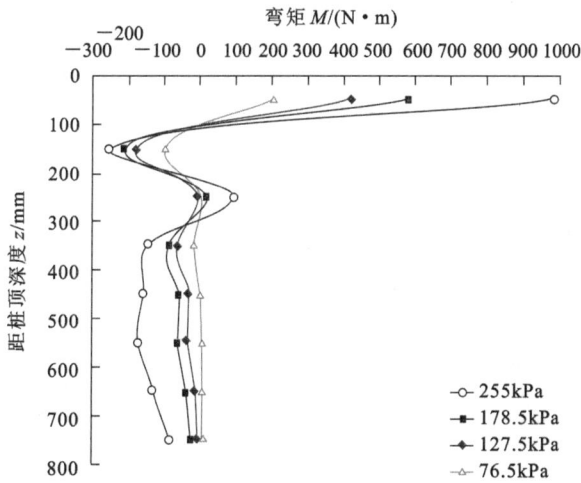

(b)

图 7-21 组合Ⅲ桩身弯矩随深度变化规律

(a)组合Ⅲ内侧竖直桩；(b)组合Ⅲ外侧倾斜桩

弯矩 $M/(N \cdot m)$

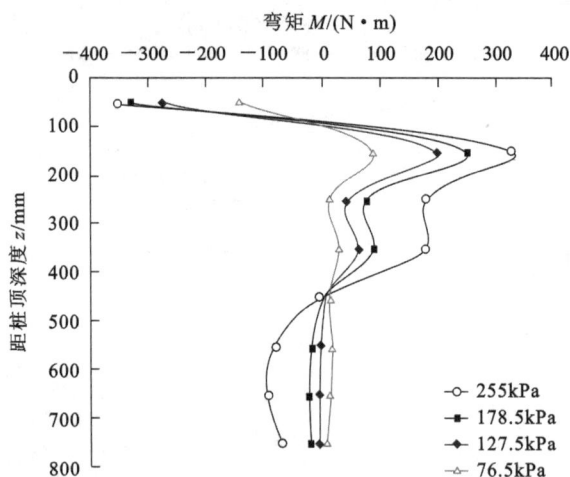

(a)

弯矩 $M/(N \cdot m)$

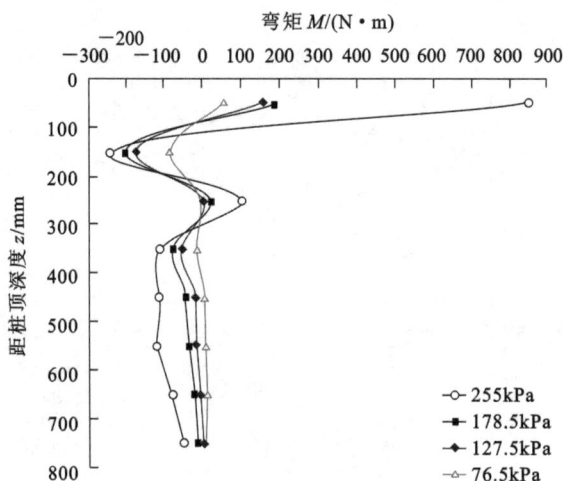

(b)

图 7-22 组合Ⅳ桩身弯矩随深度变化规律

(a)组合Ⅳ内侧竖直桩;(b)组合Ⅳ外侧倾斜桩

④倾斜桩桩顶弯矩较模型试验偏大、竖直桩与倾斜桩桩底出现负弯矩的原因应与模拟土体参数取值、FLAC3D 实体单元桩土间默认紧密连接不产生裂隙(脱空现象)有关。

⑤随着荷载增大,倾斜桩桩顶最大正弯矩值增大,桩身下部负弯矩值增大,说明斜直双排桩变形存在倾倒+倾斜桩中上部挠曲,符合室内模型试验先转动+后平移的位移模式。

⑥分级加载至 255kPa 时，倾斜桩桩顶弯矩突变，说明此时倾斜桩桩顶变形较大，桩顶易发生弯曲破坏。

7.3.2.5 桩侧土压力模拟

由于室内模型试验条件限制，每根桩上只粘贴 4 个土压力盒且只位于桩身内侧承受桩前土压力（主动土压力），对于桩身外侧的桩后土压力（被动土压力）无法测得。数值模拟对每根桩内、外两侧分别布置与弯矩单元点相同位置的土体监测点 8 个，即每根桩 16 个，进一步揭露斜直双排桩在砂土中的受力规律。如图 7-23～图 7-26 所示为 4 种组合中内侧竖直桩、外侧倾斜桩在不同荷载下桩侧土压力随深度变化规律，以主动土压力方向为正。

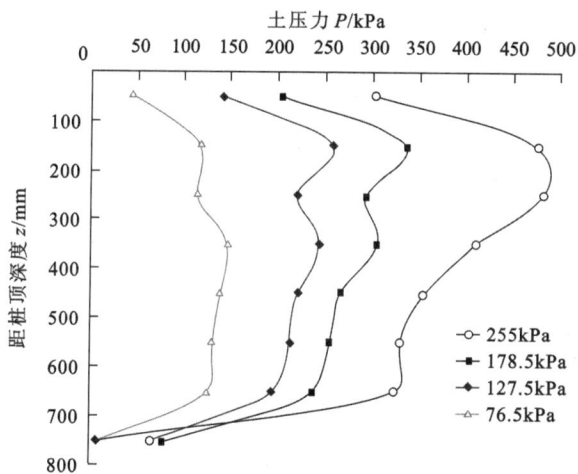

(a)

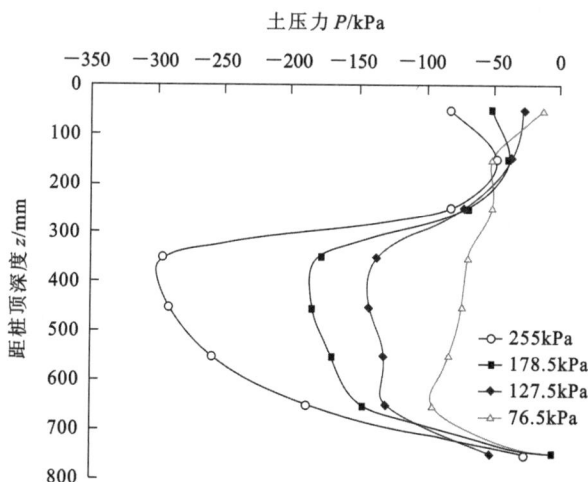

(b)

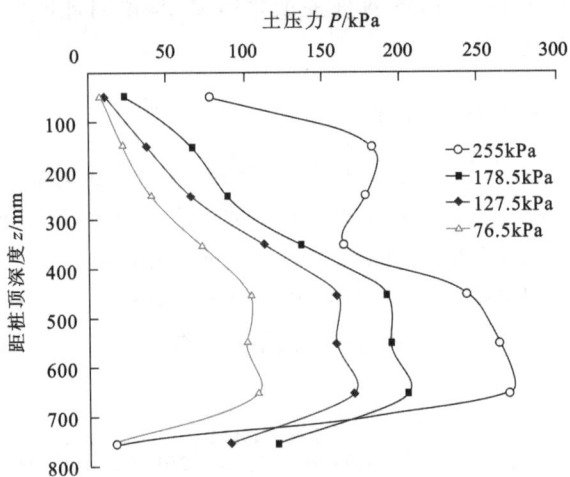

(c)

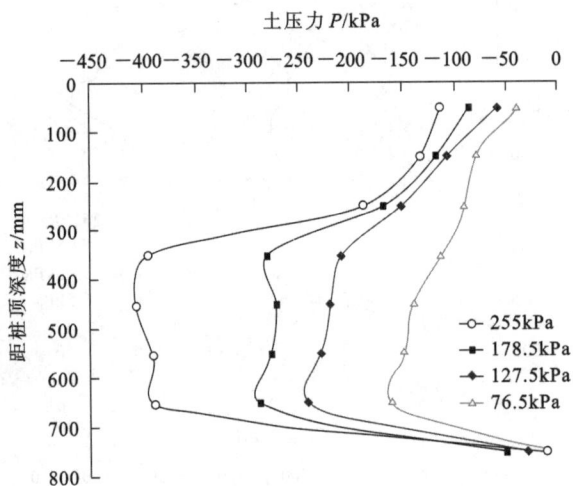

(d)

图7-23 组合Ⅰ桩侧土压力变化规律

(a)组合Ⅰ竖直桩桩前土压力;(b)组合Ⅰ竖直桩桩后土压力;
(c)组合Ⅰ倾斜桩桩前土压力;(d)组合Ⅰ倾斜桩桩后土压力

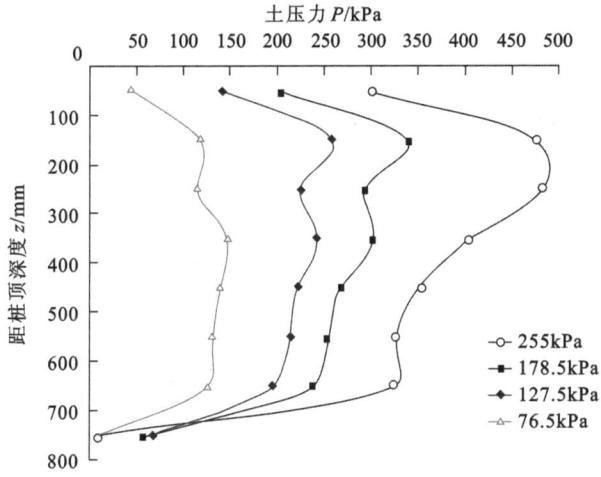

(a)

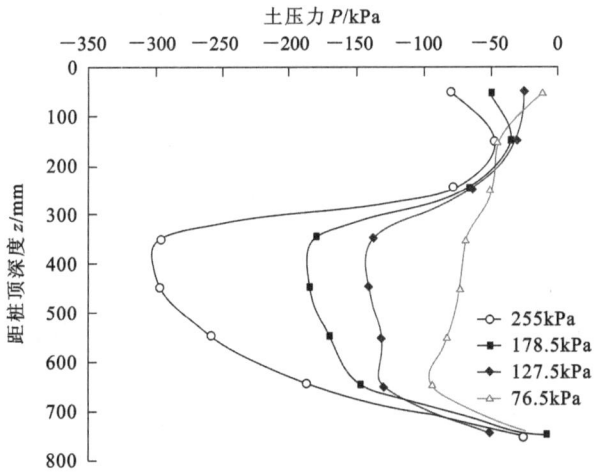

(b)

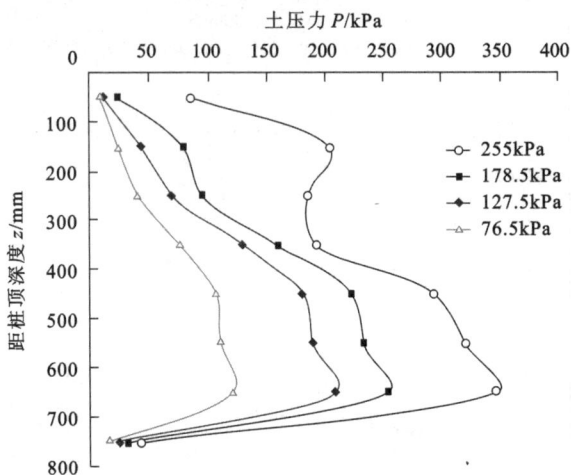

(c)

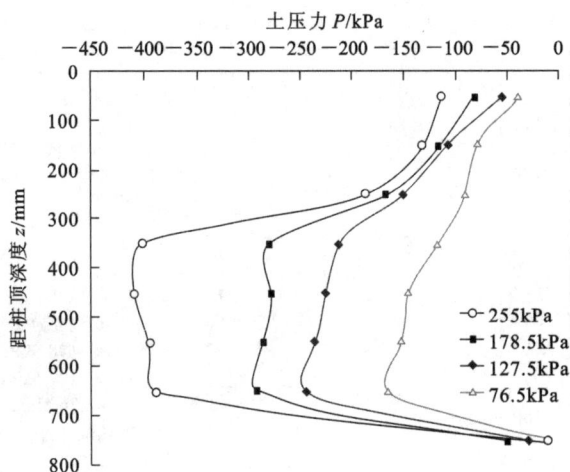

(d)

图 7-24 组合 Ⅱ 桩侧土压力变化规律

(a)组合 Ⅱ 竖直桩桩前土压力;(b)组合 Ⅱ 竖直桩桩后土压力;
(c)组合 Ⅱ 倾斜桩桩前土压力;(d)组合 Ⅱ 倾斜桩桩后土压力

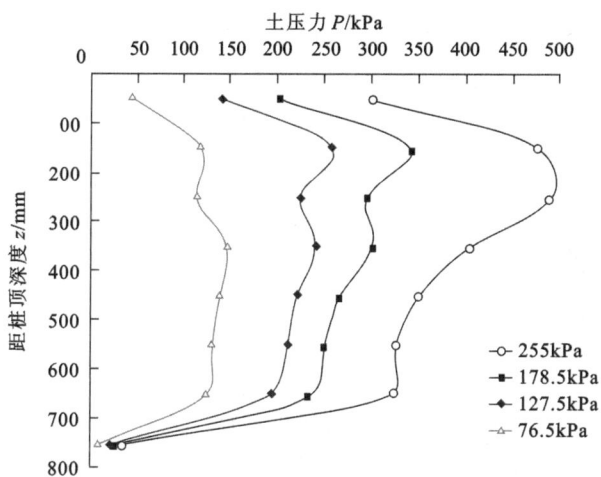

(a)

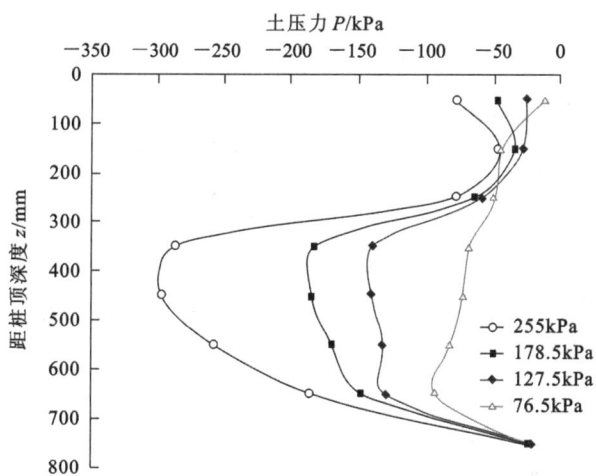

(b)

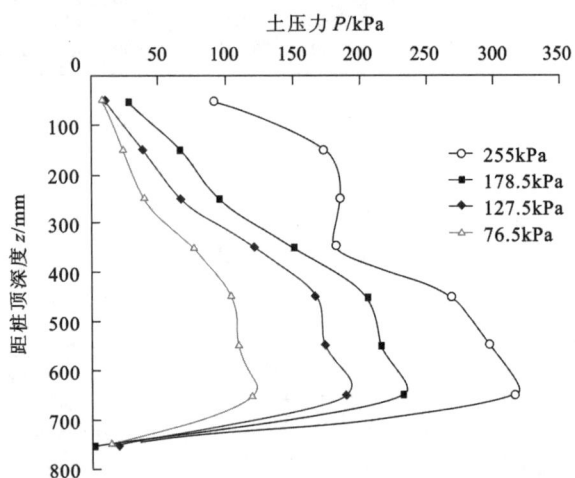

(c)

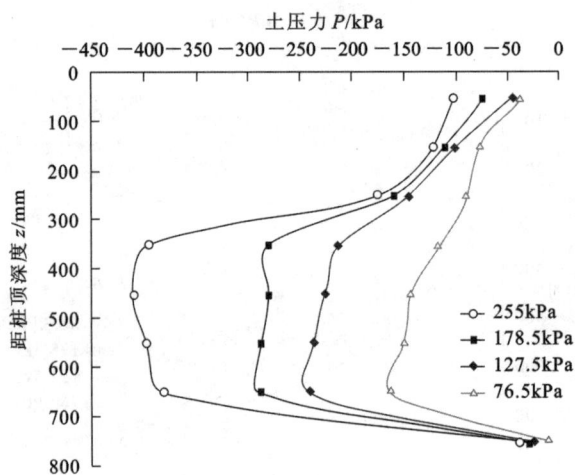

(d)

图 7-25　组合Ⅲ桩侧土压力变化规律

(a)组合Ⅲ竖直桩桩前土压力；(b)组合Ⅲ竖直桩桩后土压力；

(c)组合Ⅲ倾斜桩桩前土压力；(d)组合Ⅲ倾斜桩桩后土压力

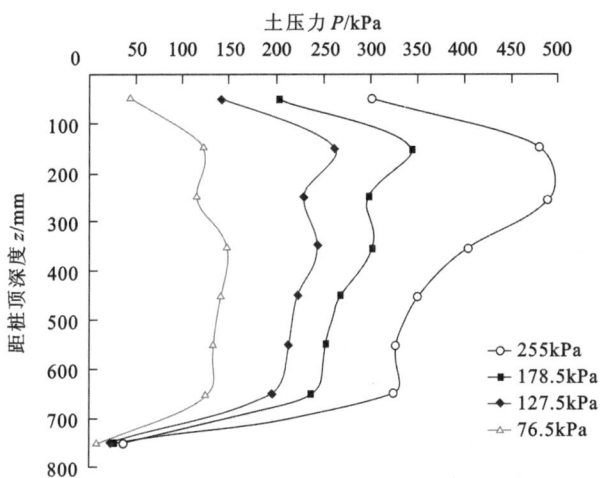

(a)

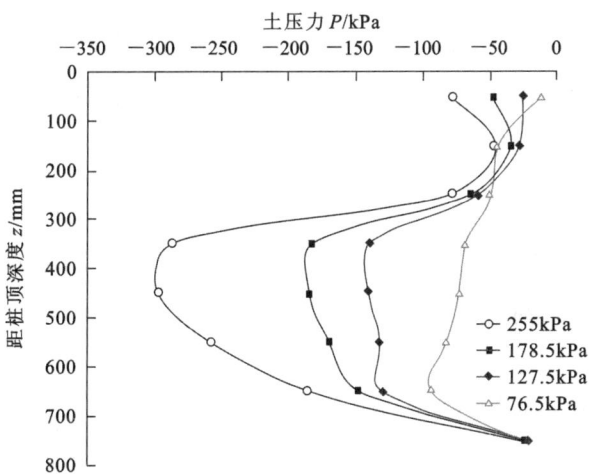

(b)

土压力 P/kPa

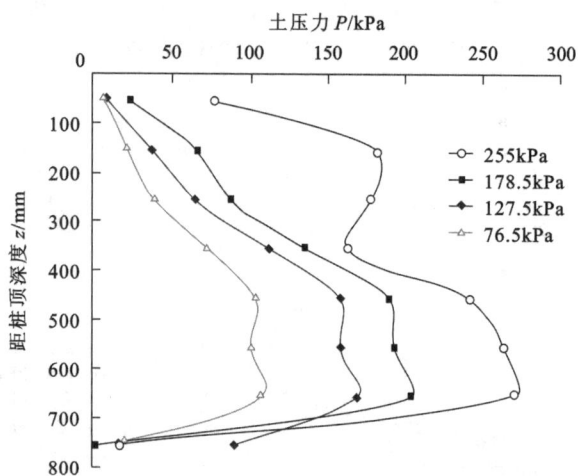

(c)

土压力 P/kPa

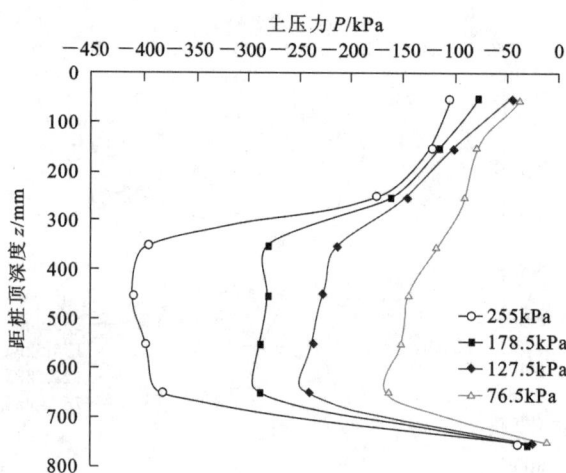

(d)

图 7-26　组合Ⅳ桩侧土压力变化规律

(a)组合Ⅳ竖直桩桩前土压力；(b)组合Ⅳ竖直桩桩后土压力；

(c)组合Ⅳ倾斜桩桩前土压力；(d)组合Ⅳ倾斜桩桩后土压力

由图 7-23～图 7-26 分析可得：

①内侧竖直桩桩前土压力变化规律与模型试验略有差异，外侧倾斜桩桩前土压力变化规律与模型试验相似，竖直桩桩前土压力峰值位置略高于模型试验但与弯矩峰值位置一致，说明竖直桩弯矩由桩前土压力作用产生，且桩后土压力峰值位置较桩前略低。

②竖直桩桩前土压力大于桩后土压力,倾斜桩桩前土压力小于桩后土压力。

③随着倾斜度的增大,不同组合竖直桩、倾斜桩桩前及桩后土压力随距桩顶深度及荷载的变化规律基本相似,与模型试验相比,倾斜度的改变对桩侧土压力影响较小。

为进一步研究砂土中斜直双排桩的桩土相互作用,将数值模拟得到的桩前、后两部分土压力相加获得桩土相互作用力沿桩身的分布(忽略桩侧摩阻力),选取 4 种组合中组合 I 在不同荷载下的桩身总土压力分布曲线,如图 7-27 所示。

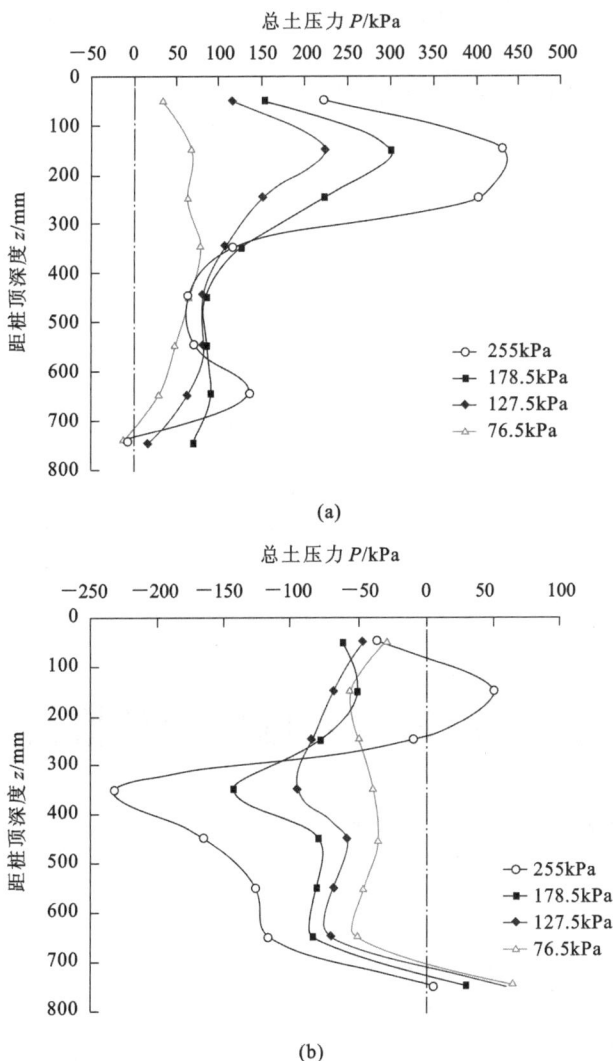

(a)

(b)

图 7-27　组合 I 桩土相互作用力变化规律

(a)组合 I 竖直桩总土压力;(b)组合 I 倾斜桩总土压力

由图7-27分析可得：

①斜直双排桩内侧竖直桩始终承受主动土压力；外侧倾斜桩桩底承受主动土压力，除桩底外基本承受被动土压力。

②外侧倾斜桩从桩顶到桩底部的土压力由负变正，说明外侧倾斜桩承受的土压力由被动土压力转变成主动土压力。图7-28为从外侧倾斜桩性状示意图，土压力在内侧竖直桩上通过连梁传递给外侧倾斜桩使其发生主动地向后变形，由于砂土密实度较低，故斜直双排桩桩体变形表现为转动，导致桩身下部向前变形，桩前土压力反而增大，符合平移＋转动的位移模式，外侧倾斜桩的转动作用是造成土压力方向变化的原因，总土压力零点即为转动中心。

③加载至255kPa时，内侧竖直桩、外侧倾斜桩总土压力出现明显变化，原因可能是土体出现大量塑性破坏形成塑性区以及双排桩结构失效。

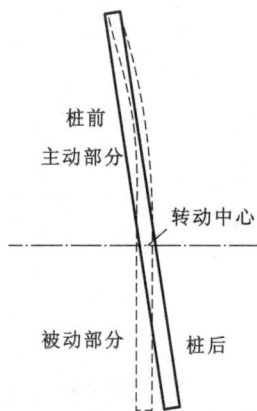

桩前
主动部分

转动中心

被动部分
桩后

图7-28　外侧倾斜桩性状示意图

7.4　不同形式双排桩的数值对比

为进一步研究斜直双排桩的工程特性，本节结合与模型试验等比例的桩、土体尺寸，通过对比双排单桩、双排桩（桩顶有连梁）、斜直桩（桩顶无连梁）和斜直双排桩四种不同形式的双排桩，得出四种双排桩的受力变形特性。

7.4.1　双排桩的数值实现

（1）模型的建立

四种双排桩的参数与尺寸均相同，采用与模型试验等比例的尺寸，桩体采用实体单元,桩长为 0.8m,桩身截面直径为 0.03m,土体深 1.0m。同样地,为避免网格划分不均匀,以单个双排桩进行模拟,加载方式采用侧向堆载。建立的模型如图 7-29 所示。其中近荷载端为内侧桩,远荷载端为外侧桩,倾斜桩倾斜度为 5%。

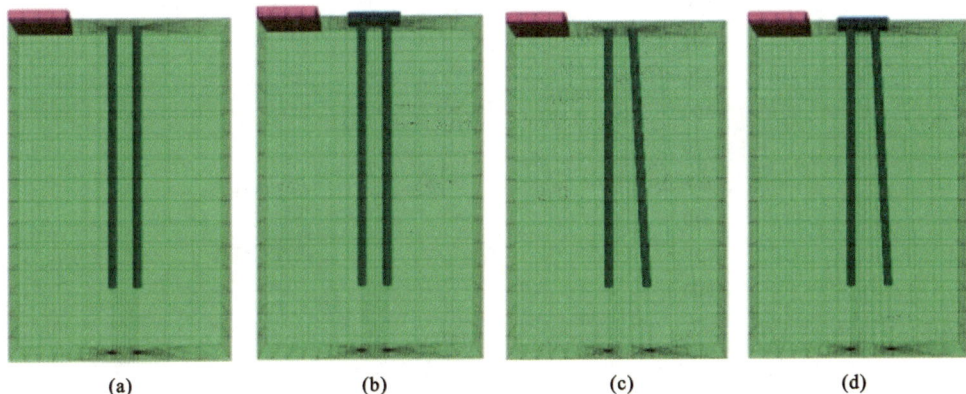

图 7-29 模型的建立

(a)双排单桩(无连梁);(b)双排桩(有连梁);(c)斜直桩(无连梁);(d)斜直双排桩

(2)参数的设置

土体、桩体参数,接触面参数,边界条件以及加载方式等设置均与模型试验数值模拟一致。

7.4.2 对比结果与分析

7.4.2.1 不同形式双排桩水平位移的对比

如图 7-30～图 7-32 所示为 4 种不同双排桩在侧向堆载下的水平位移随距桩顶深度变化曲线,选取加载过程中荷载为 76.5kPa、127.5kPa、178.5kPa 时的水平位移,分析可得:

①桩顶有连梁的双排桩(双排桩、斜直双排桩)其内侧桩同一深度处的水平位移基本上都小于无连梁的双排桩(双排单桩、斜直桩),说明桩顶连梁对内侧桩水平位移起到限制作用。

②荷载较小($p=76.5$kPa)时,有连梁的双排桩其外侧桩的水平位移较无连梁的双排桩大;但当荷载逐渐增大后,有连梁的双排桩水平位移较小,无连梁的反而较大,说明连梁只在荷载较小时对外侧桩水平位移起限制作用。

③相同荷载下,水平位移从小到大依次为斜直双排桩、双排桩、斜直桩、双排单桩(76.5kPa 时的外侧桩除外)。

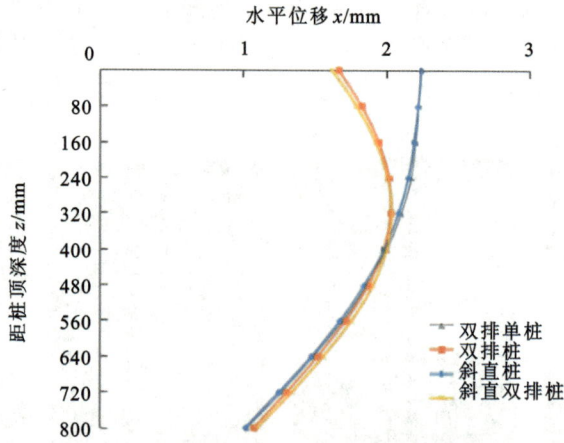

(a)

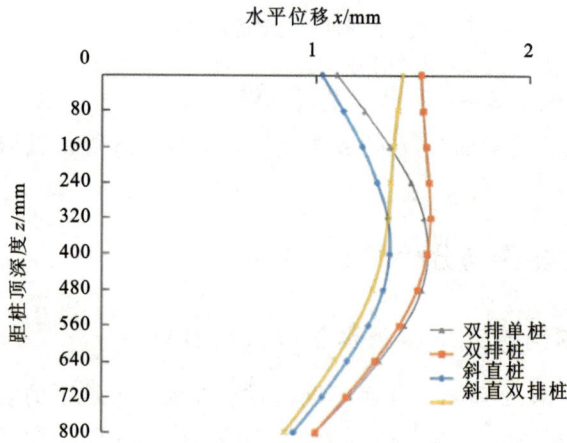

(b)

图 7-30　76.5kPa 时 4 种双排桩水平位移随深度变化的曲线

(a)内侧桩;(b)外侧桩

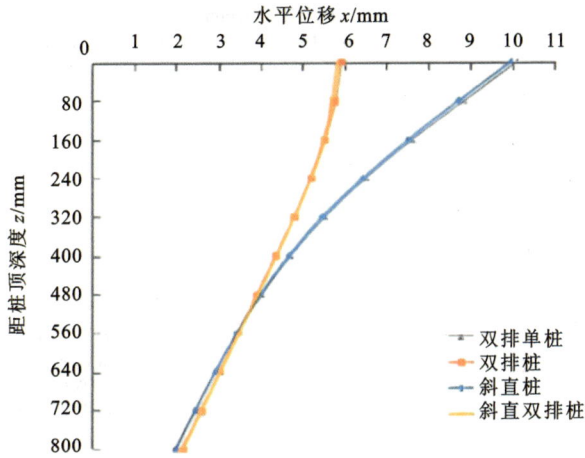

(a)

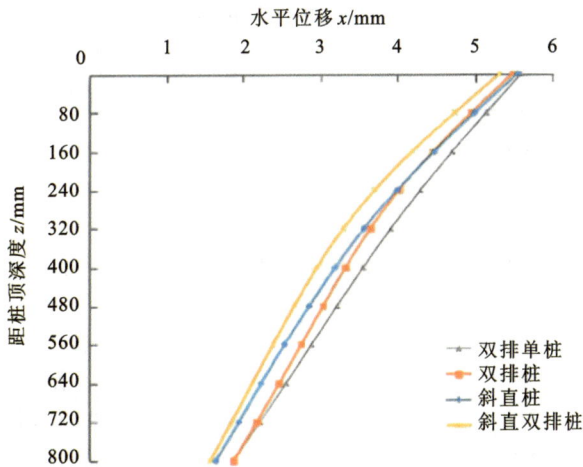

(b)

图 7-31　127.5kPa 时 4 种双排桩水平位移随深度变化的曲线

(a)内侧桩；(b)外侧桩

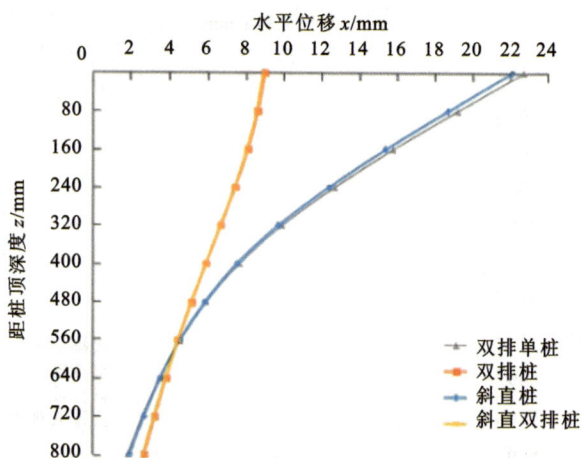

(a)

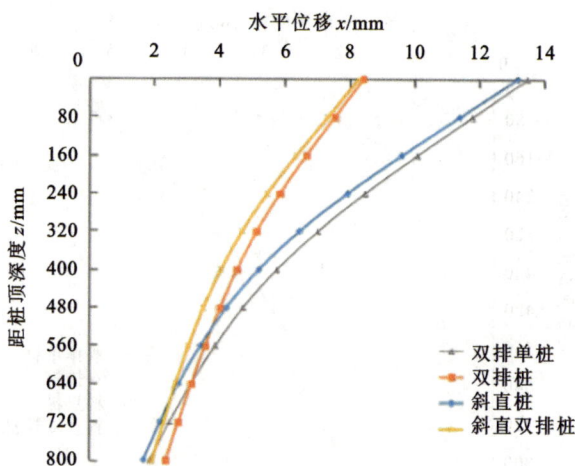

(b)

图 7-32   178.5kPa 时 4 种双排桩水平位移随深度变化的曲线

(a)内侧桩；(b)外侧桩

7.4.2.2   不同形式双排桩弯矩的对比

图 7-33～图 7-35 所示为 4 种不同双排桩在侧向堆载下的弯矩随距桩顶深度变化曲线,选取加载过程中荷载为 76.5kPa、127.5kPa、178.5kPa 时的弯矩,分析可得:

①有连梁的双排桩与斜直双排桩弯矩分布规律基本相同,无连梁的双排单桩与斜直桩的内、外侧桩弯矩分布均呈单峰曲线,峰值位置位于桩中。

②相同深度下,有连梁的内、外侧桩的绝对弯矩较无连梁的大,说明有连梁的双排桩在抵挡土体水平位移时内、外侧桩共同发挥作用。

③内侧桩弯矩峰值从小到大依次为斜直桩、双排单桩、双排桩、斜直双排桩。

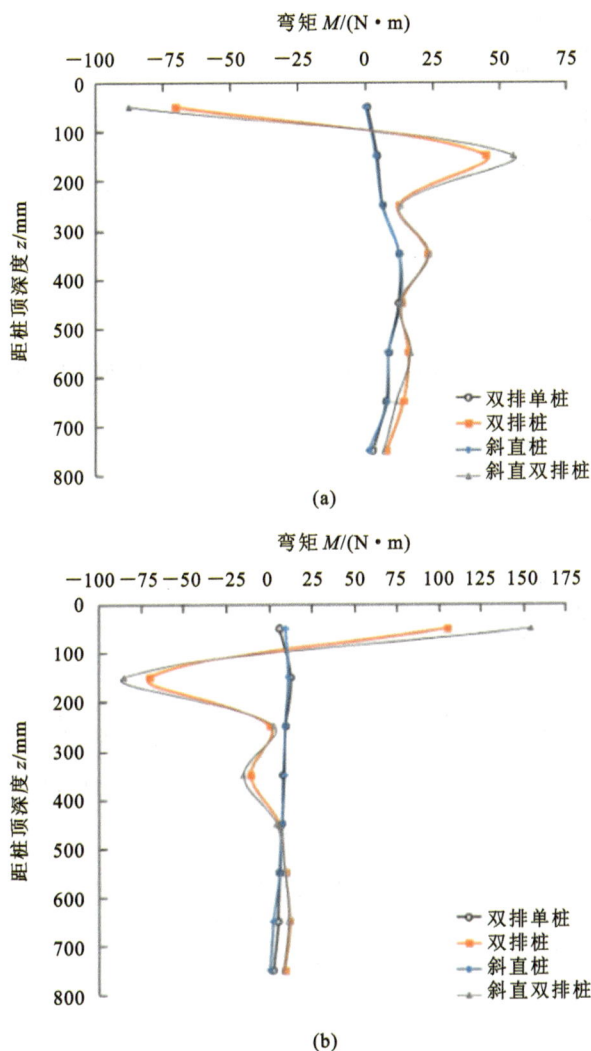

图 7-33　76.5kPa 时 4 种双排桩弯矩随深度变化的曲线

(a)内侧桩;(b)外侧桩

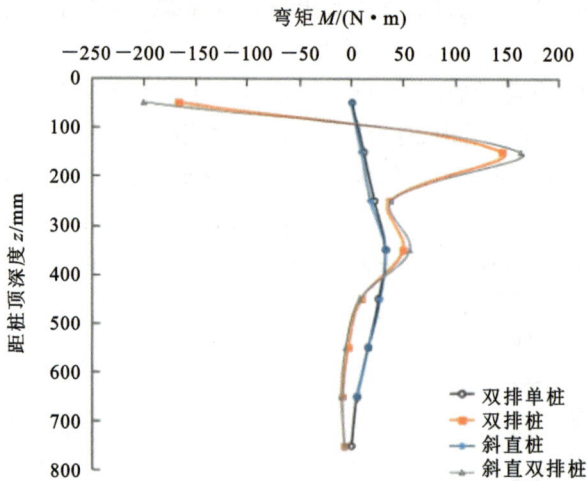

(a)

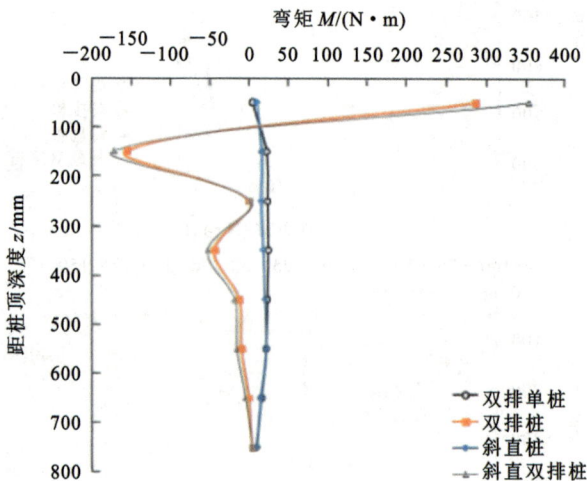

(b)

图 7-34 127.5kPa 时 4 种双排桩弯矩随深度变化的曲线

(a)内侧桩；(b)外侧桩

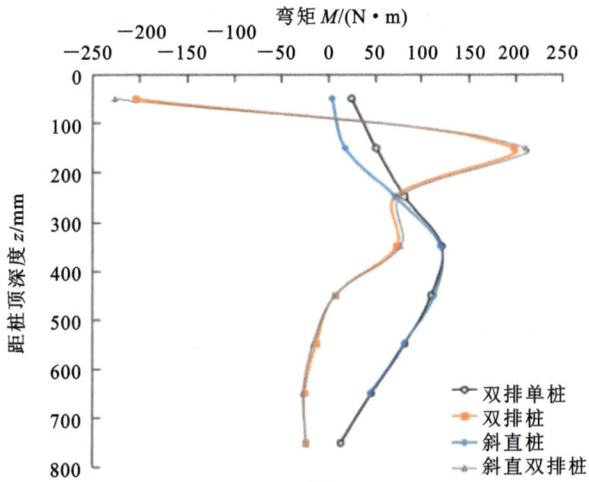

(a)

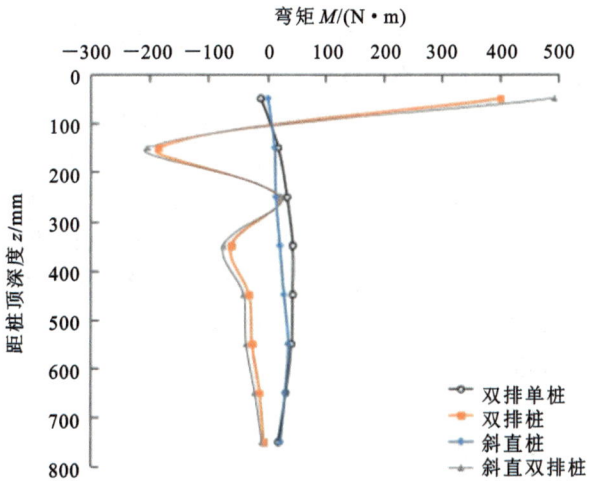

(b)

图 7-35　178.5kPa 时 4 种双排桩弯矩随深度变化的曲线

（a）内侧桩；（b）外侧桩

7.5 本章小结

本章通过模型试验和数值模拟研究了侧向堆载下松散砂土中 4 种不同倾斜度的斜直双排桩的受力变形特性与破坏形式,结果表明数值分析与模型试验结论基本吻合,具有一致性,并对 4 种不同形式的双排桩在不同荷载下的水平位移和弯矩进行数值比对,得出以下主要结论:

①若外侧倾斜桩倾斜度增大,内侧竖直桩、外侧倾斜桩水平土压力分别增大、减小。内侧竖直桩、外侧倾斜桩水平土压力峰值比在 1.5~3 之间,随外侧倾斜桩倾斜度增大而增大。

②相同荷载作用下,外侧倾斜桩倾斜度越大,其水平位移越小。

③内侧竖直桩弯矩呈单峰曲线分布,峰值位置在桩身中部,外侧倾斜桩弯矩呈双峰曲线分布,峰值位置在桩身中部和桩顶。随外侧倾斜桩倾斜度增大,内侧竖直桩弯矩与峰值均增大,外侧倾斜桩弯矩与峰值均减小。

④荷载增大过程中,砂土中坡脚外侧倾斜桩位移模式为先转动后平移。内侧竖直桩中部、外侧倾斜桩桩顶为危险截面,桩体破坏模式为弯曲破坏。外侧倾斜桩倾斜度越大,内侧竖直桩中部越易发生破坏,外侧倾斜桩越不易发生破坏。

⑤数值模拟分析结果表明,加载前中期荷载较小时($p<180\text{kPa}$),竖直桩桩顶弯矩为负,桩底弯矩为正;加载中后期($p\geqslant180\text{kPa}$),桩顶负弯矩变大,且桩底弯矩由正变负,砂土中内侧竖直桩与连梁连接处截面同样易发生弯曲破坏。

⑥斜直双排桩内侧竖直桩始终承受主动土压力,外侧倾斜桩除桩底外主要承受被动土压力,桩底主要承受主动土压力,外侧倾斜桩的转动作用是造成桩底土压力方向变化的原因,总土压力零点即为转动中心。

⑦桩顶有连梁的双排桩(双排桩、斜直双排桩)其内侧桩的水平位移均小于无连梁的双排桩(双排单桩、斜直桩),桩顶连梁对内侧桩水平位移起到限制作用。

⑧相同荷载下,四种双排桩的水平位移从小到大依次为斜直双排桩、双排桩、斜直桩、双排单桩。

⑨实际工程中,增加内侧竖直桩中部、内外侧桩桩顶与连梁连接处的桩身抗弯刚度将大幅提升斜直双排桩的稳定性并有效控制土体横向变形。

参 考 文 献

[1] 丁光文,唐艳. 粉喷桩侧向约束在软土地基加固中的运用[J]. 路基工程,1999(1):49-50.

[2] 李忠玉. 铁路斜坡软土路基加固处理及效益分析[J]. 施工技术,2019,48(S1):156-159.

[3] 郑刚,李帅,刁钰. 刚性桩复合地基支承路堤稳定破坏机理的离心模型试验[J]. 岩土工程学报,2012,34(11):1977-1989.

[4] 郑刚,杨新煜,周海祚,等. 基于渐进破坏的路堤下刚性桩复合地基的稳定性分析及控制[J]. 岩土工程学报,2017,39(4):581-591.

[5] 黄俊杰,王薇,苏谦,等. 素混凝土桩复合地基支承路堤变形破坏模式[J]. 岩土力学,2018,39(5):1653-1661.

[6] 周德泉,周果子. 一种加固倾斜软基的组合型复合地基:ZL201621328014.7[P]. 2017-06-09.

[7] 周健,亓宾,曾庆有. 被动侧向受荷桩模型试验及颗粒流数值模拟研究[J]. 岩土工程学报,2007,29(10):1449-1454.

[8] 周德泉,颜超,罗卫华. 复合桩基重复加卸载过程中侧向约束桩变位规律试验研究[J]. 岩土力学,2015,36(10):2780-2786.

[9] 周德泉,颜超,刘宏利. 桩体复合地基受压过程中侧向约束桩工程特性试验研究[J]. 中南大学学报(自然科学版),2016,47(11):3784-3791.

[10] CHEN C Y,TSAI C X. Batter pile behavior modeling usingfinite difference analysis[J]. Applied Mechanics and Materials,2014,566:199-204.

[11] 曹卫平,葛欣. 水平受荷斜桩承载变形性状及荷载传递机理分析[J]. 西安建筑科技大学学报(自然科学版),2017,49(5):624-629.

[12] 周翠英,刘祚秋,尚伟,等. 门架式双排抗滑桩设计计算新模式[J]. 岩土力学,2005,26(3):441-444.

[13] ZHAO B,WANG Y S,WANG Y,et al. Retaining mechanism and structural characteristics of h type anti-slide pile(hTP pile)and experience with its engineering application[J]. Engineering Geology,2017,222:29-37.

[14] 中华人民共和国住房和城乡建设部. 建筑桩基技术规范:JGJ 94—2008[S]. 北京:中国建筑工业出版社,2008.

[15] 李忠诚,梁志荣. 侧移土体成拱效应及被动桩计算模式分析[J]. 岩土工程学报,2011,33(S1):113-118.

［16］　上官士青，杨敏，李卫超. 被动桩水平位移荷载施加位置的探讨［J］. 岩土力学，2015，36(10)：2934-2938.

［17］　周德泉，陈坤，赵明华，等. 室内模型实验中低强度桩侧应变片粘贴技术与应用［J］. 实验力学，2009，24(6)：558-562.

［18］　中华人民共和国住房和城乡建设部. 建筑地基处理技术规范：JGJ 79—2012［S］. 北京：中国建筑工业出版社，2013.

8 竖向加卸载下邻近双端约束倾斜桩水平位移规律试验研究

8.1 研究背景

目前,倾斜桩工程性状研究主要集中在主动承载。例如,王丽等[1]通过现场试验及有限元分析发现垂直度在5%以内的局部倾斜桩的桩顶沉降小于竖直桩的桩顶沉降。郑刚等[2]通过试验和数值模拟发现,当倾斜度不大于4%时,倾斜桩桩顶沉降比竖直桩小且承载力未降低;当倾斜度达到8%时,倾斜桩桩顶沉降大于竖直桩且发生了弯曲破坏。郑刚等[3,4]研究了水平荷载作用下倾斜桩的工程性状及竖向荷载作用下倾斜桩的承载力和荷载传递性状,试验结果表明小倾斜度下桩的承载力并不一定下降,当桩的垂直度不大于4%,且桩身具有足够的抗弯强度和刚度时,相同荷载下倾斜桩的沉降反而小于竖直桩,但会产生一定的弯矩和水平位移;同等条件下,倾斜单排桩的抗倾覆能力优于竖直单排桩,随着排桩倾斜度增加,桩身最大水平位移和桩身最大弯矩均逐渐减小。吕凡任等[5]采用数值方法和高斯(Gauss)积分技术,发现桩在承受竖向荷载时可以有小于$10°$的倾斜角,通过模型试验[6,7]研究在水平荷载及竖向荷载下不同倾斜角桩基承载能力变化规律,认为对称双倾斜桩基础的竖向倾斜角在$5°\sim10°$是最优的。胡文红等[8]研究了加固浅层土体对倾斜桩竖向承载能力的影响,发现加固体深度、尺寸、面积等均会对加固效果产生影响。王云岗等[9]通过建立分析模型对倾斜桩的受力特性进行了分析,得出轴向刚度一定程度上会受桩体倾斜角的影响,单桩侧向承载时,正向倾斜桩位移大于负向倾斜桩,正向倾斜桩单桩侧向刚度小于负向倾斜桩。袁廉华等[10]通过大尺寸模型试验研究了轴向荷载对倾斜桩水平承载特性的影响。试验结果表明:轴向拉力作用会降低倾斜桩的水平刚度和极限承载力,而轴向压力作用则会使其水平刚度和极限承载力提高。顾明等[11]采用离心模型试验研究了砂土中倾斜桩群桩和竖直桩群桩在水平偏心荷载下的受力特征,研究结果显示,倾斜桩群桩在水平偏心荷载作用下的抵抗能力要明显好于竖直桩群桩。Meyerhof 等[12,13]等通过模型试验研究了不同倾斜角度荷载作用下倾斜桩的工作特性,得到了倾斜桩倾斜角、荷载倾斜角与倾斜桩的桩顶水平位移的关系。近年来,倾斜桩被动承载工程性状也有一些研究,例如,胡明等[14]基于有限元强度折减法,利用软件 ANSYS 对不同倾斜角微型桩加固边坡进行了数值模拟,认为倾斜桩加固的稳定系数较大。杨剑等[15]通过三维有限元软件 ABAQUS 分析了倾斜桩受侧向土体位移的特性,对变动桩和土体参数进行敏感性分析,得出桩的柔度、侧向土体位移、桩顶约束条件、土体位移形状和土体移动层厚度等对倾斜桩的影响,发现相比于柔性桩,刚性桩的挠度小,弯矩和剪力大;倾斜桩的 p-y 曲线表现为双曲线特征。倾斜桩被动承载工程性状的研究远少于主动承载。基于倾斜桩的工程特性,前人在高路堤荷载作用下软土地基的稳定性控制方面,提出在坡脚设置负向倾斜桩[16]的方法,该负向倾斜桩属于被动桩,但其工作特性尚不清楚。本章在前期工作[17,18]的基础上,通过室内模型试验,研究路基 3 次循环竖向加卸载作用下坡脚处两端约束倾斜桩作为被动桩的水平位移变化规律,为坡脚负向倾斜桩设计提供依据。

8.2　模型试验方案

试验在 1420mm×720mm×1100mm(长×宽×高)的模型槽中进行,模型槽框架用钢条焊接而成,再与钢化玻璃和木板组装成模型槽。桩和连梁由采用木板制成方形模具并填充水泥砂浆养护而成,连梁与桩采用 AB 胶连接,底端嵌固采用 AB 胶与砖块连接。4 根桩的倾斜角度分别为 0°、3°、6°、9°(除 0°桩为竖直桩外,3°、6°、9°均为负向倾斜桩)。

模型桩与连梁为正方形截面,截面边长 3cm。模型桩和连梁的具体参数同第 4 章。

模型试验土采用砂子经纱网过筛后晾干而成。模型土最大粒径 3mm,不均匀系数 $C_u=5.5$,曲率系数 $C_c=2.7$,级配良好,级配曲线如图 8-1 所示。土体在自重作用下没有明显分层现象,填土厚度为 1m。

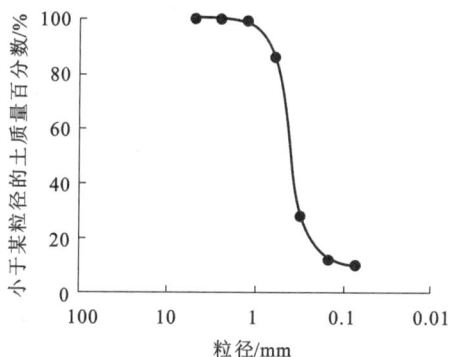

图 8-1　模型土级配曲线

　　填土前,先把各桩在模型槽内的分布位置按图 8-2(a)确定好,然后用木板和透明胶在模型桩中部、顶部分别固定,确保填土时桩的倾斜角不发生变动。填土采用砂雨法,每层 10cm。填土过程中,6°桩和 9°桩外侧在不同深度(距离桩顶分别为 50mm、190mm、330mm、470mm、610mm、750mm 处)水平设置直径为 10mm 的 PVC 管,用透明胶将 PVC 管与桩表面进行连接,确保模型土不进入 PVC 管内,以免堵塞进而影响百分表读数的精度。当填土到 0.5m 左右时,拆除木板和胶带,用 AB 胶固定连梁。填筑完成后,静置近 1 个月,让模型土自然沉降。

　　试验前,安装百分表,百分表用探针加长,探针接触桩身表面而不触碰 PVC 管壁,保证百分表读数的准确性。6°桩、9°桩侧边各安装 6 个百分表(两根桩的百分表到桩顶距离均为 50mm、90mm、30mm、470mm、610mm、750mm),0°桩、3°桩的顶部距桩顶 10mm 处分别安装 1 个百分表,试验采用千斤顶和压力传感器进行加载,通过反力梁提供反力,如图 8-2(b)所示。试验共进行 3 次循环加卸载。试验参照《建筑地基处理技术规范》(JGJ 79—2012)进行,加载过程中,每一级加载时间间隔为 30min,加载前后各读一次数,30min 后再进行一次读数,进行下一级加载前必须确保读数已经稳定,若读数仍在变化,则再等 15min,如此反复。通过在 540mm × 540mm ×10mm(长 × 宽 × 厚)的承压板(因测试 0°桩、3°桩桩顶水平位移需要,连梁布置在距桩顶 30mm 处,承压板底面与连梁顶面持平)上进行 3 次加载和卸载循环模拟路堤加卸载,测试侧面双端约束倾斜双排桩的水平位移变化,获得坡脚倾斜桩的水平变位规律。

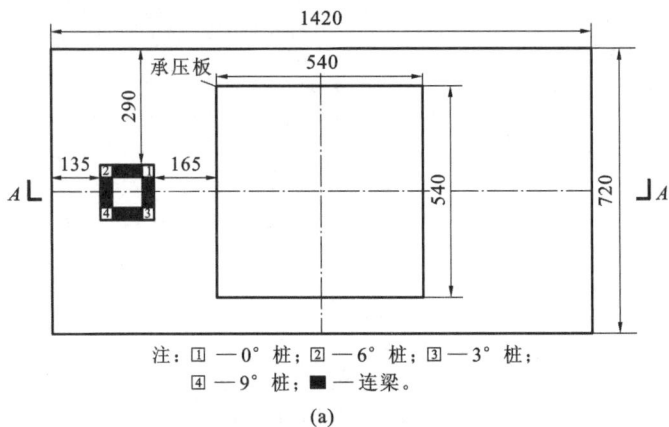

注:① —0°桩;② —6°桩;③ —3°桩;
④ —9°桩;■ —连梁。

(a)

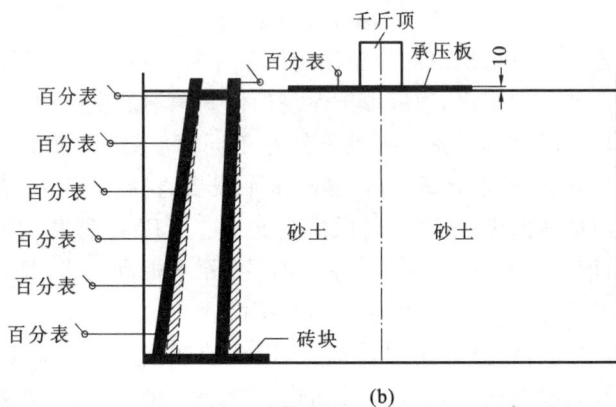

(b)

图 8-2 模型试验布置(单位:mm)

(a)平面布置图;(b)A—A 剖面图

8.3 试验结果与分析

8.3.1 3次重复加卸载过程地基压力与沉降曲线特征

图 8-3 为地基压力 P-沉降 s 曲线,第 1、2、3 次加载最大压力分别为 44.524kN、117.3kN、54.448kN。

由图 8-3 可知,第 1 次和第 3 次加载曲线形态相似,均呈上凸形,符合填土地基的变形特征[19];第 2 次加载前期曲线形态也呈上凸形,压力超过一定值后,曲线回到第 1 次加载曲线的延长线,具有记忆效应。随后沉降增长缓慢,原因是模型土在高压

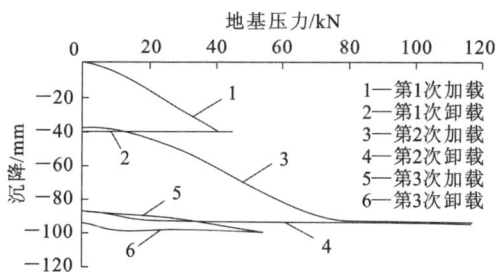

图 8-3　地基压力 P-沉降 s 曲线

下非常密实,第 3 次加载曲线比前 2 次加载曲线平缓也是这个原因。3 次卸载曲线规律相似,即卸载前期均体现为不可恢复的塑性变形,仅卸载到 0 才有明显的弹性变形[19]。

8.3.2　桩顶水平位移随加载变化规律

图 8-4 为加载过程中 0°桩、3°桩、6°桩、9°桩桩顶水平位移随荷载变化规律,4 根桩的桩顶水平位移变化规律类似。

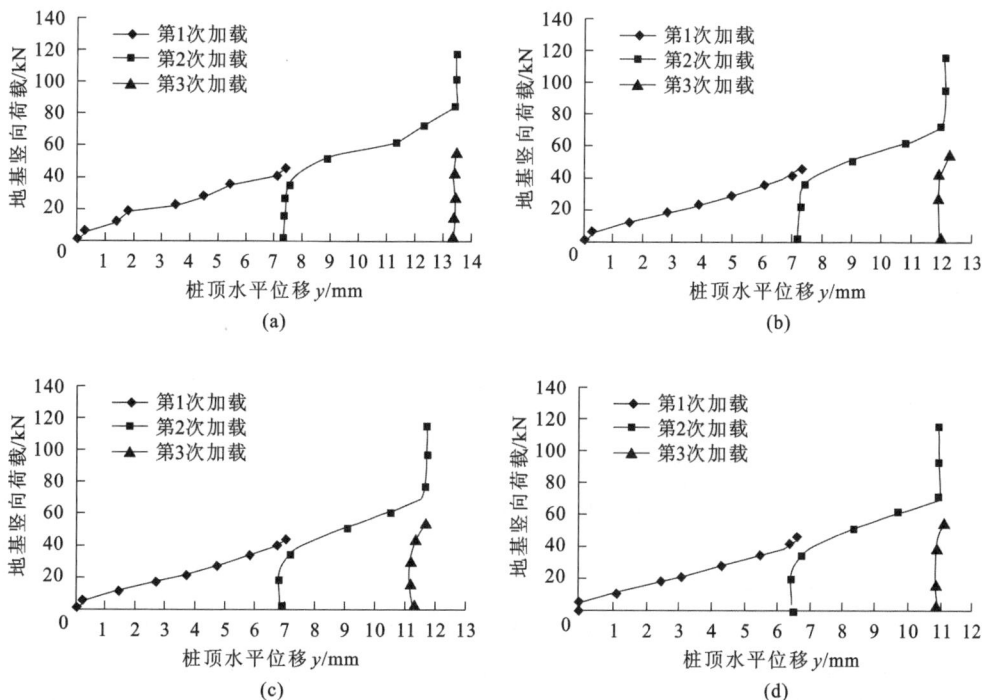

图 8-4　桩顶水平位移随加载变化规律

(a)0°桩;(b)3°桩;(c)6°桩;(d)9°桩

分析发现：

①3次加载过程中，第1次加载最大压力范围内，桩顶水平位移均随地基竖向荷载 p 的增加而线性增长，增长率随加载次数的增加而降低。

②第2次加载超过第1次加载最大压力时，其加载曲线沿第1次加载曲线的延长线发展，水平位移随着荷载的增大而继续增加。到第2次加载曲线的拐点荷载时，各桩顶水平位移增长减速，曲线同样出现拐点，说明工程中的路堤荷载会直接引起坡脚水平位移。

8.3.3 桩顶水平位移随卸载变化规律

图 8-5 为卸载过程中 0°桩、3°桩、6°桩、9°桩的桩顶水平位移随荷载变化规律。

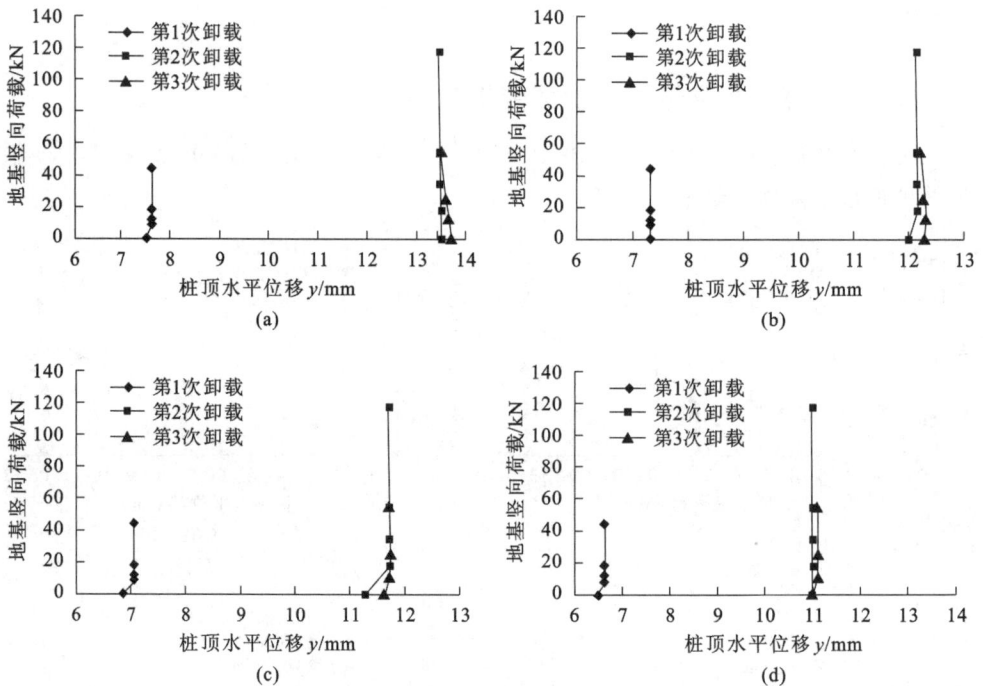

图 8-5 桩顶水平位移随卸载变化规律
(a)0°桩；(b)3°桩；(c)6°桩；(d)9°桩

如图 8-5 所示，4 根桩的桩顶水平位移变化规律类似。分析发现：每次卸载阶段的曲线都是按照竖直线向原点发展，卸载初期，荷载的减小不影响桩顶水平位移；当卸载到最后 1~2 级时，桩顶水平位移开始减小，尤其是当荷载减为 0 时水平位移回弹最大；每个阶段的曲线线型相似。

8.3.4 加卸载过程中桩顶水平位移随各级荷载变化规律

图 8-6 为 3 次加卸载过程中 0°桩、3°桩、6°桩、9°桩的桩顶水平位移随荷载变化规律。

(a)

(b)

(c)

(d)

(e)

(f)

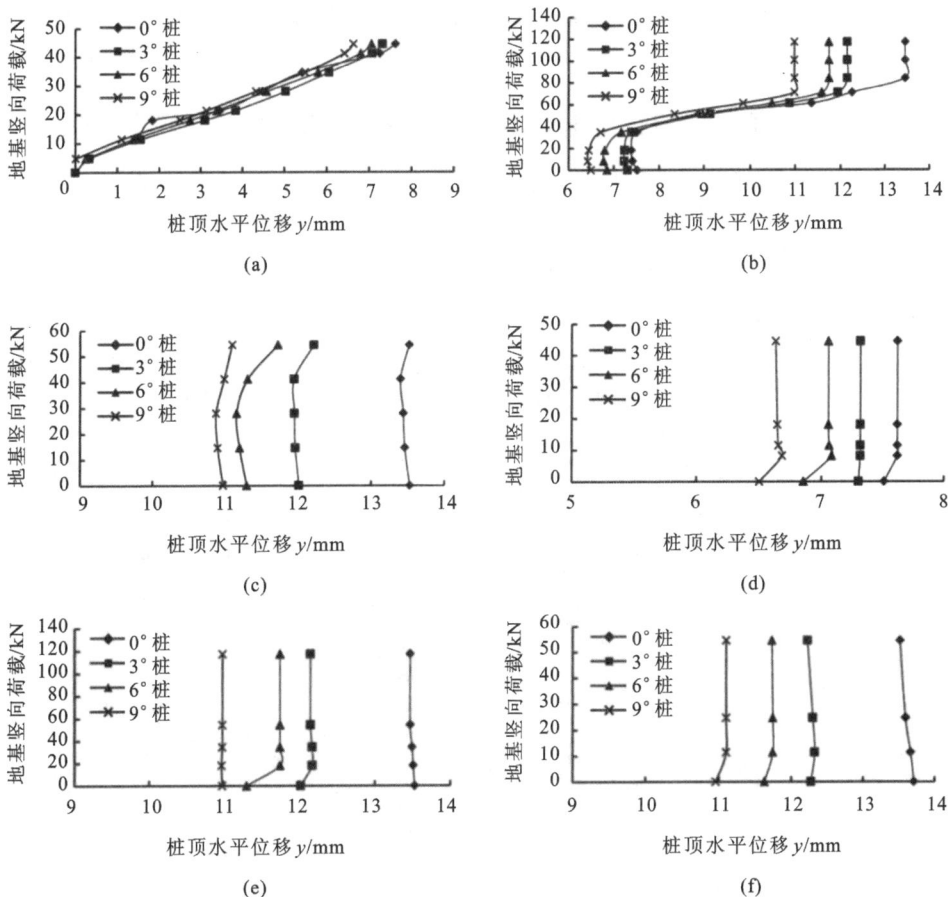

图 8-6 加卸载过程中桩顶水平位移随荷载变化规律

(a)第 1 次加载;(b)第 2 次加载;(c)第 3 次加载;(d)第 1 次卸载;(e)第 2 次卸载;(f)第 3 次卸载

分析图 8-6 发现:

①3 次加载过程中,0°桩、3°桩、6°桩、9°桩的桩顶水平位移均随地基竖向荷载的增大而增加;地基竖向荷载一定时,桩顶水平位移均随倾斜角的增加而减小。负向倾斜桩桩顶水平位移小于竖直桩,与负向倾斜桩在桩顶水平荷载作用下桩顶水平位移大于竖直桩[20]相反。显然,前桩的存在使得后桩的变形明显变小的现象[21]被倾斜角效应掩盖。第 2 次加载曲线特征与第 1 次加载曲线相似,在超过第 1 次加载最大荷载后,桩顶水平位移增长率降低,加载到 84.22kN 后缓慢降低。原因是加载到 84.22kN 后,土体压实度增高,模型槽的约束使桩背产生被动土压力,限制了桩顶水

平位移的增长。

②3 次卸载过程中,0°桩、3°桩、6°桩、9°桩的桩顶水平位移变化规律相同,即在卸载到 0 前,桩顶水平位移减少不明显,卸载到 0 后,位移才有少量回弹,说明桩顶水平位移主要为塑性变形;地基竖向荷载一定时,桩顶水平位移均随倾斜角的增加而减小。实际工程中,可将坡脚桩设置一定倾斜角来减少桩顶水平位移,提高抵抗滑移效果。

8.3.5　加载过程中后排桩桩身水平位移随到桩顶距离的变化规律

图 8-7 为加载过程中后排桩桩身水平位移随到桩顶距离的变化规律。

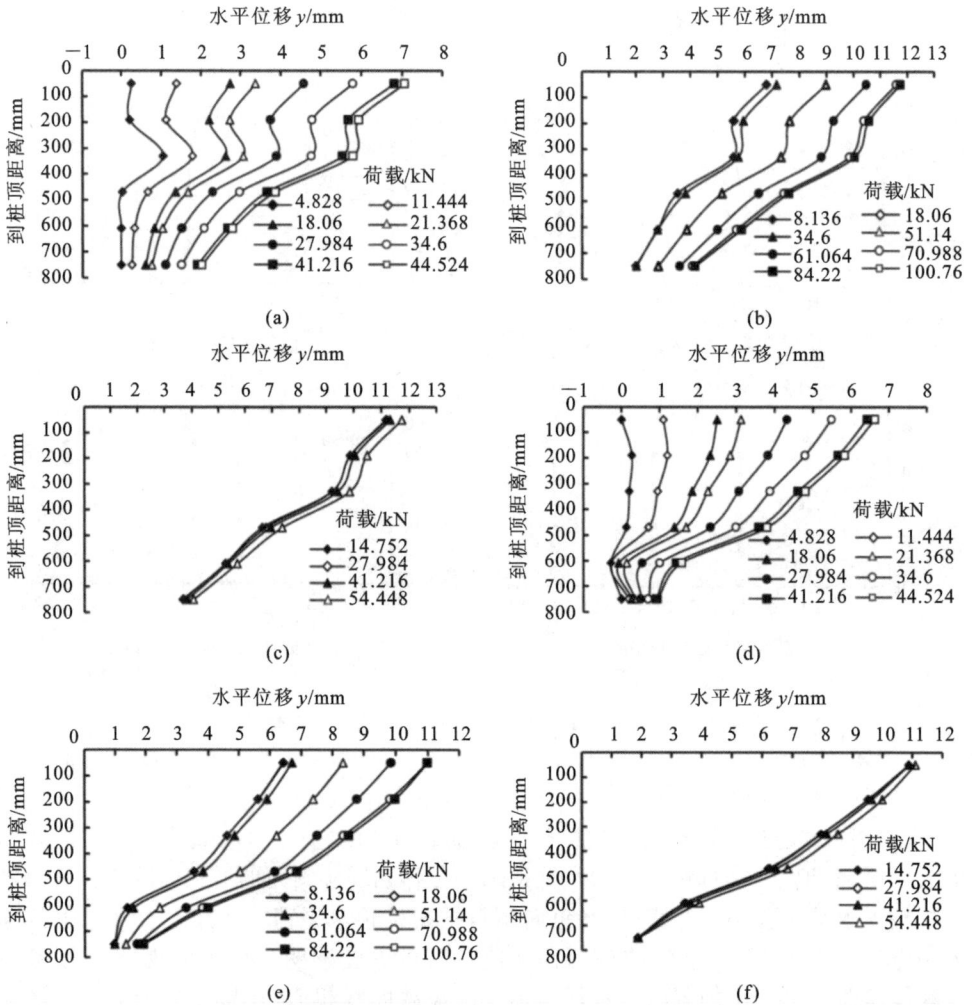

图 8-7　加载过程中后排桩桩身水平位移随深度变化规律

(a)6°桩第 1 次加载;(b)6°桩第 2 次加载;(c)6°桩第 3 次加载;
(d)9°桩第 1 次加载;(e)9°桩第 2 次加载;(f)9°桩第 3 次加载

分析图 8-7 发现：

①3 次加载过程中,桩身各点水平位移均随荷载的增加而逐渐增大;水平位移整体上从桩顶到桩底依次减小,桩身上部的位移明显大于下部,6°桩和 9°桩桩身水平位移在中部均出现稍大现象。根据附加应力等值线原理,加载初期,桩身水平附加应力最大值在上中部而不在顶端。桩底仍有一定水平位移,可能是桩底 AB 胶与砖块黏结不够牢固。

②地基侧向加载增加过程中,桩身水平位移的增长率随着加载次数的增加而降低。

8.3.6 卸载过程中后排桩桩身水平位移随到桩顶距离的变化规律

图 8-8 为卸载过程中后排桩桩身水平位移随到桩顶距离的变化规律。

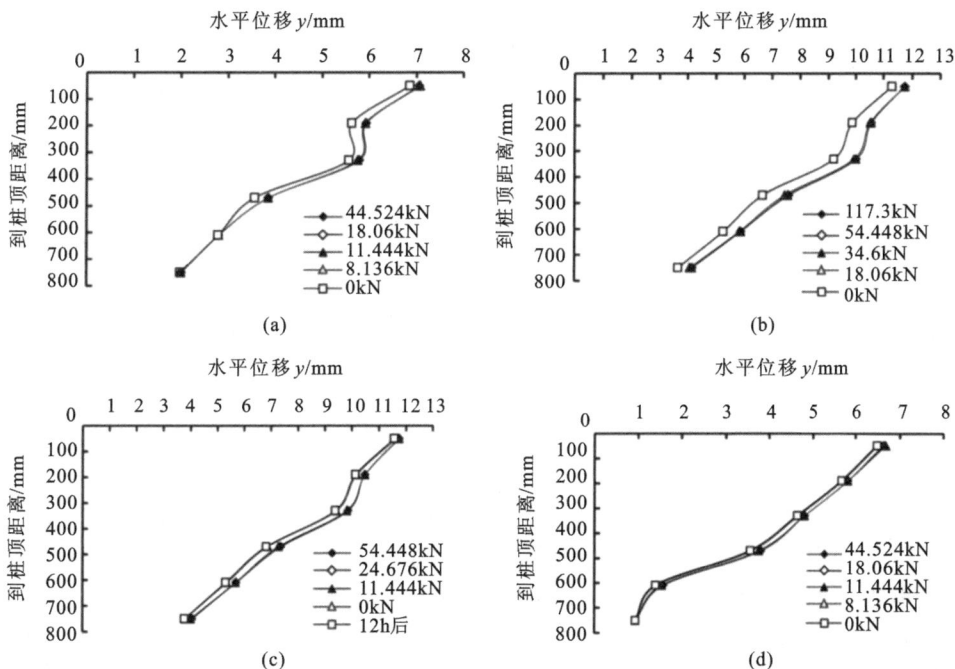

图 8-8 卸载过程中后排桩桩身水平位移随到桩顶距离的变化规律

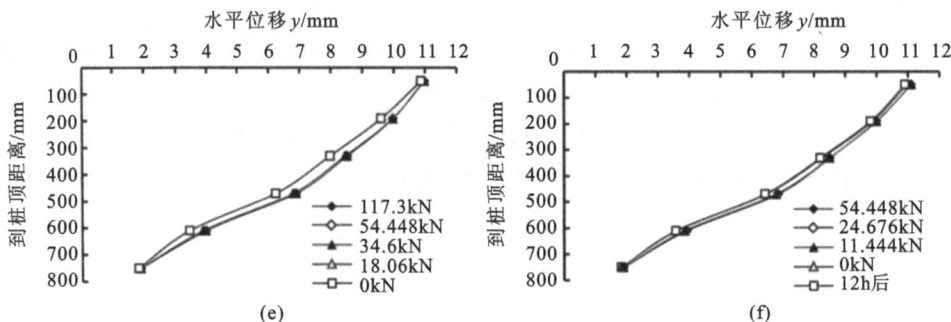

图 8-8　卸载过程中后排桩桩身水平位移随到桩顶距离的变化规律

(a)6°桩第 1 次卸载；(b)6°桩第 2 次卸载；(c)6°桩第 3 次卸载；
(d)9°桩第 1 次卸载；(e)9°桩第 2 次卸载；(f)9°桩第 3 次卸载

分析图 8-8 发现：

①3 次卸载的初中期，6°桩和 9°桩桩身的回弹变形均不敏感，卸载到 0 时才产生明显的回弹变形，但不复位，说明 3 次加载所产生的变形主要为塑性变形。

②3 次卸载过程中，6°桩和 9°桩的桩顶与桩底回弹量均小于桩身中部，说明桩顶连梁、桩底嵌固在卸载过程中约束了水平位移。实际工程中，坡脚桩采用嵌岩桩、桩顶设置连梁更有利于抵抗滑移。

8.4　本章小结

路基 3 次竖向加卸载过程中，坡脚处顶端设置连梁、底端约束的倾斜桩被动受载，其水平位移具有如下规律：

①加载过程中，桩顶和桩身水平位移均随地基侧向荷载的增加而增长，增长率随加载次数的增加而降低。第 2 次加载超过第 1 次加载最大荷载时，加载曲线沿第 1 次加载曲线的延长线发展，水平位移随着荷载的增大继续增加。

②卸载的初中期，桩身的回弹变形均不敏感，卸载到 0 时才产生明显的回弹变形，但不复位，说明 3 次加载所产生的变形主要为塑性变形。桩顶与桩底回弹量均小于桩身中部，说明桩顶连梁、桩底约束嵌固约束了水平位移。实际工程中，坡脚桩采用底部嵌岩桩、顶部设置连梁的倾斜桩，更有利于抵抗滑移。

③加卸载过程中，地基侧向荷载一定时，桩顶和桩身水平位移均随倾斜角的增加而减小。相同荷载作用下，负向倾斜桩桩顶水平位移小于竖直桩，与负向倾斜桩主动承受桩顶水平荷载作用下桩顶水平位移大于竖直桩相反。

参 考 文 献

［1］ 王丽,郑刚.局部倾斜桩竖向承载力的有限元研究［J］.岩土力学,2009, 30(11):3533-3538.

［2］ 郑刚,李帅,杜一鸣,等.竖向荷载作用下倾斜桩的承载力特性［J］.天津大学学报(自然科学与工程技术版),2012,45(7):567-576.

［3］ 郑刚,白若虚.倾斜单排桩在水平荷载作用下的性状研究［J］.岩土工程学报,2010,32(S1):39-45.

［4］ 郑刚,王丽.竖向荷载作用下倾斜桩的荷载传递性状及承载力研究［J］.岩土工程学报,2008,30(3):323-330.

［5］ 吕凡任,陈云敏,陈仁朋,等.任意斜角斜桩承受任意平面荷载的弹性分析［J］.浙江大学学报(工学版),2004(2):191-195.

［6］ 吕凡任,邵红才,金耀华.对称双斜桩基础水平承载力模型试验研究［J］.长江科学院院报,2013,30(2):67-70.

［7］ 吕凡任,邵红才,金耀华.对称双倾斜桩桩基础竖向承载力模型试验研究［J］.工业建筑,2012,42(5):102-105.

［8］ 胡文红,郑刚.浅层土体加固对倾斜桩竖向承载力影响研究［J］.岩土工程学报,2013,35(4):697-706.

［9］ 王云岗,章光,胡琦.斜桩基础受力特性研究［J］.岩土力学,2011,32(7):2184-2190.

［10］ 袁廉华,陈仁朋,孔令刚,等.轴向荷载对斜桩水平承载特性影响试验及理论研究［J］.岩土力学,2013,34(7):1958-1964.

［11］ 顾明,陈仁朋,孔令刚,等.水平偏心荷载下斜桩群桩受力性状的离心机模型试验［J］.岩土工程学报,2014,36(11):2018-2024.

［12］ MEYERHOF G G,YALCIN A S. Behaviour of flexible batter piles under inclined loads in layered soil [J]. Canadian Geotechnical Journal,1993,30(2):247-256.

［13］ SASTRY V V R N,MEYERHOF G G. Behaviour of flexible piles in layered clays under eccentric and inclined loads [J]. Canadian Geotechnical Journal,1995,32(3):387-396.

［14］ 胡明,雷用,赵晓柯.倾斜微型桩桩身参数敏感性有限元分析［J］.后勤工程学院学报,2014,30(1):12-16,68.

［15］ 杨剑,高玉峰,程永锋,等. 受侧向土体位移斜桩的特性［J］. 防灾减灾工程学报,2008(4):506-512.

［16］ 周德泉,周果子. 一种加固倾斜软基的组合型复合地基:ZL 201621328014.7［P］. 2017-06-09.

［17］ 周德泉,黎冬志,冯晨曦,等. 路堤重复加卸载下坡脚倾斜摩擦桩变位规律试验研究［J］. 中外公路,2019,39(1):1-8.

［18］ 周德泉,段高飞,冯晨曦,等. 竖向重复加卸载下倾斜桩复合地基变形规律试验［J］. 中国公路学报,2019,32(3):53-62.

［19］ 周德泉,谭焕杰,徐一鸣,等. 循环荷载作用下花岗岩残积土累积变形与湿化特性试验研究［J］. 中南大学学报(自然科学版),2013,44(4):1657-1665.

［20］ 曹卫平,樊文甫. 水平荷载作用下斜桩承载变形性状数值分析［J］. 中国公路学报,2017,30(9):34-43.

［21］ 梁发云,姚国圣,陈海兵,等. 土体侧移作用下既有轴向受荷桩性状的室内模型试验研究［J］. 岩土工程学报,2010,32(10):1603-1609.

9 侧向堆载作用下多型桩工程特性试验研究

9.1 研究背景及现状

9.1.1 研究背景

De Beer[1]依据桩土相互作用将桩分为两类:第一类桩外荷载直接作用在桩上,桩基主动向土传递应力,称为"主动桩";第二类桩由桩侧堆载引起土体变形,进而影响桩基受力,称为"被动桩"。实质上,此处的桩基对于水平位移土体施加的是一个约束力,即"侧向约束桩"。桩基的实际约束效果由桩身的横向承载能力决定,它既取决于桩身刚度,也决定于桩间土体的土抗力。在侧向荷载施加初期,桩首先克服桩身刚度产生挠曲变形,引起桩侧土体的挤压变形,从而产生土抗力,此土抗力将阻碍桩身进一步的挠变。

由侧向大面积堆载或开挖引起的桩基破坏并不鲜见,如 2014 年 7 月 8 日,郑州市西南绕城高速支线桥下的一个桥墩因建筑垃圾挤压而断裂,现场情况如图 9-1 所示[2]。

在软土地基中,侧向堆载或开挖导致的土体水平位移量保守估计可达堆载高度或开挖深度的 1‰~2‰,如此大的水平位移必将导致邻近桩基的挠曲变形甚至破坏[3]。其主要原因为:①堆载作用下,桩土产生差异沉降,引起桩身负摩阻力作用;②地基土体的水平位移对约束桩产生挤压,引起桩身水平位移并产生变形。

由此可知,研究侧向堆载或深基坑开挖对被动桩基受力变形的影响是一个被岩土工程界一直关注但是有待更全面、更深入分析的课题。本章通过设计室内模型试验,对侧向堆载下被动单桩的受力变形进行直观的研究,在桩顶自由的条件下,分别讨论桩底自由或约束、不同桩身刚度及桩长情况下的桩基受力变形,分别模拟分析实

本章图库

图 9-1　郑州市西南绕城高速 K11＋370 须水河支线桥现场图

际工程中桩基所处的不同工况,为正确评估计算侧向约束桩的受力变形提供理论基础。

9.1.2　国内外研究现状

9.1.2.1　桩土差异沉降引起的桩基负摩阻力研究

桩基通过桩土相互作用导致的侧摩阻力和桩端阻力承受着上部荷载。当桩侧土体欠固结、地下水位下降、土体下沉等原因引起土体压缩大于桩身沉降时,土体在桩侧产生向下的摩阻力,该摩阻力非但不能分担上部荷载,由于其方向与上部荷载方向同为向下,反而成为桩身的负担,称其为负摩阻力。

陆明生[4]对摩擦桩、端承桩和悬挂桩的桩身轴力分布进行了研究,提出了修正克里塞尔(Kerisel)总应力法经验公式计算侧摩阻力。对比端承桩和悬挂桩,摩擦桩在65％～75％的桩身埋入深度处有明显的中性点,并且不随荷载和时间变化。

谢依航[5]对桩侧负摩阻力和土体压实前后的关系进行了研究,得出负摩阻力主要在土体压密阶段产生,之后随着时间逐渐趋于缓和。

孔纲强[6]设计室内模型试验对地面堆载和桩顶竖向荷载共同作用时,饱和黏土中竖直和倾斜群桩负摩阻力特征进行了研究,考虑土体固结时效的作用,并在相同条件下对比竖直单桩、群桩的试验结果。结果表明,桩身与地基土体间的位移达到2mm 时,负摩阻力达到最大值的 80％～90％;随着固结时间的推迟,桩侧负摩阻力值也逐步递增,但增长的速率呈减小的趋势,最终趋于稳定,时效现象明显。

袁登平等[7]建立软土地基桩侧负摩阻力解析模型,分析得出:当桩身长度增加时,下拉荷载跟着增加,中性点位置随之下移;当桩径增大时,负摩阻力明显增加;当桩身材料强度增加时,下拉荷载亦明显递增,中性点距桩底距离明显减小。

李江林[8]通过有限元分析得出:对于摩擦桩,负摩阻力的变化主要和桩身轴力以及桩端沉降的增加有关。当桩顶竖向荷载不大时,桩底沉降的增加值以及桩身轴力的增加幅度比较大;随着竖向荷载的递增,桩底沉降的增加速率明显减小,桩身轴力的增加也逐渐减小。并指出通过静载试压和高应变动力测桩推算出来的承载力值对于负摩阻桩都是偏于不安全的。

正是因为负摩阻力的影响因素很多,想要准确算出负摩阻力的大小很难,不少学者依据有效应力提出计算负摩阻力的经验公式,这些公式大多考虑有效内摩擦角、有效应力、塑性指数、孔隙水压力消散系数、土侧压力系数等的影响。其中,孔隙水压力的消散引起土体差异沉降是着重考虑的因素。然而这类经验公式大多受某一地域条件的限制,且不同学者采用不同公式必然得出有差异的成果,想要得到一个通用的、有借鉴价值的经验公式很难。此外,经验公式所得结果往往偏大。

9.1.2.2 土体水平位移对约束桩的侧向力作用研究

要想正确分析约束桩的挠曲变形与设计约束桩,桩身土压力的合理计算是关键。基坑开挖中的约束桩,其桩身土压力不难确定,往往可分为静止土压力、主动土压力以及被动土压力。静止土压力可采用工程经验或 Jaky(1948)推荐的计算公式,而主动土压力和被动土压力可采用 Coulomb(1776)和 Rankine(1857)提出的公式进行计算。对于另一类约束桩,如码头桩基、边坡抗滑桩以及侧面堆载下的桩基,确定由地基土体水平位移引起作用于桩身的侧推力(土抗力)很复杂,这也是被动桩研究中的核心问题。下面是四种常用的被动桩研究方法:经验法、土压力法、位移法及有限单元法。

(1)经验法

经验法依据施工场地足尺试验以及室内缩尺试验的数据分析,得到桩侧土压力、桩顶水平位移以及桩身最大弯矩的经验公式。陆振华[9]依据自己多年桥梁设计的经验,总结出软土地基桥台桩基问题的处理方法、结构设计以及实际工程施工控制中的修正措施。

经验法所得结论基于大量的实际工程经验而非土力学基本原理,部分假设的不合理性、不科学性使其有很大的局限性。

(2)土压力法

土压力沿桩身的分布源自土力学基本原理或假设,经复杂计算得出桩身最大弯矩、桩顶水平位移以及弯矩和位移沿桩身的变化情况。

Springman[10]假定桩侧土压力呈抛物线状分布,分析了桩土间的相对位移。Stewart 等[11]通过设置对比试验,得出在软、硬土分界面处桩身弯矩最大;桩顶水平位移和桩身最大弯矩的影响因子很多,其中尤以桩体刚度影响最大,其次还与堆载高度、软土层厚度、压缩模量以及不排水抗剪强度有关,在此分析的前提下,得出桩顶水平位移和桩身最大弯矩的数学表达式。杨敏等[12]在 p-y(荷载-水平位移)曲线法和 Poulos 的弹性理论法的基础之上,结合两者各自优点,首先利用 p-y 曲线得出桩土相对位移的弹性模量,然后依据 Poulos 弹性理论法分析桩土相互作用,提出了全新的耦合算法。

(3)位移法

土体水平位移是侧向堆载时桩基受力变形的根本原因,因此对于土体位移的研究是了解被动桩最好的途径。此方法是根据土体水平位移计算桩身水平位移和弯矩的分布状况。Poulos[13]假设桩周地基土体为均质弹性体,应力及变形满足弹性半无限体受水平力作用的 Mindlin 解答,土体屈服应力以及变形模量在深度方向呈线性发展,简化土体中的桩基为弹性梁,符合梁的挠曲微分方程,进而由桩土接触面的应力平衡方程解出桩身的挠度以及内力。

梁发云等[14]利用 Poulos 提出的基床反力法和两阶段法进行研究,分析室内三轴试验以及实地试桩的关系,得出 p-y 曲线,深入解析了桩身轴力和土体水平位移的耦合作用。杨敏等[15]利用改进的弹性地基梁法对有侧向堆载的桩基进行理论分析,对桩体沉降以及桩身水平位移对上部结构的影响进行统计分析,得出了极限堆载以及桩基的容许变位值。迟方桐[16]对桥梁和公路的连接处路基软土在上覆路堤荷载下产生的侧向变形进行分析,得到了路堤荷载作用下桥台桩基的受力变形特征,提出了桩基在受到侧向水平力作用时的四种破坏模式,探讨了桩和土体破坏面间的关系。黄茂松等[17]基于 Winkler 地基模型,提出了开挖条件下被动群桩的两阶段分析法,不足之处在于忽略了桩中竖向轴力的影响。

上述文献中,Poulos 的方法因为假设了极限侧压力,即视地基土体为理想弹塑性体,当土体变形很大时,结果比较准确。然而此方法仅对分析单桩问题较适用,对于群桩则不太合适。梁发云等将桩土分开考虑,土体位移场过大,计算结果与实际不符。在分析受轴向荷载的被动单桩中,所得到的桩身弯矩偏大,随着荷载的增加,桩身中上部的水平位移呈减小的趋势,此水平位移规律与实际不相符,由此提出的桩基轴力和土体水平位移耦合作用的 p-y 曲线还有待进一步分析。杨敏等的研究反映出运用不同土压力理论得出的被动桩侧向变形和实测结果误差仍较大。

(4)有限单元法

有限单元法采用土体非线性应力-应变关系来阐述桩周地基土体的特征。土压力法以及位移法应用于分析单桩已经很复杂,分析群桩便更加困难,有限单元法则是非常合适的手段。有限单元法能够定性地考虑实际工程中复杂的边界条件、土体的变形特征以及施工顺序等的影响。

Ellis 等[18]采用简化的平面问题分析所得结果较三维有限元所得结果偏小不到10%，且采用平面应变有限元进行了分析计算，土堤依旧视为线弹性，地基软土则采用线弹性模型或修正的剑桥模型，板桩墙在模拟桩土间相对位移时效果不是很理想，导致分析结果与离心模型试验所得结果有出入；采用连接单元来模拟复杂的桩土相互作用原理，连接单元能够较好地表示桩土不同位移以及非线性 p-s 关系，分析所得结果和离心模拟试验结果出入很小。

王年香等[19]利用土工离心模型试验和二维、三维有限单元法，对桩基码头的桩土相互作用进行了分析，并考虑岸坡坡度以及坡高、排架间距、填土高度、桩顶连接条件以及桩身刚度等影响因素。结果表明，与三维有限元计算结果相比，二维有限元所得最大水平位移以及最大沉降都偏小 10% 左右，但计算所得桩中应力却几乎一致，所以桩基码头和岸坡间复杂的三维桩土相互作用的计算可简化为平面问题。

总的来讲，应用经验法和土压力法来计算桩身最大弯矩以及桩顶位移相对简单实用，便于工程人员在实际中运用，但经验法精确度不高，而应用不同土压力理论得到的被动桩侧向变形之间相差甚远；对于复杂的荷载背景以及土体地层条件，位移法更加适用，考虑到对土体水平位移的预测较沉降预测更加困难，一般而言，土体的水平位移只能在单桩分析中实测得到，因此应用位移法受到很多限制；有限单元法对于分析土体非线性本构关系、复杂边界条件、群桩、复杂的荷载条件以及地层条件，都较前三种方法更有利。

9.2 试验概况

依据实验室现有条件，自制长×宽×高为 1m×0.8m×1.2m 的模型槽，棱角处全部用角钢做骨架，两长边方向均为 1m×1.2m 的钢化玻璃，在玻璃外侧用油性笔画有间隔 1cm 的方格，用以直接读取靠近玻璃的四根桩的位移。模型布置示意图如图 9-2 所示。

模型桩保证一定的长径比，以合理地模拟实际工程用桩。模型桩的相关参数见表 9-1。

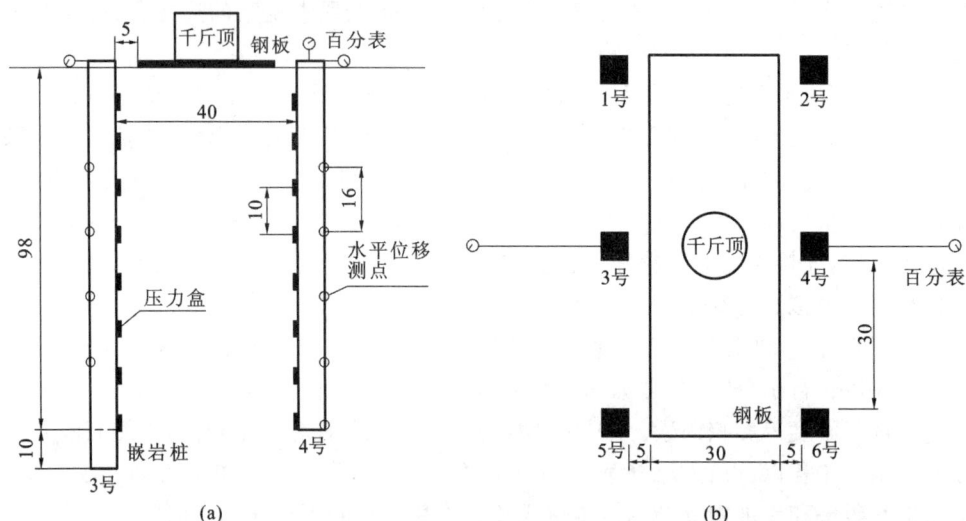

图 9-2　模型布置示意图(单位:cm)

(a)"3号桩-4号桩"剖面示意图;(b)平面布置图

表 9-1　　　　　　　　　　　　　模型桩的相关参数

模型桩	桩身材料	类型	桩长/mm	桩横截面面积/cm²	弹性模量/MPa
1号	水泥砂浆	摩擦桩(刚性桩)	500	25	4.51×10^4
2号	混合砂浆	摩擦桩(柔性桩)	500	25	1.01×10^4
3号	水泥砂浆	嵌岩桩(刚性桩)	1000	25	4.51×10^4
4号	水泥砂浆	摩擦桩(刚性桩)	900	25	4.51×10^4
5号	混合砂浆	嵌岩桩(柔性桩)	1000	25	1.01×10^4
6号	混合砂浆	摩擦桩(柔性桩)	900	25	1.01×10^4

　　使用孔径为1mm的筛网过筛普通砂土,得到试验砂。填土前,先确定模型桩在模型槽内的位置,然后分层填土,在填土过程中,确保桩身的竖直。

　　为便于粘贴电阻应变片,在桩身两侧各预留有宽10mm、深5mm的凹槽[20],凹槽与桩身同长。在凹槽不同深度处内表面粘贴 B×120-80AA 型应变片,电阻值为120.8±0.5Ω,栅长×栅宽为80mm×3mm,灵敏系数为2.06,从凹槽一端引出数据线。应变片的具体布置如图9-3所示。贴片处采用环氧树脂进行防潮密封,贴片完成后固定好数据线,用环氧树脂对整个凹槽进行密封。

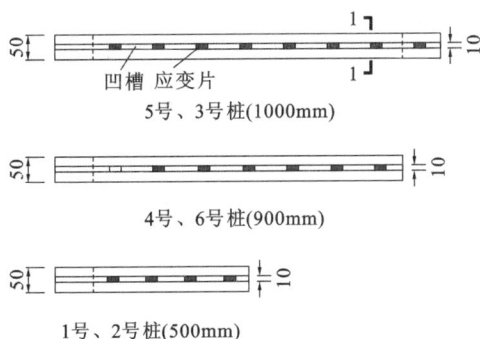

图 9-3 应变片的位置示意图

试验由千斤顶和压力传感器(采用实验室压力机进行标定得出电信号随压力变化曲线,由 DN-1 型多用数显仪采集电信号)加载,通过反力梁提供反力。试验参照《建筑地基处理技术规范》(JGJ 79—2012)[21]进行,进行多次加卸载,获得加卸载条件下桩基的受力变化规律。

9.3 侧向堆载下多型桩的桩身变形试验结果与分析

侧向堆载作用时,受压土体会产生下沉盆,桩土的差异沉降导致桩体受到负摩阻力作用,同时,堆载的作用导致桩侧土体产生水平位移,进而对桩身产生挤压效果,使桩身出现水平位移并产生挠曲变形。侧向堆载对既有桩体的作用机理和工程效应问题已经引起学术界和工程界的关注。本节采用室内模型试验的方法研究侧向堆载作用下受荷桩的变形性状,讨论了堆载大小、桩身材料、桩底部束缚条件以及嵌入深度不同的影响,得到了均质地基条件下承受水平力作用的桩的受力变形规律和工程性状。

9.3.1 双排桩间模型土循环加卸载时的 p-s 曲线特征

图 9-4 为 3 次加卸载条件下,桩间土的荷载-沉降曲线(p-s 曲线)。

①图 9-4(a)中,此阶段荷载较小,地基土以压缩变形为主,压力与变形之间基本呈线性关系,说明此荷载条件下,地基中应力尚处于弹性平衡状态。

②图 9-4(b)显示在第 2 次加载过程中,地基在荷载作用下首先产生近似线弹性变形。当荷载达到 40kN 左右时,曲线出现明显转折点,此后的曲线斜率明显大于前一阶段的斜率,表明地基土的沉降速率开始增大,地基土由以压缩变形为主发展为以

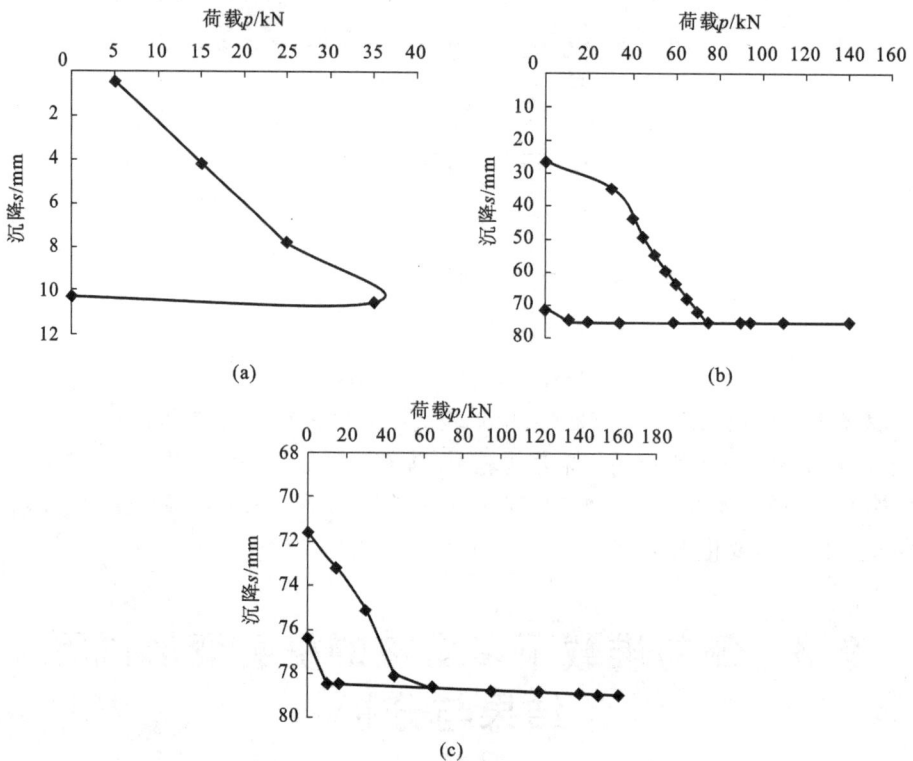

图 9-4　循环加卸载时桩间土的 $p\text{-}s$ 曲线特征

(a)第 1 次加卸载；(b)第 2 次加卸载；(c)第 3 次加卸载

剪切破坏为主,当荷载加到 80kN 左右时,沉降开始稳定不变。

③图 9-4(c)中,经过了前两次加卸载,地基土沉降整体来看都要小于前两次加载,在 60kN 左右时即开始稳定不变,较第 2 次加载提前达到稳定,表明桩基完全介入以约束土体水平位移的时间提前了,亦即地基承载力较前一次加载明显增强。

④图 9-4(a)的卸载曲线中,由于地基土尚处于弹性变形阶段,卸载过程土体有一个缓缓回弹的过程;图 9-4(b)、(c)中当地基土经剪切破坏阶段达到稳定后的卸载,土体没有回弹,表明深层土体已经完全被压实,在荷载完全卸掉的时候,土体才有微微回弹,表明表层少部分土体这时候有所松动,恢复弹性。

9.3.2　侧向加卸载条件下多型桩顶部水平位移变化规律

9.3.2.1　侧向加载

图 9-5 为 3 次侧向加载条件下各桩桩顶水平位移规律。

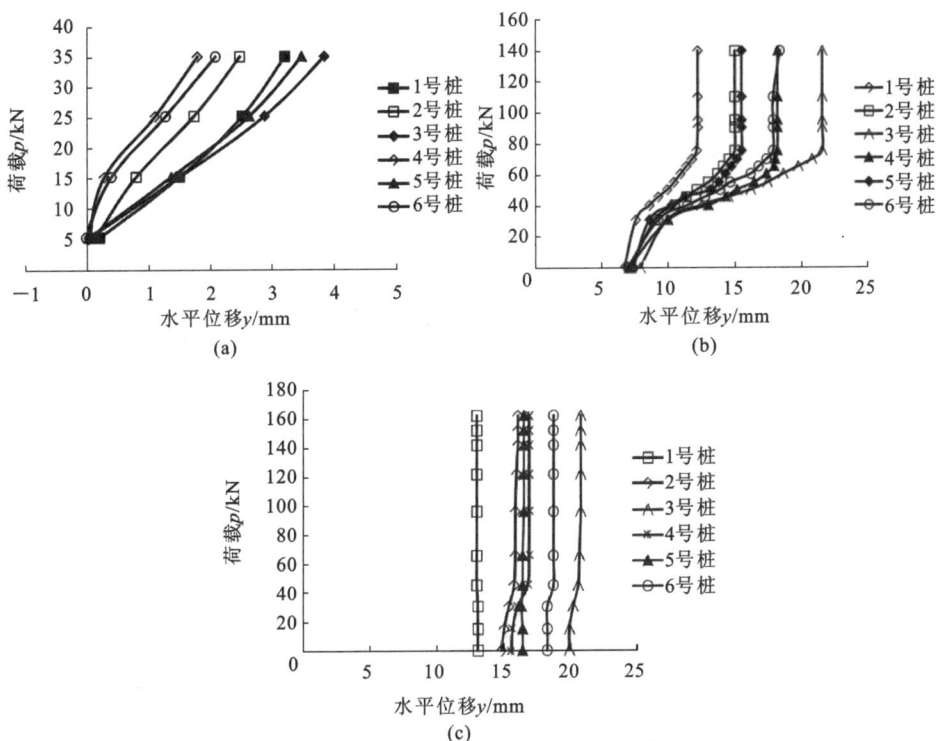

图 9-5　侧向加载条件下多型桩顶部水平位移变化规律

(a)第 1 次加载；(b)第 2 次加载；(c)第 3 次加载

①从图 9-5(a)中可发现，1 号桩桩顶水平位移大于 2 号桩，表明在荷载不大的情况下，相比于刚性桩，柔性桩对土体水平位移的约束效果更好。由 3 号桩水平位移大于 4 号桩、5 号桩水平位移大于 6 号桩可知，在荷载施加初始阶段，摩擦桩较嵌岩桩更能发挥对土的约束作用。

②从图 9-5(b)中可见，第 2 次加载过程中，荷载加到 75kN 时，各桩桩顶水平位移开始维持不变，此时土体沉降已基本稳定。如图 9-5(b)、(c)所示，1 号桩水平位移小于 2 号桩，可知经过一定压实的土体，刚性桩较柔性桩对土体水平位移的约束效果更明显；3 号桩、4 号桩在 50kN 之前水平位移曲线近乎重合，之后，3 号桩水平位移大于 4 号桩，可见在整个荷载施加过程中，对刚性桩而言，摩擦桩较嵌岩桩更稳定。

9.3.2.2　侧向卸载

图 9-6 为 3 次卸载条件下各桩桩顶水平位移规律。

①在图 9-6(b)的卸载初期，桩顶水平位移均未发生变化，直到 20kN 左右，2、3、4、6 号桩体都开始出现回弹，图 9-6(c)中，回弹在 10kN 左右时才出现，而且图 9-6(c)

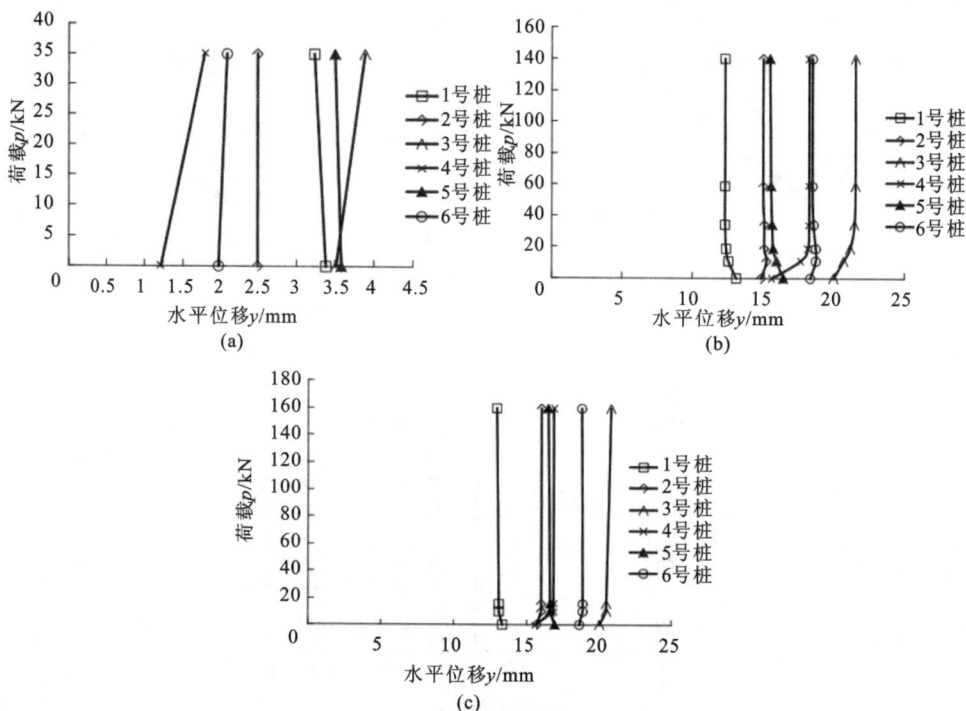

图 9-6　侧向卸载条件下多型桩顶部水平位移变化规律

(a)第 1 次卸载；(b)第 2 次卸载；(c)第 3 次卸载

土体的回弹量远远小于图 9-6(b)，表明经反复压实的砂土，卸载过程中深层土体的回弹由于上层土体的自重和所施加的荷载抵消，对地基稳定并无大的影响，当土体荷载减小时，表层土体开始回弹，且较前一次卸载回弹量小很多，表明经反复压实的土体已趋于稳定。

②图 9-6(a)～(c)的 2、6 号桩的回弹量远小于 3、4 号桩，表明 3、4 号桩对于约束土体水平位移的贡献远大于其他桩体。在图 9-6(b)、(c)中，3 号桩的回弹略微早于其他桩体。

9.3.3　侧向加卸载时刚性嵌岩桩与刚性摩擦桩水平位移变化规律

9.3.3.1　侧向加载

图 9-7 是刚性嵌岩桩(3 号桩)和刚性摩擦桩(4 号桩)在侧向加载条件下沿桩身深度方向的水平位移变化规律。

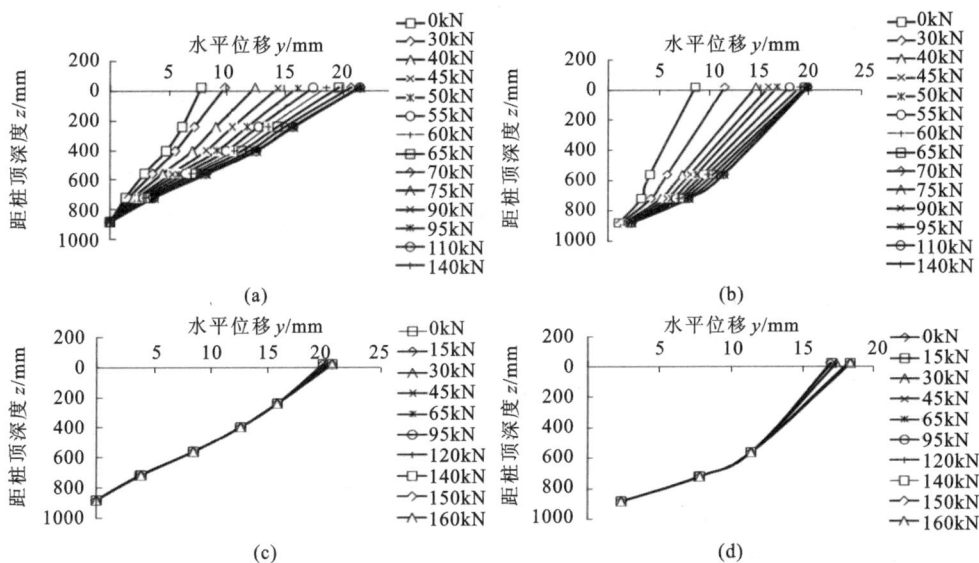

图 9-7 侧向加载条件下刚性嵌岩桩与刚性摩擦桩水平位移变化规律
(a)刚性嵌岩桩第 2 次加载;(b)刚性摩擦桩第 2 次加载;
(c)刚性嵌岩桩第 3 次加载;(d)刚性摩擦桩第 3 次加载

①在图 9-7(a)、(b)中,随着荷载的增加,相邻桩身水平位移变化曲线之间由稀到密,可见当侧向荷载增加到一定量时,地基趋于稳定,桩身水平位移也渐渐趋于稳定。

②由图 9-7(a)、(b)可知,荷载施加的初期,桩身水平位移沿深度方向依次发展,沿水平方向依次增大。由于刚性嵌岩桩桩底被束缚而无法移动,其桩身下部的水平位移量小于刚性摩擦桩,但就桩身上部而言,在加载初期的同级荷载下,刚性摩擦桩水平位移量发展大于嵌岩桩,当荷载达到 65kN 左右时,两者的累积水平位移量几乎相等,此后,刚性摩擦桩的水平位移开始趋于稳定,发展放缓,而刚性嵌岩桩的水平位移却大于刚性摩擦桩,所以就最终水平位移量看来,刚性摩擦桩的水平位移小于嵌岩桩。高博雷等[22]通过模拟试验、王建华等[23]通过原位试验所得桩身水平位移图也有类似规律。

③图 9-7(c)、(d)中,经过第 2 次加载后,刚性嵌岩桩在距离桩顶大于 300mm 位置的桩身水平位移不随侧向荷载变化而变化,即桩身位置保持不变,而刚性摩擦桩在距桩顶约 400mm 以下的位置水平位移开始保持不变,这说明在前两次加载过程中,下半部分桩身水平位移已经趋于稳定状态。

9.3.3.2 侧向卸载

图 9-8 是刚性嵌岩桩(3 号桩)、刚性摩擦桩(4 号桩)在侧向卸载条件下沿桩身深度方向的水平位移变化规律。

①如图 9-8(a)、(c)所示,在卸载过程中,距桩顶约 300mm 以上,桩身水平位移有微小的回弹,距桩顶 300mm 以下部分水平位移则保持不变;在图 9-8(b)、(d)中,距桩顶约 400mm 以上部分随着卸载,刚性摩擦桩的水平位移回弹量比刚性嵌岩桩大,并且在卸载至 0 时,回弹较前几级卸载都大。

②在图 9-8 中,随着侧向荷载的卸载,桩身下半部分的水平位移基本保持不变,说明经反复压实的土体水平位移不可恢复。

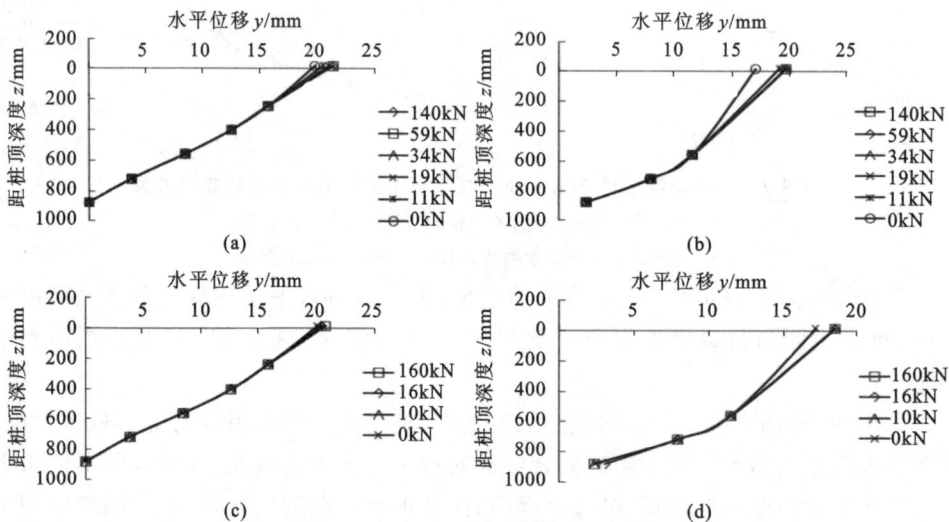

图 9-8　侧向卸载条件下刚性嵌岩桩与刚性摩擦桩水平位移变化规律
(a)刚性嵌岩桩第 2 次卸载;(b)刚性摩擦桩第 2 次卸载;
(c)刚性嵌岩桩第 3 次卸载;(d)刚性摩擦桩第 3 次卸载

9.4　侧向堆载下多型桩的桩身受力试验结果与分析

9.4.1　侧向加卸载条件下多型桩弯矩随深度变化规律

对天然地基上侧向约束桩施加侧向荷载,桩侧土在荷载作用下产生水平位移并对桩基产生挤压,导致桩基发生水平位移并产生挠曲变形,桩身产生了弯矩,在弯矩作用下桩身迎土面与背土面均产生了应变,分别为拉、压应变,由弯矩产生的同一部位两侧的应变大小相等、方向相反。

但是由于在加载过程中,桩侧土体与桩身产生了相对移动,桩侧土体的沉降明显大于桩身沉降,差异沉降在桩身产生了摩阻力。综合来看,桩身四周摩阻力的累积使桩身产生了纵向的轴力,从而使桩身产生了纵向的压缩应变,而桩身迎土面与背土面两侧的轴力大小基本相同,则桩身两侧产生的压缩应变也是大小相同并且方向相同。所以桩身的应变是由桩身弯矩以及桩身轴力所产生的应变进行叠加而得到的。因此,桩身两侧应变片得到的数据即为叠加后的两侧应变。

9.4.1.1 刚性短桩与柔性短桩弯矩随深度变化规律

图 9-9 是侧向加载条件下,刚性短桩(1 号桩)和柔性短桩(2 号桩)弯矩随深度的变化规律图。

①对比图 9-9(a)～(e),可发现侧向加载条件下,弯矩由桩顶到桩底先增大再减小。

②通过对比图 9-9(a)和(b),可见在荷载施加初期,刚性和柔性短桩弯矩大小变化情况大致相同(柔性短桩桩底应变片失效),两者最大弯矩出现的位置都在距桩顶约300mm处,只是刚性短桩最大弯矩比柔性短桩稍大 1N·m 左右。

③如图 9-9(c)、(d)所示,两者弯矩发展规律有个共同点,即施加荷载小于 70kN时,弯矩随着荷载逐级有规律地递增,当荷载超过 70kN 时,两者弯矩曲线都开始聚集在一起,表明 70kN 之后,弯矩变化不明显。图 9-9(c)中弯矩曲线分布较图 9-9(d)分布更密集,在荷载施加初期,两者弯矩大小大致相同,可见随着荷载的增加,刚性短桩弯矩的增加速率小于柔性短桩,荷载施加到 140kN 时,刚性短桩最大弯矩达到25N·m,而柔性短桩最大弯矩达到 45N·m。另外,地基土经过第 1 次加载的压实之后,刚性短桩最大弯矩处随荷载的增大有逐级下移的趋势,最终在距桩顶约310mm 处,而柔性短桩最大弯矩处在距桩顶约 250mm 处。

④由图 9-9(e)可知,地基土经过前两次的反复压实后,当加载至 45kN 时,图中弯矩曲线开始重叠在一起,表明桩体基本不再绕曲变形,弯矩基本不再变化。

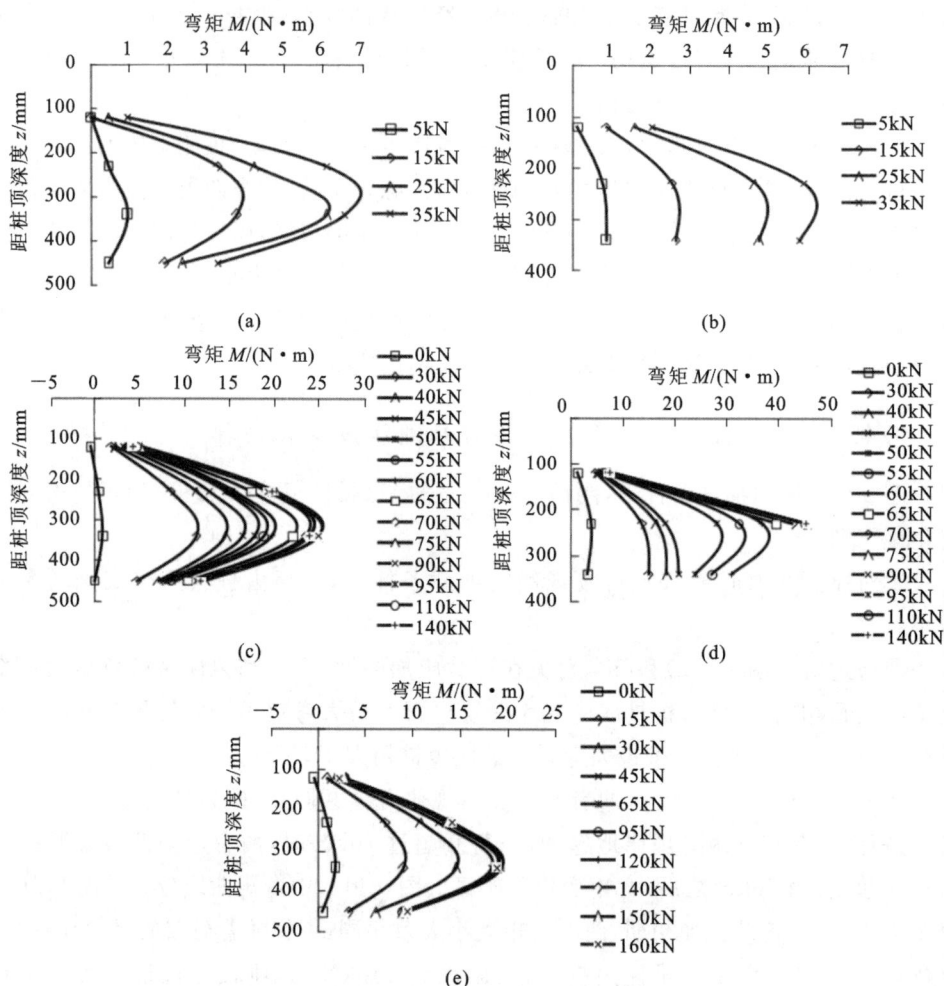

图 9-9　侧向加载时刚性短桩和柔性短桩弯矩随深度变化规律

(a)刚性短桩第 1 次加载;(b)柔性短桩第 1 次加载;(c)刚性短桩第 2 次加载;

(d)柔性短桩第 2 次加载;(e)刚性短桩第 3 次加载

图 9-10 是侧向卸载条件下,刚性短桩(1 号桩)、柔性短桩(2 号桩)弯矩随深度的变化规律图。

①卸载条件下,弯矩变化依旧遵循加载时的规律。对比图 9-10(c)和(d)可以看出,在卸载至 0 时,弯矩变化幅度甚至超过前期每级荷载下弯矩变化的总和,桩身弯矩变化的"因"为侧向加卸载时地基土体的压缩及水平位移,所以足以说明卸载情况下,地基土体的回弹大多数是在最后一级卸荷时发生。

②对比图 9-10(c)和(d),卸载时刚性短桩最大弯矩位置处略微有上移趋势;第 2 次卸载时最大弯矩从 24N•m 减小至 2N•m,减少了 22N•m,第 3 次卸载时最大弯矩减少量为 17N•m,说明经过前两次的加卸载,土体较第 2 次卸载时更密实,在卸载时,土体回弹较第 2 次卸载小,必然引起的弯矩变化也更小。

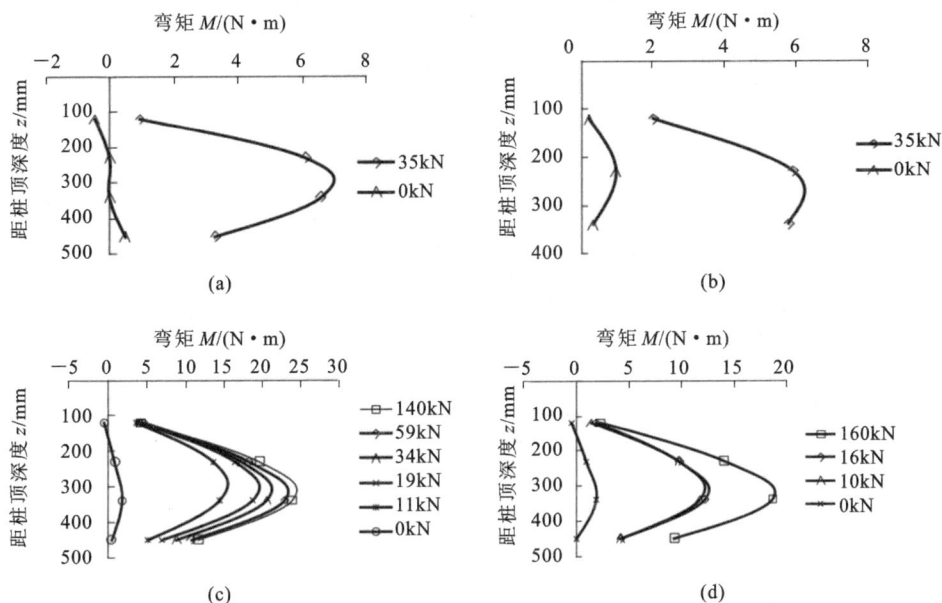

图 9-10 侧向卸载时刚柔性短桩弯矩随深度变化规律

(a)刚性桩第 1 次卸载;(b)柔性桩第 1 次卸载;(c)刚性桩第 2 次卸载;(d)刚性桩第 3 次卸载

9.4.1.2 刚性嵌岩桩与刚性摩擦桩弯矩随深度变化规律

图 9-11 是侧向加载条件下,刚性嵌岩桩(3 号桩)与刚性摩擦桩(4 号桩)弯矩随深度变化规律图。

①如图 9-11(a)、(b)所示,刚性嵌岩桩弯矩变化图呈"3"字形,可见在荷载施加初期,嵌岩桩水平位移变化较复杂,分为 4 段,荷载向地基土体深处传递的同时,桩基相当于在绕某一个"转点"转动,由图 9-11(a)分析 400mm、700mm、900mm 三处相当于转点;而刚性摩擦桩弯矩呈先增大后减小的趋势,弯矩变化较简单,只在 400mm 处出现一个"转点"。

②如图 9-11(c)所示,第 2 次加载时,随着荷载增加,荷载往地基土深处传递,刚性嵌岩桩弯矩图显示"转点"下移至 500mm 左右,此处最大弯矩在 300N•m 左右,弯矩图呈反"S"形,当荷载增加时,弯矩图有规律地变化,直至荷载增加到 75kN 时,"转点"下移至 700mm 处,最大弯矩值减小至 150N•m,且此后即使荷载增加,整个

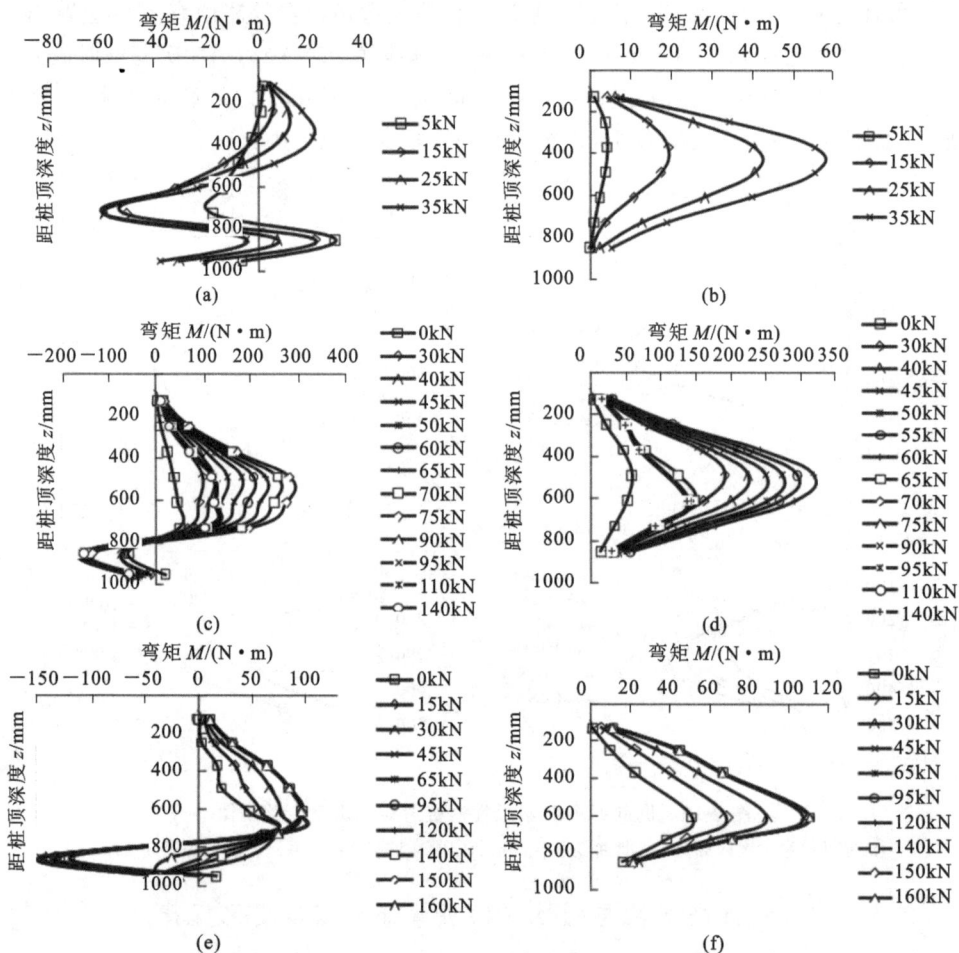

图 9-11　侧向加载时刚性嵌岩桩与刚性摩擦桩弯矩随深度变化图

(a)刚性嵌岩桩第 1 次加载;(b)刚性摩擦桩第 1 次加载;(c)刚性嵌岩桩第 2 次加载;

(d)刚性摩擦桩第 2 次加载;(e)刚性嵌岩桩第 3 次加载;(f)刚性摩擦桩第 3 次加载

桩身弯矩图不再有明显变化,重叠在一起;在图 9-11(d)中,刚性摩擦桩弯矩图图形较第 1 次加载没太大变化,只是最大弯矩点即桩身受力的"转点"下移至 500mm 左右处,最大弯矩超过 300N·m,同刚性嵌岩桩类似,在荷载施加的初期,弯矩随着荷载有规律地变化,当荷载增加至 65kN 时,"转点"下移至 600mm 处,最大弯矩值减小至 150N·m,且此后各荷载桩身弯矩曲线重叠在一起,不再随着荷载的增加而变化;这个弯矩瞬变的荷载可能就是桩身所能承受的极限荷载,试验完成后,清理出桩身,发现刚性嵌岩桩和刚性摩擦桩断裂处分别在 870mm(嵌岩处)及 430mm,与分析一致,如图 9-12 所示。

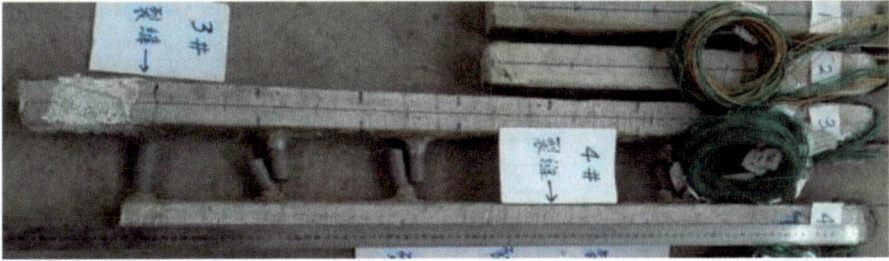

图 9-12 3、4 号桩断裂位置

③在图 9-11(e)中,加载过程弯矩曲线和第 2 次加载 75kN 之后的规律相似,当荷载加至 120kN 时,弯矩图形由之前的反"S"形转变为类似于刚性摩擦桩弯矩图的双曲线形,最大弯矩依旧在 700mm 处,究其原因,可能是荷载在 120kN 以前,桩身虽断,但并未完全断开,直至荷载加到 120kN,嵌岩桩在嵌岩处完全断开,演变成刚性摩擦桩。

图 9-13 是侧向卸载条件下,刚性嵌岩桩与刚性摩擦桩弯矩随深度变化规律图。

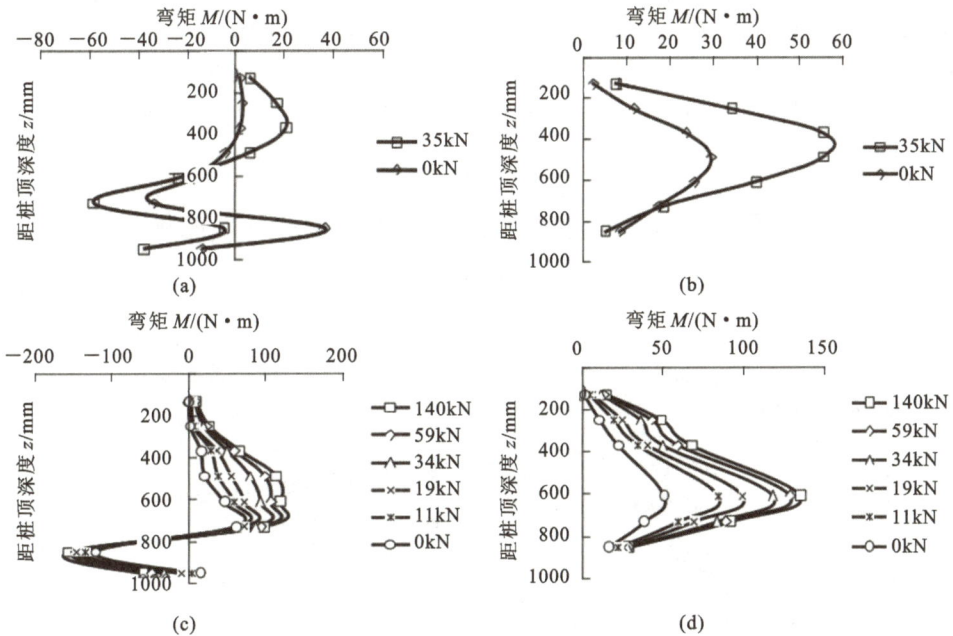

(e)

(f)

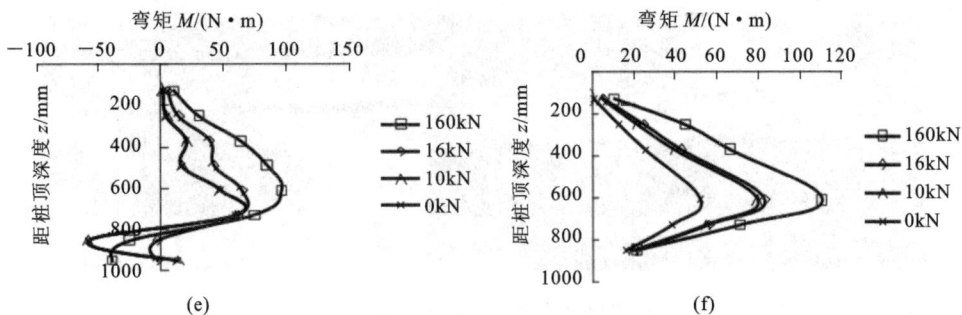

图 9-13　侧向卸载时刚性嵌岩桩与刚性摩擦桩弯矩随深度变化规律

(a)刚性嵌岩桩第 1 次卸载;(b)刚性摩擦桩第 1 次卸载;(c)刚性嵌岩桩第 2 次卸载;
(d)刚性摩擦桩第 2 次卸载;(e)刚性嵌岩桩第 3 次卸载;(f)刚性摩擦桩第 3 次卸载

如图 9-13 所示,侧向卸载时刚性嵌岩桩与刚性摩擦桩弯矩随深度的变化规律与侧向加载时类似。如图 9-13(c)所示,在 700mm 以下,桩身弯矩和第 2 次加载到 75kN 之后的图形一致,随着卸载的进行,弯矩图基本没有变化;而在 700mm 以上,随着卸载的进行,桩身弯矩也跟着有规律地减少,表明由于深层土体已经被压实,卸载时,土体的水平位移回弹仅发生在 700mm 以上的这一段土体,与郑俊杰等[24]研究所得的土体开挖过程中桩身弯矩变化类似;在图 9-13(d)中,卸载时,弯矩与加载时一样,有规律地变化,而且,在卸载初期阶段,弯矩回弹较少,而最后一两级卸载,弯矩值变化幅度很大。

9.4.1.3　柔性嵌岩桩与柔性摩擦桩弯矩随深度变化规律

图 9-14 是侧向加载条件下,柔性嵌岩桩(5 号桩)与柔性摩擦桩(6 号桩)弯矩随深度的变化规律图。

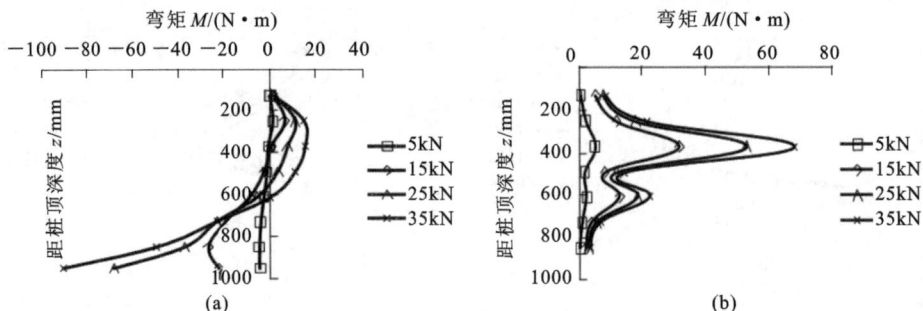

(a)

(b)

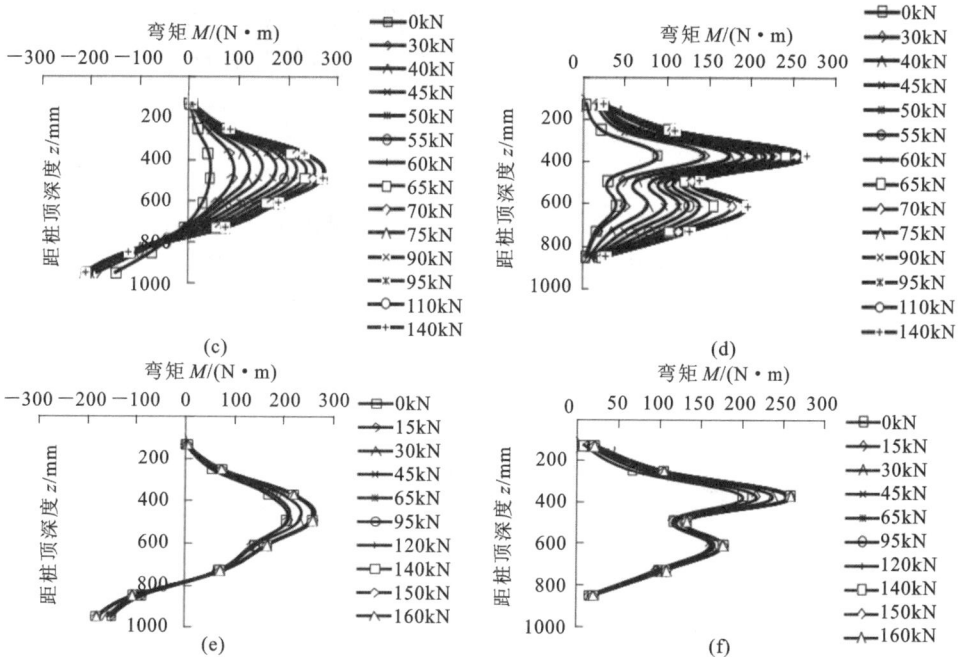

图 9-14　侧向加载时柔性嵌岩桩与柔性摩擦桩弯矩随深度的变化规律
（a）柔性嵌岩桩第 1 次加载；（b）柔性摩擦桩第 1 次加载；（c）柔性嵌岩桩第 2 次加载；
（d）柔性摩擦桩第 2 次加载；（e）柔性嵌岩桩第 3 次加载；（f）柔性摩擦桩第 3 次加载

①观察图 9-14（a），可以看到，在初期加载时，柔性嵌岩桩弯矩沿桩身深度方向的分布曲线形状像一只耳朵的轮廓线，在 300mm 左右以及桩底出现弯矩峰值。在图 9-14（b）中，柔性摩擦桩弯矩分别在 350mm、600mm 处出现同方向的峰值，其中，350mm 处的弯矩大于 600mm 处。

②图 9-14（c）中，较第 1 次加载而言，柔性嵌岩桩最大弯矩处下移至 500mm 处。在加载初期，随着荷载的增加，整个桩身弯矩都有规律地增加，当荷载增加至 75kN 时，最大弯矩值达到一个顶峰，此后随着荷载的增加，整个桩身的弯矩值不再变化，弯矩曲线重叠在一起。在图 9-14（d）中，随着荷载的增加，整个桩身的弯矩有序地变化，最大弯矩值依旧出现在 400mm、600mm 处。在桩身 500mm 之上，可以发现在荷载达到 70kN 时，弯矩不再增加，此后的弯矩线密集地重叠在一起；而桩身 500mm 以下，随着荷载增加，弯矩值亦有序增加，没有出现弯矩停止增加的荷载节点，表明随着荷载的增加，荷载在地基土里的传递是逐次朝深部方向发展的，在荷载施加到 70kN 时，柔性摩擦桩在 500mm 以上部分的土体已被压实，弯矩不再增加；在桩身 500mm 以下，荷载的传递依旧在发展，弯矩依旧有规律地增加。

③在图 9-14（e）、（f）中，随着荷载的增加，弯矩图曲线密集地重叠在一起，弯矩不

再增加,表明土体已完全被压实,水平位移已达最大值,所引起的弯矩亦不再变化。

图 9-15 是侧向卸载条件下,柔性嵌岩桩(5 号桩)与柔性摩擦桩(6 号桩)弯矩随深度的变化规律图。

在图 9-15(c)、(d)中,可发现卸载时,柔性嵌岩桩和柔性摩擦桩弯矩图曲线变化都很小,甚至几乎没什么变化,只有在卸载至最后一级荷载时,柔性摩擦桩整个弯矩曲线都发生了明显的变化,而柔性嵌岩桩只在桩身 700mm 以上有明显的变化,700mm 以下部位的桩身弯矩依旧没变化。在图 9-15(e)、(f)中,弯矩曲线和第 2 次卸载时基本一致,不同的是,最后一级卸载时,柔性摩擦桩和柔性嵌岩桩都在约700mm 以上部分,弯矩有明显的减小趋势,而在 700mm 以下,桩身弯矩基本不变。

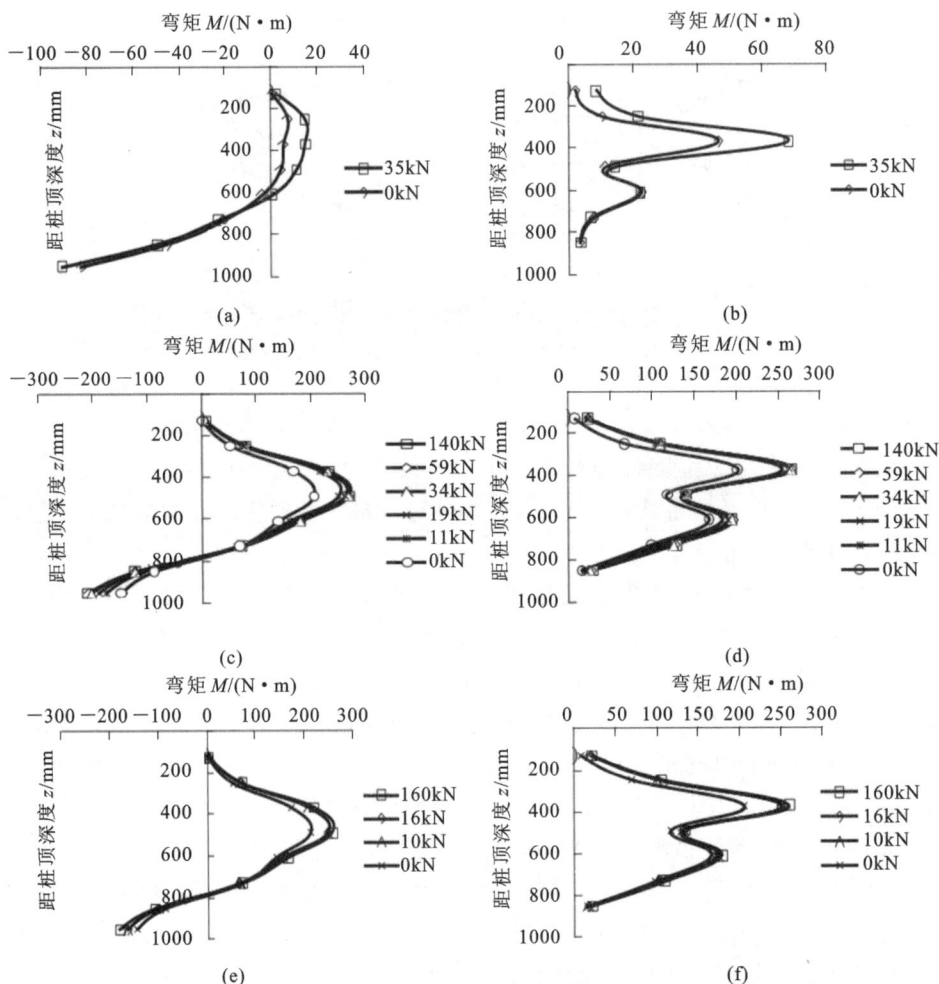

图 9-15 侧向卸载时柔性嵌岩桩与柔性摩擦桩弯矩随深度的变化规律

(a)柔性嵌岩桩第 1 次卸载;(b)柔性摩擦桩第 1 次卸载;(c)柔性嵌岩桩第 2 次卸载;
(d)柔性摩擦桩第 2 次卸载;(e)柔性嵌岩桩第 3 次卸载;(f)柔性摩擦桩第 3 次卸载

9.4.2 侧向加卸载条件下多型桩轴力变化规律

在侧向加载条件下,产生了沿着桩身方向的轴力,轴力的出现使桩身两侧产生了大小相等、方向相反的应变,而桩身两侧应变除了由轴力产生之外,还有一部分由桩身弯曲产生。

9.4.2.1 刚性嵌岩桩与刚性摩擦桩轴力随深度变化规律

图 9-16 是侧向加载条件下刚性嵌岩桩(3 号桩)与刚性摩擦桩(4 号桩)轴力随深度的变化规律图。

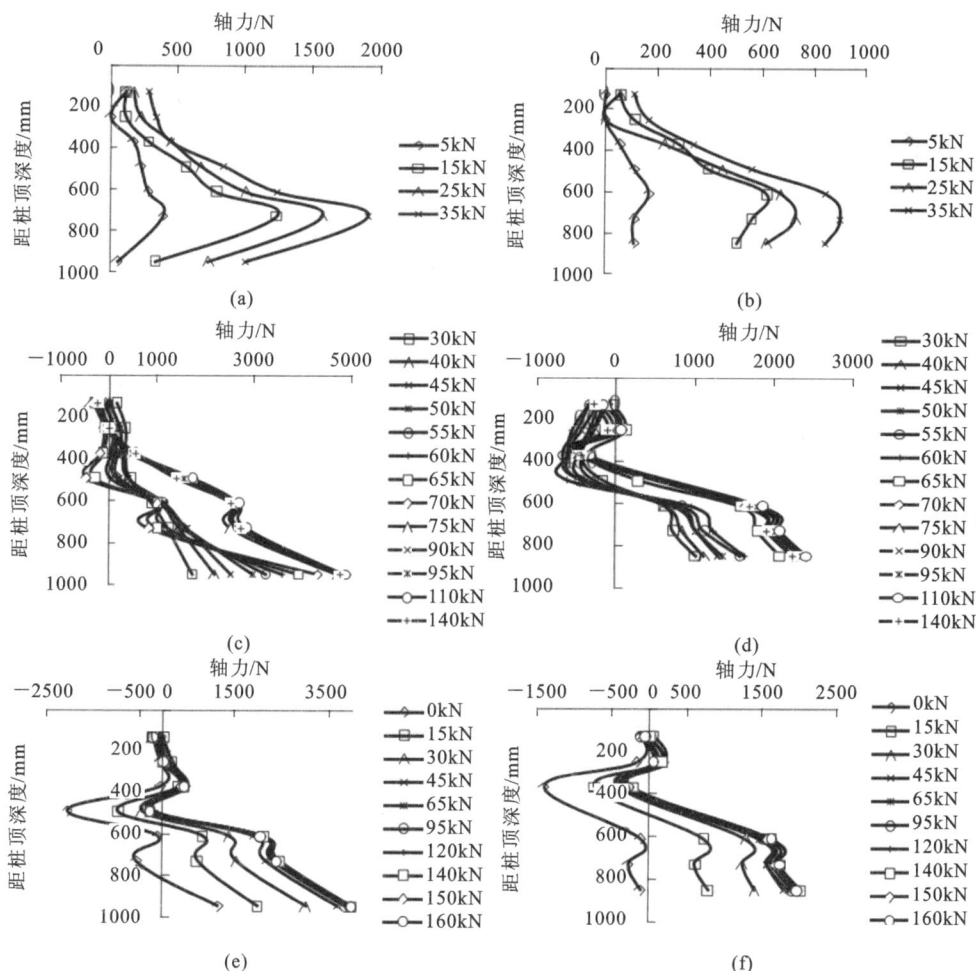

图 9-16　侧向加载时刚性嵌岩桩与刚性摩擦桩轴力随深度变化规律

(a)刚性嵌岩桩第 1 次加载;(b)刚性摩擦桩第 1 次加载;(c)刚性嵌岩桩第 2 次加载;

(d)刚性摩擦桩第 2 次加载;(e)刚性嵌岩桩第 3 次加载;(f)刚性摩擦桩第 3 次加载

①图 9-16(a)、(b)中,在荷载施加初期,轴力是正值,并沿距桩顶深度逐步增大,在某一个临界点出现峰值,之后逐步递减。刚性嵌岩桩轴力峰值出现在700mm处,刚性摩擦桩轴力峰值出现在 650mm 处,达到 950N,表明在荷载不大时,轴力沿桩身的分布规律类似,只是嵌岩桩端部受力导致其轴力较桩侧受力的刚性摩擦桩更大。屠毓敏等[25]通过有限元分析也得到了相似曲线,即最大轴力点出现在 7/10 桩长附近。

②图 9-16(c)中,随着荷载的增加,在 75kN 之前,轴力的发展分两段,在600mm以上部分,轴力负向发展,拉长桩身,且曲线比较密集;而 600mm 以下部分,轴力正向增大,此现象表明荷载在地基土内向下传递,先有上部土体压缩大于桩体压缩,桩侧受到向下的负摩阻力,后有下层土体的压缩,导致下部桩侧受到负摩阻力;当荷载达到 75kN 后,轴力有一个"跳跃",整个桩身轴力都正向发展,此后,随着荷载的增加,轴力曲线密集地挤在一起,轴力不再增加。同样的情况在图 9-16(d)中也发生了,在 65kN 之前,600mm 上下部分轴力呈反向发展,65kN 之后,轴力也出现一个"跳跃"发展,此后轴力曲线便重叠在一起。

③图 9-16(e)、(f)规律类似,荷载在 45kN 之前,轴力随荷载的增加有规律地正向递增,45kN 之后,轴力开始恒定,轴力曲线密集地重叠在一起。

图 9-17 是侧向卸载条件下刚性嵌岩桩(3 号桩)与刚性摩擦桩(4 号桩)桩身轴力随深度的变化规律图。

对比图 9-17(c)、(d),随着卸载的发生,轴力负向发展,在卸载初期,桩身 300mm 以上轴力变化不明显,300mm 以下轴力有规律地负向发展,卸载至 19kN 时,桩身500mm 以上都没变化,500mm 以下维持有规律地发展,只是幅度较之前大幅减少,曲线显得比较密集。图 9-17(e)、(f)中有类似的规律。

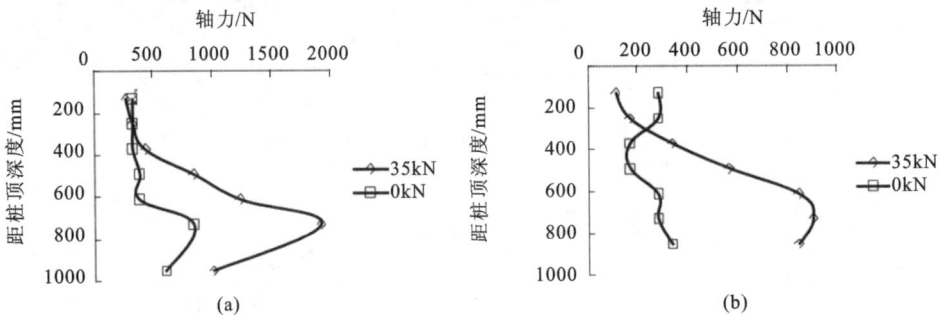

(a)

(b)

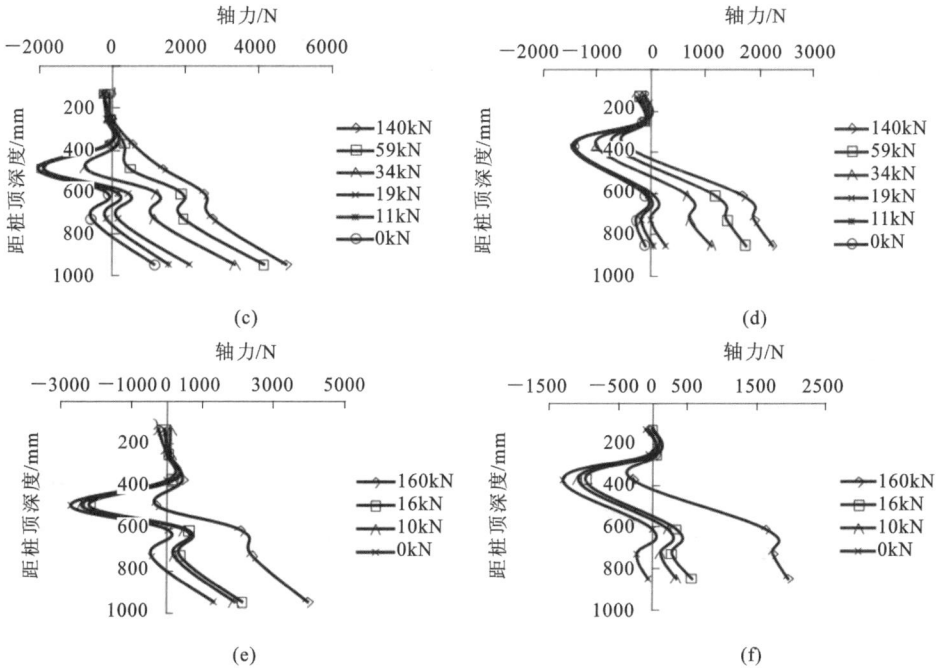

图 9-17　侧向卸载时刚性嵌岩桩与刚性摩擦桩轴力随深度变化规律

(a)刚性嵌岩桩第 1 次卸载;(b)刚性摩擦桩第 1 次卸载;(c)刚性嵌岩桩第 2 次卸载;
(d)刚性摩擦桩第 2 次卸载;(e)刚性嵌岩桩第 3 次卸载;(f)刚性摩擦桩第 3 次卸载

9.4.2.2　柔性嵌岩桩与柔性摩擦桩轴力随深度变化规律

图 9-18 是侧向加载条件下柔性嵌岩桩(5 号桩)与柔性摩擦桩(6 号桩)轴力随深度的变化规律图。

①图 9-18(a)中,从整体看来,轴力沿桩身往下发展,先正向增长,大概在 600mm 处出现峰值,600mm 之下轴力又负向发展。图 9-18(b)中,柔性摩擦桩轴力与嵌岩桩不同,沿深度方向先是负向发展,到 300mm 处出现轴力最大值,之后正向增加。

②如图 9-18(c)所示,柔性嵌岩桩轴力在约 380mm 和 600mm 处明显将轴力曲线分为上中下三段,呈"S"形,上段桩轴力在 75kN 之前随着荷载的增加负向增长,在 75kN 之后,轴力开始恒定;在中段,轴力朝正向发展,且随着荷载增加轴力值基本不变;在下段,第 1 级加载变化明显,之后即使荷载增加,轴力值变化幅度都不大,曲线密集地分布在一起。图 9-18(d)中,轴力发展类似柔性嵌岩桩,呈反"3"字形,轴力发展趋势分别在 380mm、500mm、700mm 处将轴力曲线分为四段,观察第一段发现,荷载在 60kN 之前,轴力有序负向增加,60kN 之后,轴力维持恒定。在图 9-18(e)、(f)

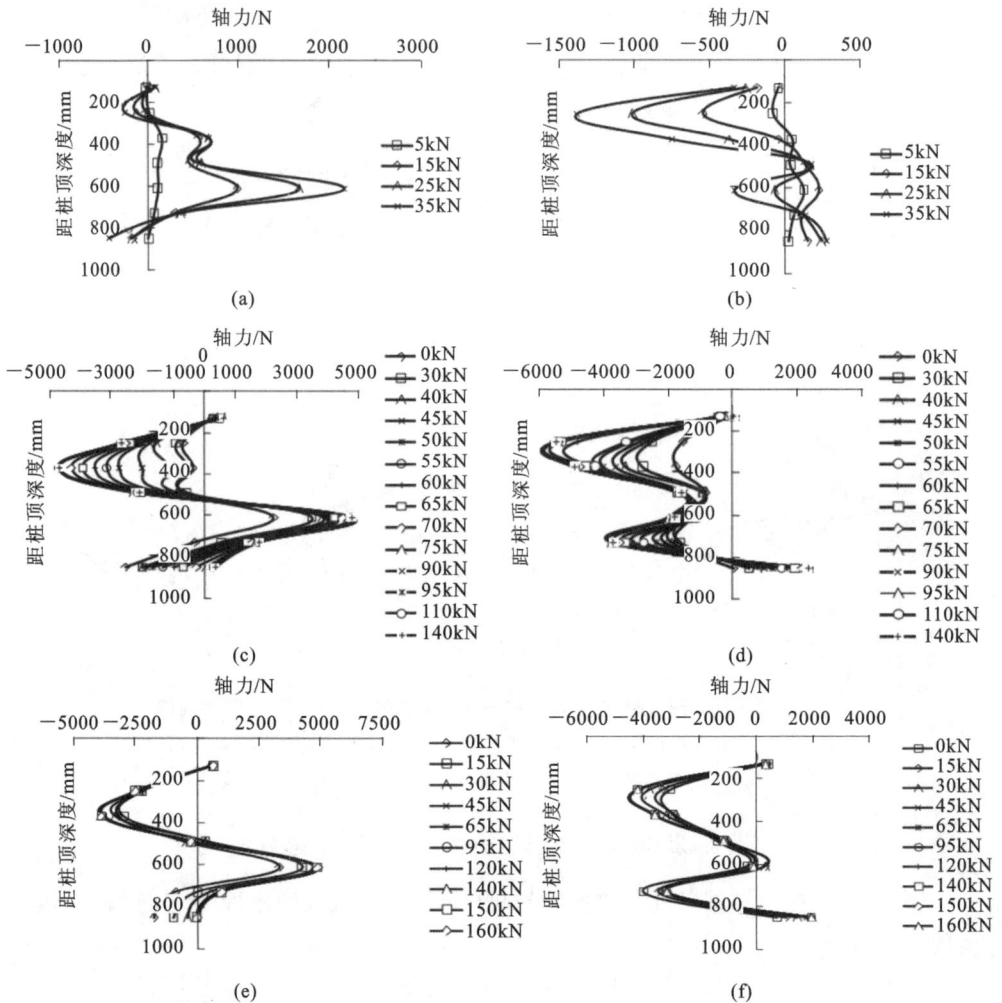

图 9-18　侧向加载时柔性嵌岩桩与柔性摩擦桩轴力随深度变化规律

(a)柔性嵌岩桩第 1 次加载;(b)柔性摩擦桩第 1 次加载;(c)柔性嵌岩桩第 2 次加载;
(d)柔性摩擦桩第 2 次加载;(e)柔性嵌岩桩第 3 次加载;(f)柔性摩擦桩第 3 次加载

中,轴力变化规律和第 2 次加载一样,只是地基土经过两次加卸载后,桩身轴力几乎没什么变化,曲线都密集地分布在一起。

图 9-19 是侧向卸载条件下柔性嵌岩桩(5 号桩)与柔性摩擦桩(6 号桩)轴力随深度变化规律图。

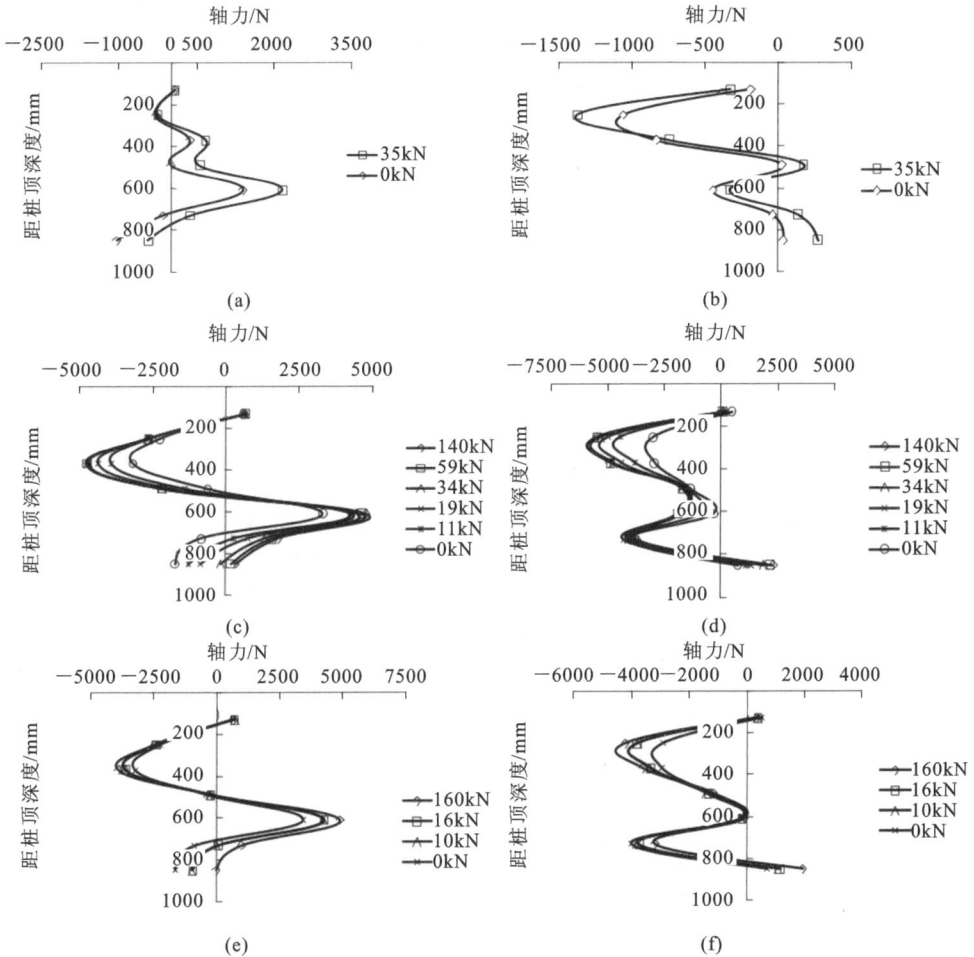

图 9-19 侧向卸载时柔性嵌岩桩与柔性摩擦桩轴力随深度变化规律
(a)柔性嵌岩桩第 1 次卸载;(b)柔性摩擦桩第 1 次卸载;(c)柔性嵌岩桩第 2 次卸载;
(d)柔性摩擦桩第 2 次卸载;(e)柔性嵌岩桩第 3 次卸载;(f)柔性摩擦桩第 3 次卸载

在图 9-19(c)、(d)中,卸载时柔性嵌岩桩与柔性摩擦桩的轴力遵循加载时的规律,曲线一致,且在卸载前期,轴力几乎没什么大变化,而卸载到 19kN 时,柔性嵌岩桩与柔性摩擦桩的轴力开始有明显的不同,柔性嵌岩桩在 600mm 以下变化明显,而柔性摩擦桩维持恒定,基本没有变化。图 9-19(e)、(f)中,类似于第 2 次卸载,柔性嵌岩桩 600mm 以上变化小,600mm 以下则变化明显,而柔性摩擦桩则是在 400mm 以上变化明显,400mm 以下没什么变化。对比图 9-19(e)、(f)可知,经过数次的加卸载,地基土引起的柔性嵌岩桩轴力变化集中在 600mm 以下部分,而柔性摩擦桩则集中在 400mm 以上。

9.4.3 侧向加卸载条件下多型桩桩侧摩阻力随深度变化规律

对有侧向约束桩的天然地基土施加侧向荷载,地基土体产生沉降,桩土差异沉降必然导致桩体受到摩阻力。摩阻力在桩身的累积便是桩身所承受的轴力。摩阻力则由桩身轴力反推得到。

9.4.3.1 刚性短桩桩侧摩阻力随深度变化规律

图 9-20 是侧向加载条件下刚性短桩(1 号桩)桩侧摩阻力随深度变化规律图。

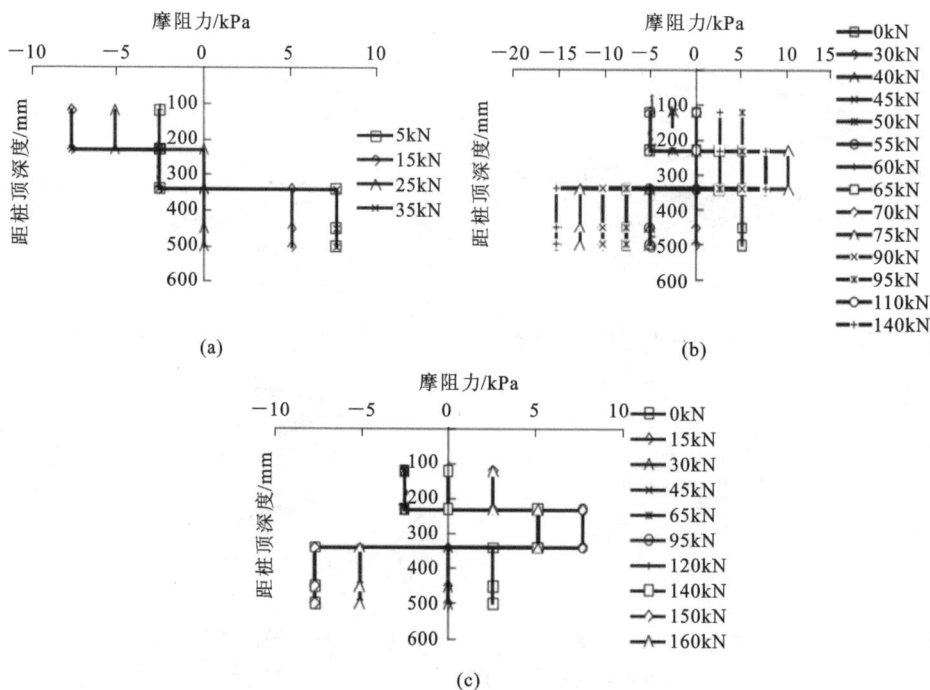

图 9-20 侧向加载时刚性短桩桩侧摩阻力随深度变化规律

(a)第 1 次加载;(b)第 2 次加载;(c)第 3 次加载

由图 9-20(a)可以看出,在施加 5kN 荷载时,在上段桩桩身摩阻力为负值,在下段桩为正值,这是符合实际情况的。对地基土施加荷载时,首先是上层土体受到压缩开始急剧沉降,此时,土体的沉降必然大于桩身沉降,桩身相对土体上移,必然受到土体施加的向下的摩阻力,即负摩阻力,同时,桩身下段承受传递下来的荷载必定不大,土体少量压缩或者未压缩,那么桩身沉降大于桩周土体沉降,桩侧受到向上的正摩阻力;随着荷载增加,上段桩负摩阻力负向发展越来越大,下段桩由于下部土体也开始压缩,所以桩身下部也出现了向下的负摩阻力。如图 9-20(b)、(c)所示,上段桩桩侧摩阻力朝正向增加,由于上层土体的逐步压实,压缩沉降越来越小,当其小于桩身沉降时,桩侧就会受到向上的正摩阻力,荷载增大时,摩阻力也会增大,所以可以看到图 9-20(b)、(c)中上段桩摩阻力右向发展;而下段桩桩侧摩阻力方向发展与图 9-20 (a)吻合。

图 9-21 是侧向卸载条件下刚性短桩(1 号桩)桩侧摩阻力随深度变化规律图。

在图 9-21(c)中,可以很直观地发现卸载规律和加载规律逆向发展,下部正向发展,而上部始终是向左负向发展,图线并没有如加载时一样出现跳转,可见压实后的土体摩阻力的发展更具规律性。

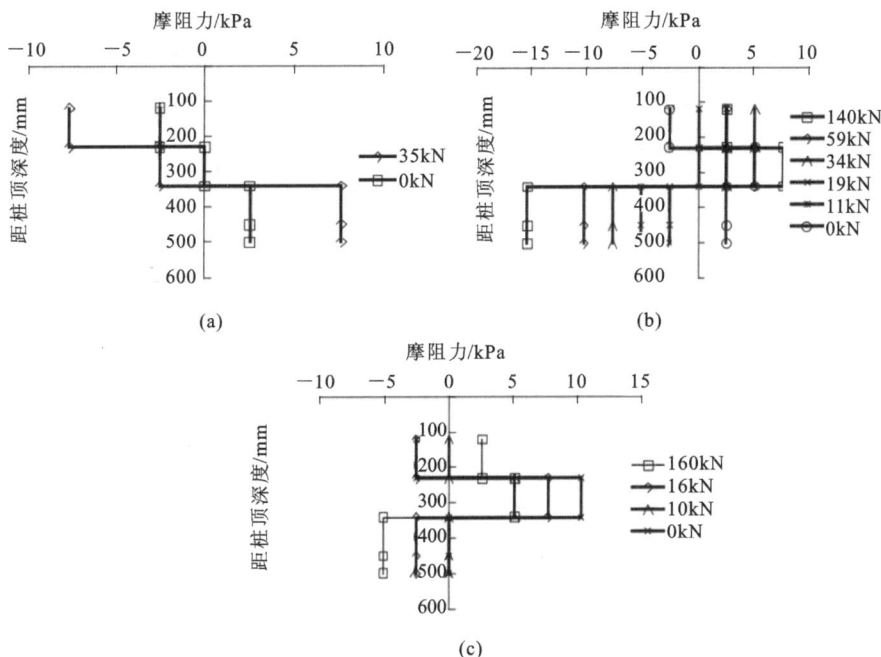

图 9-21　侧向卸载时刚性短桩桩侧摩阻力随深度变化规律

(a)第 1 次卸载;(b)第 2 次卸载;(c)第 3 次卸载

9.4.3.2　刚性嵌岩桩与刚性摩擦桩桩侧摩阻力随深度变化规律

图 9-22 是侧向加载条件下刚性嵌岩桩(3 号桩)与刚性摩擦桩(4 号桩)桩侧摩阻力随深度的变化规律图。

①在图 9-22(a)中,桩身上段(0～200mm)和下段(500～800mm)桩侧摩阻力的发展趋势与刚性短桩摩阻力的发展趋势相同,都是负向增加,但是刚性嵌岩桩中间段,15kN 和 25kN 荷载下摩阻力出现了跳转,说明此段桩土关系复杂,变形与受力也

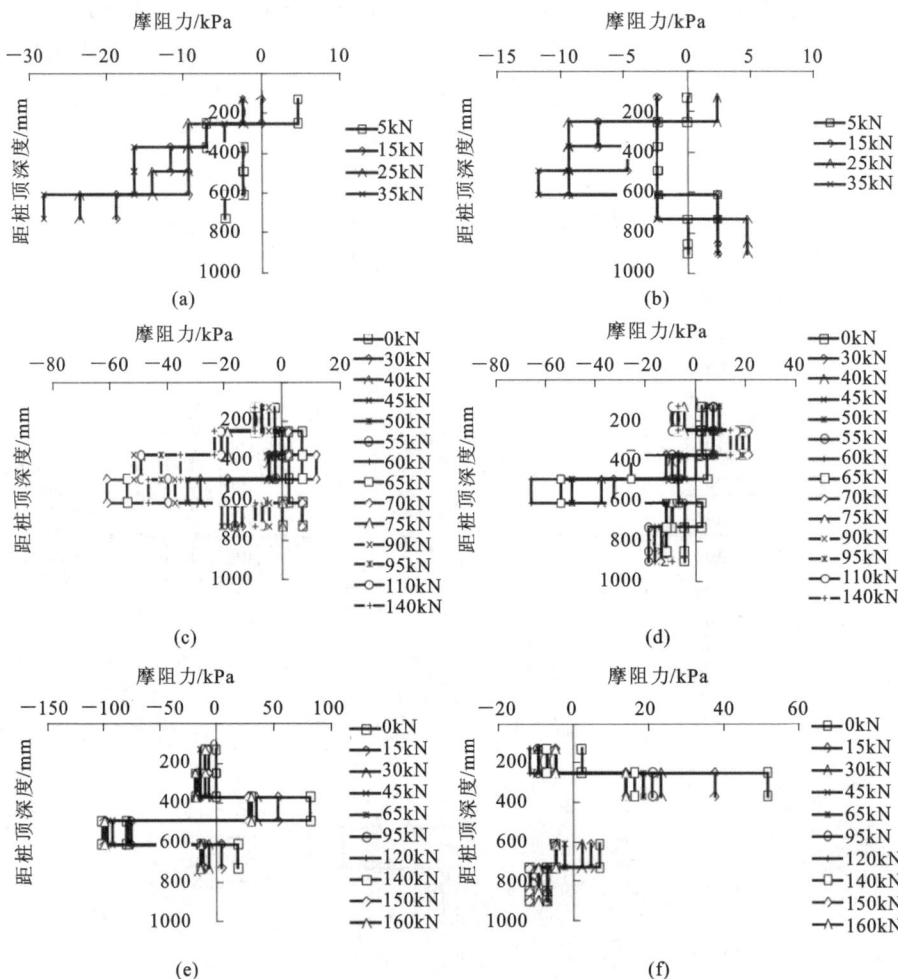

图 9-22　侧向加载时刚性嵌岩桩与刚性摩擦桩桩侧摩阻力随深度变化规律

(a)刚性嵌岩桩第 1 次加载;(b)刚性摩擦桩第 1 次加载;(c)刚性嵌岩桩第 2 次加载;

(d)刚性摩擦桩第 2 次加载;(e)刚性嵌岩桩第 3 次加载;(f)刚性摩擦桩第 3 次加载

较复杂。如图 9-22(b)所示,与 9.4.3.1 节刚性短桩的变化规律不同的是,刚性短桩的下段摩阻力是负向发展,而本节长桩(3 号桩和 4 号桩)下段却是正向发展,究其原因,可能是荷载较小,传到桩底部的力很小甚至为 0,土体还没压缩,而桩身却在上部桩负摩阻力的作用下向下刺入,导致桩身受到正摩阻力。

②如图 9-22(c)所示,当荷载小于 60kN 时,摩阻力随着荷载的增加负向增加,60kN 之后,在 300～600mm 这一小段,摩阻力开始右移,而桩下段的摩阻力依旧负向增长,到 70kN 时,桩身摩阻力出现峰值。在图 9-22(d)中,可发现 60kN 时 500～

600mm 段出现最大负摩阻力,另外,桩身下部摩阻力一直是负向发展的,表明此阶段的桩下部土体沉降依旧大于桩身沉降。图 9-22(e)、(f)中,桩侧摩阻力随着加载持续负向移动。

图 9-23 是侧向卸载条件下刚性嵌岩桩(3 号桩)与刚性摩擦桩(4 号桩)桩侧摩阻力随深度的变化规律图。

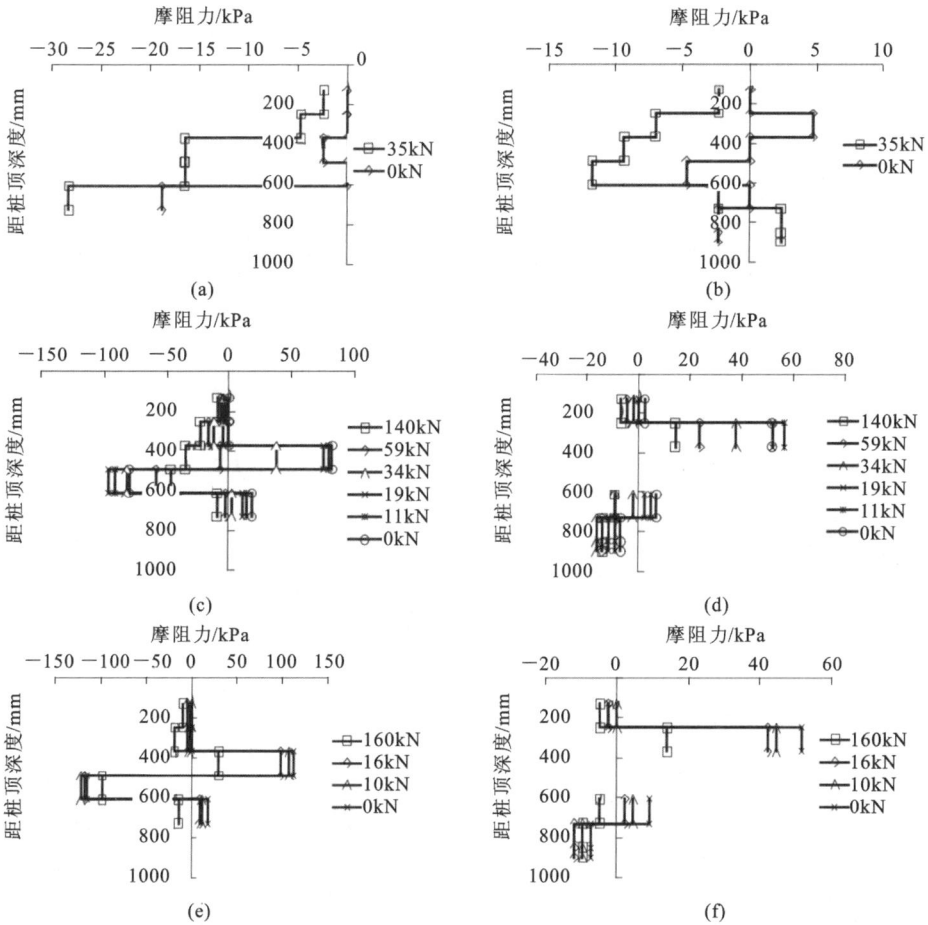

图 9-23 侧向卸载时刚性嵌岩桩与摩擦桩桩侧摩阻力随深度变化规律

(a)刚性嵌岩桩第 1 次卸载;(b)刚性摩擦桩第 1 次卸载;(c)刚性嵌岩桩第 2 次卸载;
(d)刚性摩擦桩第 2 次卸载;(e)刚性嵌岩桩第 3 次卸载;(f)刚性摩擦桩第 3 次卸载

①如图 9-23(a)、(b)所示,第 1 次卸载时,刚性嵌岩桩桩侧摩阻力在整个桩身都是正向发展,由于摩阻力的大小与土压力有关,卸载时,摩阻力必然减小;刚性摩擦桩上段桩身与刚性嵌岩桩类似,在 700mm 以下,摩阻力却左移,分析可知,卸载时,上

部土体回弹,带动桩身微弱上移,而下部土体基本不回弹,则此段桩受到向下的负摩阻力。

②由图 9-23(c)～(f)可知,卸载时刚性嵌岩桩与刚性摩擦桩桩侧摩阻力整体上还是在右移,只有嵌岩桩 500～600mm 段有负摩阻力增大的现象。

9.4.3.3 柔性嵌岩桩与柔性摩擦桩桩侧摩阻力随深度变化规律

图 9-24 是侧向加载条件下,柔性嵌岩桩(5 号桩)与柔性摩擦桩(6 号桩)桩侧摩阻力随深度变化规律图。

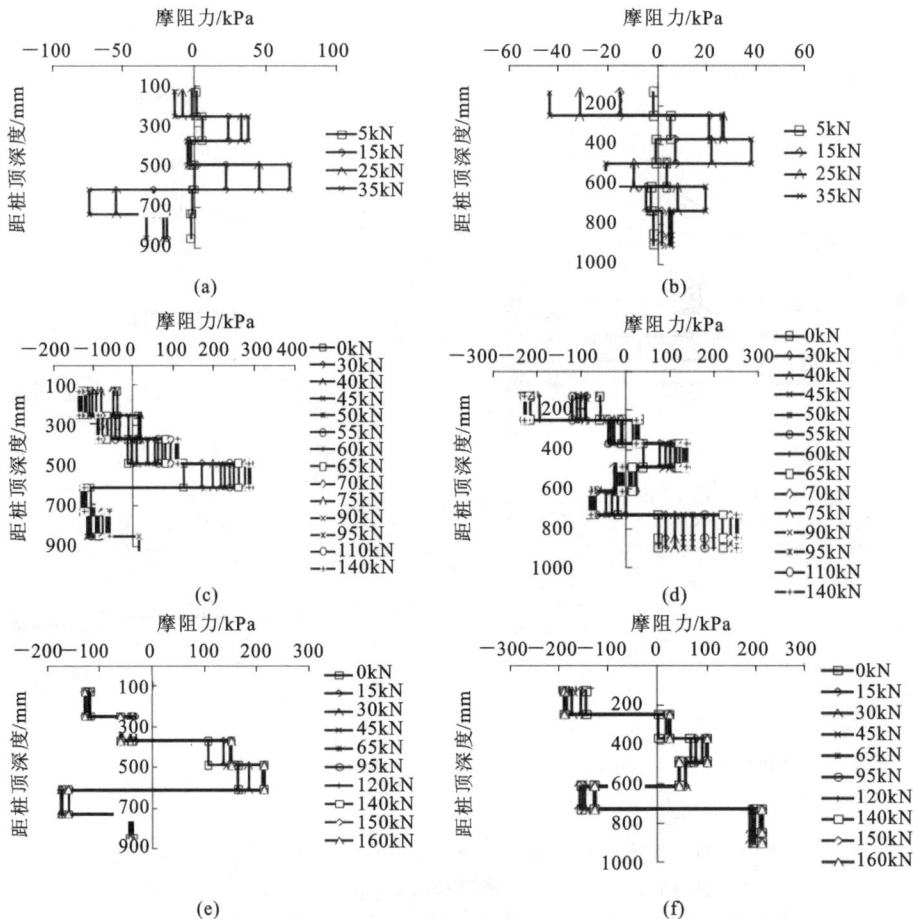

图 9-24 侧向加载时柔性嵌岩桩与柔性摩擦桩桩侧摩阻力随深度变化规律
(a)柔性嵌岩桩第 1 次加载;(b)柔性摩擦桩第 1 次加载;(c)柔性嵌岩桩第 2 次加载;
(d)柔性摩擦桩第 2 次加载;(e)柔性嵌岩桩第 3 次加载;(f)柔性摩擦桩第 3 次加载

①如图 9-24(a)、(b) 所示,前者"头轻脚重",后者"头重脚轻",表明随着荷载变化,柔性嵌岩桩下部摩阻力变化明显,而柔性摩擦桩上部变化明显。两图中摩阻力的变化都很复杂,在 0～200mm 段,两者摩阻力都负向发展,但是后者的变化幅度大,由于摩阻力的大小与侧向土压力及摩擦系数有关,联系第 4 章的内容,此时柔性摩擦桩水平位移小于柔性嵌岩桩,承受着更大的侧土压力,所以摩阻力也必然大一些;在 600mm 以下部分,柔性嵌岩桩摩阻力负向递增,表明桩底对土体有阻拦作用,深层土体开始竖向压缩,而柔性摩擦桩桩底土体更多的是横向压缩,竖向沉降少,所以受到的可能是正摩阻力。

②如图 9-24(c) 所示,0～400mm 段,随着荷载的增加,柔性嵌岩桩摩阻力负向增大,400mm 以下,摩阻力正向增加,然而摩擦桩的这个分界点却在 250mm 左右,如图 9-24(d) 所示。另外,摩擦桩 750～850mm 段桩身受到的是拉力,而嵌岩桩依旧受压力,究其原因,可能还是嵌岩桩桩底对土的阻拦作用。

图 9-25 是侧向卸载时柔性嵌岩桩(5 号桩)与柔性摩擦桩(6 号桩)桩侧摩阻力随深度变化规律图。如图 9-25 所示,卸载时摩阻力变化遵循加载时的逆向变化。在图 9-25(c) 中,随着卸载的进行,柔性嵌岩桩桩侧摩阻力在 500mm 以下变化比较大,表明荷载的减小甚至消失,在土体压实度基本不会减小的情况下,土压力的急剧减小对摩阻力影响明显。

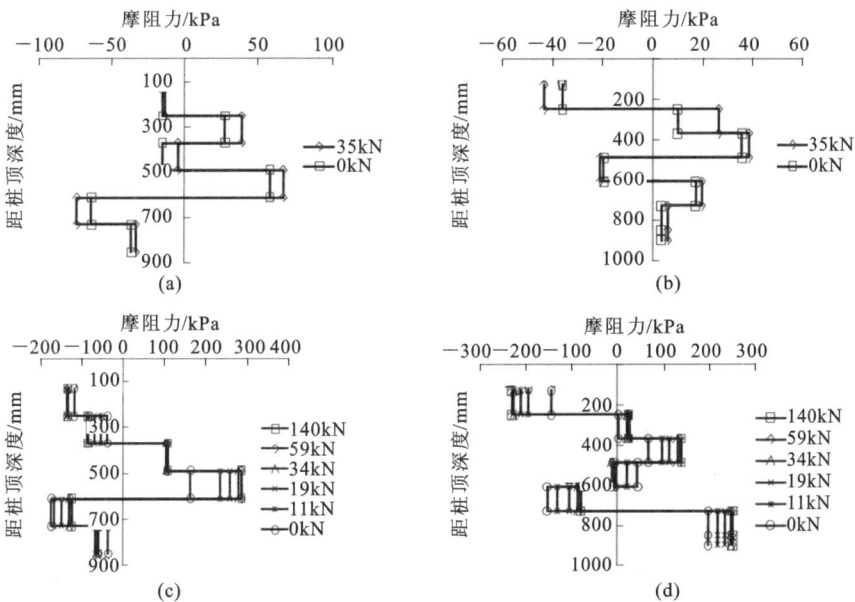

(a)

(b)

(c)

(d)

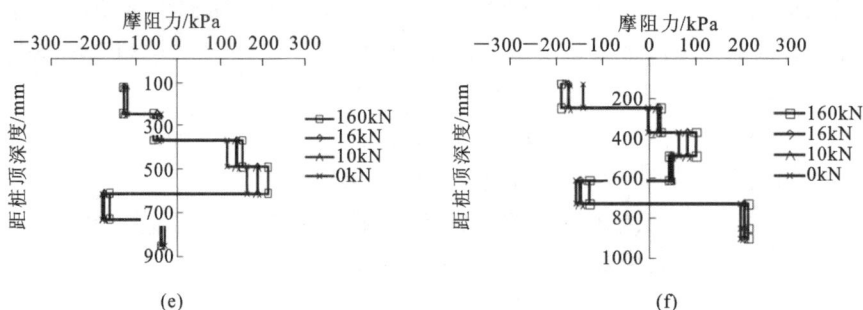

图 9-25　侧向卸载时柔性嵌岩桩与柔性摩擦桩桩侧摩阻力随深度变化规律

(a)柔性嵌岩桩第 1 次卸载;(b)柔性摩擦桩第 1 次卸载;(c)柔性嵌岩桩第 2 次卸载;

(d)柔性摩擦桩第 2 次卸载;(e)柔性嵌岩桩第 3 次卸载;(f)柔性摩擦桩第 3 次卸载

9.4.4　侧向加卸载时刚性嵌岩桩与刚性摩擦桩土压力随深度变化规律

根据事先埋置于 3、4 号桩桩身的 DYB 型电阻应变式土压力计所采集的数据,由压力计工作直线方程算出在每级荷载下的桩身应力,间接反映出的就是桩体受到的土压力。

9.4.4.1　侧向加载

图 9-26 是侧向加载时刚性嵌岩桩(3 号桩)与刚性摩擦桩(4 号桩)土压力随深度变化规律图。

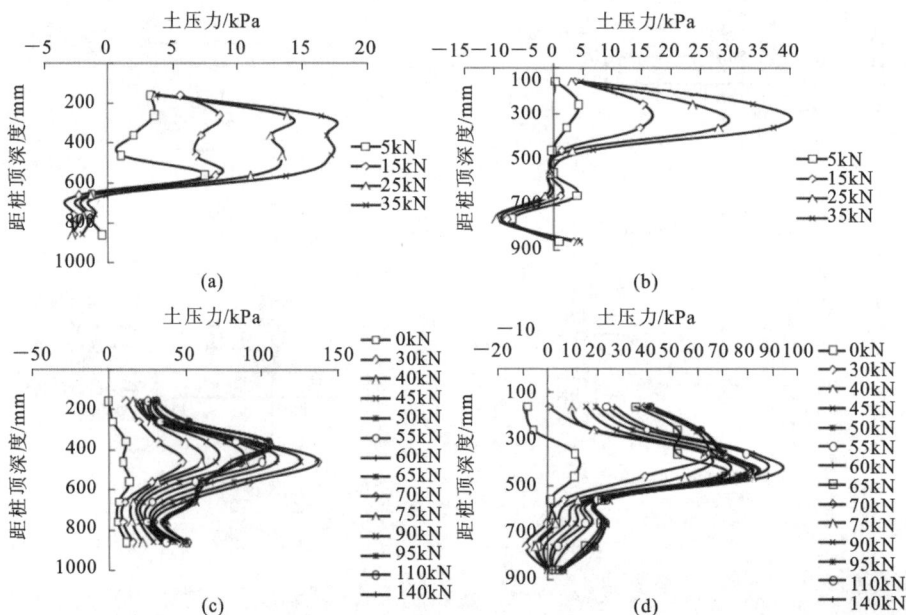

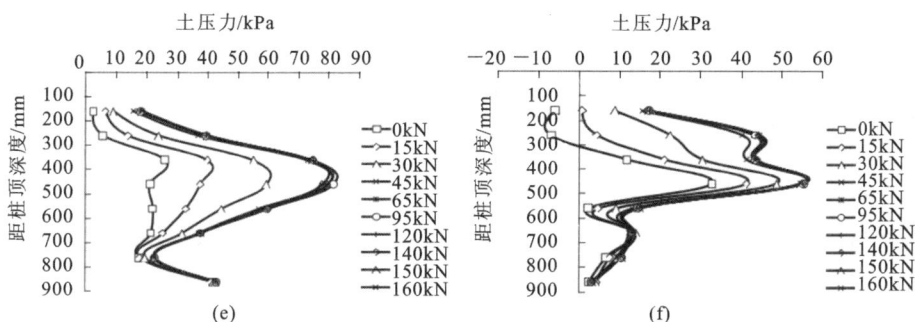

图 9-26 侧向加载条件下嵌岩桩与刚性摩擦桩土压力随深度变化规律
(a)刚性嵌岩桩第 1 次加载;(b)刚性摩擦桩第 1 次加载;(c)刚性嵌岩桩第 2 次加载;
(d)刚性摩擦桩第 2 次加载;(e)刚性嵌岩桩第 3 次加载;(f)刚性摩擦桩第 3 次加载

①如图 9-26(a)、(b)所示,第一次加载,刚性嵌岩桩在距桩顶 300～500mm 之间出现土压力最大值,而在桩底部位出现反向土压力,表明在侧向荷载作用下,上部桩的水平位移带动整个桩身绕下半部分某一点在转动;而刚性摩擦桩在距桩顶 300mm 处出现最大土压力(40kPa),较刚性嵌岩桩大了 1 倍左右,联系初始加载时刚性嵌岩桩水平位移量大于刚性摩擦桩,这里的现象也就正常了;另外,随着侧向荷载的增加,最大土压力位置有下移趋势。

②图 9-26(c)中,在侧向荷载施加到 70kN 之前,刚性嵌岩桩最大土压力处下移到大约 500mm 处,最大土压力也达到 140kPa,此后随着荷载的增大,桩身其他位置土压力基本没有变化,而最大土压力出现的位置上移了 100mm,最大土压力也"跳"到 105kPa 左右,并且此后即使荷载增加,此最大值保持不变,位置也保持不变。同样的情况出现在图 9-26(d)中,在荷载施加到 60kN 时,刚性摩擦桩在500mm前出现最大土压力(95kPa),此后,桩身其他位置土压力没有变化,最大土压力"跳"到85kPa,位置却基本未变;最大土压力值出现此"跳变"后又稳定不变,可能是土体压实到一定程度,桩体承受能力达到极限出现破坏。

③在图 9-26(e)中,嵌岩桩在 400mm 左右出现最大土压力(80kPa),和第 2 次加载过程中最大土压力"跳变"之后的位置一致,差值为 25kPa 左右;图 9-26(f)中,刚性摩擦桩在 500mm 前出现最大土压力,大约为 60kPa,和图 9-26(d)位置一致,与"跳变"后大小相差 25kPa,和嵌岩桩一致,由此可说明,经过第 3 次加载,压实的土体较第 2 次加载而言,又多分担了 25kPa 的压力。

9.4.4.2 侧向卸载

图 9-27 是卸载时刚性嵌岩桩(3 号桩)与刚性摩擦桩(4 号桩)土压力随深度变化规律图。

①卸载过程和加载过程规律类似,如图 9-27(c)、(d)所示,刚性摩擦桩中的荷载往下发展到 600mm 处,桩身土压力较小,更多的力由土体承担,说明刚性嵌岩桩更能引导荷载下移,减少土体承受的力,较刚性摩擦桩而言,其对土的约束效果更突出;同时,当荷载卸载至 0 时,刚性摩擦桩桩顶出现了反向土压力,而刚性嵌岩桩没有,说明刚性嵌岩桩较刚性摩擦桩对土体的约束能力更强。

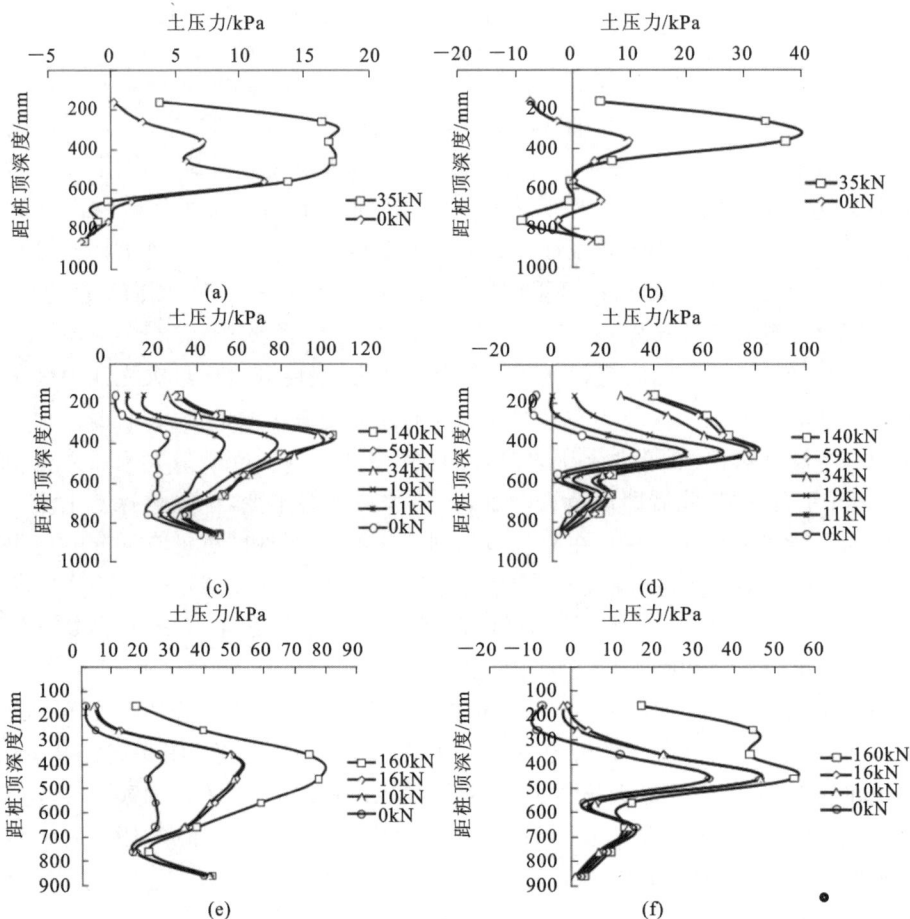

图 9-27　侧向卸载条件下嵌岩桩与刚性摩擦桩土压力随深度变化规律

(a)刚性嵌岩桩第 1 次卸载;(b)刚性摩擦桩第 1 次卸载;(c)刚性嵌岩桩第 2 次卸载;
(d)刚性摩擦桩第 2 次卸载;(e)刚性嵌岩桩第 3 次卸载;(f)刚性摩擦桩第 3 次卸载

②在图 9-27(a)、(b)中,刚性嵌岩桩最大土压力小于刚性摩擦桩,而在图 9-27(c)～(f)中,其最大土压力又大于刚性摩擦桩,表明卸载初始阶段,刚性摩擦桩在对土的约束作用中更能发挥作用,而后,随着卸载次数的增加,刚性嵌岩桩土压力增加较刚性摩擦桩更快,亦即随着卸载次数的增加,刚性嵌岩桩在对土施加约束的过程中,表现更"积极",承担的力更大。

9.5 本章小结

本章对侧向荷载作用造成的水平受荷桩体的桩身应力变形问题进行了分析,结合室内模型试验研究方法,自行设计试验方案及加载装置,对桩侧不同堆载大小、桩身材料、桩身长度以及桩底部束缚条件情况下的水平受荷桩进行分析,重点就加卸载时地基土的荷载-沉降关系多型桩的桩身变形特性(水平位移)与受力特性(弯矩、轴力、摩阻力、土压力)的变化进行对比分析,主要得到如下结论:

①侧向荷载作用下,地基土产生弹性变形,荷载加到 40kN 时,地基土开始以剪切破坏为主,桩体对土体的约束作用开始介入,加载到 80kN 时,p-s 曲线开始呈水平走势,沉降不再增加,地基维持稳定;加载初期,在同级荷载下,摩擦桩水平位移量大于嵌岩桩,当荷载达到 65kN 左右时,两者的累积水平位移量几乎相等,此后,摩擦桩的水平位移开始趋于稳定,而嵌岩桩的水平位移却依旧要大于摩擦桩,所以就最终水平位移量看来,摩擦桩的水平位移要小于嵌岩桩;经过第一次加载后,嵌岩桩在距离桩顶 300mm 以下位置的桩身水平位移不随侧向荷载变化而发生变化,即桩身位置保持不变,而摩擦桩大概在距桩顶 400mm 以下的位置水平位移才保持不变,这说明在初次加载过程中,下半部分桩身水平位移已经趋于稳定状态。

②在荷载施加初级阶段,刚、柔性桩弯矩大小及分布规律一致,随着荷载的增加,刚性桩弯矩的增加速率小于柔性桩且最大弯矩处有下移的趋势,荷载达到一定值后,刚性嵌岩桩弯矩不再递增,而是密集地挤在一起,对于柔性嵌岩桩,弯矩的变化在桩身中部有一个节点,节点上部不再增加,节点下部依旧规律递增。在卸载过程中,最后一级卸荷弯矩的变化甚至大于前期弯矩变化的总和,表明卸载时土体的回弹更多地集中在表层。

③在荷载不大时,刚性嵌岩桩轴力为正值,沿桩身持续增大,在 700mm 左右处达到峰值,此后轴力递减;第 2 次加载在 75kN 之前,刚性嵌岩桩 600mm 以上,轴力值曲线减小,以下轴力持续增大,表明荷载在土体内有一个向下传递的过程;75kN之后,整个桩身轴力值正向增大,并维持恒定;而柔性嵌岩桩轴力发展呈"S"形,柔性

摩擦桩轴力分布呈反"3"字形。卸载时,柔性嵌岩桩在 600mm 以下变化明显,而柔性摩擦桩在 400mm 之下维持恒定,没有变化。

④刚性桩上段桩摩阻力为负值,下段桩为正摩阻力,这是符合实际情况的,在地基土施加荷载时,首先是上层土体受到压缩开始急剧沉降,桩身相对土体上移,必然受到土体施加的向下的负摩阻力,此时,桩身下段传递下来的荷载必定较小,土体少量压缩或者未压缩,那么桩身沉降大于桩周土体沉降,桩侧受到向上的正摩阻力;随着荷载增加,上段桩负摩阻力负向发展越来越大,下段桩由于下部土体开始压缩,所以桩身下部也出现了向下的负摩阻力;而刚性长桩下段摩阻力却正向发展,可能是由于桩身在上部桩负摩阻力的作用下向下刺入,导致桩身受到正摩阻力。

⑤当荷载增加至一定大小后,桩身沿深度方向各处应力不再增加,最大应力处不再下移,最大应力会出现"跳变",骤减 10～40kPa,此后随着侧向荷载的递增,此最大值几乎不变,整个桩身应力维持稳定。

参 考 文 献

[1] DE BEER E E. The effects of horizontal loads on piles, due to surcharge or seismic effects[C]//ISSMGE. Proceeding of the 9th International Conference on Soil Mechanics and Foundation Engineering. Boca Raton: CRC Press, 1977: 547-558.

[2] 佚名.建筑垃圾任意堆放郑州绕城高速桥墩被砸错位约 1 米[J].现代物业(上旬刊),2014,13(7):109.

[3] LEUSSINK H, WENZ K P. Storage yard foundations on soft cohesive soils[C]//ISSMGE. Proceeding of the 7th International Conference on Soil Mechanics and Foundation Engineering. Boca Raton:CRC Press,1969,2:149-155.

[4] 陆明生.桩基表面负摩擦力的试验研究及经验公式[J].水运工程,1997(5):54-58.

[5] 谢依航.基桩负摩擦力之模型试验[D].桃园:台湾中央大学,2006.

[6] 孔纲强.群桩负摩阻力特性研究[D].大连:大连理工大学,2009.

[7] 袁登平,黄宏伟,马金荣.软土地基桩侧表面负摩阻力解析模型[J].上海交通大学学报,2005,39(5):731-735,741.

[8] 李江林.负摩阻桩基承载力检测方法的研究[J].粮食流通技术,2006(4):6-7,46.

[9] 陆振华.软土地基桥台桩基病害及措施[J].广东科技,2010,19(8):147-148.

[10] SPRINGMAN S M. Lateral loading on piles due to simulated embankment construction [D]. Cambridge:University of Cambridge,1989.

[11] STEWART D P,JEWELL R J,RANDOLPH M F. Design of piled bridge abutments on soft clay for loading from lateral soil movements [J]. Géotechnique,1994,44(2):277-296.

[12] 杨敏,周洪波.承受侧向土体位移桩基的一种耦合算法[J].岩石力学与工程学报,2005,24(24):4491-4497.

[13] POULOS H G. Analysis of piles in soil undergoing lateral movement [J]. Journal of the Soil Mechanics and Foundations Division,1973,99(5):391-406.

[14] 梁发云,黄茂松.被动单桩受轴向荷载作用耦合效应的初步分析[J].地下空间与工程学报,2010,6(1):44-47,69.

[15] 杨敏,朱碧堂,陈福全.堆载引起某厂房坍塌事故的初步分析[J].岩土工程学报,2002,24(4):446-450.

[16] 迟方桐.基于土体位移的桥台桩侧向反应分析[J].交通标准化,2008(4):84-86.

[17] 黄茂松,张陈蓉,李早.开挖条件下非均质地基中被动群桩水平反应分析[J].岩土工程学报,2008,30(7):1017-1023.

[18] ELLIS E A,SPRINGMAN S M. Modeling of soil-structure interaction for a piled bridge abutment in plane strain FEM analyses [J]. Computers and Geotechnics,2001,28(2):79-98.

[19] 王年香,魏汝龙.岸坡上桩基码头设计方案的分析比较[J].水利水运科学研究,1995(1):43-54.

[20] 夏祁寒.应变片测试原理及在实际工程中的应用[J].山西建筑,2008,34(28):99-100.

[21] 中华人民共和国住房和城乡建设部.建筑地基处理技术规范:JGJ 79—2012[S].北京:中国建筑工业出版社,2013.

[22] 高博雷,张陈蓉,张照旭.砂土中边坡附近单桩水平抗力的模型试验研究[J].岩土力学,2014,35(11):3191-3198.

[23] 王建华,陈锦剑,柯学.水平荷载下大直径嵌岩桩的承载力特性研究[J].岩土工程学报,2007,29(8):1194-1198.

［24］ 郑俊杰,章荣军,潘玉涛,等.考虑开挖卸荷及变形耦合效应的被动桩分析方法[J]. 岩土工程学报,2012,34(4):606-614.

［25］ 屠毓敏,王建江.邻近堆载作用下排桩负摩擦力特性研究[J].岩土力学,2007,28(12):2652-2656.

10 侧向有桩条件下含缺陷桩复合地基工程性状的模型试验与理论分析

10.1 研究背景

本章图库

我国每年的工程用桩量巨大,但施工后出现缺陷桩的概率大于20%。由于缺陷桩数量众多,正确处理缺陷桩是当今土木工程建设急需解决的难题。国内外对缺陷桩的研究主要包括缺陷桩的成因、检测和处理方法三方面。目前,由于对含缺陷桩群桩基础的研究甚少且处于初级阶段,故主要靠工程经验对缺陷桩进行处理和使用,在科学研究中对缺陷桩的处理和研究一直是工程界比较关注的难题,尚未取得突破性成果。

随着学术界对复合地基理论研究的深入,地基处理技术得到发展。在软基上的建设项目越来越多,为满足地基的承载力和沉降两个指标的控制要求,需要对天然地基进行处理,以提高承载力、减小沉降,这项地基处理技术已广泛应用于部分国家和地区,特别是沿海、沿湖地区等。

任鹏等[1]为了研究单桩复合地基桩端持力层对沉降的影响,进行了现场载荷试验,结果表明在相同荷载下,桩端持力层的软硬对复合地基的变形规律影响较大。秋仁东[2]为了研究群桩基础的工作性能进行了大型模型试验,验证了小桩距群桩沉降计算公式的正确性。陈鹏[3]通过理论分析、数值模拟和现场试验,对 CFG 桩(Cement Flyash Gravel Pile,水泥粉煤灰碎石桩)复合地基设计进行了详细的研究,分析得到了复合地基内部的荷载传递机理,为其在工程中的应用提供借鉴。Terzaghi[4]提出计算桩基沉降的传统方法,该方法早期就被应用并得到进一步发展。目前通过计算机程序研发的几种计算软件已广泛应用于工程实际。赵明华等[5]对桩侧荷载传递机理进行了分析,综合考虑各因素的影响得出了通过桩顶沉降量控制基桩竖向承载力的计算公式,编制的计算程序已广泛应用于工程中。周德泉等[6]在某试验路段软基处理前后对两桩进行了 4 次静载试验,研究了桩和土的工作性状,确定了粉喷桩及其复合地基承载力的取值方法,并修正了复合地基承载力的计算公式。张兴长[7]通过对某特大桥墩台基础进行单桩竖向静载试验,得到了试验反力装置的受力计算及设计方法,该方法能准确、方便地判断桩基承载力是否达到设计要求。车璠[8]对 CFG 桩复合地基沉降计算方法进行了研究,结果表明压缩模量、附加应力计算方法及附加压力等参数的取值影响不同结构物的沉降计算。董必昌等[9]参照 CFG 桩复合地基沉降变形模式,按照相关规范确定参数,得出了桩-土-垫层相互作用的沉降计算方法以及桩土应力比公式,并说明了公式的适用范围。孙林娜[10]将各因素作为优化条件,结合工程实例,对不同类型复合地基沉降计算方法进行优化设计,能较好地发挥出社会效益和经济效益。鲍树峰[11]依托某路基采用刚柔长短组合桩-网复合地基加固深厚软土路基进行现场试验研究,得出了该类复合地基在深厚软土路基中的工作性状。Poulos[12]基于修正的桩基弹性理论分析了单桩和群桩基础在桩身局部材料不合格以及有缩径缺陷情况下的竖向承载性状。刘学峰等[13]通过现场检测缺陷桩和完整桩的承载力试验,指出若浅部断裂的 CFG 桩基无竖向位移,则浅部断裂对复合地基承载力和沉降量的影响比较小。贾志刚等[14]在某工程 CFG 桩施工前后进行试验检测,考虑了造成缺陷桩的影响因素及形成原因,并对施工工艺进行了优化。Alamgir 等[15]采用理论方法来预测碎石桩和挤密砂桩等加固软基后桩和桩周土的变形规律,分析了剪应力在桩与桩周土的传递规律,得出了有限元参数的改变对结果的影响区域。Ren 等[16]根据喷射灌注水泥土单桩的变化规律和总势能原理,得出了扩大的矩阵方程和单桩荷载沉降关系曲线,将此曲线与模型试验曲线进行对比并优化设计,发现基本一致,说明该曲线能预测单桩的沉降。王淦等[17]为了研究砂土中单桩的竖向承载性状进行了大量的模型试验和数值模拟,对比分析说明了断桩的承载力跟缺陷位置有关,同时对工程中断桩提出了具体的评价方法和处理建议。Poulos[18]认为桩基产生缺陷是桩周地质环境以及桩基施工等因素造成的,并研究了各种缺陷对单桩及群桩基础工作性状的影响。Wong[19]对含有缺陷的大直径灌注桩的工程性状进行了研究,分析得到了大直径灌注桩的受力变形特性。程睿[20]采用模型试验和数值模拟对含缺陷桩的工程桩进行了对比分析,研究得到了桩基承载力在不同缺陷类型和不同缺陷位置影响下的受力变形特性。安建国[21]采用数值模拟对扩径、缩径、断桩、沉渣、泥皮等缺陷进行了桩基础竖向承载性状的研究,并分析了含缺陷桩基础的桩土相互作用机理。贺武斌等[22]模拟工程实际进行了现场群桩试验,并与单桩各指标进行了对比分析研究,得到了群桩设计施工时的注意要点。

　　复合地基在工程中广泛应用。由于水泥搅拌桩造价低、施工简单,在软土地区被广泛应用[23]。后面为了避免沉降过大,提出了刚-柔性桩复合地基[24,25]和长短桩复合地基[26-28]。丁光文等[29]提出在路堤坡脚处设侧向约束抗滑桩来抑制土体的侧向变形,保持土体边坡处整体稳定。张军等[30]采用挂网加筋约束路基和路基深处的水平位移。柏松平等[31]为了防止抛石出现滑动而在路基外设置侧向约束桩,但没有深入研究。在施工过程中由于施工方法不当等因素,桩出现断桩等各种缺陷[32-34]。据统计,我国每年的缺陷桩数量巨大,处理不当会给工程带来极大的安全隐患和经济损失[35,36]。目前,对于缺陷桩的荷载传递性状,特别是含有缺陷桩基础整体工作性状的研究相对较少,还处于初级阶段。在工程实践中,桩身缺陷的识别和处理通常能够得到重视,但缺陷桩荷载传递规律的定量分析相对受到忽视,因此,对于缺陷桩的荷载传递规律研究大多靠工程经验,而缺乏合适的理论依据[37,38]。研究表明,学术界对含缺陷桩复合地基荷载传递规律的研究还处于初步探讨阶段,含缺陷桩复合地基的理论研究受到学术界和工程界的青睐,有待进一步深入研究。基于以上情况,为了探讨单侧约束条件下含缺陷桩复合地基荷载传递规律。

本章通过室内模型试验的方法,揭示单侧有桩条件下含缺陷桩复合地基的工程性状。结合含缺陷桩复合地基的研究现状,开展含缺陷桩复合地基室内模型试验,对含缺陷桩复合地基在竖向荷载作用下的变形规律和荷载传递规律进行研究,初步总结出含缺陷桩复合地基的变形规律和荷载传递规律。

10.2　模型试验概况

模型试验在 2.5m×1.5m×1.5m(长×宽×高)的钢筋混凝土模型槽内进行,槽内侧向单排桩及复合地基模型桩的布置如图 10-1 所示,桩的参数见表 10-1。图 10-1 中,6 根复合地基桩体采用 PVC 管充填水泥砂浆圆形桩,桩体直径 D 为 4cm,桩长有 2 种,Z1、Z2、Z4 和 Z5 桩桩长为 80cm,其中 Z2 和 Z5 桩为中间断裂的缺陷桩;Z3 和 Z6 桩桩长为 40cm。横向 3 根桩之间的桩间距为 23cm,纵向的桩间距为 36cm。

模型土由砂土与红黏土拌和、自重填筑而成,颗粒比较均匀。填土厚度为 1m。填土前,先确定各桩在模型槽内的分布位置,然后用不同长度的铁条固定全部模型桩,确保在填土时桩体的平面位置和垂直度保持不变。填筑完成后,静置近 30d,让模型土自重沉降。

试验前,在承压板(500mm×600mm,厚度为 30mm)上按图 10-1(a)所示位置(Z1~Z6,T1~T4)钻 10 个 ϕ30mm 的小孔,目的是让沉降标伸出。将带有加长探针的数显式百分表稳固安装在 Z1~Z6 顶面(桩体制作时预埋 ϕ6mm 钢筋伸出桩顶)、土顶面从小孔中伸出的沉降标和承压板顶面。整个试验由千斤顶和压力传感器(采用万能压力机进行标定,得出电信号随压力变化的曲线)加载,通过砝码堆载提供反力。试验参照《建筑地基处理技术规范》(JGJ 79—2012)进行,在复合地基上共进行

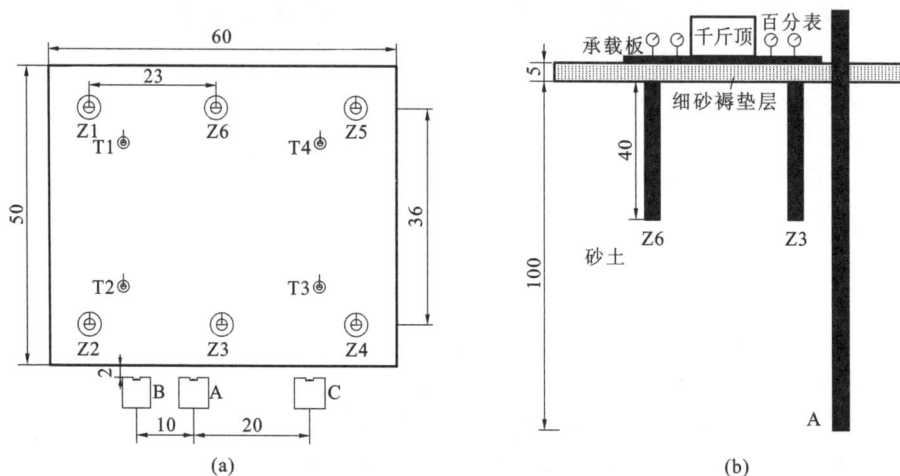

图 10-1　模型布置示意图(单位:cm)

(a)平面布置图;(b)"Z6-Z3-A"剖面示意图

了 4 次加载和卸载循环,获得单侧约束条件下含有缺陷桩、长桩、短桩的组合群桩复合地基的工程性状。

表 10-1　　　　　　　　　　　　　　　模型桩参数

桩号	直径或边长 D/mm	长度 L/mm	截面形状	是否为缺陷桩	材料
A、B、C	50	1200	方形	否	水泥砂浆
Z1、Z4	40	800	圆形	否	PVC 管充填水泥砂浆
Z2、Z5	40	800	圆形	是	
Z3、Z6	40	400	圆形	否	

(1)试验加载方式

试验由于测量条件、场地试验条件、试验时间等多方面的限制,结合工程实际可采用快速维持荷载法,即每级荷载维持一个小时后,再施加下一级荷载,直到满足试验加载终止条件,然后分级卸载至 0。

(2)加卸载与位移观测

①分级加载:每级加载为预估极限荷载的 $1/15 \sim 1/10$,第一级可按 2 倍分级荷载加荷。

②位移观测:每级加载后应在 5min、15min、30min、45min、60min 分别测读一次,之后每隔 30min 测读一次,每次测读值录入试验记录表。

③位移相对稳定标准:每小时的位移不超过 0.1mm 并连续出现 2 次(由 1.5h 内

连续 3 次观测值计算），认为已达到相对稳定可加下一级荷载。

④终止加载条件：

当出现下列情况之一时，即可终止加载：a. 已达到极限加载值；b. 某级荷载作用下，桩的位移量为前一级荷载作用下位移量的 5 倍；c. 某级荷载作用下，桩体的位移量大于前一级荷载作用下位移量的 2 倍，且经 24h 尚未达到相对稳定；d. 累计沉降量超过 100mm。

⑤卸载与卸载位移观测：每级卸载值为每级加载值的 2 倍。每级卸载后隔 15min 测读一次残余沉降，读 2 次后，隔 30min 再读一次，即可卸下一级荷载，全部卸载后，隔 3～4h 再读一次。

（3）模型桩加工与应变片粘贴

试验所用 6 根模型桩均为 PVC 管充填水泥砂浆。在设计模型桩时，PVC 管复合地基桩采用外贴法，为便于粘贴电阻应变片，在 PVC 管表面不同深度处粘贴 B× 120-80AA 型应变片，电阻值为 120.8±0.5Ω，栅长×栅宽为 80mm×3mm，灵敏系数为 2.06，从 PVC 管一端引出数据线。模型桩贴应变片主要步骤：打磨并清洗桩身贴片面→涂抹薄层环氧树脂→24h 后打磨环氧树脂表面并进行清洗→粘贴应变片并连接好导线→在应变片上涂抹 705 胶→涂抹环氧树脂[39]。6 根桩均粘贴应变片，从桩顶到桩底依次编号。Z1 桩应变片从桩顶到桩底依次编号为 1-1～1-7，应变片相邻间隔为 12cm，Z2、Z4、Z5 桩的应变片编号方式同 Z1 桩相似；Z3 桩应变片从桩顶到桩底依次编号为 3-1～3-3，Z6 桩的编号方式为 6-1～6-3。24h 后环氧树脂完全干了，连接导线，并用欧姆表检测线路是否畅通。

电阻应变片的工作原理：由于应变片与被测位置的桩身一起产生形变，而该处的应变将转化为应变片的电阻变化，再通过电阻应变测试仪将应变片的电阻变化转化成应变值。在某一荷载水平下，模型桩被测位置与电阻应变片所产生的应变是相同的，即被测位置截面微单元内的应变值与电阻应变片的应变值相等。试验采用电阻应变片测出不同深度处桩身的应变值。

10.3　试验结果与分析

10.3.1　单侧约束条件下含缺陷桩复合地基变形规律

10.3.1.1　循环加卸载条件下板顶沉降变化规律

4 次循环加卸载条件下板顶沉降变化曲线如图 10-2 所示，分析可得：

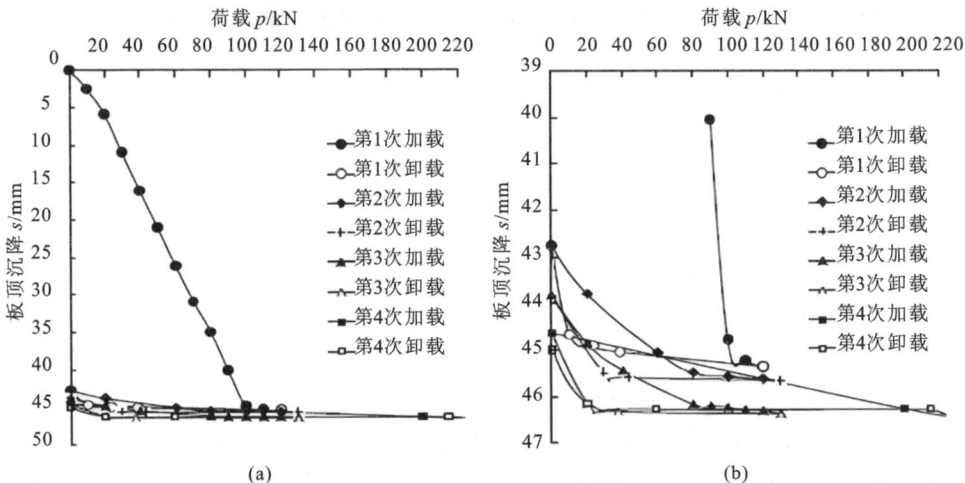

图 10-2　循环加卸载条件下板顶荷载-沉降变化曲线

(a)整体曲线；(b)放大曲线

①第 1 次加载曲线在荷载为 100kN 前呈直线，此时板顶沉降为44.78mm。同时发现，当荷载从 100kN 增加到 120kN 时，板顶沉降增长速率降低，100kN 为拐点荷载，曲线整体呈下凹形，这是因为侧向约束桩抑制了地基的侧向挤出。可见，侧向约束桩减少了复合地基的沉降，阻止了复合地基的破坏。

②第 1 次加载曲线比较陡峻，第 2~4 次加载曲线均较为平缓，4 条加载曲线均呈下凹形，因为加载过程均先后发生桩间土体压密、侧向约束桩抑制，而第 1 次加载时的桩间土最松散。

③第 2~4 次加载的荷载超过前一次加载的最大荷载时，加载曲线将回归到第 1 次加载曲线的延长线上，即具有记忆效应，说明试验结果准确。

④所有卸载曲线均呈下凹形，较平缓，卸载初期弹性变形很小，一般到最后 1~2 级荷载才产生明显的弹性变形，卸载完毕后无法回到加载前的水平；第 $i+1$ 次卸载曲线均位于第 i 次卸载曲线下方，线形相似，说明该复合地基为非理想弹性体，荷载作用下发生的变形由弹性变形和塑性变形两部分组成。

10.3.1.2　循环加卸载条件下土顶、桩顶沉降变化规律

4 次循环加卸载条件下土顶沉降变化曲线如图 10-3 所示，分析可得：

①第 1 次加载曲线在荷载为 100kN 前大致呈直线，此时沉降为 43.41mm，小于板顶沉降(44.78mm)，说明土体剪切应力降低，已经产生刺入破坏或局部剪切破坏。同时发现，当荷载从 100kN 增加到 120kN 时，沉降增长速率降低，100kN 为拐点荷载。在荷载为 120kN 时，第 1 次加载时沉降为 43.96mm，曲线整体也呈下凹形，因为

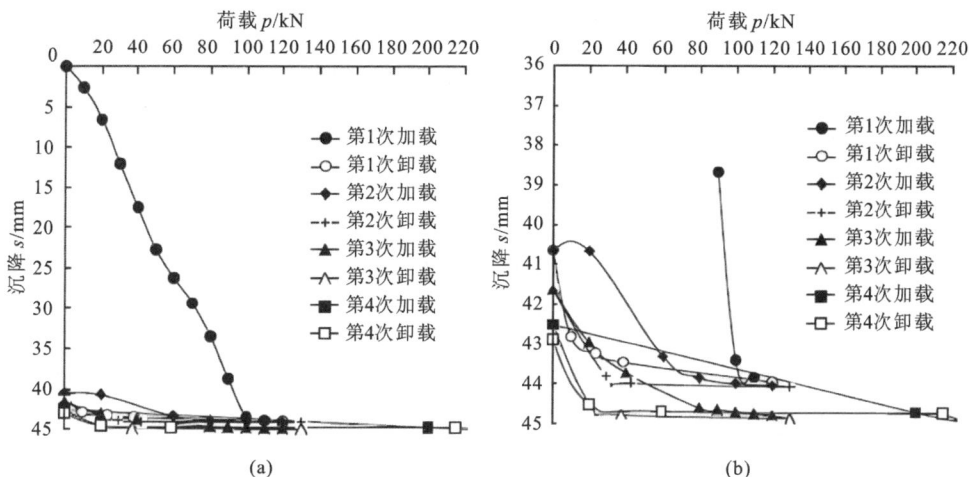

图 10-3 循环加卸载条件下土顶荷载-沉降变化曲线

(a)整体曲线;(b)放大曲线

侧向约束桩阻止了土体的变形。

②第 2～4 次加载的荷载超过前一次加载的最大荷载时,加载曲线将回归到第 1 次加载曲线的延长线上,即具有记忆效应,说明试验结果准确。

4 次循环加卸载条件下各桩顶沉降变化曲线如图 10-4 所示(右图为左图的局部放大图),分析可得:

①第 1 次加载阶段,6 根桩的加载曲线都急剧增长,Z1 桩增长率大于 Z4 桩,Z5 桩增长率大于 Z2 桩。

②第 1 次加载至 120kN 时,Z1 桩和 Z4 桩是正常桩(长桩),Z1 桩的沉降(30.88mm)大于 Z4 桩的沉降(30.72mm);Z2 桩和 Z5 桩是缺陷桩,Z5 桩的沉降(38.09mm)大于 Z2 桩的沉降(36.4mm);Z3 桩和 Z6 桩是正常桩(短桩),Z3 桩的沉降(41.71mm)大于 Z6 桩的沉降(38.91mm);Z1 桩的沉降(30.88mm)小于 Z2 桩的沉降(36.4mm),Z4 桩的沉降(30.72mm)小于 Z5 桩的沉降(38.09mm)。

③第 1 次加载后,土体基本被压实,第 2～4 次加载阶段,各曲线较为平缓,加载荷载超过先前最大荷载时,加载曲线都会回到第 1 次加载曲线的延长线上,即具有记忆效应。

④卸载时卸载曲线不能完全回到加载时的水平,第 $i+1$ 次卸载曲线均位于第 i 次卸载曲线下方,线形相似,说明桩体是非弹性体,荷载作用下发生的变形包括弹性变形和塑性变形。

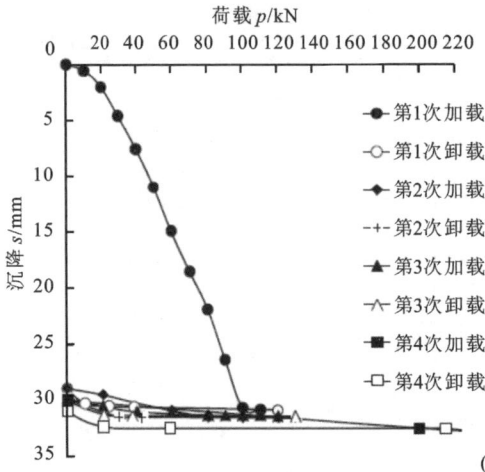
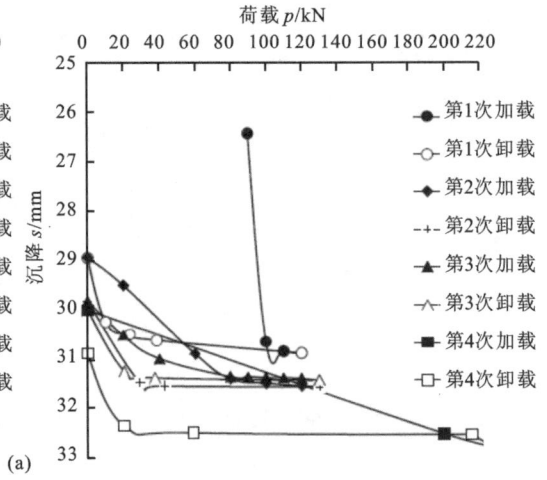

(a)

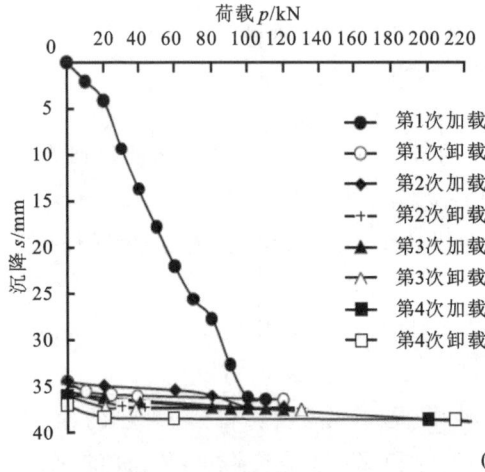
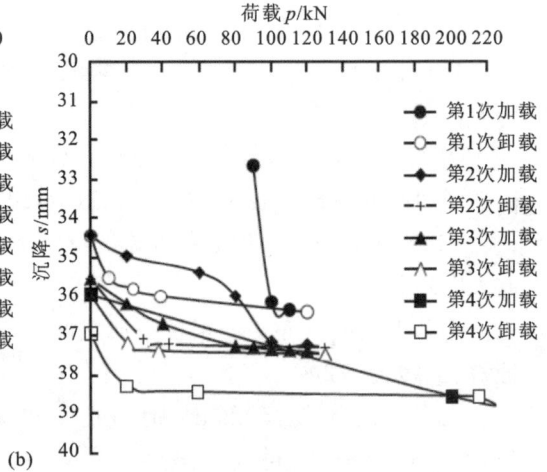

(b)

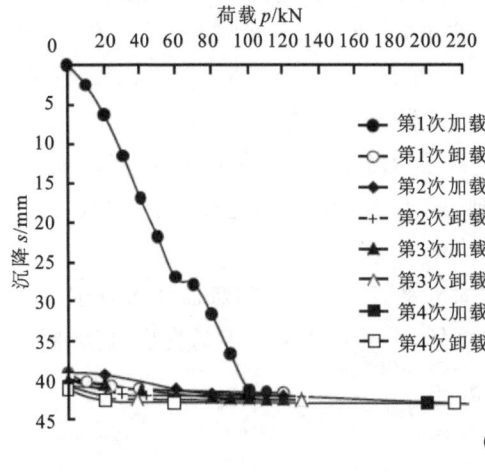
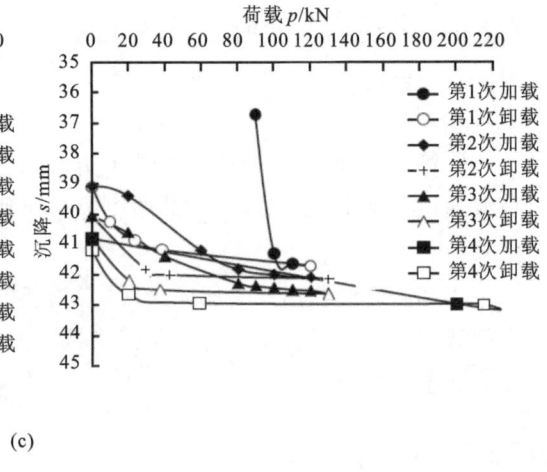

(c)

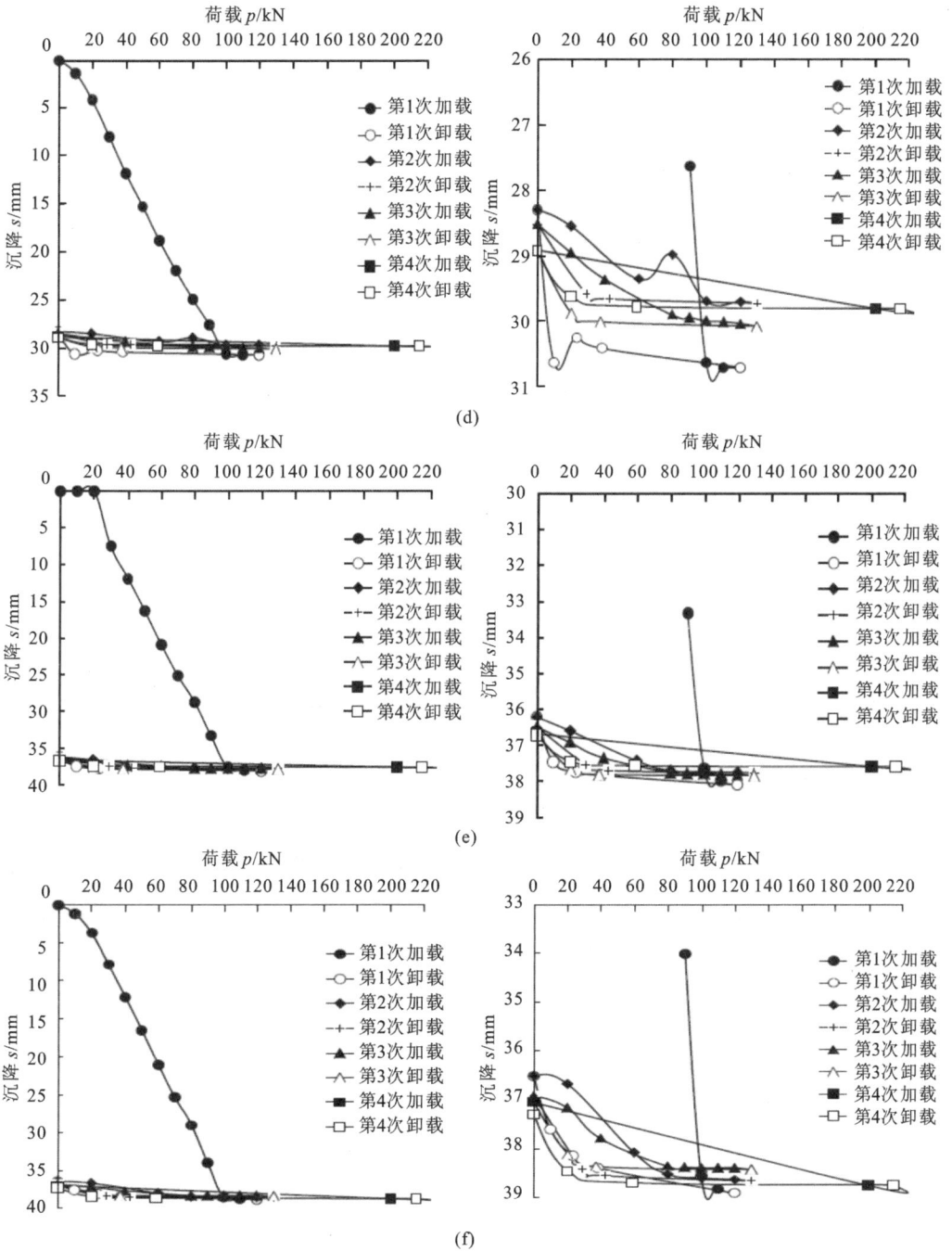

图 10-4　循环加卸载条件下桩顶荷载-沉降变化规律

(a)Z1 桩；(b)Z2 桩；(c)Z3 桩；(d)Z4 桩；(e)Z5 桩；(f)Z6 桩

10.3.1.3　循环加卸载条件下桩土沉降差变化规律

4次循环加卸载条件下各桩土沉降差(土顶沉降－桩顶沉降)变化曲线如图 10-5 所示,分析可得:

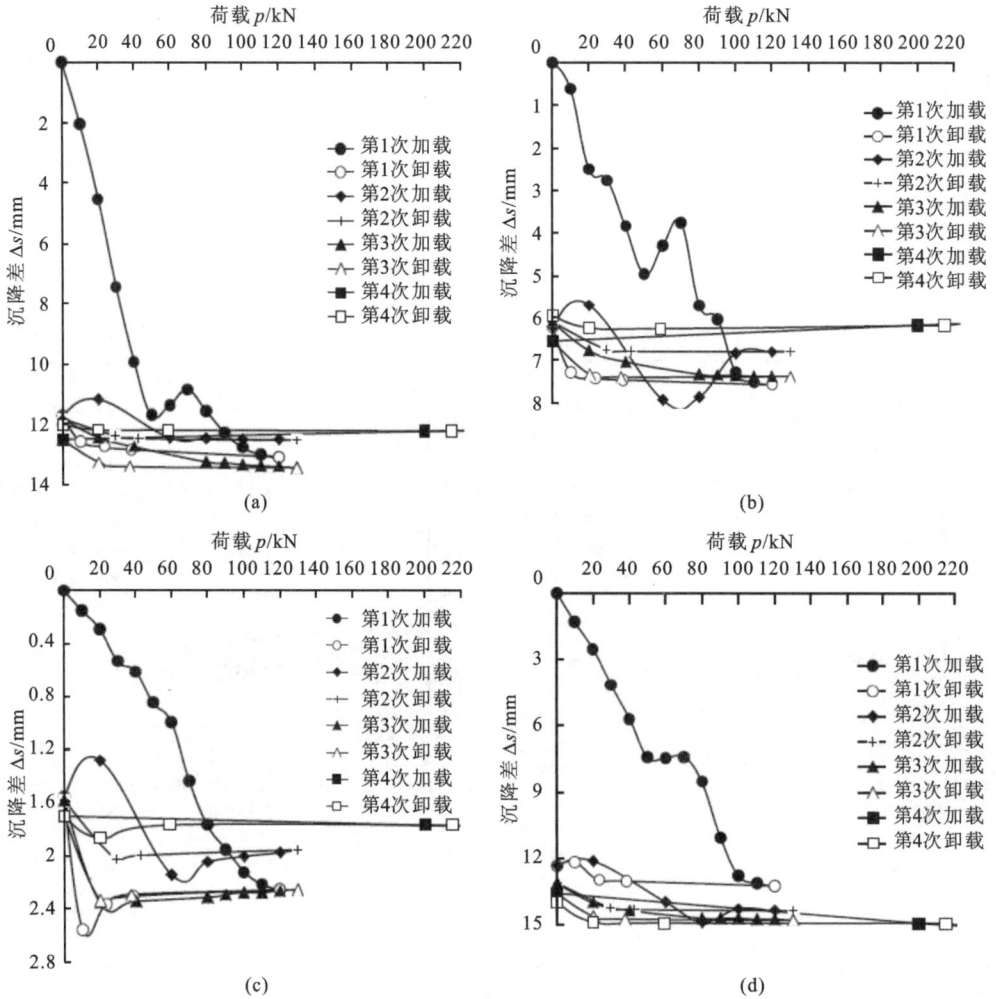

(a)

(b)

(c)

(d)

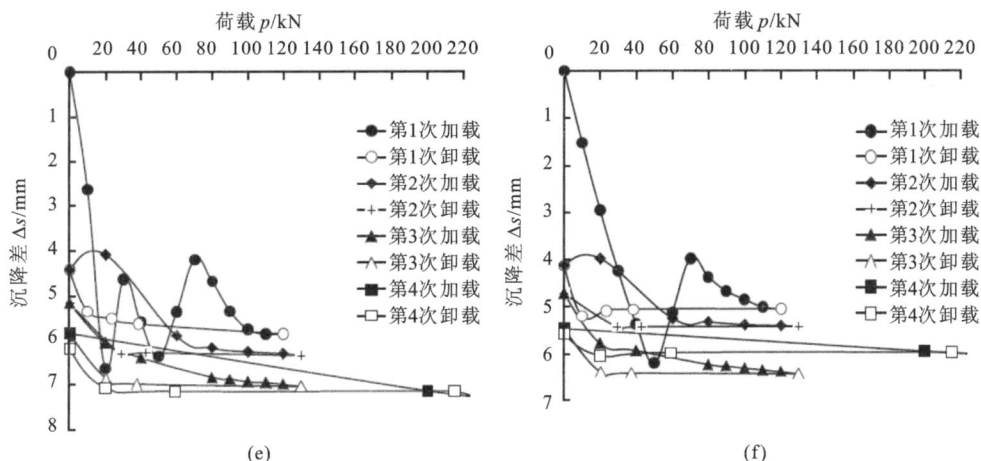

图 10-5　循环加卸载条件下桩土沉降差变化规律

(a)Z1桩(长800mm正常桩);(b)Z2桩(长800mm缺陷桩);(c)Z3桩(长400mm正常桩);
(d)Z4桩(长800mm正常桩);(e)Z5桩(长800mm缺陷桩);(f)Z6桩(长400mm正常桩)

①第1次加载阶段,Z1桩和Z4桩在50kN处出现拐点,Z1桩的桩土沉降差(11.67mm)大于Z4桩的桩土沉降差(7.42mm);加载到120kN,Z1桩的桩土沉降差增长速率大于Z4桩,Z4桩桩土沉降差在50～70kN处加载曲线平缓,是侧向约束桩抑制作用的结果。Z2桩的桩土沉降差增长率小于Z5桩,Z2桩和Z5桩都是缺陷桩,荷载在50～80kN处,桩身缺陷处被压缩,曲线出现凸形;随着荷载加大,缺陷处压紧,桩土慢慢趋于稳定。循环加卸载时桩土被压缩和回弹,曲线出现波浪形。Z3桩的桩土沉降差增长率小于Z6桩,Z3桩的桩土沉降差缓慢增加,而Z6桩急剧增长。这都验证了侧向约束桩阻止桩土变形的规律。

②第2～4次加载阶段,加载曲线有较大变化,都呈下凹形,因为第1次加载桩间土是最松散的,在加载过程中,桩、土被压实,桩土形成一个整体,侧向约束桩抑制桩土变形,从而提高了承载力。

③4次加卸载中所有的卸载曲线呈下凹形,较平缓,卸载初期弹性变形小,到卸载完毕都不能回到加载初期的水平;沉降差第 $i+1$ 次卸载曲线均位于第 i 次卸载曲线下方,线形相似。说明桩土沉降包括弹性变形和塑性变形。

④4次加卸载中,由于桩土沉降差出现正值,土的沉降大于桩的沉降,使得桩身受到来自土体的负摩阻力作用,桩体承受荷载增大。

10.3.1.4　不同加卸载阶段板顶、桩顶和土顶的沉降变化规律

不同加卸载阶段板顶、桩顶和土顶的沉降变化曲线如图10-6所示,分析可得:

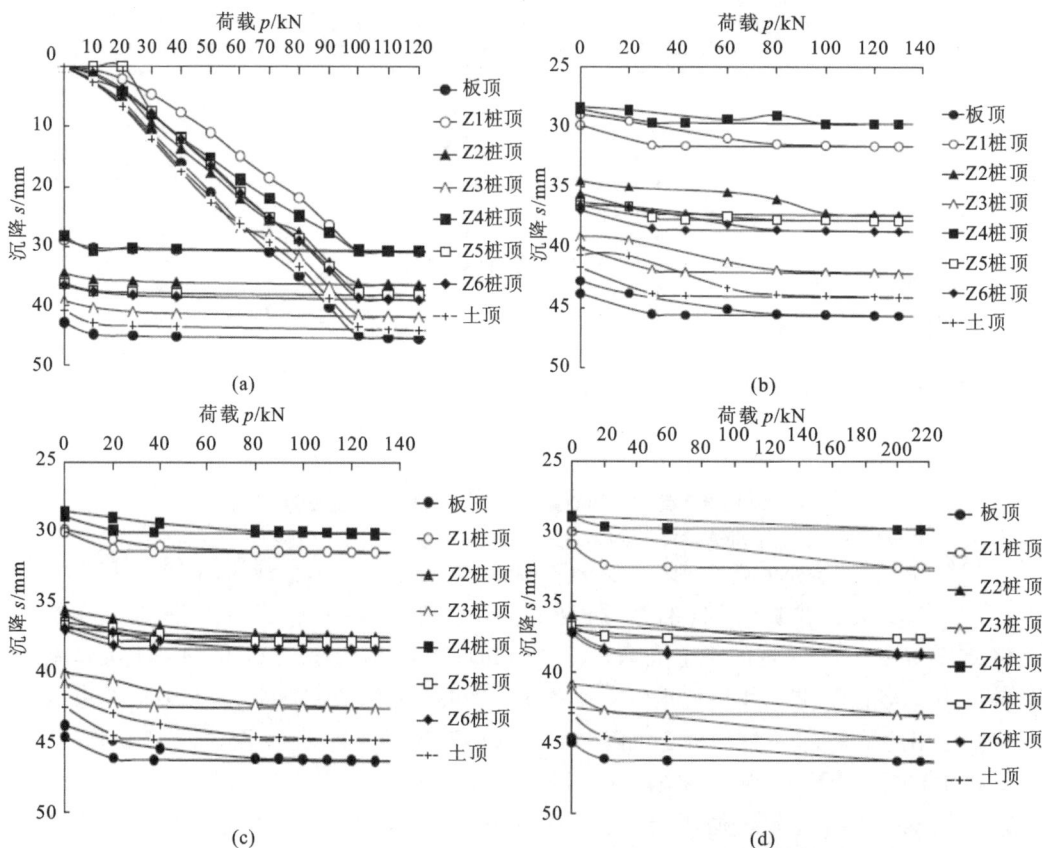

图 10-6　不同加卸载阶段板顶、桩顶和土顶的沉降变化规律

(a)第 1 次加卸载；(b)第 2 次加卸载；(c)第 3 次加卸载；(d)第 4 次加卸载

①第 1 次加载阶段,各曲线呈缓变型,板顶的加载曲线位于其他曲线的下方,从上到下依次为 Z1 桩顶、Z4 桩顶、Z5 桩顶、Z6 桩顶、Z2 桩顶、Z3 桩顶、土顶和板顶。

②第 1 次卸载阶段,板顶的卸载曲线还是处于各曲线的下方,从上到下依次为 Z1 桩顶、Z4 桩顶、Z5 桩顶、Z6 桩顶、Z2 桩顶、Z3 桩顶、土顶和板顶。在相同大小的荷载作用下,各部位实际产生沉降值的大小与加载阶段时相似。完全卸载后各部位实际产生的弹性变形从小到大依次为 Z1 桩顶、Z4 桩顶、Z5 桩顶、Z6 桩顶、Z2 桩顶、Z3 桩顶、土顶和板顶。其中,板顶弹性变形最大,Z1 桩顶弹性变形最小。

③经分析,第 2～4 次加卸载阶段,在相同大小的荷载作用下,板顶沉降-荷载曲线与其他沉降-荷载曲线之间的纵坐标差体现了垫层的压缩。对于桩间土,复合地基的沉降包括桩间土顶面的沉降和顶部垫层的压缩两部分,桩间土顶面的沉降比桩顶沉降大,桩上段承受摩阻力,实现桩体变形协调;对于桩顶部位,复合地基的沉降包括

桩顶面的沉降和顶部垫层的压缩两部分,桩的长度和抗压强度越大,桩顶面的沉降就越小。Z4 桩顶(桩长为 80cm)的沉降比 Z1 桩顶(桩长为 80cm)和 Z6 桩顶(桩长为 40cm)小,Z2 桩顶(桩长为 80cm)的沉降比 Z5 桩顶(桩长为 80cm)小,说明在桩身强度足够、没有发生破坏的条件下,桩顶沉降主要由桩长和侧向约束桩控制,这为复合地基优化设计指明了方向。

10.3.1.5 不同加卸载阶段不同桩的上刺入量变化规律

不同加卸载阶段不同桩的上刺入量变化曲线如图 10-7 所示,分析可得:

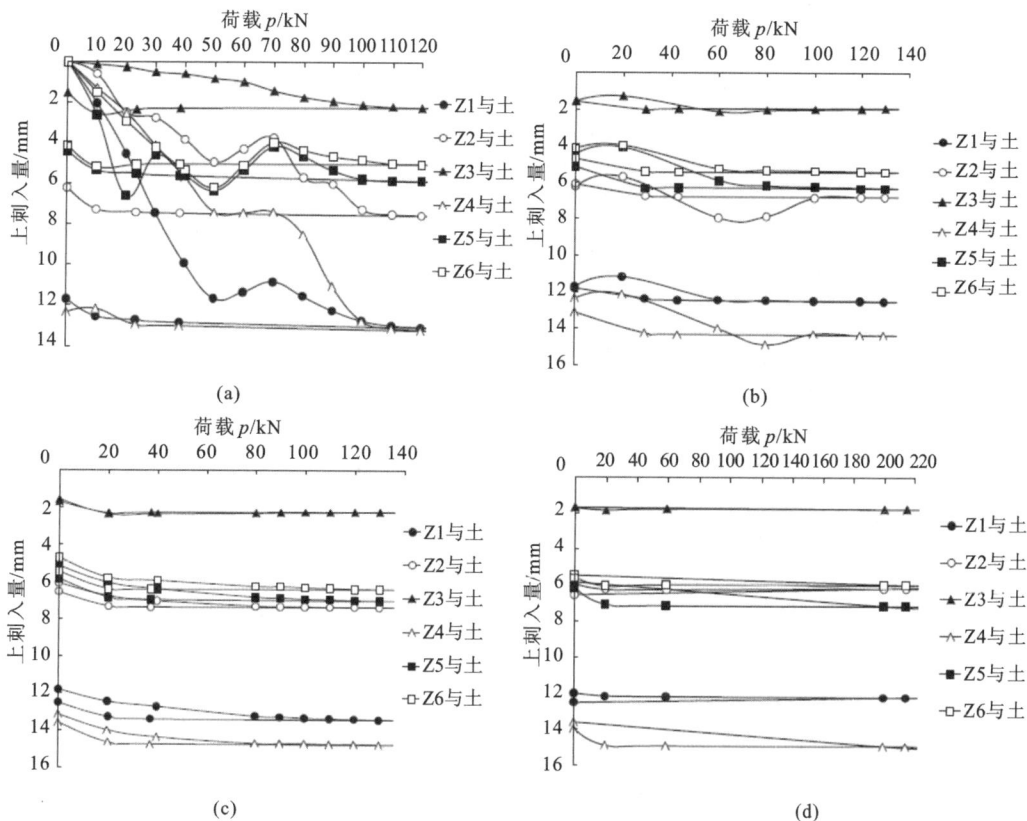

图 10-7 不同加卸载阶段不同桩的上刺入量变化规律
(a)第 1 次加卸载;(b)第 2 次加卸载;(c)第 3 次加卸载;(d)第 4 次加卸载

①第 1 次加载阶段,各桩顶上刺入量随荷载的增大而增大,曲线从上到下依次为 Z3 桩、Z6 桩、Z5 桩、Z2 桩、Z1 桩和 Z4 桩。在相同荷载作用下,各桩实际产生的上刺入量从小到大依次为 Z3 桩、Z6 桩、Z5 桩、Z2 桩、Z1 桩和 Z4 桩。其中,Z3 桩上刺入量最小,Z4 桩上刺入量最大。

②第 1 次卸载阶段,各桩上刺入量随荷载的减小而减小,曲线从上到下依次为 Z3 桩、Z6 桩、Z5 桩、Z2 桩、Z1 桩和 Z4 桩。在相同荷载作用下各桩实际产生的上刺入量的弹性变形从小到大依次为 Z3 桩、Z6 桩、Z5 桩、Z2 桩、Z1 桩和 Z4 桩。Z3 桩上刺入量的弹性变形最小,Z4 桩上刺入量的弹性变形最大。

③第 1 次加卸载阶段,土体是最松散的,各桩上刺入量随荷载的增大而增大,随荷载的减小而减小。但第 2~4 次加卸载阶段,由于土体被压实,各桩顶上刺入量随荷载的变化不大。在相同荷载作用下,各桩顶上刺入量随桩长增大而增大,侧向约束桩的上刺入量比无约束桩小,从而验证了侧向约束桩能抑制桩体的刺入变形,保持复合地基稳定。

10.3.2 单侧约束条件下含缺陷桩复合地基荷载传递规律

本节对含缺陷桩复合地基的荷载传递规律进行了室内模型试验,在单侧约束、不同竖向荷载作用下,进行含缺陷桩复合地基竖向静载试验。通过测试群桩的轴力和摩阻力,对比研究缺陷桩和正常桩、约束桩和无约束桩、中桩和边桩的轴力和摩阻力,为提出评价含缺陷桩复合地基的荷载传递规律奠定了技术基础。

10.3.2.1 加载阶段桩身轴力变化规律

第 1 次加载阶段桩身轴力变化规律如图 10-8 所示,分析可得:

①Z1 桩桩身轴力在同一位置处随荷载的增大而增大,对于同级荷载,桩身轴力随到桩顶距离的增加而减小;在加载至 120kN 时,桩顶处的轴力最大,桩底处的轴力最小;在离桩顶 50cm 附近,桩身轴力变化均匀,减小量很少。Z4 桩桩身轴力随到桩顶深度的增加而减小,特别在离桩顶 25cm 和 45cm 处桩身轴力出现 2 处峰值,在离桩顶 25cm 处的桩身轴力表现为压力;在离桩顶 45cm 处的桩身轴力峰值最大,表现为拉力。这是 Z4 桩周边侧向约束作用的效果,而 Z1 周边无侧向约束。

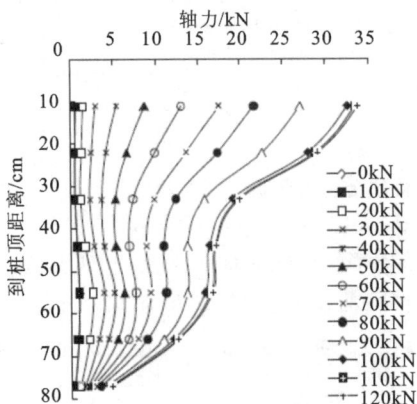

(a)

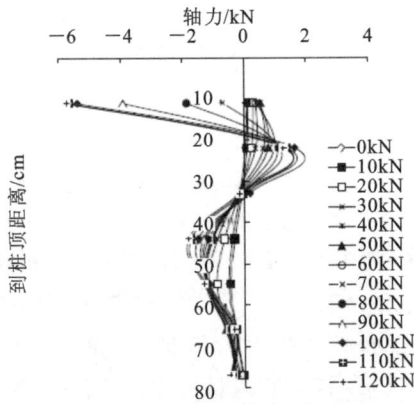

(b)

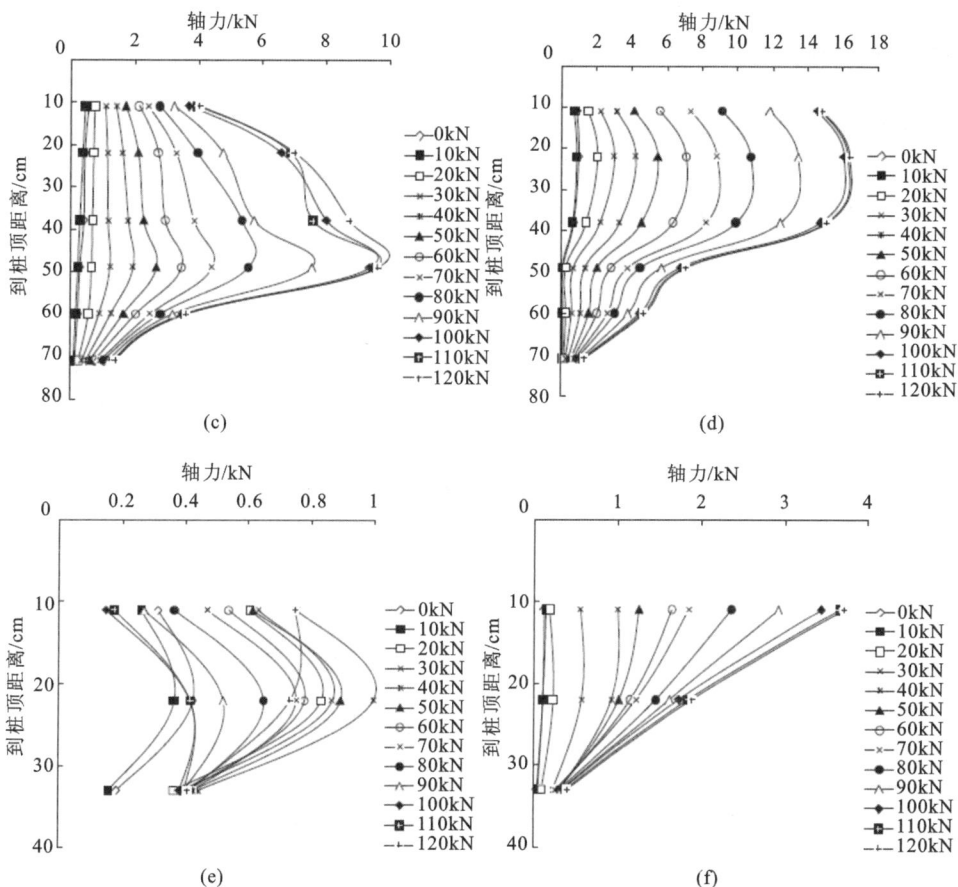

图 10-8　第 1 次加载阶段桩身轴力变化规律

(a)Z1 桩;(b)Z4 桩;(c)Z2 桩;(d)Z5 桩;(e)Z3 桩;(f)Z6 桩

　　②Z2 桩桩身轴力在同一位置处随荷载的增大而增大,120kN 时的桩身轴力最大;对于同级荷载,桩身轴力随到桩顶距离的增加而先增大后减小,曲线呈凸形变化,表现为压力;在离桩顶 50cm 处的桩身轴力最大,桩顶处的桩身轴力大于桩底处的桩身轴力。Z5 桩桩身轴力也是在同一位置处随荷载的增大而增大,120kN 时的桩身轴力最大;对于同级荷载桩身轴力随到桩顶距离的增加而先增大后减小,曲线呈抛物线形变化,表现为压力;桩顶处的桩身轴力大于桩底处的桩身轴力。由于 Z2 桩和 Z5 桩的轴力同时为压力,且两桩都是缺陷桩,在桩身 40cm 处锯断,Z2 桩的桩身轴力大部分集中在距离桩顶 40～70cm 处,Z5 桩的桩身轴力大部分集中在距离桩顶 10～40cm 处,Z2 桩的桩身轴力小于 Z5 桩。说明侧向约束改变了两桩的桩身轴力分布,且桩顶处的桩身轴力大于桩底处的桩身轴力。

③Z3 桩桩身轴力在同一位置处随荷载的增大而增大,120kN 时的桩身轴力最大;对于同级荷载桩身轴力随到桩顶距离的增加而先增大后减小,曲线呈凸形变化,表现为压力;在离桩顶约 20cm 处的桩身轴力最大,桩顶处的轴力大于桩底处。Z6 桩桩身轴力在同一位置处随荷载的增大而增大,在 120kN 处的桩身轴力最大;对于同级荷载桩身轴力随到桩顶距离的增加而减小,表现为压力,桩顶处的桩身轴力大于桩底处。两桩的桩身轴力曲线变化较大,Z3 桩受到侧向约束作用,而 Z6 桩无侧向约束作用,说明侧向约束改变了桩身轴力的分布。

④Z1 桩桩身轴力大于 Z2 桩桩身轴力,说明侧向约束能减小桩身轴力分布,并改变了桩身轴力曲线。Z4 桩桩身轴力小于 Z5 桩桩身轴力,说明侧向约束抑制了桩身轴力分布。Z5 桩为缺陷桩,Z4 桩为正常桩,可见正常桩优于缺陷桩,缺陷桩桩身轴力一直处于压力,不利于复合地基承担荷载;正常桩桩身轴力在桩身上段为拉力,下段为压力,对复合地基承担荷载更具有优越性。

第 2 次加载阶段桩身轴力变化规律如图 10-9 所示,分析可得:

①Z1 桩桩身轴力在同一位置随荷载的增大而增大,对于同级荷载也是随到桩顶距离的增大而减小,在桩顶处轴力最大(除 0kN 和 20kN),桩底处轴力最小,轴力均表现为压力。Z4 桩桩身轴力对于同级荷载随到桩顶距离增大呈现先减小后增大再减小的变化趋势,离桩顶约 30cm 处轴力出现拐点,其值最大,其次是桩顶处,桩底处轴力最小。

②Z2 桩桩身轴力在同一位置随荷载的增大而增大,对于同级荷载也是随到桩顶距离的增大而先增大后减小,离桩顶 50cm 处轴力出现拐点,其值最大,其次是桩顶处,桩底处轴力最小,轴力均表现为压力。Z5 桩桩身轴力在同一位置随荷载的增大而增大,对于同级荷载也是随到桩顶距离的增大而先增大后减小,在桩身中上部轴力最大,桩底处轴力最小,轴力均表现为压力。

③Z3 桩桩身轴力在同一位置随荷载的增大而增大,对于同级荷载也是随到桩顶距离的增大而先增大后减小,离桩顶 20cm 处轴力出现拐点,其值最大,其次是桩顶处,桩底处轴力最小,轴力均表现为压力。Z6 桩桩身轴力在同一位置随荷载的增大而增大,对于同级荷载也是随到桩顶距离的增大而减小,在桩顶处轴力最大,桩底处轴力最小,轴力均表现为压力。

④Z1～Z6 桩加载至 60～130kN 时的桩身轴力曲线接近重合,说明土体已压实,桩身轴力较稳定。从整体上看,Z1 桩桩身轴力大于 Z2、Z4 桩,Z5 桩桩身轴力大于 Z2、Z4 桩,Z6 桩桩身轴力大于 Z3 桩。

第 3、4 次加载阶段桩身轴力变化规律分别如图 10-10、图 10-11 所示,其变化规律与第 2 次加载相似。第 3 次加载阶段,Z1～Z6 桩在加载至 80～130kN 时的轴力曲线接近重合;第 4 次加载阶段,Z1～Z6 桩在加载至 200.1～215kN 时的轴力曲线接近重合。

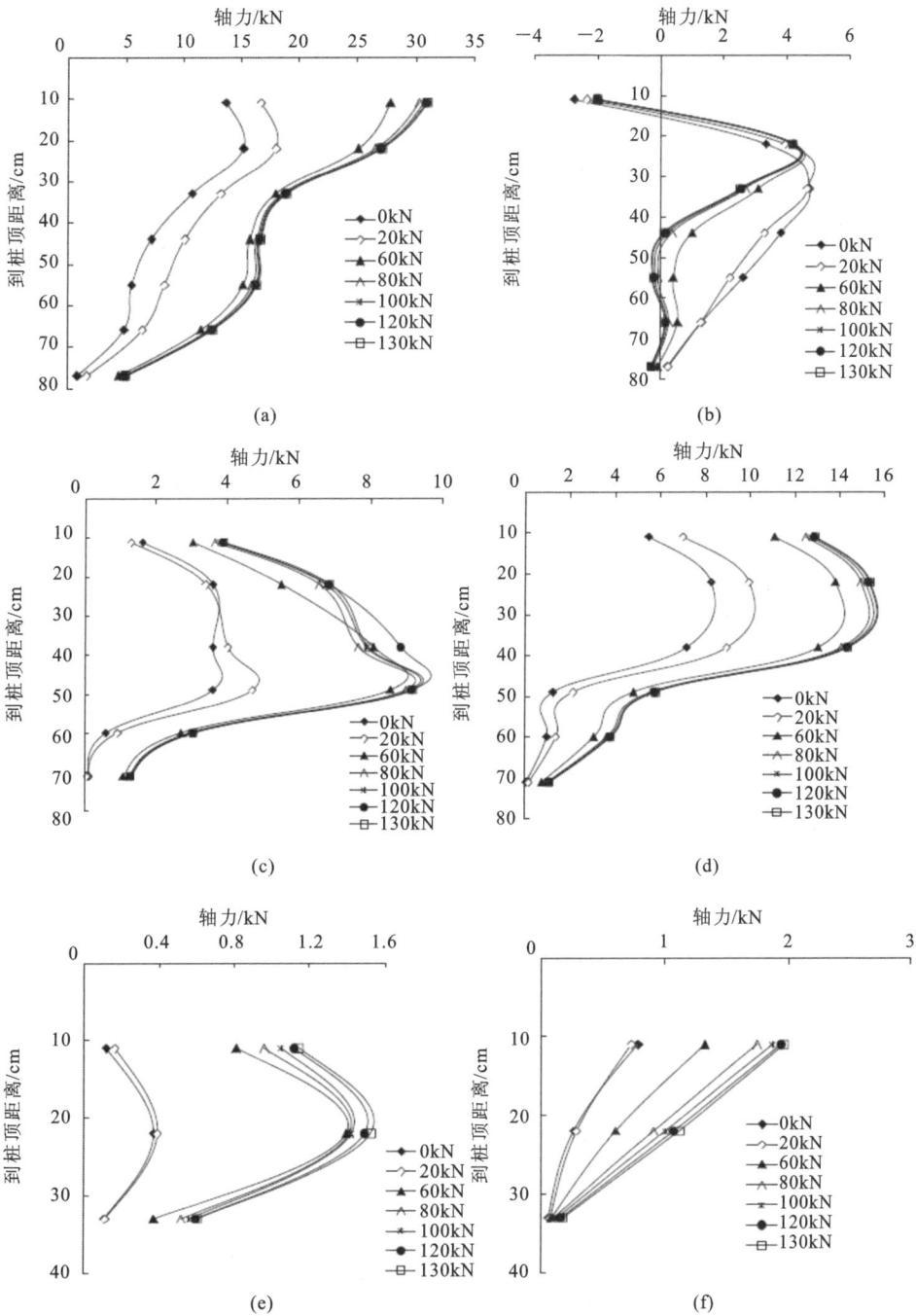

图 10-9　第 2 次加载阶段桩身轴力变化规律

(a)Z1 桩；(b)Z4 桩；(c)Z2 桩；(d)Z5 桩；(e)Z3 桩；(f)Z6 桩

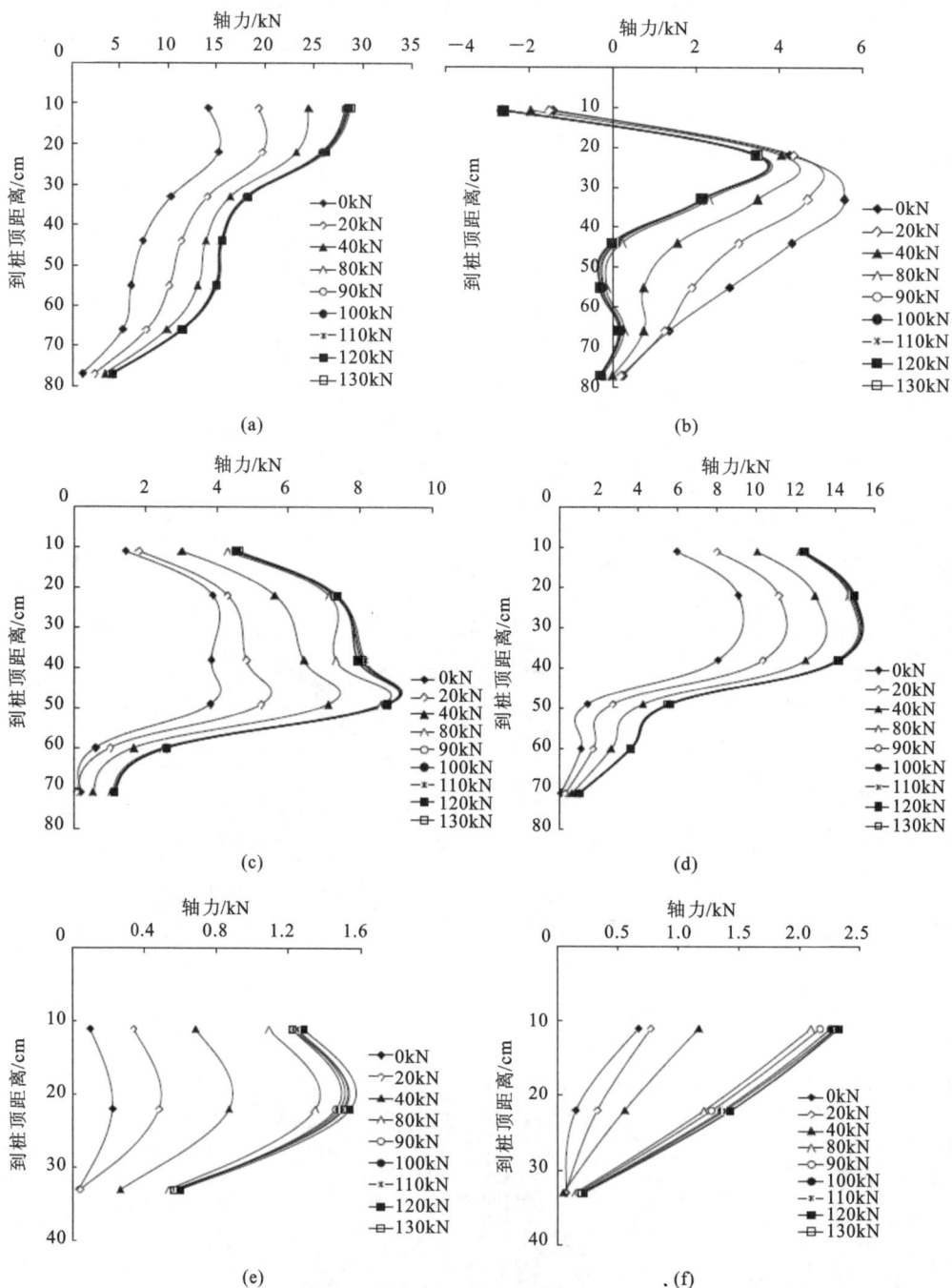

图 10-10　第 3 次加载阶段桩身轴力变化规律

(a)Z1 桩；(b)Z4 桩；(c)Z2 桩；(d)Z5 桩；(e)Z3 桩；(f)Z6 桩

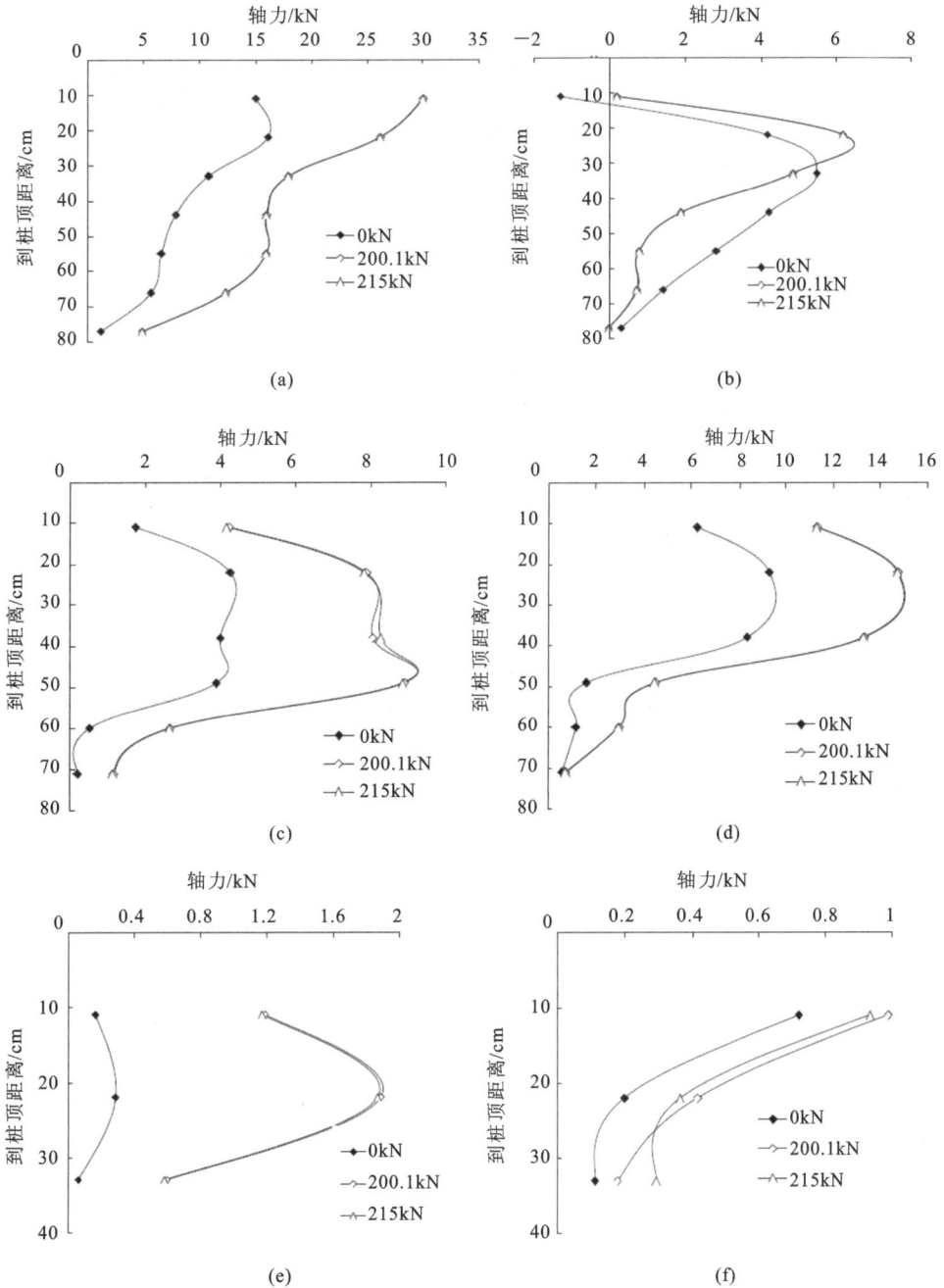

图 10-11　第 4 次加载阶段桩身轴力变化规律

(a)Z1 桩；(b)Z4 桩；(c)Z2 桩；(d)Z5 桩；(e)Z3 桩；(f)Z6 桩

10.3.2.2　卸载阶段桩身轴力变化规律

第1次卸载阶段桩身轴力变化规律如图10-12所示,分析可得:

①Z1桩桩身轴力在同一位置随荷载的减小而减小,对于同级荷载(除0kN和20kN外)也是随到桩顶距离的增大而减小,在桩顶处轴力最大,桩底处轴力最小,轴力均表现为压力;Z4桩桩身轴力在同一位置随荷载的减小而出现拉力,对于同级荷载,在离桩顶30cm处桩身轴力出现峰值,轴力出现正值为拉力。Z1桩桩身轴力大于Z4桩,说明侧向约束抑制了轴力的减小,有侧向约束时轴力减小幅度小,无侧向约束时轴力减小幅度大。

②Z2桩桩身轴力在同一位置随荷载的减小而减小,对于同级荷载,在离桩顶50cm处的桩身轴力最大,桩底处轴力最小,轴力均表现为压力。Z5桩桩身轴力在同一位置随荷载的减小而减小,对于同级荷载,轴力在桩身中上部最大,桩底处最小,轴力均表现为压力。Z2桩桩身轴力小于Z5桩,Z2桩上有侧向约束,体现了侧向约束的优越性,可以减小轴力分布。

③Z3桩桩身轴力在同一位置随荷载的减小而减小,对于同级荷载也是随到桩顶距离的增大而先增大后减小,在桩身中上部轴力最大,桩底处桩身轴力最小,桩身轴力均表现为压力,在离桩顶20cm处曲线出现拐点。Z6桩身轴力在同一位置随荷载的减小而减小,对于同级荷载,轴力随到桩顶距离的增大而减小,在桩顶处轴力最大,桩底处轴力最小,轴力全为压力。Z3桩轴力小于Z6桩,Z3桩由于有约束,桩身轴力曲线在桩身中点处出现拐点,改变了轴力分布。

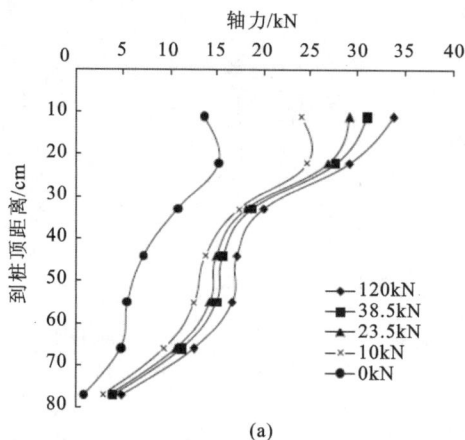

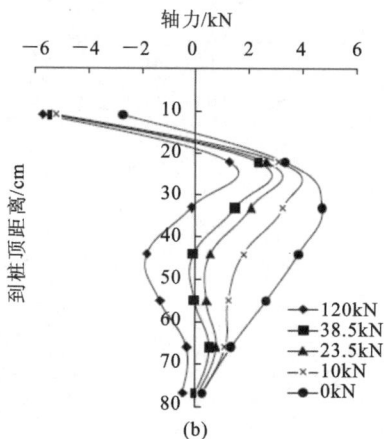

(a)　　　　　　　　　　　(b)

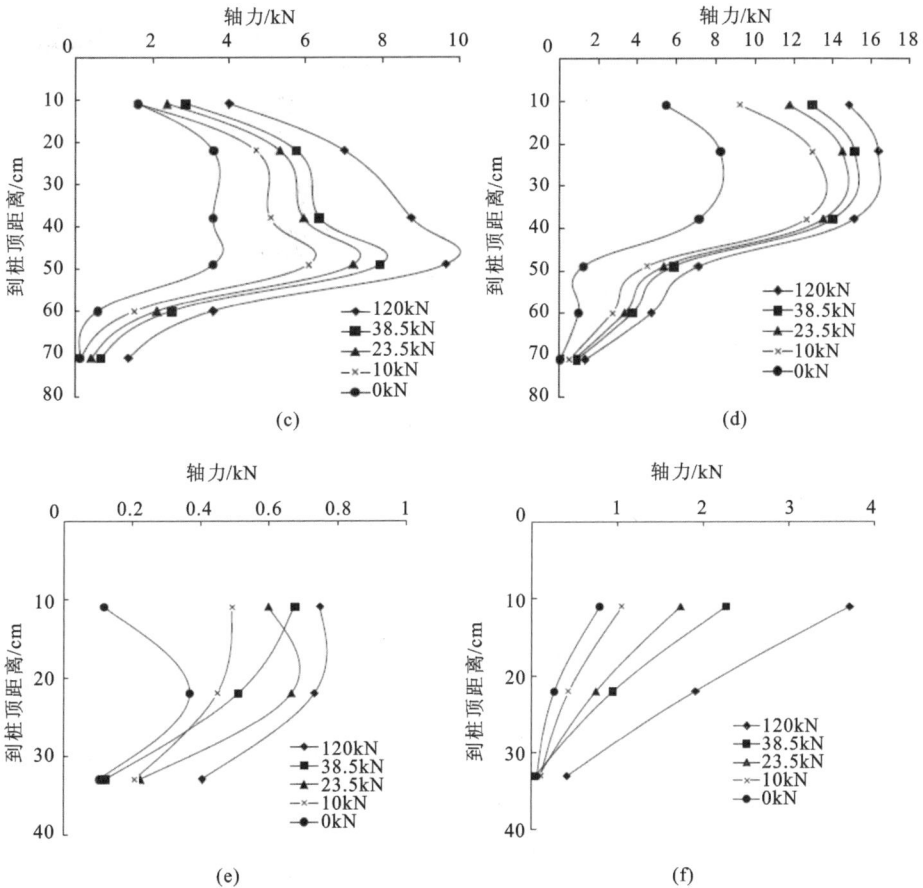

图 10-12　第 1 次卸载阶段桩身轴力变化规律

(a)Z1 桩；(b)Z4 桩；(c)Z2 桩；(d)Z5 桩；(e)Z3 桩；(f)Z6 桩

④Z1 桩轴力大于 Z2 桩轴力，Z2 桩周边有侧向约束的作用，使得桩身轴力出现峰值。Z4 桩轴力小于 Z5 桩轴力。

第 2～4 次卸载阶段桩身轴力变化规律分别如图 10-13～图 10-15 所示，其变化规律与第 1 次卸载相似。第 2 次卸载阶段，Z1、Z2、Z4、Z5 桩在卸载至 29.3～130kN 时的轴力曲线接近重合；第 3 次卸载阶段，Z1、Z2、Z4、Z5 桩在卸载至 20.3～130kN 时的轴力曲线接近重合；第 4 次卸载阶段，Z1、Z2、Z4、Z5 桩在卸载至 20～215kN 时的轴力曲线接近重合。

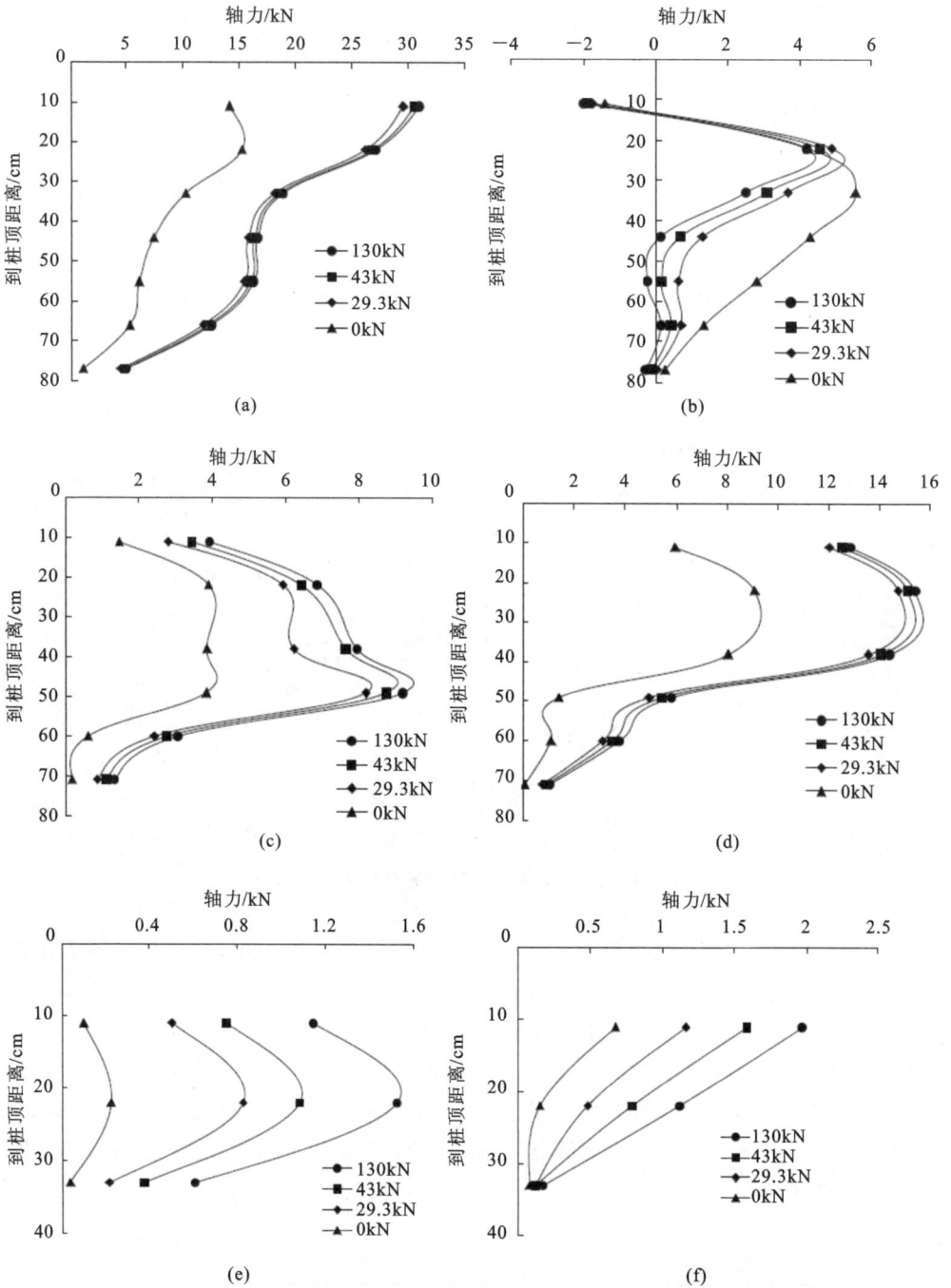

图 10-13　第 2 次卸载阶段桩身轴力变化规律

(a)Z1 桩;(b)Z4 桩;(c)Z2 桩;(d)Z5 桩;(e)Z3 桩;(f)Z6 桩

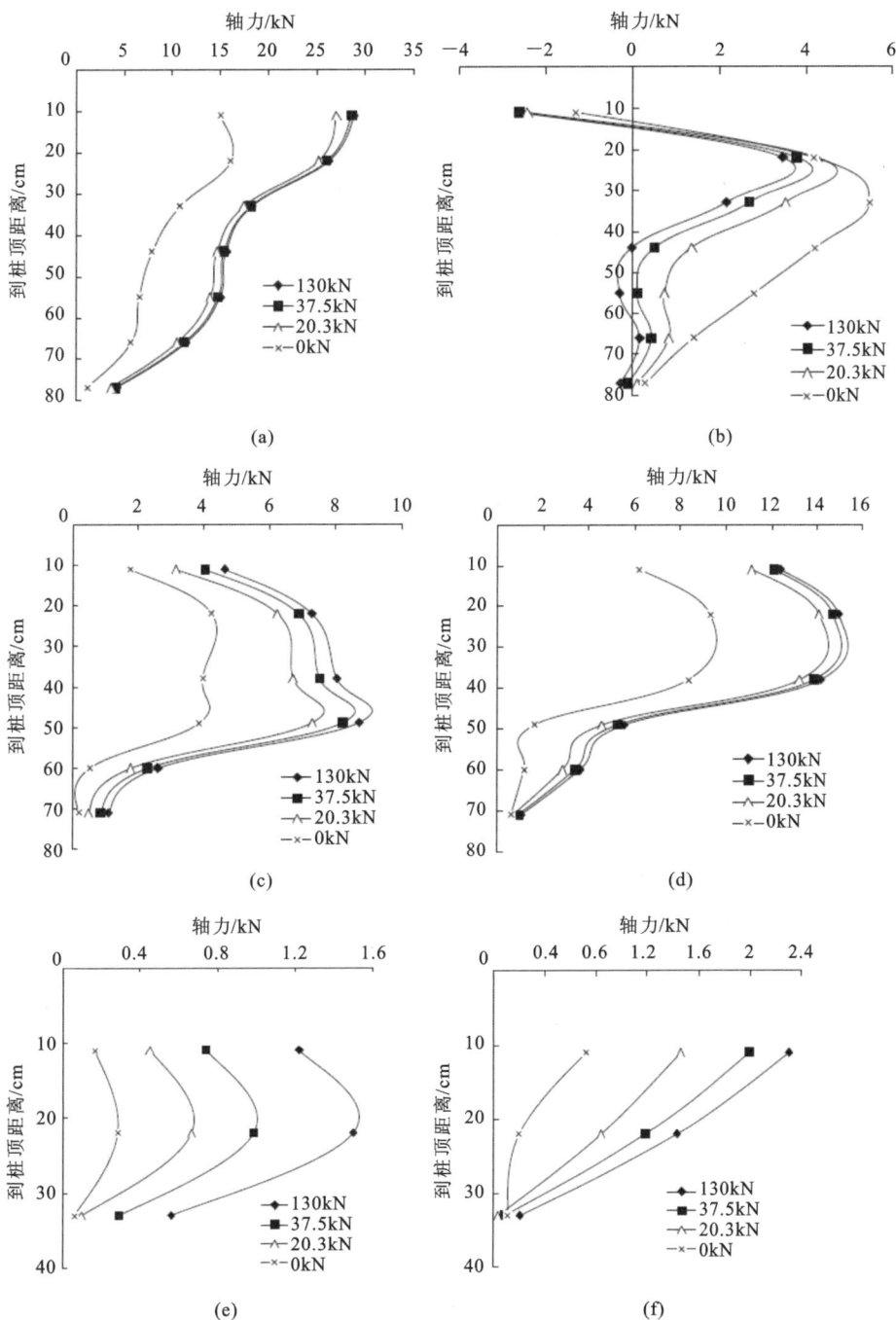

图 10-14　第 3 次卸载阶段桩身轴力变化规律
(a)Z1 桩；(b)Z4 桩；(c)Z2 桩；(d)Z5 桩；(e)Z3 桩；(f)Z6 桩

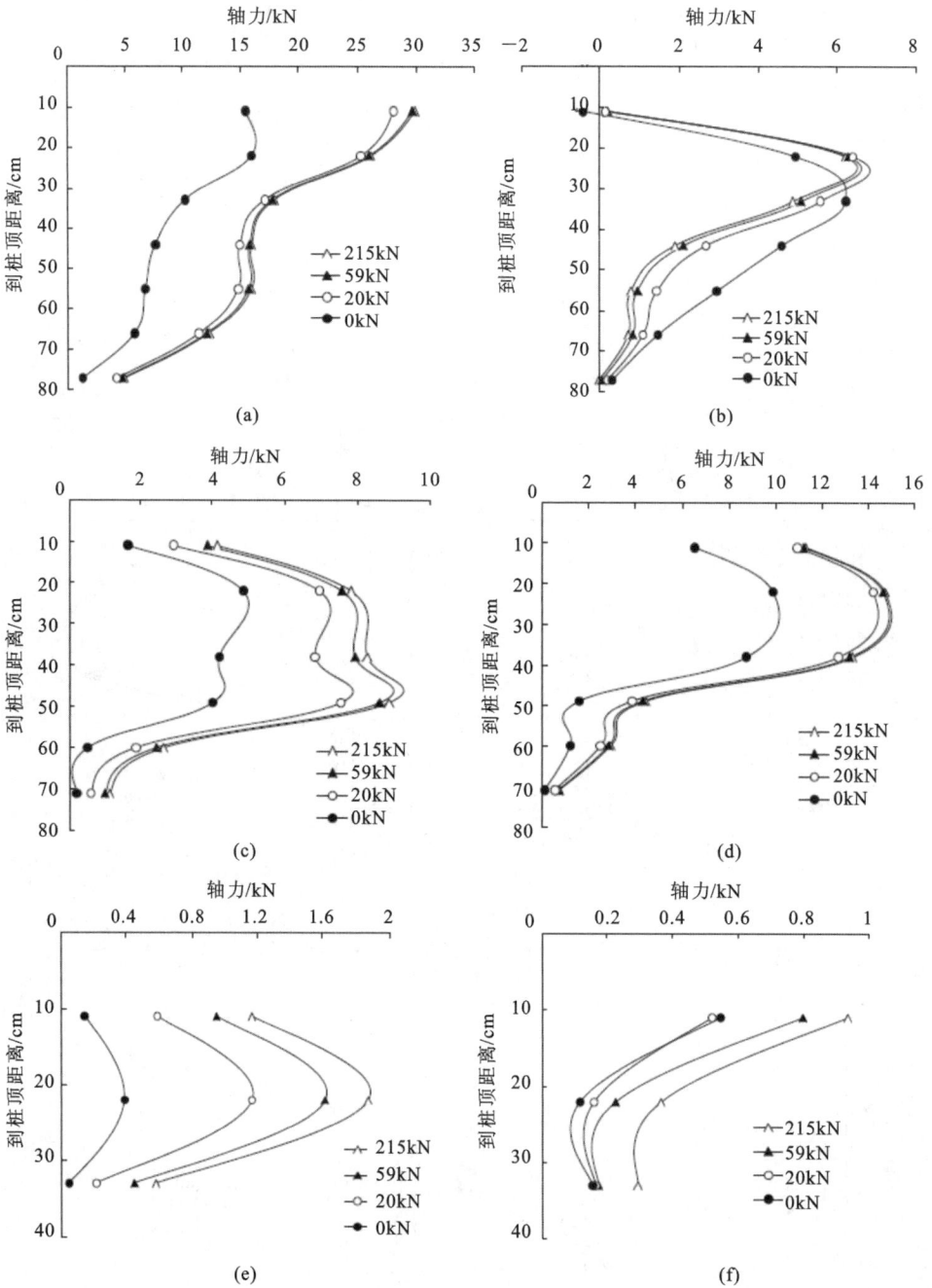

图 10-15　第 4 次卸载阶段桩身轴力变化规律

(a)Z1 桩；(b)Z4 桩；(c)Z2 桩；(d)Z5 桩；(e)Z3 桩；(f)Z6 桩

10.3.2.3　加载阶段桩身摩阻力变化规律

第 1 次加载阶段桩身摩阻力变化规律如图 10-16 所示,分析可得:

①Z1 桩桩身摩阻力在同一位置处随荷载的增大而增大,离桩顶 17～30cm 处的摩阻力最大,且为正摩阻力;其次是离桩顶 65～75cm 处的摩阻力(正摩阻力),有利于承担上部荷载,提高了地基承载力;在部分荷载作用下,离桩顶 30～50cm 处出现负摩阻力,减小了地基承载能力。Z4 桩桩身摩阻力在同一位置处随荷载的增大而增大,离桩顶 5～17cm 处的摩阻力最大,为正摩阻力;离桩顶 17～75cm 处桩身出现负摩阻力,减小了地基承载能力。

②Z2 桩桩身摩阻力在同一位置处随荷载的增大而增大,离桩顶 5～60cm 处桩身出现负摩阻力,且离桩顶 5～17cm 处负摩阻力最大;离桩顶 60～75cm 处为正摩阻力。Z5 桩桩身摩阻力在同一位置处随荷载的增大而增大,离桩顶 5～17cm 处桩身为负摩阻力,离桩顶 17～75cm 处桩身摩阻力为正摩阻力,且离桩顶 30～60cm 处桩身正摩阻力最大。

③Z3 桩桩身摩阻力在同一位置处随荷载的增大而增大,离桩顶 5～22cm 处桩身为负摩阻力,离桩顶 22～35cm 处桩身为正摩阻力。Z6 桩桩身摩阻力在同一位置处随荷载的增大而增大,离桩顶 5～35cm 处大部分桩身摩阻力为正摩阻力,离桩顶 5～22cm 处桩身正摩阻力最大。

④从整体上看,Z1 桩的最大正摩阻力大于 Z2 桩和 Z4 桩,Z5 桩的最大正摩阻力大于 Z2 桩和 Z4 桩,Z6 桩的最大正摩阻力大于 Z3 桩。

第 2 次加载阶段桩身摩阻力变化规律如图 10-17 所示,与第 1 次加载的规律相似,分析可得:

①Z1 桩桩身摩阻力在同一位置处随荷载的增大而增大,离桩顶 5～17cm 处同时存在正负摩阻力,离桩顶 17～75cm 处只有正摩阻力,且离桩顶 17～30cm 处的正摩阻力最大。Z4 桩桩身摩阻力在同一位置处随荷载的增大而增大,离桩顶 5～17cm 处是正摩阻力且最大,离桩顶 17～75cm 处同时存在正负摩阻力。

②Z2 桩桩身摩阻力在同一位置处随荷载的增大而增大,离桩顶 5～60cm 处桩身摩阻力全为负摩阻力,离桩顶 60～75cm 处为正摩阻力。Z5 桩桩身摩阻力在同一位置处随荷载的增大而增大,离桩顶 5～17cm 处桩身为负摩阻力,离桩顶 17～75cm 处桩身全为正摩阻力,且离桩顶 30～60cm 处桩身正摩阻力最大。

③Z3 桩桩身摩阻力在同一位置处随荷载的增大而增大,离桩顶 5～22cm 处桩身为负摩阻力,离桩顶 22～35cm 处为正摩阻力。Z6 桩桩身摩阻力在同一位置处随荷载的增大而增大,整个桩身都为正摩阻力,且在 0～80kN 荷载作用下,离桩顶 22～35cm 处正摩阻力最大。

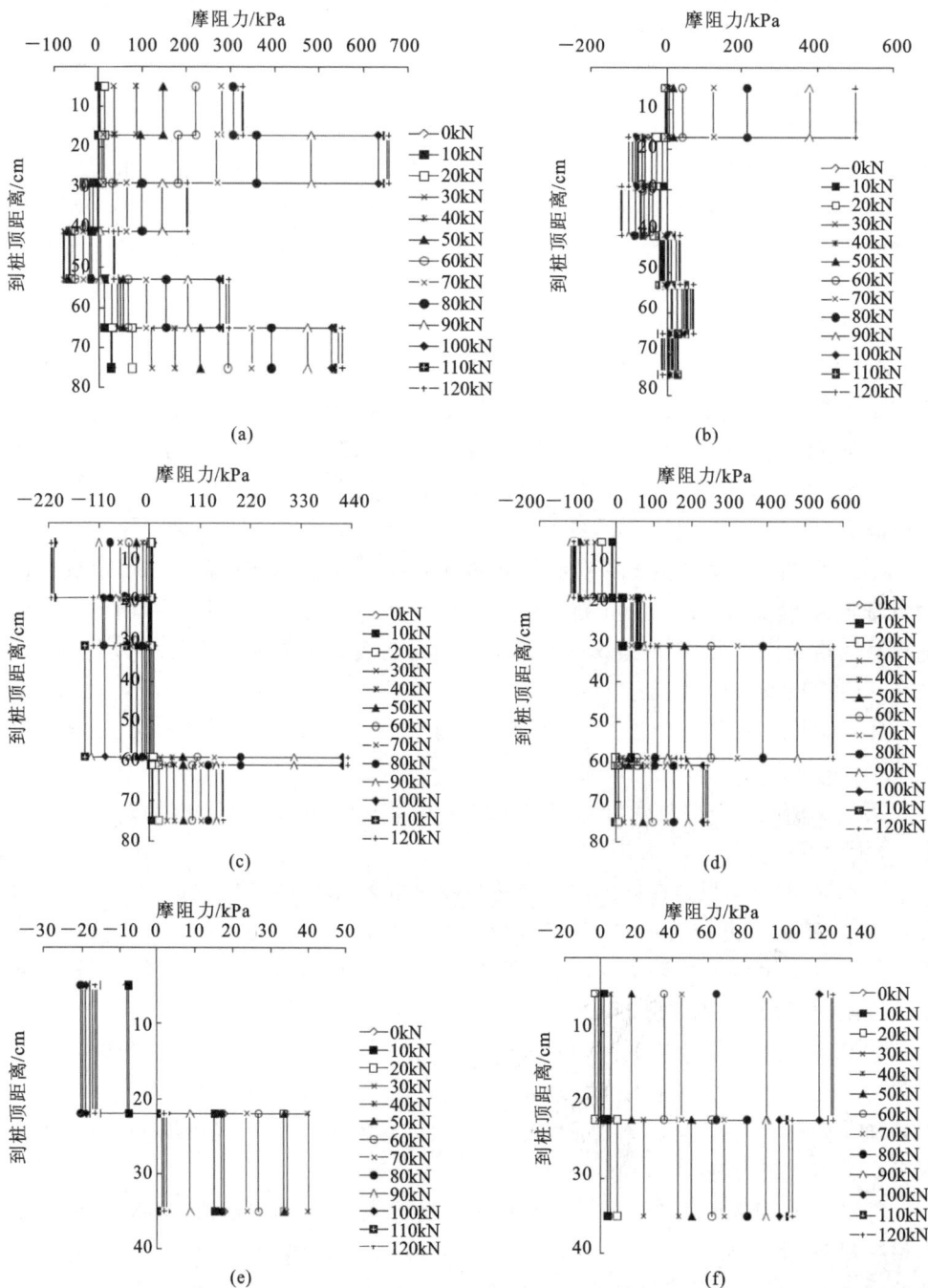

图 10-16　第 1 次加载阶段桩身摩阻力变化规律

(a)Z1 桩；(b)Z4 桩；(c)Z2 桩；(d)Z5 桩；(e)Z3 桩；(f)Z6 桩

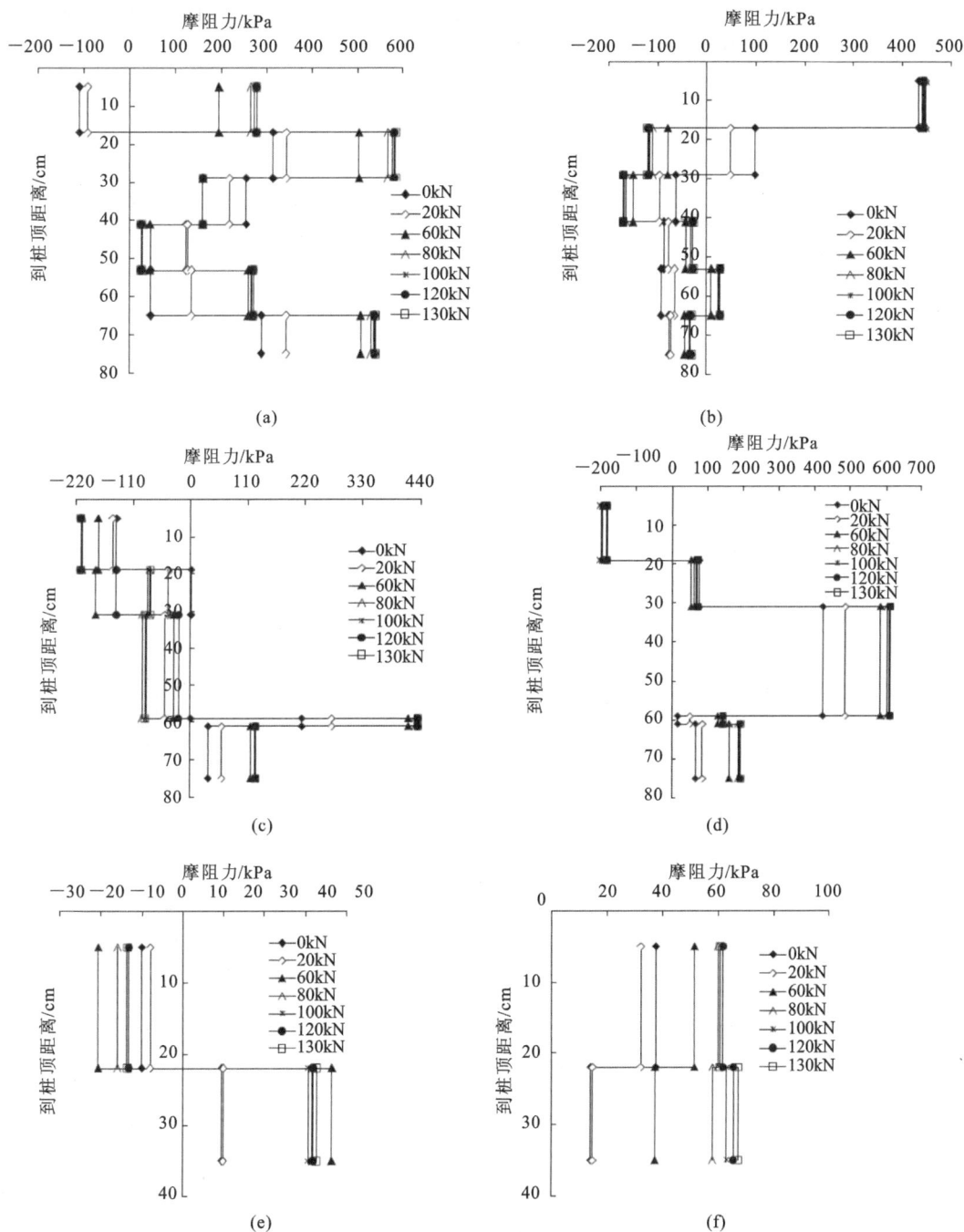

图 10-17　第 2 次加载阶段桩身摩阻力变化规律

(a)Z1 桩；(b)Z4 桩；(c)Z2 桩；(d)Z5 桩；(e)Z3 桩；(f)Z6 桩

第 3 次、第 4 次加载阶段桩身摩阻力变化规律分别如图 10-18 和图 10-19 所示，其变化规律与第 2 次加载基本相同。

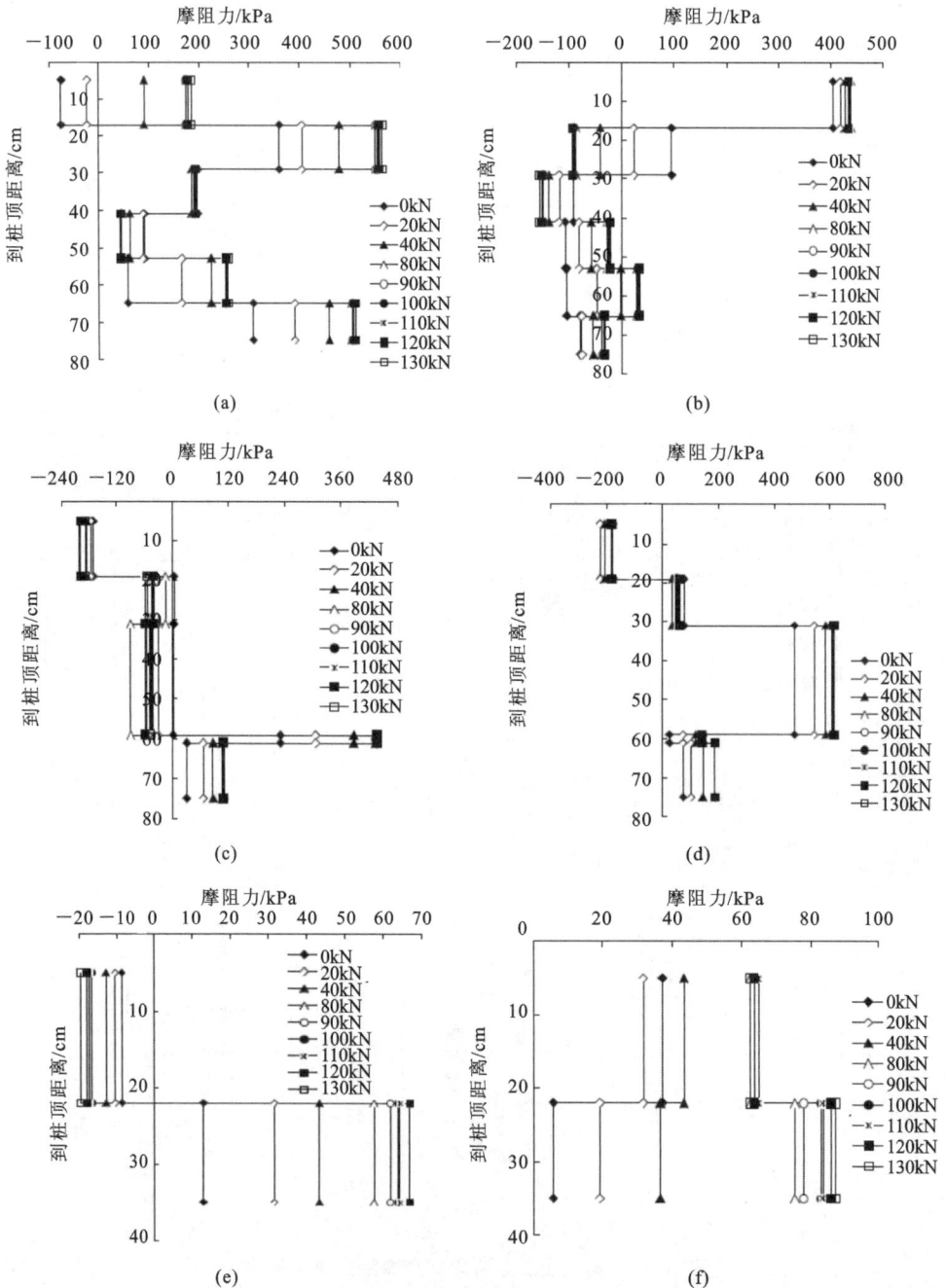

(a)

(b)

(c)

(d)

(e)

(f)

图 10-18 第 3 次加载阶段桩身摩阻力变化规律

(a)Z1 桩；(b)Z4 桩；(c)Z2 桩；(d)Z5 桩；(e)Z3 桩；(f)Z6 桩

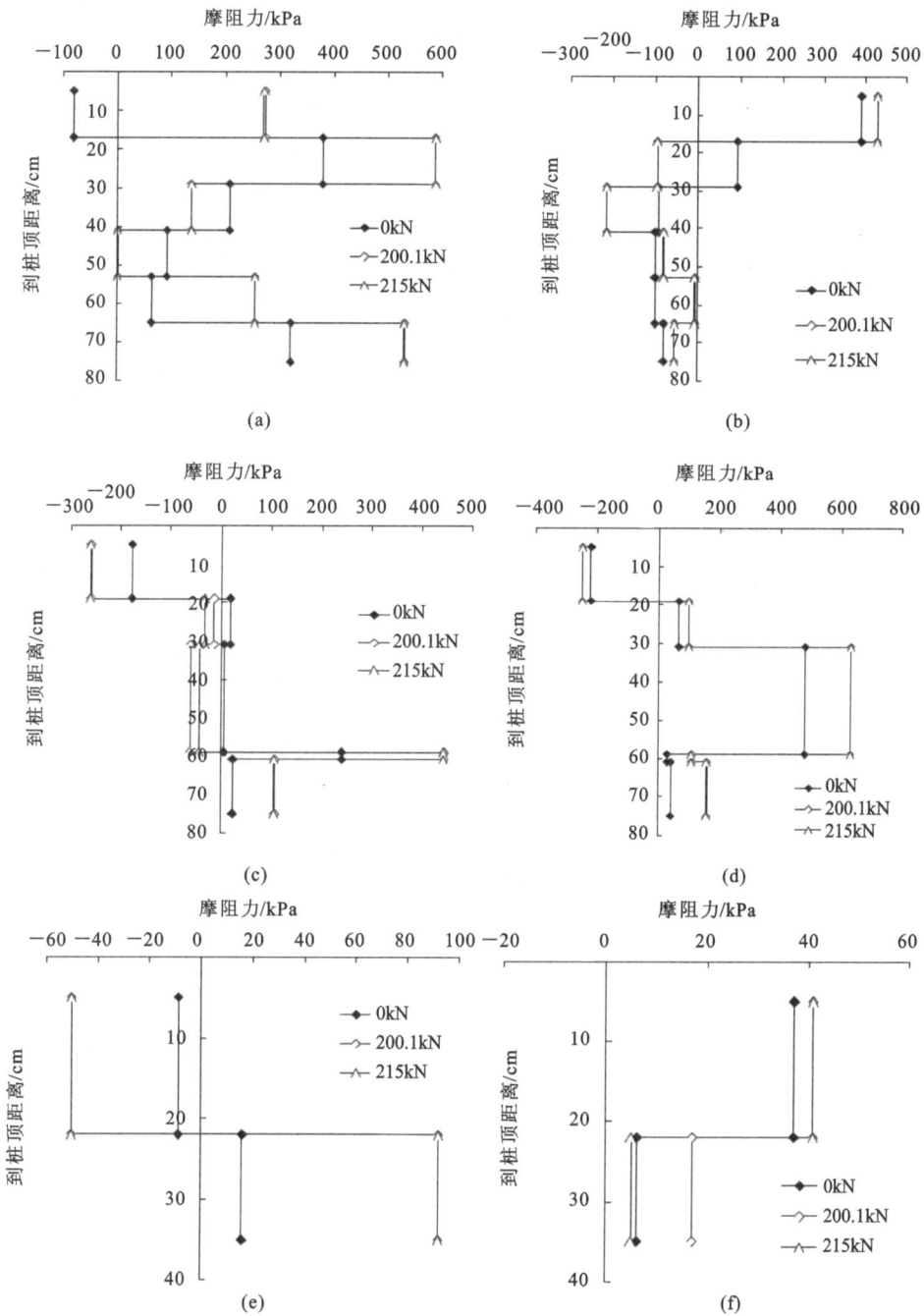

图 10-19　第 4 次加载阶段桩身摩阻力变化规律

(a)Z1 桩；(b)Z4 桩；(c)Z2 桩；(d)Z5 桩；(e)Z3 桩；(f)Z6 桩

10.3.2.4　卸载阶段桩身摩阻力变化规律

第1次卸载阶段桩身摩阻力变化规律如图10-20所示,分析可得:

①Z1桩桩身摩阻力在同一位置处随荷载的减小而减小,离桩顶5~17cm处负摩阻力很小,整个桩身都是正摩阻力,且离桩顶17~30cm处正摩阻力最大。Z4桩桩身摩阻力在同一位置处随荷载的减小而减小,离桩顶5~17cm处正摩阻力最大,离桩顶17~75cm处正负摩阻力都存在。

②Z2桩桩身摩阻力在同一位置处随荷载的减小而减小,离桩顶5~60cm处桩身全为负摩阻力,离桩顶60~75cm处为正摩阻力。Z5桩桩身摩阻力在同一位置处随荷载的减小而减小,离桩顶5~17cm处为负摩阻力,离桩顶17~75cm处全为正摩阻力,且离桩顶30~60cm处正摩阻力最大。

③Z3桩桩身摩阻力在同一位置处随荷载的减小而减小,离桩顶5~22cm处桩身同时存在正负摩阻力,且负摩阻力大于正摩阻力,离桩顶22~35cm处只有正摩阻力。Z6桩桩身摩阻力在同一位置处随荷载的减小而减小,整个桩身都为正摩阻力,且离桩顶5~22cm处正摩阻力最大。

④从整体上看,Z1桩的最大正摩阻力大于Z2桩和Z4桩,Z5桩的最大正摩阻力大于Z2桩,Z6桩的最大正摩阻力大于Z3桩,与加载阶段的规律相同。

第2次卸载阶段桩身摩阻力变化规律如图10-21所示,其规律与第1次卸载相似,分析可得:

①Z1桩桩身摩阻力在同一位置处随荷载的减小而减小,当卸载至0kN和10kN时,离桩顶5~17cm处为负摩阻力,离桩顶17~75cm处为正摩阻力,且离桩顶17~30cm处正摩阻力最大。Z4桩桩身摩阻力在同一位置处随荷载的减小而减小,离桩顶5~17cm处正摩阻力最大,离桩顶17~75cm处同时存在正负摩阻力。Z1桩正摩阻力大于Z4桩正摩阻力。

②Z2桩与Z5桩桩身摩阻力的变化规律与第1次卸载基本相同。

③Z3桩桩身摩阻力在同一位置处随荷载的减小而减小,离桩顶5~22cm处为负摩阻力,离桩顶22~35cm处为正摩阻力。Z6桩桩身摩阻力在同一位置处随荷载的减小而减小,离桩顶5~35cm处为正摩阻力,且在同一荷载下,离桩顶22~35cm处正摩阻力最小。

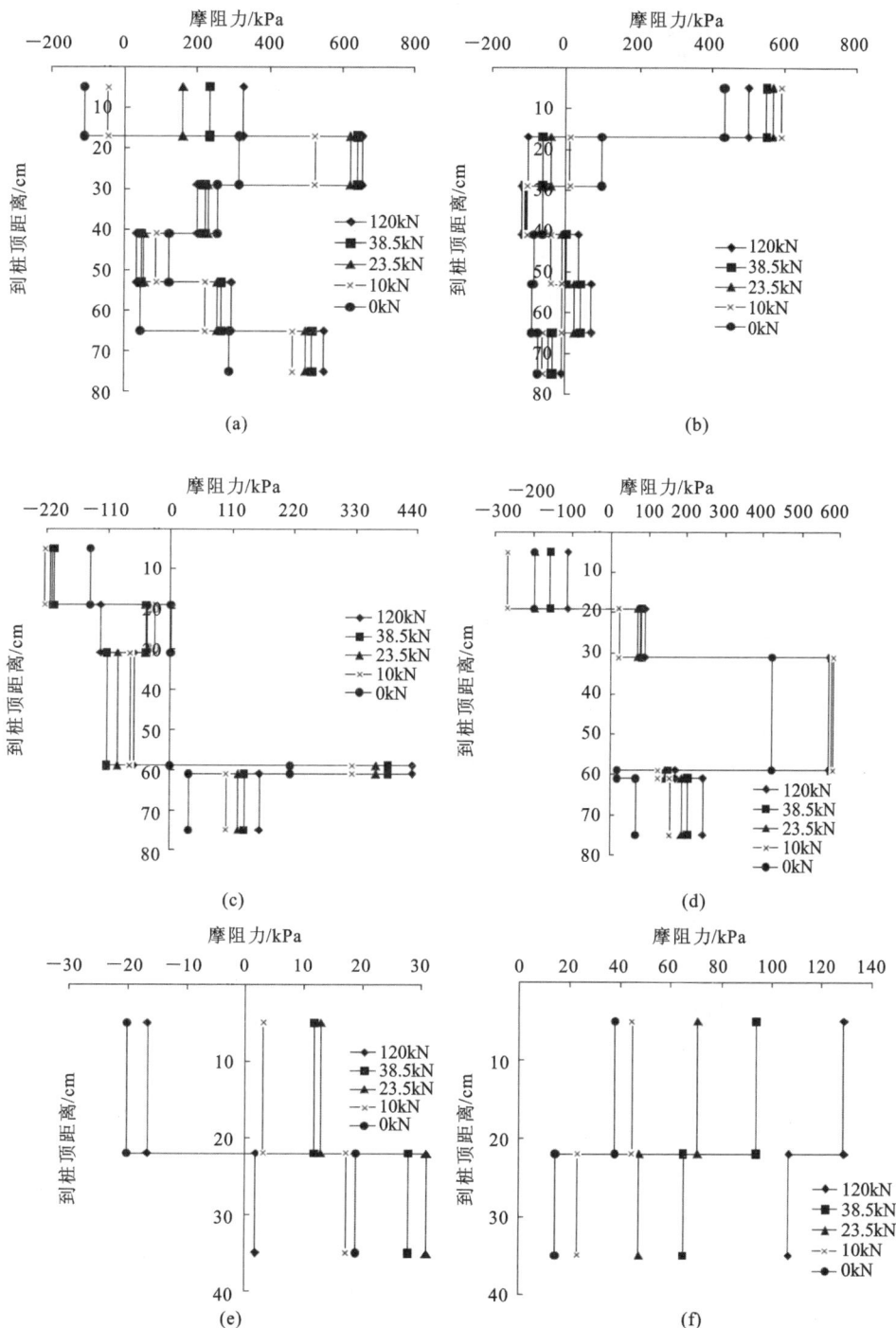

图 10-20　第 1 次卸载阶段桩身摩阻力变化规律

(a)Z1 桩;(b)Z4 桩;(c)Z2 桩;(d)Z5 桩;(e)Z3 桩;(f)Z6 桩

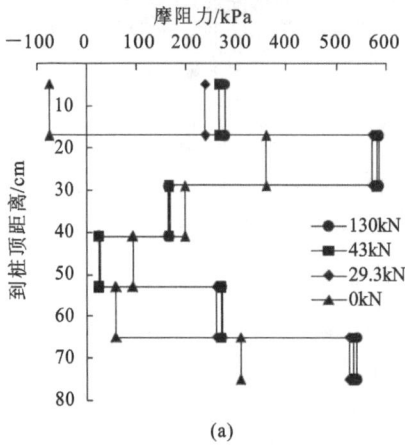

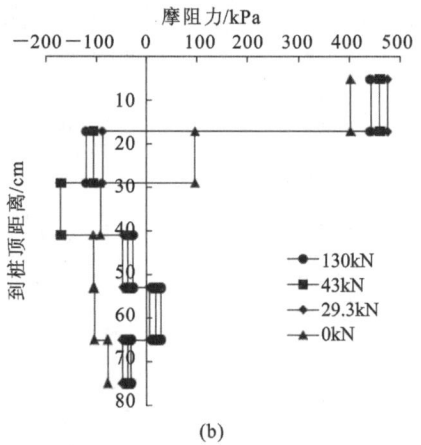

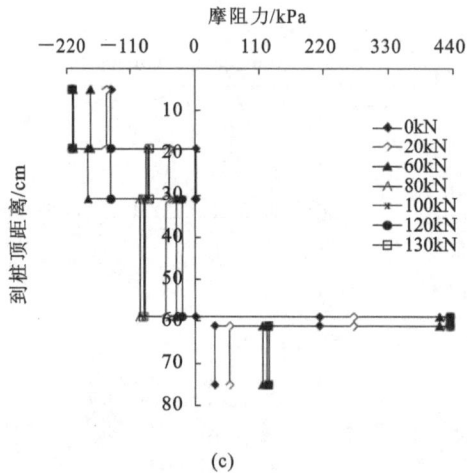

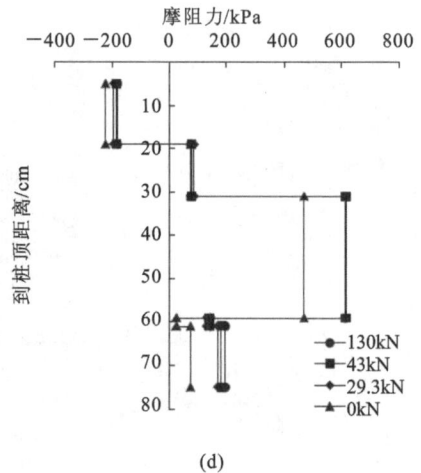

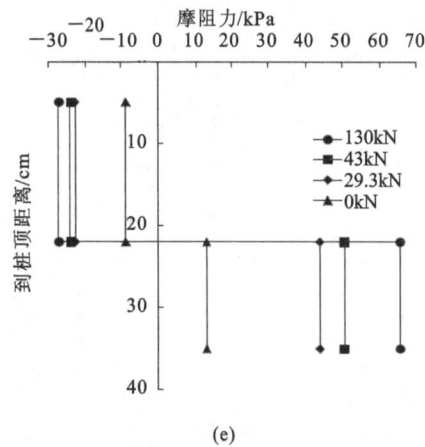

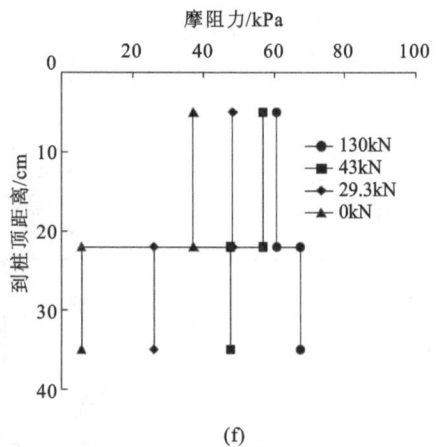

图 10-21　第 2 次卸载阶段桩身摩阻力变化规律

(a)Z1 桩；(b)Z4 桩；(c)Z2 桩；(d)Z5 桩；(e)Z3 桩；(f)Z6 桩

第 3 次卸载阶段桩身摩阻力变化规律如图 10-22 所示,分析可得:

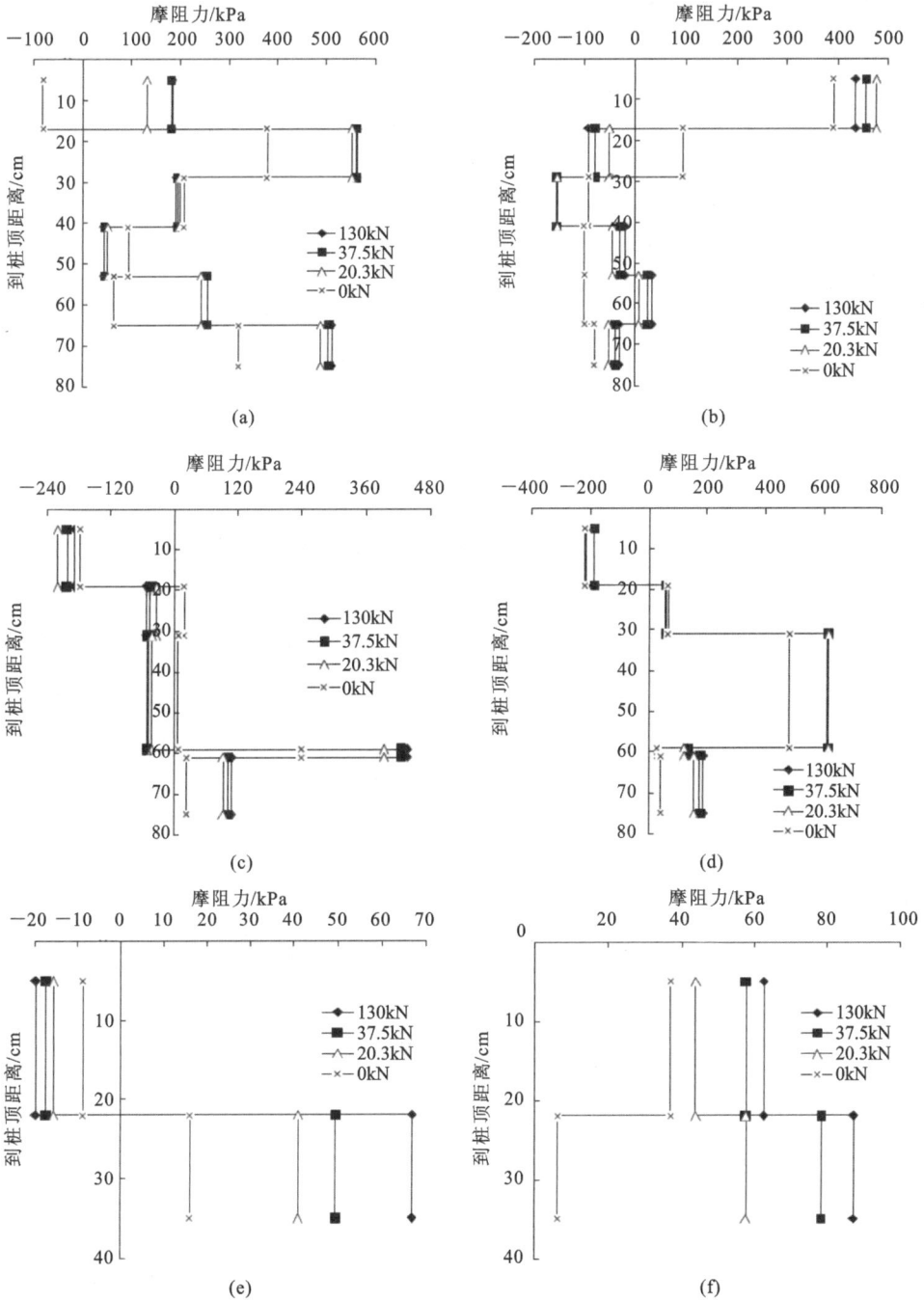

图 10-22　第 3 次卸载阶段桩身摩阻力变化规律

(a)Z1 桩;(b)Z4 桩;(c)Z2 桩;(d)Z5 桩;(e)Z3 桩;(f)Z6 桩

①Z1 桩和 Z4 桩桩身摩阻力变化规律与第 2 次卸载基本相同。

②Z2 桩桩身摩阻力在同一位置处随荷载的减小而减小,离桩顶 5～17cm 处桩身只有负摩阻力,离桩顶 17～75cm 处同时存在正负摩阻力。Z5 桩桩身摩阻力的变化规律与第 2 次卸载时基本相同。

③Z3 桩和 Z6 桩桩身摩阻力的变化规律与第 2 次卸载时基本相同。

第 4 次卸载阶段桩身摩阻力变化规律如图 10-23 所示,分析可得:

①Z1 桩和 Z4 桩桩身摩阻力变化规律与第 2 次卸载时基本相同。

②Z2 桩和 Z5 桩桩身摩阻力变化规律与第 3 次卸载时基本相同。

③Z3 桩和 Z6 桩桩身摩阻力变化规律与第 2 次卸载时基本相同。

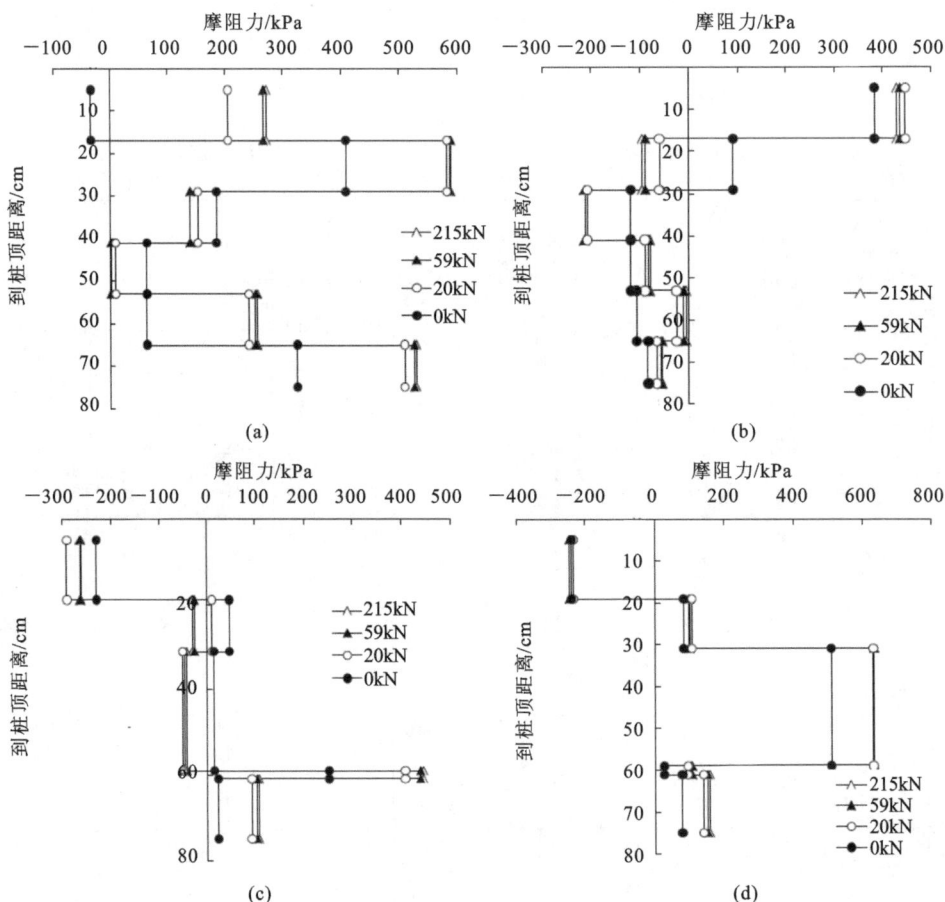

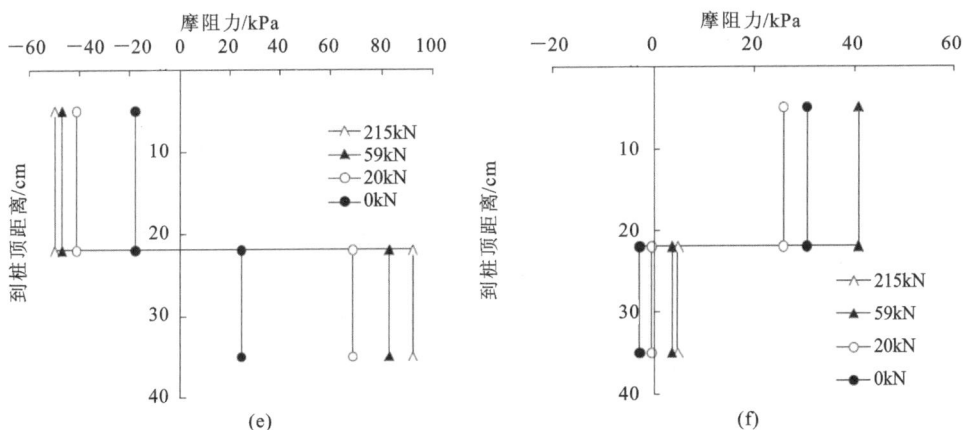

图 10-23　第 4 次卸载阶段桩身摩阻力变化规律

(a)Z1 桩；(b)Z4 桩；(c)Z2 桩；(d)Z5 桩；(e)Z3 桩；(f)Z6 桩

10.4　本章小结

　　复合地基在工程中已得到广泛应用，是岩土工程界一直比较关注的课题，然而受单侧约束后，含缺陷桩复合地基荷载传递和变形的规律，也是亟待解决的问题之一。在综合分析国内外关于含缺陷桩复合地基研究现状的基础上，本章通过理论分析和室内模型试验的方法，揭示了单侧约束条件下含缺陷桩复合地基的工程性状，主要得出了如下结论：

　　①具有单侧约束含缺陷桩复合地基受压后，土顶面和桩顶面产生差异沉降，土顶面沉降较大。有侧向约束桩时，桩长越长，桩顶面沉降越小，上刺入量越大；无约束桩时，桩长越短，桩顶面沉降越大，上刺入量越小。

　　②具有单侧约束含缺陷桩复合地基的第 1 次加卸载曲线呈直线形，上刺入量随荷载的增大而增大，随荷载的减小而减小。第 2～4 次加卸载曲线较为平缓，上刺入量随荷载的变化很小，这是由于第 1 次加载后土体被压实。

　　③采用单侧约束桩加固地基的沉降、上刺入量比无约束桩地基小，可见侧向约束桩抑制了地基的侧向挤出，减少了复合地基的沉降，抑制了复合地基的破坏。

　　④复合地基 4 次卸载板顶沉降曲线呈下凹形，较平缓，第 2～4 次加载的荷载超过前一次加载的最大荷载时，加载曲线将回归到第 1 次加载曲线的延长线上，具有记忆效应。另外，卸载完毕时无法回到加载前的水平，因此，第 $i+1$ 次卸载曲线均位于

第 i 次曲线下方,线形相似,则复合地基是非理想弹性体,包括弹性变形和塑性变形两部分。

⑤具有单侧约束含缺陷桩复合地基受压后,群桩桩身轴力、摩阻力随荷载的增大而增大,随荷载的减小而减小;桩身轴力随到桩顶距离的增大而减小。

⑥在其他条件相同时,同种桩型的两桩,单侧约束桩的轴力、摩阻力比无约束桩小;在相同位置的两桩,单侧约束桩的轴力、摩阻力比无约束桩小。这体现了有单侧约束桩比无约束桩的承载能力强,侧向约束提高了复合地基的承载能力。

⑦在其他条件相同时,正常桩的轴力和正摩阻力大于缺陷桩的轴力和正摩阻力,长桩的轴力和正摩阻力大于短桩的轴力和正摩阻力;缺陷桩承载能力比正常桩承载能力弱,长桩的承载能力比短桩的承载能力强。

参 考 文 献

[1]　任鹏,邓荣贵,于志强.CFG 桩复合地基试验研究[J].岩土力学,2008,29(1):81-86.

[2]　秋仁东.竖向荷载下桩身压缩和桩基沉降变形研究[D].北京:中国建筑科学研究院,2011:45-50.

[3]　陈鹏.CFG 桩复合地基承载力和沉降计算方法研究与改进[D].北京:北京工业大学,2012:34-41.

[4]　TERZAGHI K. Theoretieal soil mechanics[M]. New York:Wiley,1943.

[5]　赵明华,何俊翘,曹文贵,等.基桩竖向荷载传递模型及承载力研究[J].湖南大学学报(自然科学版),2005,32(1):37-42.

[6]　周德泉,周志刚,王贻荪.水泥粉喷桩复合地基承载力分析及原型试验研究[J].长沙交通学院学报,2000,16(1):47-52.

[7]　张兴长.单桩竖向抗压静载试验检测操作方法及结果分析[J].大众科技,2011(5):69-70.

[8]　车璠.CFG 桩复合地基沉降计算方法研究[J].北方交通,2010(5):48-50.

[9]　董必昌,郑俊杰.CFG 桩复合地基沉降计算方法研究[J].岩石力学与工程学报,2002,21(7):1084-1086.

[10]　孙林娜.复合地基沉降及按沉降控制的优化设计研究[D].杭州:浙江大学,2006.

[11]　鲍树峰.刚柔长短组合桩-网复合地基工作性状研究[J].铁道工程学报,2014(7):22-27,77.

[12]　POULOS H G. Behavior of pile groups with defective piles[C]//ISSMGE. Proceeding of the 14th International Conference on Soil Mechanics and Foundation Engineering. Boca Raton:CRC Press,1997:871-876.

[13]　刘学峰,李麦玲,李发成. CFG 桩桩体浅部断裂问题的探讨[J].陕西建筑,2009(3):38-39,50.

[14]　贾志刚,吴雄志,焦利国.长螺旋 CFG 桩施工质量缺陷及改进措施实例[J].山西建筑,2007,33(8):117-118.

[15]　ALAMGIR M,MIURA N, POOROOSHASB H B,et al. Deformation analysis of soft ground reinforced by columnar inclusions[J]. Computers and Geotechnics,1996,18(4):267-290.

[16]　REN L W,WANG G Y. Practical variational analysis on vertical behavior of jet grouting soil-cement-pile strengthened pile[C]//SEVI A F, LIU J Y, CHEN C W, et al. Advances in Pile Foundations,Geosynthetics,Geoinvestigations, and Foundation Failure Analysis and Repairs. Reston: ASCE Press,2011:126-134.

[17]　王淦.具有断桩缺陷的灌注桩竖向承载性状的模型试验研究与数值分析[D].天津:天津大学,2011.

[18]　POULOS H G. Pile Behavior—Consequences of geological and construction imperfections[J]. Journal of Geotechnical and Geoenvironmental Engineering, 2005,131(5):538-561.

[19]　WONG Y W. Behavior of large-diameter bored pile group with defects[D]. Hong Kong:The Hong Kong University of Science and Technology,2004.

[20]　程睿.钻孔灌注桩桩基完整性对桩承载力的影响研究[D].长春:吉林大学,2007.

[21]　安建国.含有缺陷桩的桩基础竖向承载性状的三维有限元分析[D].天津:天津大学,2006.

[22]　贺武斌,贾军刚,白晓红,等.承台-群桩-土共同作用的试验研究[J].岩土工程学报,2002,24(6):710-715.

[23]　张磊,魏安.软土处理技术的研究与新进展[J].铁道勘测与设计,2005,12(2):64-66.

[24]　刘海涛,谢新宇,程功,等.刚-柔性桩复合地基试验研究[J].岩土力学,2005,26(2):303-306.

[25]　朱奎,魏纲,徐日庆.刚-柔性桩复合地基中桩荷载传递规律试验研究[J].岩土力学,2009,30(1):201-205,210.

[26]　马骥,张东刚,张震,等.长短桩复合地基设计计算[J].岩土工程技术,

2001,25(2)：86-91.

[27] 李斌.桩体长短与刚度对长短桩复合地基性状影响的模型试验研究[D].太原:太原理工大学,2010.

[28] 左珅,刘维正,张瑞坤,等.路堤荷载下刚柔长短桩复合地基承载特性研究[J].西南交通大学学报,2014,49(3):379-385.

[29] 丁光文,唐艳.粉喷桩侧向约束在软土地基加固中的运用[J].路基工程,1999,15(1)：49-50.

[30] 张军,郑俊杰,马强,等.桩承式加筋路堤挂网技术水平位移影响分析[J].华中科技大学学报(自然科学版),2012,40(1):63-66.

[31] 柏松平,陈兴培,李勇林.侧向限制法软土处理技术研究[J].公路,2005,24(7)：127-130.

[32] 付祖良.钻孔灌注桩水下混凝土灌注技术研究与应用[D].武汉:华中科技大学,2006.

[33] 张勤良,邵东升.钻孔灌注桩质量问题及处理措施探讨[J].混凝土,2010,32(4)：142-144.

[34] 蒋建平.灌注桩施工事故实例及综合分析[J].施工技术,2006,35(1)：51-55.

[35] 徐余,陈悦,张雪梅,等.疏桩基础的工程实例分析[J].岩土工程界,2002,5(12)：49-52.

[36] 吴庆曾.论基桩完整性检测技术[J].物探与化探,2000,24(4)：284-295.

[37] 吴国勇.高压旋喷注浆法处理钻孔桩缺陷[J].华东公路,1991,14(5)：41-48.

[38] 陈秋南,张永兴.桥梁桩基础缺陷复合检测及其加固新方法[J].岩石力学与工程学报,2004,23(20):3518-3522.

[39] 周德泉,陈坤,赵明华,等.室内模型实验中低强度桩侧应变片粘贴技术与应用[J].实验力学,2009,24(6):558-562.

11 斜直双排桩加固路堤边部的工程特性研究

11.1 研究背景及现状

本章图库

11.1.1 研究背景

由于我国特殊的地质分布特点,中西部地区地势起伏较大,且部分区域分布着深厚的软土层,在其上部修筑高速公路(铁路)路堤时,地基的整体稳定性成为需要重点考虑的因素[1]。

目前,针对路堤下部较为深厚的软弱地基,学术界和工程界普遍采用复合地基进行加固处理[2-5],并对此开展了深入研究。郑刚等[2]通过开展针对复合地基加固软基的一系列试验后,分析总结了桩体复合地基在加固软弱地基时的不同破坏模式特征,并将路堤荷载下部的复合地基加固区划分为四个不同的区域:拉弯区、弯剪区、压弯区和承压区(图 11-1),认为刚性桩先在路基坡脚处拉弯区发生弯曲破坏、桩身倾覆,桩身破坏倾覆区域扩展导致路基失稳。而针对倾斜软基上复合地基的工程特征和破坏模式,刘飞成等[3]、毕俊伟等[4]、顾行文等[5]等开展了一系列以离心试验为主的研究工作。上述研究结论普遍证明,地基土体的沉降与水平位移不对称,地基整体向斜坡外水平移动,路基坡脚处沉降水平位移较大,此处桩体多发生断裂,最终导致地基出现明显的失稳破坏特征。显然,在路堤荷载作用下,路堤坡脚处桩体往往首先发生破坏,因此其成为路基稳定性控制的重点[2-5]。而坡脚处桩体的破坏模式有倾倒、横移破坏和桩身弯剪断裂破坏。

实际工程中,由于复合地基整体稳定性不足而发生的路基垮塌事故屡见不鲜。2017 年,武汉城市圈环线一段修建于深厚软基段的填方路堤边坡突然发生大面积垮塌[图 11-2(a)],该段路堤下部软土层先后使用粉喷桩、PHC 管桩进行加固处理,均

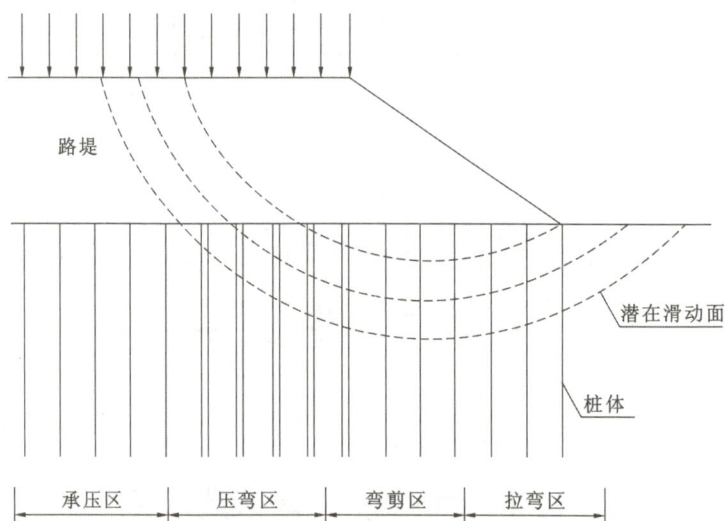

图 11-1　桩体复合地基受力状态分区

未能满足地基的整体稳定性要求。2019 年,鄂咸高速公路一段路基顶面出现纵向裂缝,边坡出现明显滑移[图 11-2(b)],该段落采用的预应力管桩复合地基处理软弱土层的方案也宣告失败。

图 11-2　路堤垮塌事故

(a)武汉城市圈环线路堤垮塌事故;(b)鄂咸高速公路路堤边坡滑移事故

　　通过上述工程事故及研究分析可知,在路堤荷载作用下,使用传统复合地基的方式处理深厚软基,特别是整体呈倾斜分布的软基时,路堤边坡往往因侧向约束作用不足而发生滑移、垮塌。路堤坡脚下部桩体往往首先发生破坏,因此成为路基整体侧向稳定性控制的重点。基于上述分析,为增强复合地基的整体稳定性,提升软基加固效果,提出了"斜直双排桩＋复合地基"的软基处理方案[6](图 11-3)。在软弱土层中,路堤下部使用传统复合地基进行加固以承担上部路堤的竖向荷载;在路堤坡脚处,设置斜直双排桩,充分发挥后排竖直桩的挡土作用及前排倾斜桩的支撑作用,以重点控制地基软土的侧向滑移。

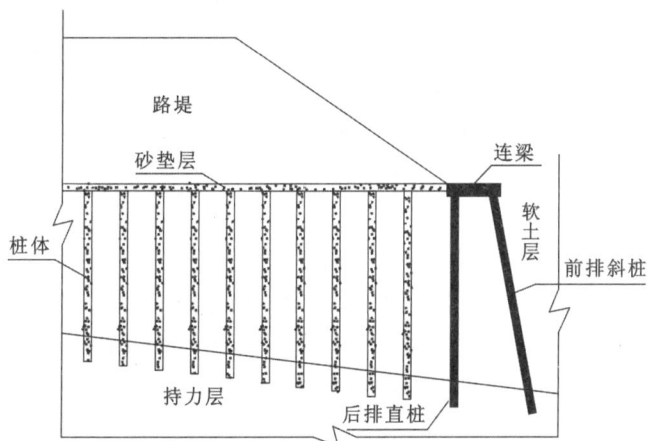

图 11-3 "斜直双排桩+复合地基"加固方案

在港口码头中,斜直双排桩作为一种接岸结构[7,8],倾斜桩顶部嵌入承台,端部深入岩土地基,桩身在水中,属于主动桩,倾斜桩的斜撑作用明显。而在路基工程中,斜直双排桩的加固案例及相关研究均未见报道,其与复合地基桩体协同加固软弱地基的工作特性也尚不明确,开展相关研究能够为这种组合型加固处理方案的设计、施工提供理论支撑,拓展软基加固处理的方案。

11.1.2 国内外研究现状

11.1.2.1 倾斜桩研究现状

斜直双排桩中前排倾斜桩提供了较强的斜撑效果,因而将其作为组合桩研究的重点。关于倾斜桩的工程特性、设计及承载力判断方法的研究,国外开展得相对较早,其中以 Meyerhof 等[9,10]和 Hanna 等[11]开展的研究为代表。

Meyerhof[9,10]通过模型试验的方式研究了在倾斜荷载作用下竖直桩的承载力,并且分析得到了此时竖直桩的极限承载力经验公式。

$$\left(\frac{Q_u \cos\alpha}{Q_a}\right)^2 + \left(\frac{Q_u \sin\alpha}{Q_n}\right)^2 = 1 \tag{11-1}$$

式中,α 为荷载方向与桩身轴线方向之间的夹角;$Q_u\cos\alpha$,$Q_u\sin\alpha$ 分别为倾斜荷载在桩身轴向及法向的投影分量;Q_a,Q_n 分别为桩身轴向及法向的极限承载力。

Meyerhof 的研究工作虽然主要针对竖直桩展开,但较早研究了桩身轴向与桩身承受荷载不共线这一特殊工况下的力学响应特性,研究思路及研究方法均为后续倾斜桩的工程特性研究提供了非常重要的参考基础。

之后,Rajashree 等[12]通过数值模拟的方式研究了倾斜桩在循环荷载作用下的受力变形特性,得出了桩体的荷载以及桩身位移之间的变化趋势,最终认为倾斜桩的承载力较竖直桩有一定程度的减小。Hanna 等[11]针对荷载作用下倾斜桩的承载力开展了更为深入的研究。他们基于荷载作用下不同倾斜角倾斜桩的室内模型试验的分析,认为倾斜桩的承载力随桩身倾斜程度的加大有一定程度的减小。

而近些年,国内针对倾斜桩的工程特性也开展了大量的研究,其中以郑刚、曹卫平、周德泉、孔德森、徐江等开展的研究工作为代表,主要的研究方法包括试验、有限元模拟以及理论分析,构建了部分计算分析模型。

王丽等[13]以实际工程中发生倾斜的桩体进行的竖向加载试验为背景,构建出倾斜桩数值分析模型,在数值分析模型中针对倾斜桩与土体间的荷载传递开展了重点研究。研究认为,倾斜桩存在一定的门槛倾斜角,小于该倾斜角时,倾斜桩的承载能力强于传统竖向桩体。徐江等[14]开展了倾斜桩的现场试验并结合数值模拟对试验结果进行分析,试验结果证明倾斜桩的竖向承载能力明显小于竖直桩。曹卫平等[15]进行了一系列关于倾斜桩承载能力的研究,分析认为倾斜桩的竖向变形量明显大于竖直桩。周德泉等[16]开展了竖向循环荷载作用下倾斜桩的工程特性研究,试验结果证明倾斜桩存在影响竖向沉降及水平位移的"临界倾斜角"。Zhou 等[17]基于预应力管桩发生倾斜事故的实际工程,建立了倾斜 PCP 群桩有限元计算模型,并提出了使用反向倾斜管桩进行加固的方案,最终结果表明,随倾斜程度增大,倾斜 PCP 群桩竖向承载力降低,且降低程度随倾斜程度增加而不断增大。使用反向倾斜管桩进行加固的方案能够有效减小地基的竖向沉降,提升地基的整体稳定性。

上述研究结论普遍认为,随着倾斜程度的增加,倾斜桩的竖直方向承载力整体上呈现减小的变化趋势,而关于倾斜桩计算模型的确定,也为其竖直方向承载力的计算提供了基础。

前文介绍的研究工作主要针对倾斜桩的竖向承载力,本章重点研究的斜直双排桩中,前排倾斜桩承受的荷载则以水平方向为主。而目前,国内外针对倾斜桩侧向承载力也开展了一定的研究,得出了一些有意义的结论。徐源等[18]开展了使用倾斜桩支护基坑的模型试验,重点研究了基坑开挖过程中不同倾斜程度桩体的水平位移、桩身弯矩以及基坑顶面土体沉降,通过对试验结果进行对比认为,倾斜桩作为基坑支护时存在最佳倾斜角,使得支护效果达到最佳。郑刚等[19]也针对倾斜桩作为基坑支护结构的处理方案开展了模型试验研究,研究过程中重点分析了倾斜桩的桩顶水平位移、桩背土沉降以及桩身弯矩分布规律。他们认为,倾斜桩的侧向工作特性明显优于传统单排竖直桩,提出的斜直交替布置方案的侧向加固效果达到最优。孔德森等[20]

则以实际工程为背景,建立了倾斜桩支护基坑的数值模拟模型,通过对倾斜桩及传统单排桩的倾覆特性开展研究,认为倾斜桩的抗倾覆特性明显优于传统单排桩,并且其受力特征较为合理,更能充分利用材料的承载特性,具有明显的应用价值及经济效益。周德泉等[21,22]开展了路堤坡脚处的倾斜桩模型试验,分别对桩顶嵌固以及自由的倾斜桩进行了研究。研究结论均证明,倾斜桩对路堤坡脚的侧向加固作用较强,有利于增强路堤的整体稳定性。孔德森等[23]之后又针对倾斜桩的基坑支护特性开展了模型试验研究,针对不同倾斜程度、桩顶约束特性等影响倾斜桩支护效果的因素开展了重点分析。试验结果也较好地证明了倾斜桩较为优秀的侧向承载能力,并且分析得出倾斜桩的侧向承载能力随着桩身倾斜度增加、桩顶约束条件增加而获得有效的增大,更加有利于基坑保持稳定。

上述针对倾斜桩的模型试验及有限元分析普遍认为倾斜桩在承受侧向荷载时,桩顶水平荷载部分转化成轴向荷载[24],具有较强的侧向稳定性和较为良好的桩身工作特性,能够有效地减少地基侧向滑移,防止桩身破坏,在需要提供较强侧向加固效果的基坑工程及路基工程中能够表现出优良的工程特性。基于上述研究以及在部分工程中成功的应用,一些学者也开展了侧向受荷倾斜桩的设计计算模型的研究,取得了较为满意的成果。

目前,已经进行的关于倾斜桩水平受荷的计算分析模型多是基于桩身 p-y(荷载-水平位移)曲线法进行构建。桩身 p-y 曲线法作为能够充分利用地基弹性反力的方法[25],充分考虑了桩身与土体之间的非线性接触变形,能够准确计算桩身不同深度处的变形及受力特性而成为目前进行桩身受力变形分析的主流方法[26-29]。而使用 p-y 曲线法进行计算的重点即为如何准确、合适地建立桩身 p-y 曲线。一些专家、学者针对倾斜桩的 p-y 曲线的构建开展了大量的研究。Zhang 等[24]、袁廉华等[30]、凌道盛等[31]针对倾斜桩开展的研究是在已经较为成熟的竖直桩 p-y 曲线研究结论上开展的。即通过对目前竖直桩 p-y 曲线模型进行调整,间接得出了倾斜桩的 p-y 曲线模型,这在一定程度上为倾斜桩的设计计算提供了参考,但是使用这种对竖直桩 p-y 曲线进行调整的方法很难从本质上解释倾斜桩受力过程中较为复杂的桩土之间相互作用的机理。而对于上述存在的问题,曹卫平等[32,33]在开展的模型试验的基础上,对倾斜桩的桩身土压力与桩身水平位移关系进行深入分析,并建立了两者之间的关系曲线,之后重点分析了桩身土体的极限承载力、地基反力模量与倾斜桩的桩身倾斜角度之间的相互关系,使用双曲线对 p-y 曲线进行拟合。最终得出了桩身 p-y 曲线和试验用土 $\Delta\sigma$-ε 曲线的联系,提出了一些关键参数的计算确定方法。

上述计算分析模型的研究在一定程度上为侧向受荷倾斜桩的设计、施工提供了技术支撑。而本章中设置的斜直双排桩中前排倾斜桩除桩身受到侧向土压力外,在桩顶连梁嵌固处还受到了荷载及弯矩作用,具备侧向受荷主动桩及被动桩的双重特性,其工程特性也势必更加复杂,相关研究工作开展较少,需开展更为深入的研究。

11.1.2.2　双排桩研究现状

斜直双排桩由后排承担挡土作用的竖直桩以及前排承担支撑作用的倾斜桩,通过桩顶连梁组合成为整体共同承担侧向荷载,本质上属于双排桩的范畴。目前双排桩已经作为抗滑结构[34-40]或者支护结构[41-48]在边坡工程及基坑工程中有了大量成功的应用,此时双排桩均设置为竖直桩。针对双排桩的工程特性,一些学者也开展了一些有意义的探索研究,研究的方法主要包括试验研究、模拟分析和理论分析,构建了部分受力计算模型。

何颐华等[49]通过对北京某双排护坡桩实际工程进行实测,同时开展室内模型试验研究双排桩支护结构的加固效果,试验结论表明,双排桩在基坑支护工程中具有更加明显的优势。而且基于模型试验得出的桩身受力变形特性,提出了一种计算双排桩支护结构的方法。

随后余志成等[50]介绍的双排桩计算方法也与上述算法类似,该双排桩刚架计算模型的影响较为广泛,特别是前后排桩土压力分配的方法一直沿用至今,旧版理正深基坑商用软件的双排桩计算模型就是采用此种计算模型。

之后郑刚等[51]介绍了另外一种处理方式,将双排桩中部土体简化成水平向弹簧。该计算模型将桩间土作为弹簧进行考虑,从而避免了对双排桩桩身土压力的直接分配,相较于前文介绍的计算模型[49,50]存在着一定的合理性。

总体而言,上述两种计算模型均较为简单、有效,而在《建筑基坑支护技术规程》(JGJ 120—2012)[52]中,上述两种计算模型均被编入。

此后,一些学者针对上述计算模型进行了修改、建议,也提出了一些非常有价值的观点。

杨光华等[53]针对软土地层计算位移不够合理的情况,给出了一个新的土压力模式,将基坑面以下的附加应力看作弹性应力,引入了等效土柱刚度的概念,对于软土时基坑底面以下土压力偏大的情况提出了一个改进土压力计算的方法,从而使后排桩底部位移的计算更合理。

上述计算模型主要针对基坑支护工程中双排桩的计算,而与本章斜直双排桩受力特性较为相似的边坡工程中的双排桩组合,一些学者也给出了相关的计算分析模型。

周翠英等[54]在研究双排桩作为边坡抗滑结构时,将双排桩连同桩间土作为整体进行考虑,而将地基土体的土抗力作为弹性支撑进行分析,得出了双排桩支护边坡的分析计算模型。该计算模型同时考虑了双排桩土体的主动土压力及桩身变形所产生的附加土压力,最终通过实际工程进行验证,证实了这种计算分析模型的合理性。

钱同辉等[55]通过考虑变形协调作用,将双排抗滑桩看作刚架结构,得到了刚架的计算分析模型,建立了刚架结构的变形协调方程,之后通过对比计算过程实现编程模拟,得出双排桩的受力及变形特性方程,最终也通过实际工程印证了计算模型的合理性。

于洋等[56]则在针对双排桩的计算过程中引入了"遮蔽效应"的概念,在分析时通过定义双排桩之间的水平位移大小比实现了双排桩之间的相互影响。通过编制程序实现计算过程,并通过有限元模拟验证了遮蔽系数对计算准确度产生的积极影响。

上述计算模型的研究及探索在一定程度上解决了双排桩设置时的设计计算问题,而本章中设置的斜直双排桩的前排桩为倾斜桩,支撑效果更强,受力计算也相对更复杂,与上述分析计算模型存在明显的不同。近年来,在实际工程中也出现了由斜、竖直桩交替组成侧向受荷挡土结构,在基坑支护工程中得到较好的应用[57,58]。针对这种新型的支护结构,郑刚等[59]、刁钰等[60]、王恩钰等[61]分别开展了一系列的研究,包括模型试验、数值模拟等方法。研究结论普遍证明基坑中的斜直交替支护桩具有较好的抗倾覆和变形控制能力,其倾斜桩倾斜角增大有利于主动控制效果的增强。针对结构受力特性进行分析,提出了三个工作机理效应,即刚架效应、斜撑效应和重力效应。而在对不同结构类型的分析中,认为"人"字形组合的支护效果最佳。

设置在路堤坡脚下部的斜直双排桩,其结构形式及受力特性与上述加固基坑或边坡的双排桩组合均有所不同,而上述研究工作可以为斜直双排桩的工程特性分析及计算模型建立提供借鉴和参考。

11.1.2.3 复合地基稳定性研究现状

在路堤下部复合地基出现的较为严重的事故往往是由于地基整体稳定性不足。而不同类型复合地基的整体失稳破坏模式存在较大差别,计算分析方法存在明显不同。针对路堤下部复合地基的工程特性及稳定性分析,一些学者开展了大量的研究[62-78]。不同类型的复合地基及其计算模式总结如下。

目前,路堤荷载作用下最常见的复合地基的稳定性分析思路是假定地基中的滑动面为圆弧形并采用极限平衡法进行分析。该方法设置了地基中出现的滑动面位置,并认为地基内部桩、土均发生剪切破坏,破坏情况如图 11-4 所示。

这种剪切破坏分析模型主要针对散体材料类复合地基,通过确定复合区的抗剪强度 S_{sp} 以及将其与路堤的整体滑动剪切荷载进行对比,来确定地基的整体稳定性。其中复合抗剪强度 S_{sp} 的确定方法如下。

$$S_{sp} = (1-m)c_u + mS_p\cos\alpha \tag{11-2}$$

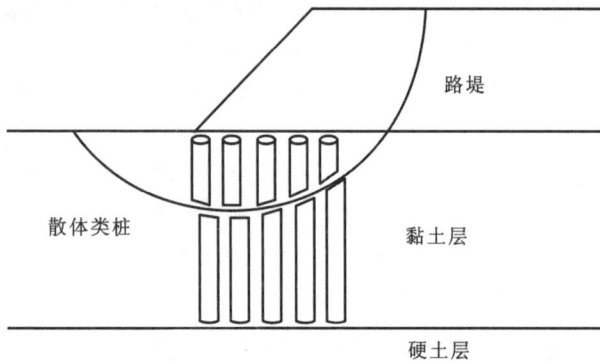

图 11-4　复合地基剪切破坏分析模型

式中，S_p 为桩体抗剪强度；α 为滑动面切线倾斜角；c_u 为土体不排水抗剪强度；m 为面积置换率。

　　Kivelö 等[75]认为对于柔性桩复合地基(图 11-5)，采用复合地基的滑动剪切破坏模型进行设计可能高估路堤的稳定性。他们提出边坡滑动面整体呈楔形，由三段破坏线组成，同时提出了桩体在路堤下部不同位置可能存在不同的破坏模式，包括受弯破坏、压缩破坏以及受剪破坏三种模式。

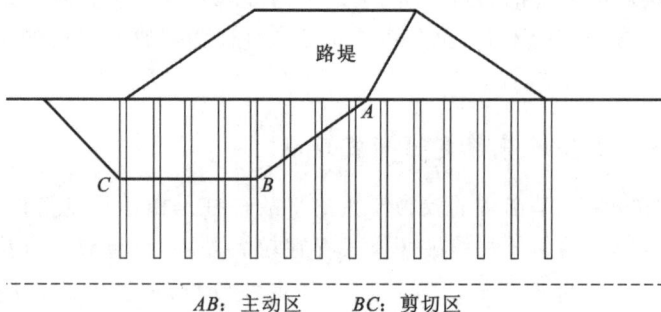

图 11-5　柔性桩复合地基滑动面

　　同时，依据桩体发生的不同破坏模式提出了不同的计算方式，通过式(11-3)确定了地基的复合抗剪强度。

$$\tau_u = c_{u,col}a_s + c_{u,soil}(1 - a_s) \tag{11-3}$$

式中，$c_{u,col}$ 为桩体可以提供的抗剪强度；$c_{u,soil}$ 为地基不排水抗剪强度；a_s 为桩土面积置换率。

　　上述计算分析方法主要针对散体材料桩的稳定性计算，而针对深厚软基处理更为常见的是刚性桩复合地基。李帅[79]在开展复合地基试验的基础上建立了数值模拟分析模型，并针对刚性桩复合地基开展了深入的研究。分析结论认为，刚性桩复合地基存在多种破坏模式,包括:①桩体弯曲破坏以及整体倾覆破坏;②桩体弯曲破坏;③桩体整体倾覆破坏;④桩间土体绕流破坏。最终在上述计算模型的基础上提出了简化分析的方法,针对刚性桩复合地基进行计算,并取得了较好的计算效果。

郑刚等[80,81]在 Kitazume 等[82]和陈祖煜[83]的研究基础上,提出了使用桩身抗剪强度换算得到地基复合抗剪强度的方法,从而开展地基稳定性分析,获得了较好的结果。而熊传祥等[84]提出上述方法对桩体的真实土压力考虑不足同时忽略了桩身被动土压力的作用效果,由此完善桩身被动土压力的计算,结合路堤圆弧形滑动面提出了路堤稳定性计算的方法,计算模型如图 11-6 所示。

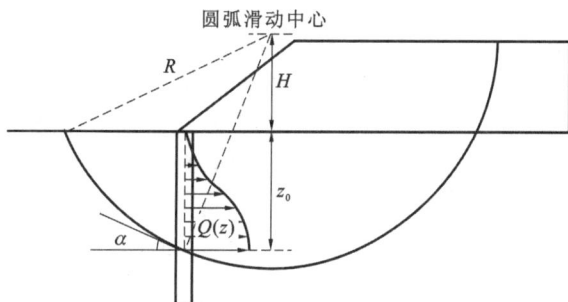

图 11-6 稳定性计算方法示意图

上述计算模型得出的桩身抗弯强度由下式确定。

$$M_U = \int_0^{z_0} Q(z) \cdot X \cdot (z_0 - z) \mathrm{d}z \qquad (11\text{-}4)$$

式中,$Q(z)$ 为文献[84]提出的桩身的内力分布情况;X 为假定的桩身内力标量;z_0 为圆弧形滑动面深度。

桩体在路基滑动区域提供的稳定性弯矩如下:

$$M_1 = \int_0^{z_0} Q(z) \cdot X \cdot (H + z) \mathrm{d}z \qquad (11\text{-}5)$$

式中,H 为滑动中心和桩顶之间的竖向标高差。

而桩体在滑动面处提供的稳定性贡献如下:

$$M_2 = \tau_\alpha \cdot R \cdot \frac{S}{\cos\alpha} \qquad (11\text{-}6)$$

式中,α 为滑动面倾斜角;τ_α 为可使用抗剪强度;S 为桩身横截面面积;R 为图 11-6 中圆弧的半径。

滑动区域内部桩所提供的稳定性可看作抗剪强度贡献:

$$M_1 = M_2 \qquad (11\text{-}7)$$

由几何条件可知:

$$\cos\alpha = \frac{H + z_0}{R} \qquad\qquad (11-8)$$

通过式(11-4)～式(11-8)即可求得抗剪强度 τ_α ,进而结合平衡分析法可以开展针对路堤的整体稳定性的计算。

上述针对复合地基稳定性的研究主要集中在指定滑动面的稳定性分析基础上,而近年来基于有限元分析的强度折减法应用于路堤的稳定性分析的也较为常见,因其在分析过程中不需要提前假定滑移面而得到了越来越广泛的认可[85-91]。

郑颖人等[92]对强度折减法进行了较为详细的介绍,同时使用强度折减法针对均质土坡的稳定性开展了分析,并与极限平衡法(Spencer 法)的计算结果进行对比,发现两种计算结果的误差在 $1\% \sim 4\%$ 之间,印证了这种计算方法的可行性。实际工程中强度折减法也有大量成功的应用实例。徐文杰等[93]针对虎跳峡右岸工程使用强度折减法开展了分析,确定了该大型边坡的潜在滑动面及破坏模式,同时使用离散元软件对强度折减法结论进行了验证,证明了这种方法的可行性。郭晔等[94]较早地在实际路基工程中应用了强度折减法,针对某一可能存在滑移的高速公路边坡开展了分析,取得了较好的结果,为这种方法的实际应用提供了重要的参考。

上述路堤工程中强度折减法的应用主要针对高边坡以及均质土坡的研究,使用强度折减法针对复合地基开展稳定性研究的案例相对较少。闫超[95]针对复合地基中桩体的实际破坏情况,提出了适用于复合地基实际破坏模式的强度折减法,通过不断探索复合地基出现的极限状态,探讨了复合地基出现极限状态的判别方法,最后通过算例验证了该方法的可行性。

对于不同组合桩型复合地基,工程界和学术界也开展了相关应用及研究,张然[96]依托实际工程,对刚、柔性组合桩复合地基的应用开展了研究,提出了新的针对工后沉降的计算方法。

豆红强等[97]在对一路堤填方工程进行分析的基础上,依靠数值模拟研究了刚、柔性桩组合型复合地基的工程特性和地基变形特性。根据不同桩型和在路基下部不同区域的受力变形特点,提出了将刚性桩设置在地基内部的潜在滑裂面处,其余位置布置柔性桩,使地基的安全系数得到明显的提升,取得较好效果。

周德泉等[98,99]针对竖向荷载作用下多元复合地基开展一系列的研究工作,对研究过程中得出的不同桩型及土体的受力变形数据进行充分的研究分析,讨论了其性状的影响因素。同时针对多元复合地基开展深入研究,得到了相对应的计算分析模型[100],建议路基工程中布置多元复合地基的控制要点[101],对多元复合地基的设计施工提供了指导。

上述组合桩型复合地基的研究工作主要集中于承受上部竖向荷载时的工程特性研究,本章提出的"斜直双排桩+复合地基"的软基处理方式在本质上也是一种多元组合型地基,不同的是本章提出的斜直双排桩设置在路堤坡脚处,主要承担侧向荷载。类似地,周德泉等[102-104]、颜超[105]、杨志华[106]提出了"侧向约束桩+复合地基"处理方式,并针对这种特殊的地基处理形式开展了模型试验探索,通过对试验结果的分析得出了这种特殊桩型复合地基的受力变形特征规律,为本章的研究内容提供了较好的研究基础。

针对"斜直双排桩+复合地基"这种特殊的软基处理方式,整体稳定性分析至关重要,上述针对复合地基的稳定性分析方法、结论可以为这种新型的软基处理方式提供参考。

11.2 "斜直双排桩+复合地基"协同加固软基模型试验

"斜直双排桩+复合地基"协同加固软土地基的方案具有明显的受力合理性,但这种地基处理方式在路基工程中的应用研究尚未开展。斜直双排桩及复合地基的受力变形规律、受力破坏过程及破坏模式尚不清楚,并且缺乏相应的试验支撑数据。

室内模型试验目前已经成为岩土工程界一种较为重要的研究方法[107-115]。本章依托实际工程,在已有研究成果[16,21,22,116]的基础上设计"斜直双排桩+复合地基"协同加固软基的模型试验,为这种新型组合桩的设置提供研究基础。

11.2.1 工程背景

武汉城市圈环线孝仙洪高速一段填方路基位于软基段,路堤顶面宽度26m,设计填筑高度9m,边坡坡度1∶1.5。软基段地层自上而下依次为:①素填土(Q_4ml):黄褐色,可塑状,层厚1~3m,地基承载力基本容许值$[f_{a0}]=100kPa$,静力触探比贯入阻力$P_s=1.60MPa$;②淤泥质土(Q_4al+l):灰褐色,流塑状,层厚6~13m,静力触探比贯入阻力$P_s=0.43MPa$;③黏土、粉质黏土(Q_4al+l):黄褐色,可塑状-硬塑状,以黏粒为主,层厚8~12m,地基承载力基本容许值$[f_{a0}]=150kPa$,静力触探比贯入阻力$P_s=3.03MPa$。淤泥质土工程性质较差,且在路堤横断面内呈倾斜分布。该段采用C70预应力混凝土管桩,桩顶铺设砂垫层,形成复合地基共同承担路堤荷载。预应力管桩桩径$\phi0.3m$,采用正方形布置,桩间距1.5m。路基断面示意图如图11-7所示。

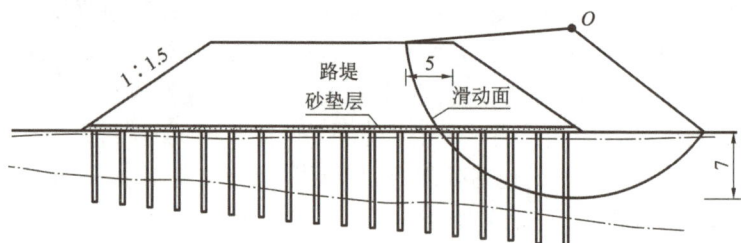

图 11-7　路基断面示意图(单位:m)

路基填筑到一定高度时,路基顶部逐渐出现裂缝,边坡出现滑移趋势。填筑高度达到 7.64m 时,一侧边坡突然大面积滑移、垮塌,软基处理失效,工程被迫暂停。工程事故发生后,对事故现场进行勘察、开挖,发现地基中出现明显滑动面,滑动面深度7m,分布情况见图 11-7。

11.2.2　模型试验概况

为了阻止路基滑移,提出在坡脚设置双排竖直桩(桩顶自由或者采用连梁连接)或者斜直双排桩加固,但是,设计参数难以确定,期待通过模型试验获得最佳方案。结合具体工程,设计模型试验对比测试。

11.2.2.1　模型试验方案

本次模型试验在尺寸为 1500mm × 900mm × 1000mm(长 × 宽 × 高)的模型箱[117]中进行。模型箱骨架采用角钢焊接而成,长边方向设置为钢化玻璃,以便观察箱内土体及桩体的变位(变形)情况;短边方向设置为柔性可变形的木板,以尽量减小侧壁对土体的约束作用,如图 11-8 所示。

图 11-8　试验用模型箱

　　本章依托工程中，在复合地基上部施加路堤填土荷载，荷载较大时地基发生滑移垮塌破坏，地基中出现明显滑动面。对于比例模型试验，由于模型尺寸相对较小，土应力与实际工程存在差别，使用填土进行加载难以达到预期效果。因此在模型土体一侧通过钢板施加竖向均布荷载，配合模型底部倾斜布置的硬土层，使模型土层中出现圆弧形滑动面，通过调整模型布置，使模型试验中滑动土体分布情况与背景工程相似，以此开展试验模拟分析。

　　试验模型布置如图 11-9 所示。试验土层包括上部软土层、下部硬土层两种土层，借助有限元仿真分析得到在硬土层顶面坡度为 1∶3 时，软土层中出现的圆弧形滑动面深度为 700mm，与背景工程中滑动面深度（7m）达到 1∶10 的尺寸比例关系，且土层滑动特性相似。模型左侧模拟背景工程设置为复合地基区域，该区域由"PVC 管桩＋桩间软土＋桩顶砂垫层"组成，PVC 管桩桩间距为 150mm（对应实际工程桩间距 1.5m），桩底深入下部硬土层。在复合地基上部施加均布荷载 p。

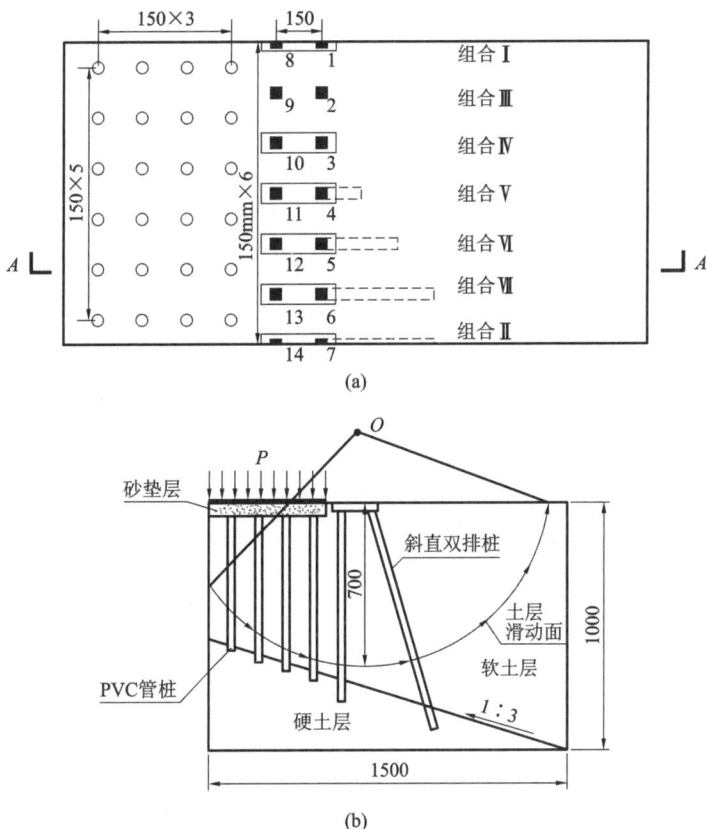

图 11-9　试验模型布置图（单位：mm）

（a）平面布置图；（b）立面布置图（A—A 剖面）

为了对比不同组合的侧向加固效果,在模型箱左侧区域纵向设置组合Ⅰ～Ⅶ,7种不同的加固组合方案如表 11-1 所示。

表 11-1 组合方案

编号	组合形式	测试对象
Ⅰ	双竖直桩(竖直桩 1＋连梁＋竖直桩 8)	桩身水平位移、弯曲与破坏过程
Ⅱ	斜直双排桩(竖直桩 14＋连梁＋倾斜度 30％倾斜桩 7)	
Ⅲ	双单桩(竖直桩 2＋竖直桩 9)	前排桩水平位移、桩身弯矩
Ⅳ	双竖直桩(竖直桩 3＋连梁＋竖直桩 10)	
Ⅴ	斜直双排桩(竖直桩 11＋连梁＋倾斜度 10％倾斜桩 4)	
Ⅵ	斜直双排桩(竖直桩 12＋连梁＋倾斜度 20％倾斜桩 5)	
Ⅶ	斜直双排桩(竖直桩 13＋连梁＋倾斜度 30％倾斜桩 6)	

注:坡脚模型桩采用水泥砂浆方形桩,其中组合Ⅲ～Ⅶ中桩体为全模试验,桩身截面边长 30mm;组合Ⅰ、Ⅱ中桩体为半模试验,桩身截面边长为 15mm×30mm。前排桩 1～7 的长度因倾斜度不同而不同,分别为 842mm、842mm、842mm、875mm、920mm、976mm、976mm;后排桩 8～14 为竖直桩,长度相同,均为 800mm。

均布荷载施加在复合地基顶部,在小尺寸范围、小变形阶段,分配到 7 种组合相同深度处的侧压力均匀[114]。在 7 种组合中,组合Ⅰ与组合Ⅱ紧贴钢化玻璃(半模试验),位置对称,其受力状态相同,可对比测试斜直双排桩、双竖直桩的受力变位差异,通过两侧玻璃外摄像,全程记录变形破坏过程;组合Ⅲ与组合Ⅳ位置邻近,可对比测试双单桩与双竖直桩的受力变位差异;组合Ⅳ～Ⅶ位置邻近,可对比测试前排倾斜桩倾斜度(倾斜度定义为倾斜桩在水平面上投影与在竖直面上投影之比)为 0、10％、20％到 30％时斜直双排桩的受力变位差异。

模型试验方案设计中,模型箱边界效应及加载方式对试验结果产生的影响通过仿真模拟予以排除。

11.2.2.2 模型土

背景工程地层可以划分为两层:上部流塑—可塑黏性土、下部可塑—硬塑黏性土。模型土设置上部软土层、下部硬土层两种土层,上部软土层采用淤泥质土(重度 17kN·m^{-3},压缩模量 2.7MPa,含水率 49％)模拟,下部硬土层采用红黏土(重度 18kN·m^{-3},压缩模量 12.5MPa,含水率 28％)模拟。淤泥质土及红黏土均取自某工地,经晾晒、碾碎、过筛去除大颗粒后加水调制而成。桩顶上部设置砂层(重度 20kN·m^{-3},压缩模量 25MPa,含水率 10％),模拟背景工程的砂垫层。砂土最大粒径 5mm,不均匀系数 $C_u=5.5$,曲率系数 $C_c=2.7$,级配良好。模型土级配曲线如图 11-10 所示。

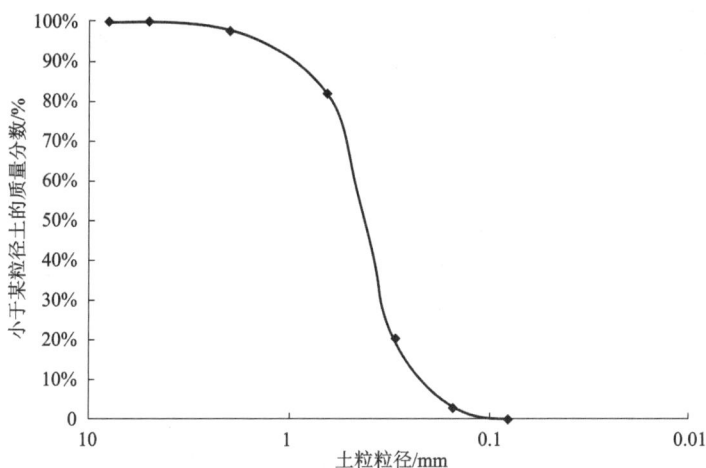

图 11-10　模型土级配曲线

11.2.2.3　模型桩

模型试验采用圆形、方形两种截面的模型桩模拟背景工程桩。根据模型试验中软土层的底面倾斜程度,模型桩桩长有所不同,模型桩参数如表 11-2 所示。

表 11-2 **模型桩参数表**

截面类型	截面尺寸	桩身材料	桩长/mm	数量
圆形	ϕ30mm	PVC 管＋水泥砂浆	540	6
			580	6
			620	6
			660	6
正方形	30mm×30mm	水泥砂浆	800	5
			842	2
			875	1
			920	1
			976	1
长方形	30mm×15mm	水泥砂浆	800	2
			842	1
			976	1

圆形截面桩采用ϕ30mm 的 PVC 硬质薄壁(1mm)塑料管灌注水泥砂浆制作而成,在试验中作为复合地基内部竖向增强体,主要承担路堤竖向荷载。

圆形截面桩制作时,首先根据方案预定的桩长及数量将 PVC 管切割成相应数量,之后按照统一的调配比例配置水泥砂浆,浇筑入空心 PVC 管中。浇筑过程中保证混凝土搅拌均匀,且一次性完成所有 PVC 管桩的浇筑,以确保不同 PVC 砂浆管桩桩身材料性质相同。浇筑完成后,在 PVC 管桩上铺设湿润土工布,连续养护 28d。

正方形、长方形截面桩制作前根据试验设计尺寸制作木模板。模板在水平地板上进行制作,模板原材料要求表面光滑、整体顺直。模板使用钢钉固定,配合木胶水嵌缝。制作完成后使用细砂纸对内表面再次进行打磨,以保证表面的平整度满足要求。打磨完毕并清洗完成后,在模板内表面涂抹凡士林待浇筑。

试验用 14 根方形截面桩使用的水泥砂浆采用一次搅拌、一次浇筑。搅拌过程中保证水泥砂浆充分拌和均匀。浇筑过程中保证砂浆充分振捣密实。浇筑完成后将 PVC 方形管嵌入桩侧,作为桩侧凹槽备用。最后对所有桩体使用润湿的土工布进行覆盖,及时浇水保持土工布湿润,养护 28d。试验用桩如图 11-11 所示。

图 11-11　试验用桩实物图

使用凹槽法[118]粘贴应变片(图 11-12)。养护完成后先使用砂纸对模型桩表面及凹槽内部表面进行打磨使其光滑,再使用酒精进行表面擦拭清洁,确保凹槽内部光滑、洁净、干燥后在凹槽底部均匀涂抹一层薄层环氧树脂,静置待其完全干燥,之后再次使用细砂纸对环氧树脂表面进行打磨,确保其表面平整、光滑。

试验用应变片型号为 B×120-80AA,电阻为$(120.8\pm0.5)\Omega$,栅长×栅宽为 80mm×3mm,灵敏系数为 2.06。

根据试验设计尺寸(注:不同尺寸桩中,应变片与桩顶之间距离均相同)在应变片粘贴位置处做好标记,进行应变片粘贴,粘贴过程中需控制应变片中无气泡,且粘贴平整,之后使用电烙笔进行接线工作。接线完成后,使用万能表检测应变片以确保应变片均有效。最后使用环氧树脂将测试线及应变片均匀地封入凹槽内部,以起到保护的作用。

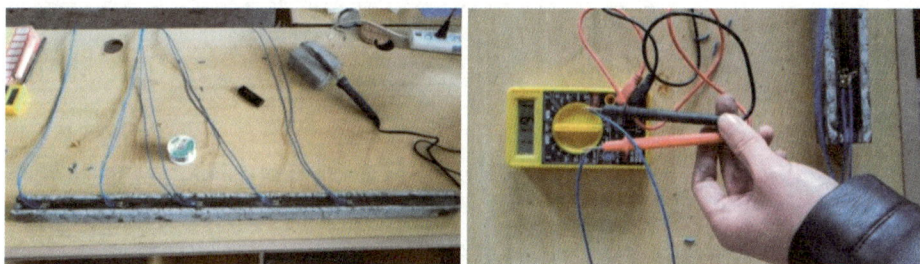

图 11-12 凹槽法粘贴应变片

模型桩的弹性模量是进行桩身弯矩计算的关键数据。由于试验用模型桩采用部分封胶的砂浆方形桩,形成了复合型材料,其弹性模量相较于原砂浆材料已经发生了较大的变化,故本次弹性模量测试采用简支梁法[119]进行。

测定时将粘贴好应变片的模型桩两端放置于两侧简支支座上,将桩身应变片连接在应变测试仪(TDS-530)上。使用钢尺精确定位简支梁跨中点,在该点悬挂轻质塑料桶,将测量好质量的砂土分级加入塑料桶中,如图 11-13 所示。

图 11-13 弹性模量的测定

加载时在一个截面两侧产生的应变大小相同,正负相反。根据桩体轴向应变公式,平均应变为:

$$\varepsilon = \frac{\varepsilon^+ + \varepsilon^-}{2} \tag{11-9}$$

式中,ε^+ 和 ε^- 分别表示相同断面两侧的应变大小。

根据材料力学公式可求得桩身弹性模量 E。

$$\sigma = \frac{My}{I_z} \tag{11-10}$$

$$E = \frac{\sigma}{\varepsilon} \tag{11-11}$$

式中,σ 为桩身应力;M 为桩身弯矩;y 为测点距中性轴的垂直距离;I_z 为桩身截面惯性矩。

桩身弯矩可通过支座反力与相应力臂的乘积求出,如下式所示。

$$M = FS \tag{11-12}$$

式中,F 为支座反力,由于加载点位于桩身正中间,因此两侧支座反力大小相等;S 为左侧支座与测点之间的距离。

得到模型桩不同测点弯矩,进而得到桩身不同测点的弹性模量如表 11-3 所示。由表 11-3 可得出桩身平均弹性模量 $E = 12.6\text{GPa}$。

表 11-3 　　　　　　　　　桩身不同测点的弹性模量

F/N	E/MPa				
	$S=0.08\text{m}$	$S=0.24\text{m}$	$S=0.4\text{m}$	$S=0.56\text{m}$	$S=0.72\text{m}$
10	10852	11482	11964	12141	12916
20	12087	11827	12779	11650	12518
30	11951	12467	12556	11695	14150
40	12938	12035	14153	14443	12396
50	12494	14473	13416	12232	13379

11.2.2.4　测试系统

加载测试系统包括三部分:位移测试系统、应变测试系统以及图像测试系统。

位移测试系统包括位移百分表、加长探针、软管、百分表支座。安装时,需要在复合地基顶部(加载钢板)安装百分表测量竖向位移;在Ⅲ～Ⅶ组斜直双排桩顶部及横向安装位移百分表,在每组桩身分别通过穿过土层的软管安装 4 个水平位移百分表。百分表安装统计如表 11-4 所示。

表 11-4 　　　　　　　　　百分表安装统计

类型	复合地基变位	斜直双排桩变位		合计
测试点	加载钢板顶部竖向位移	顶部水平位移	桩身水平位移	
数量	1	5	20	26

应变测试系统由桩身粘贴的应变片、数据线、高速应变测试仪(TDS-530)以及测试电脑组成。通过数据线将已经粘贴好的桩身应变片(2GATE)与应变测试仪(接地)相连,之后将测试仪与电脑相连。连接好并设置完成后对应变片逐一检测,对数据不显示或跳动较大的通道进行检查修复或更换通道,直至数据显示全部正常且不

出现较大幅度的跳动为止。试验过程中,通过高速应变仪测得的应变信号换算得到桩身弯矩值。

图像测试系统由数码相机、摄像支架以及蓝牙控制器组成。将已经连接蓝牙控制器的两台数码相机分别牢固固定于摄像支架上,并安置于钢化玻璃两侧。通过蓝牙控制器控制数码相机,记录紧贴钢化玻璃的组合Ⅰ、Ⅱ以及土体在加载过程中的变位(变形)规律。

11.2.2.5　模型安装与试验测试

模型安装时,首先清洗钢化玻璃,填筑红黏土,安装 14 根坡脚模型桩,填筑淤泥质土,安装 24 根复合地基模型桩,再浇筑连梁,铺设砂垫层(厚度 50mm),满铺塑料布防止含水率变化。连梁养护 28d 后,移去塑料布,安装加载钢板、千斤顶和荷载传感器,并连接应变仪,安装各百分表。将应变片接线连接到 TDS-530 型应变仪,施加微压,检查全部应变片、百分表是否响应,确保其正常工作。钢化玻璃清洗后,在钢化玻璃内侧面涂抹凡士林,以减小玻璃与土层(桩)之间的摩擦;填筑红黏土时,控制压实度,顶部修刮成 1∶3 的坡率;安装 14 根坡脚模型桩时,控制各桩的平面位置,桩端插(打)入红黏土 50mm,桩顶用木条固定以控制桩身倾斜度。24 根复合地基模型桩按照行列式布置插(打)入红黏土 50mm。模型安装过程如图 11-14 所示。

图 11-14　模型安装过程

安装加载系统时,加载钢板上叠加小钢板(厚 20mm),再安装千斤顶(活塞未伸出)、荷载传感器,刚好接触反力梁,确保加载钢板水平,其形心与千斤顶底面形心重合,均匀传递压力。最后在模型箱两侧架装数码相机。安装后的试验现场如图 11-15 所示。

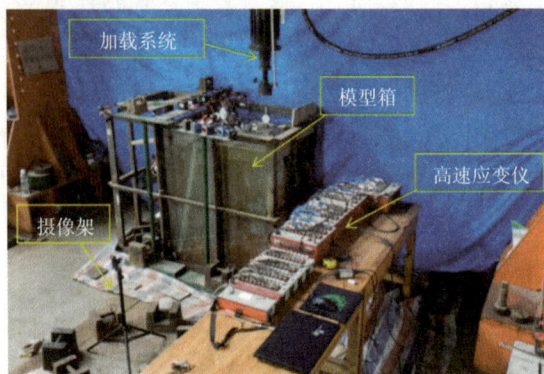

图 11-15　试验测试现场

　　试验参照行业规程[120]，分 6 级进行加载，最大荷载为 180kPa。每级加载后迅速读取各百分表并采集应变数据，之后每隔 0.5h 采读 1 次，数码相机自动拍摄组合Ⅰ与组合Ⅱ照片。若加载钢板 2 次位移读数差值小于 0.1mm，则认为复合地基变形稳定，施加下一级荷载。发生明显变形后终止加载。

11.2.3　试验结果及分析

11.2.3.1　复合地基 $p\text{-}s$ 曲线特征

　　图 11-16 为 PVC 管水泥砂浆桩复合地基 $p\text{-}s$ 曲线。在加载阶段，复合地基 $p\text{-}s$ 曲线整体呈上凸形。加载阶段前期（$p<80\text{kPa}$），沉降量随竖向加载增大而线性增大；荷载较大（$p>80\text{kPa}$）时，竖向沉降快速增大，地基产生塑性形变。卸载阶段前期，地基回弹很小；卸载至 0 时，才出现明显回弹。上述规律与岩、土体的压缩-回弹曲线特征类似[121,122]，说明本次试验的加载、位移测试系统可靠。

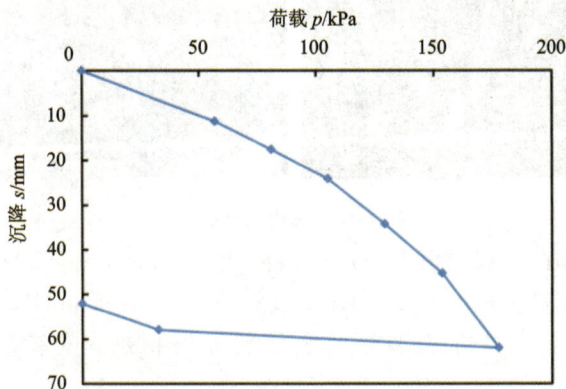

图 11-16　PVC 管水泥砂浆桩复合地基 $p\text{-}s$ 曲线

11.2.3.2　复合地基变形特性

试验加载完成后对模型土层进行竖向分层开挖得到复合地基的变形图如图 11-17 所示。由图可知,复合地基桩体在竖向荷载作用下出现明显弯曲变形,不同位置处桩体变形特性存在差别。其中,复合地基右侧边部桩 A 及桩 B 发生的弯曲变形最为明显,桩 C 发生的弯曲变形相对较小,而桩 D 则主要发生竖向沉降。分析桩身变形特征及开挖面上土层水平位移情况可得出加载时复合地基内部的土层滑动区域及圆弧形滑动面位置,滑动面距原加载板距离为 0.7m,符合模型试验的规划要求。

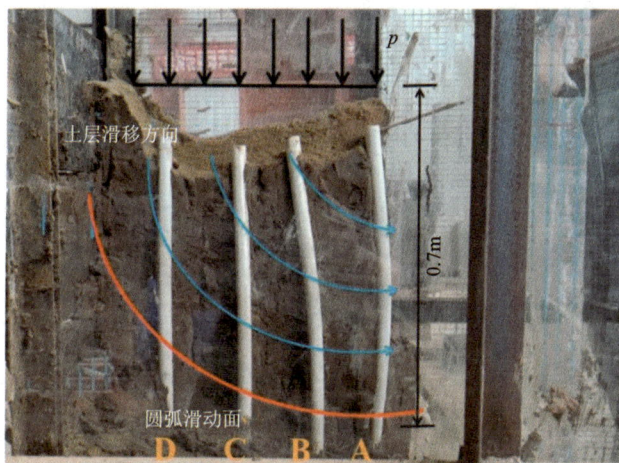

图 11-17　复合地基变形图

11.2.3.3　斜直双排桩水平位移变化规律

在组合Ⅲ~Ⅶ中,分别在桩 2~6 的桩身外侧安装 5 个百分表(与桩顶距离分别为 0、160mm、320mm、500~520mm、650~720mm,因倾斜度不同稍有差异)测读桩身水平位移的变化,以此揭示 5 种组合桩的水平位移变化规律。复合地基受压(简称加载,下同)60kPa、80kPa、105kPa、130kPa、150kPa、180kPa 时,5 种组合桩的水平位移 y 与桩顶面距离 z 的变化曲线(简称 y-z 曲线,下同)变化规律如图 11-18 所示。分析发现:

①桩顶自由时,前排桩的桩身水平位移随加载增大而增大,在 1/5 桩长处($z=$ 160mm)出现峰值,与在复合地基上部施加竖向荷载时附近桩体的水平位移峰值出现位置相似[102],说明本次水平位移测试方法可靠。不同之处是,文献[102]揭示的峰值位置较低。分析认为,后排桩的"遮帘作用"导致前排桩水平位移峰值出现位置相较于文献[102]中单排桩稍有上移。

②桩顶嵌固连梁时,前排桩的桩身水平位移随加载增大而增大,在 2/5 桩长处($z=320$mm 附近)出现峰值。加载较小(60kPa)时,水平位移峰值位于桩体顶端。桩顶水平位移大于下部,水平位移曲线整体呈倾斜分布,桩身弯曲较小。随着荷载增大,水平位移曲线逐渐呈现自上而下先增大后减小的变化规律,桩身出现明显弯曲,水平位移峰值出现位置逐渐由顶部转移至中部,这与加载区附近桩体的水平位移特征[102]类似。

③增加前排桩倾斜度有利于抵抗坡脚滑移。桩顶嵌固连梁的前排桩的桩身水平位移及峰值均随倾斜度增大而减小,6 种加载作用下,水平位移自大至小依次为组合Ⅳ(前排桩为竖直桩)、组合Ⅴ(前排桩倾斜 10%)、组合Ⅵ(前排桩倾斜 20%)、组合Ⅶ(前排桩倾斜 30%)。

④桩顶部嵌固连梁对于抵抗坡脚滑移是有益的。比较组合Ⅲ以及组合Ⅳ发现,桩顶嵌固连梁的组合Ⅳ前排桩水平位移峰值总是低于桩顶部未嵌固的组合Ⅲ,且组合Ⅳ峰值位置较低。在加载较小(60kPa)时,桩顶嵌固连梁的前排桩水平位移小于桩顶自由的前排桩;在加载较大($\geqslant$80kPa)时,桩顶嵌固连梁的前排桩中上段水平位移远远小于桩顶自由的前排桩,下段水平位移相较于桩顶部未嵌固的前排桩略大。

分析表明,对于承受侧向荷载的不同组合,水平位移大小反映了其水平承载能力。水平位移越大,整体侧向加强作用越差,水平承载能力越弱。由双排桩及连梁组成的组合桩的侧向加固效果相较于双排单桩而言具备明显的优势。而且增加斜直双排桩前排倾斜桩的倾斜度,使斜直双排桩的水平承载能力得到明显增强。

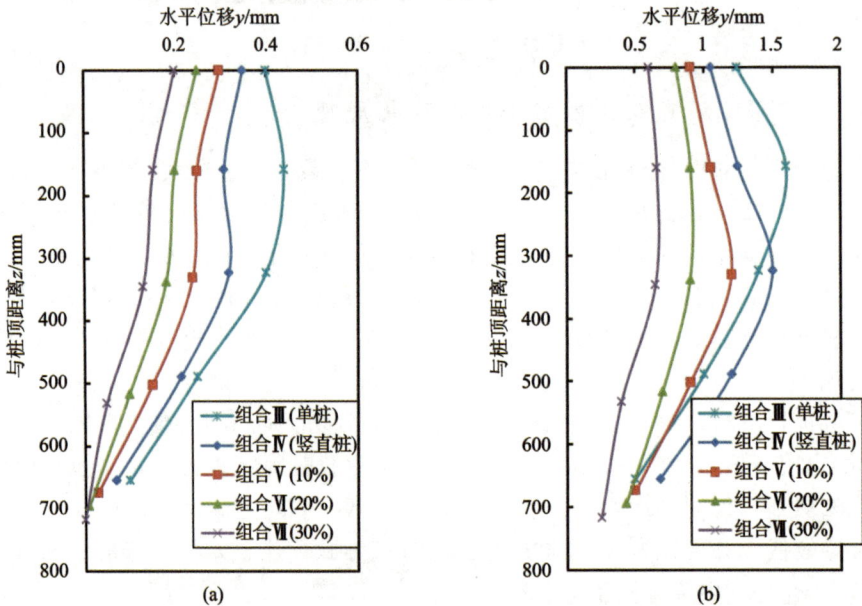

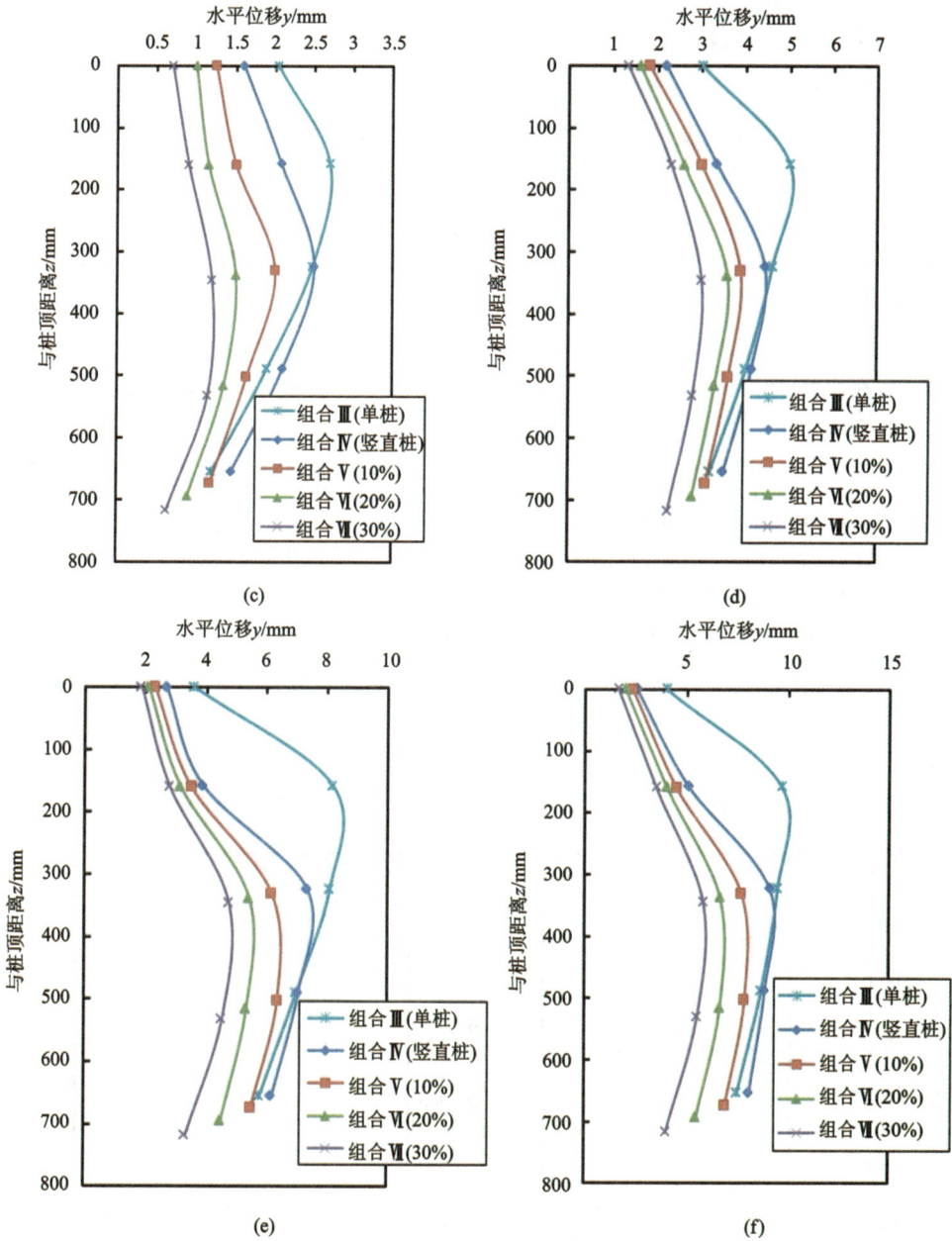

图 11-18　5 种组合桩的水平位移变化规律

(a)60kPa；(b)80kPa；(c)105kPa；(d)130kPa；(e)150kPa；(f)180kPa

11.2.3.4　斜直双排桩弯矩变化规律

(1)后排桩弯矩变化规律

前(后)排桩粘贴应变片位置相同,离桩顶距离依次为 230mm、390mm、540mm、690mm。根据 TDS-530 高速应变仪测读桩身正、反两侧应变量计算得到弯矩。

荷载为 60kPa、80kPa 时,5 种组合的后排竖直桩弯矩 M 与桩顶面距离 z 的变化曲线(简称 M-z 曲线,下同)如图 11-19 所示(加载达到 105kPa 时,部分后排桩断裂导致应变片失效,桩身弯矩曲线异常)。分析发现:

①双排单桩(组合Ⅲ)的后排桩弯矩均为正,自上而下呈现出先增大后减小的变化规律,在距离桩顶 200mm 处出现峰值,与 Zhao[123] 等通过模型试验获得的规律相似,说明本次应变片的粘贴位置和弯矩的计算是正确的。双竖直桩(组合Ⅳ)以及斜直双排桩(组合Ⅴ~Ⅶ)后排桩桩顶出现负弯矩,桩体在中间偏下位置处出现正弯矩。正弯矩值沿桩体自上而下先增后减,在深度为 300~400mm 位置出现峰值。桩中部正弯矩峰值大于桩顶负弯矩峰值,推测后排桩首先在桩中部发生弯曲破坏。

②组合Ⅳ的弯矩曲线总是在组合Ⅲ的左侧,桩顶嵌固连梁的组合Ⅳ的后排桩弯矩较小。说明桩顶嵌固连梁对于减小弯矩是有益的[123]。

③组合Ⅶ、组合Ⅵ、组合Ⅴ、组合Ⅳ的后排桩的弯矩值依次递减,即增加前排桩的桩身倾斜度能够有效增大后排桩的桩身弯矩值。工程中,建议加大后排桩的桩身强度。

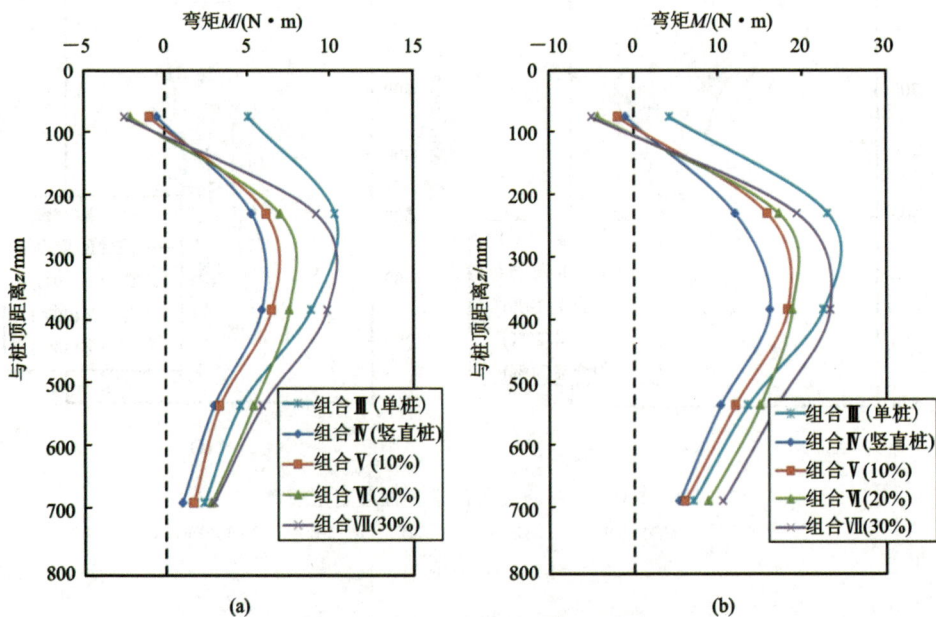

图 11-19　后排桩弯矩变化规律

(a)60kPa;(b)80kPa

（2）前排桩弯矩变化规律

加载 60kPa、80kPa、105kPa 时，5 种组合桩前排桩的 M-z 曲线如图 11-20 所示（加载达到 130kPa 时，部分前排桩断裂导致应变片失效，弯矩异常）。分析发现：

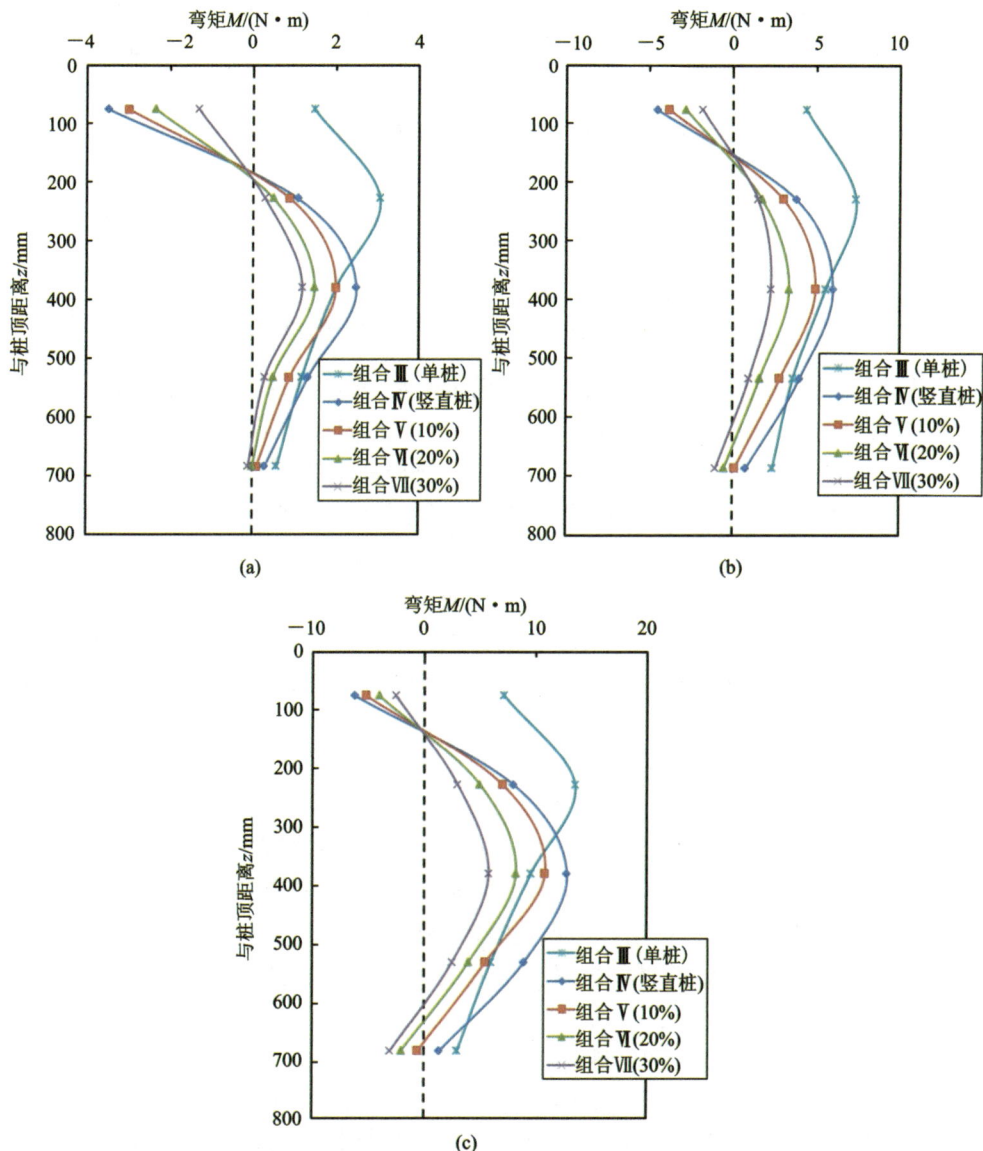

图 11-20　前排桩弯矩变化规律

(a)60kPa；(b)80kPa；(c)105kPa

①双单桩(组合Ⅲ)的前排桩均出现正弯矩,变化规律为自上而下先增大后减小,在距离桩顶200mm处出现峰值,相同荷载作用下,前排桩的弯矩峰值小于后排桩。双竖直桩(组合Ⅳ)以及斜直双排桩(组合Ⅴ～Ⅶ)前排桩桩身上部均出现了负弯矩,桩顶最大。桩身中下部出现正弯矩,正弯矩自上而下先增大后减小,在深度为400mm附近位置出现峰值。桩中部正弯矩峰值与桩顶负弯矩峰值接近,推测前排桩将在桩中部或者顶部发生弯曲破坏。

②桩顶嵌固连梁的组合Ⅳ的弯矩峰值总是小于组合Ⅲ的弯矩峰值,说明桩顶嵌固连梁有利于减小前排桩弯矩。

③组合Ⅶ、组合Ⅵ、组合Ⅴ、组合Ⅳ的前排桩弯矩依次增大,即增加组合桩的前排倾斜桩的倾斜度能够有效减小其桩身弯矩值。

11.2.3.5　后排竖直桩与前排倾斜桩正弯矩峰值比变化规律

后排竖直桩与前排倾斜桩的弯矩变化规律表明,前排倾斜桩倾斜度对组合桩前、后排桩弯矩造成一定的影响。桩身弯矩峰值大小和位置决定了桩身是否发生弯曲破坏以及桩身的危险截面位置。为了更好地表示前排桩倾斜度对工程效果的影响,提取不同加载下桩身中部正弯矩峰值以及桩顶负弯矩峰值,获得斜直双排桩直、倾斜桩弯矩峰值随前排桩倾斜度变化的曲线,如图11-21所示。

①后排桩正弯矩峰值及桩顶负弯矩峰值绝对值均随前排桩倾斜度增大而增大。而前排桩正弯矩峰值及负弯矩峰值绝对值均随前排桩倾斜度增大而减小。说明后排竖直桩的弯曲程度越大,越容易发生弯曲破坏;前排倾斜桩的弯曲程度越小,桩身越不易发生弯曲破坏。

②斜直双排桩后排竖直桩桩身中部正弯矩峰值均大于桩顶负弯矩峰值绝对值,荷载增加,桩中部正弯矩峰值增长率也大于桩顶负弯矩,说明斜直双排桩的后排竖直桩易在桩身中部发生弯曲破坏。前排桩桩身中部正弯矩在承受较小侧向荷载(60kPa)时略小于桩顶负弯矩绝对值,增大侧向荷载,桩体中部正弯矩峰值快速增大而桩顶负弯矩峰值绝对值的增长不大,在较大荷载(105kPa)时,桩身正向弯矩值远大于桩身顶部的负弯矩,说明斜直双排桩的前排桩易在桩身中部和桩顶发生弯曲破坏。

为了直观对比分析竖直桩、倾斜桩承受的最大弯矩的大小关系,绘制竖直桩、倾斜桩桩身中部正弯矩峰值比(定义正弯矩峰值比为后排竖直桩正弯矩峰值与前排倾斜桩正弯矩峰值之比)随前排倾斜桩倾斜度和侧向荷载的变化曲线,如图11-22所示。分析发现:

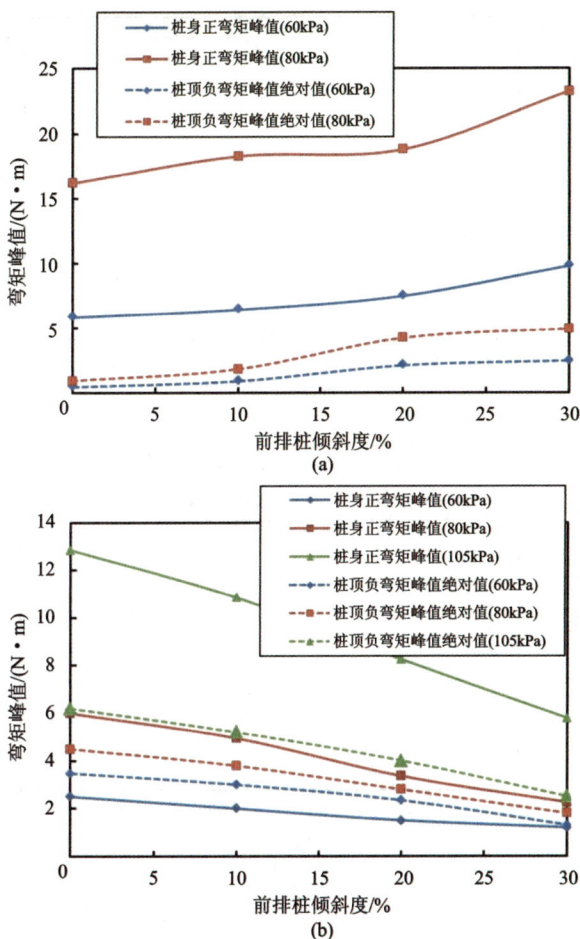

图 11-21　桩身弯矩峰值随前排桩倾斜度变化规律

(a)后排桩弯矩峰值;(b)前排桩弯矩峰值

①不同荷载作用下,斜直双排桩的竖直桩、倾斜桩桩身中部正弯矩峰值比均随前排倾斜桩倾斜度增大而快速增大,前排倾斜桩倾斜度超过 20%时,增长率加大。推理认为,斜直双排桩中,如果竖直桩、倾斜桩刚度相同,则后排竖直桩先发生弯曲破坏;前排倾斜桩倾斜度越大,后排竖直桩破坏越早。

②前排倾斜桩倾斜不同角度时,斜直双排桩的竖直桩、倾斜桩桩身中部正弯矩峰值比均随侧向荷载增大而增大。推理认为,斜直双排桩中,如果竖直桩、倾斜桩刚度相同,则任何侧向荷载大小下,后排竖直桩最易破坏。

③斜直双排桩的竖直桩、倾斜桩桩身中部正弯矩峰值比均大于 2。推理认为,工程中,前排倾斜桩倾斜度可设置为 10%～20%,根据路堤高度(荷载)选择竖直桩与

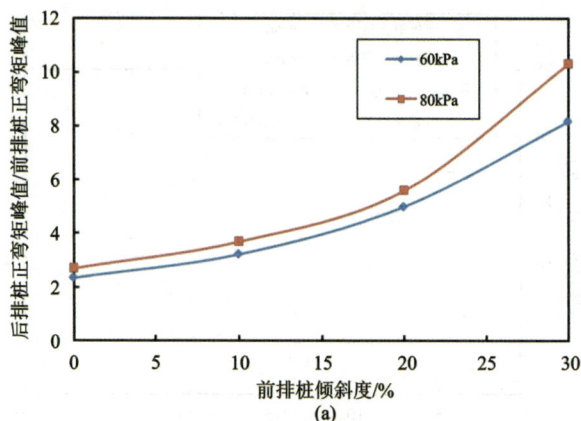

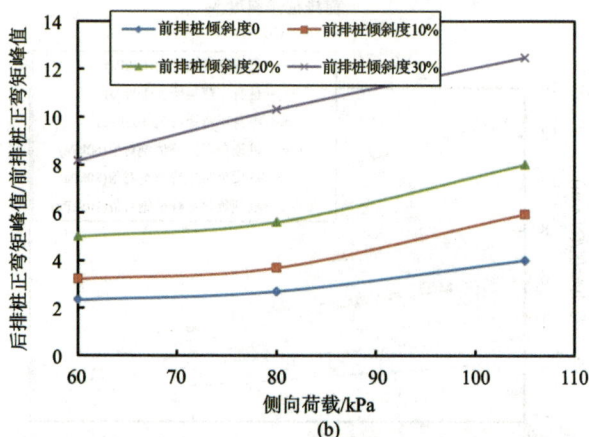

图 11-22　竖直桩、倾斜桩桩身中部正弯矩峰值比变化规律

(a)前排桩倾斜度影响下；(b)侧向荷载影响下

倾斜桩刚度比大于 2，例如，若路堤高度 4m（荷载约 80kPa），前排倾斜桩倾斜度取 10％，则要求竖直桩、倾斜桩刚度比达到 4。根据坡脚容许的水平位移选择合适的前排倾斜桩倾斜度，并且将竖直桩、倾斜桩刚度比设置为大于 2。

　　试验结束后开挖，发现倾斜桩、竖直桩在弯矩峰值附近（距离桩顶 200～500mm）出现断裂。由图 11-23 分析可知，荷载增加过程中，斜直双排桩发生水平位移，水平位移增加到一定值时，斜直桩达到水平极限承载能力而发生弯曲破坏。增加前排桩倾斜度，可有效减小前排桩的水平位移、增大前排桩的水平承载力，而后排桩的水平承载力随之减小。

(a)   (b)

图 11-23 斜直双排桩裂缝分布

(a)前排倾斜桩;(b)后排竖直桩

11.2.3.6 斜直桩与双竖直桩的变形特性与破坏过程

加载过程中,模型箱两侧架装的数码相机拍摄了紧贴玻璃的双竖直桩(组合Ⅰ)、斜直双排桩(组合Ⅱ,前排桩倾斜度为 30%)变形图像。选取 80kPa、105kPa、130kPa、150kPa、180kPa 等 5 种加载状态下的图像与加载前状态(虚化叠加)进行对比,如图 11-24所示。分析发现:

①荷载较小(80kPa)时,两种组合形式均整体水平移动,上部移动量大于下部,近似于整体结构绕桩底发生转动,桩体没有产生显著弯曲变形,整体性较好。不同之处是,斜直双排桩整体水平位移明显小于双竖直桩,说明低荷载阶段,斜直双排桩的整体稳定性强于双竖直桩,加固效果较好。

②加载到 105kPa 时,双竖直桩前、后排桩均出现明显弯曲,后排桩较明显;斜直双排桩的前、后排桩弯曲程度明显不同,其中,后排竖直桩的弯曲更明显,弯曲程度远大于双竖直桩中的后排桩,且桩身中部断裂,而前排倾斜桩弯曲不明显,依旧为整体水平位移,桩身上部水平位移大于下部,且发生转动。

③加载到 130kPa 时,双竖直桩前、后排桩弯曲继续增大,桩身中部断裂;斜直双排桩后侧竖直桩断裂后继续弯曲,前排桩出现较大弯曲。

④加载到 150kPa 时,双竖直桩前、后排桩断裂后继续弯曲;斜直双排桩的后排竖直桩断裂后继续弯曲,前排桩出现较大弯曲,桩身断裂破坏。

⑤加载到 180kPa 时,双竖直桩前、后排桩断裂后继续弯曲;斜直双排桩的前、后排桩断裂后也继续弯曲。

以上现象表明,双竖直桩前、后排桩弯曲破坏时对应荷载均为 130kPa,斜直双排桩竖直、倾斜桩弯曲破坏时对应荷载分别为 105kPa、150kPa。

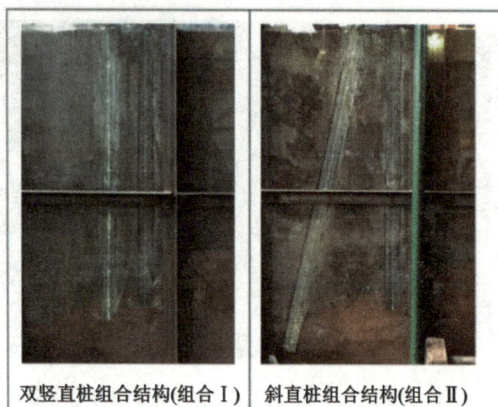

双竖直桩组合结构(组合Ⅰ)　　斜直桩组合结构(组合Ⅱ)

(a)

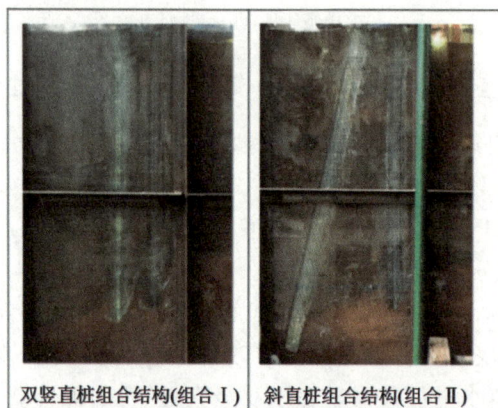

双竖直桩组合结构(组合Ⅰ)　　斜直桩组合结构(组合Ⅱ)

(b)

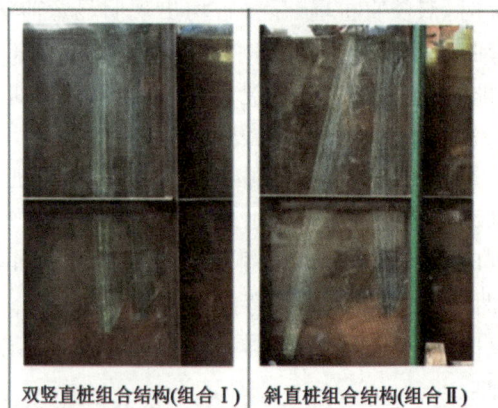

双竖直桩组合结构(组合Ⅰ)　　斜直桩组合结构(组合Ⅱ)

(c)

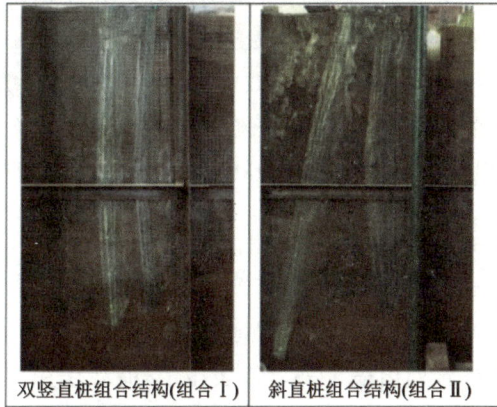

双竖直桩组合结构(组合Ⅰ)　斜直桩组合结构(组合Ⅱ)

(d)

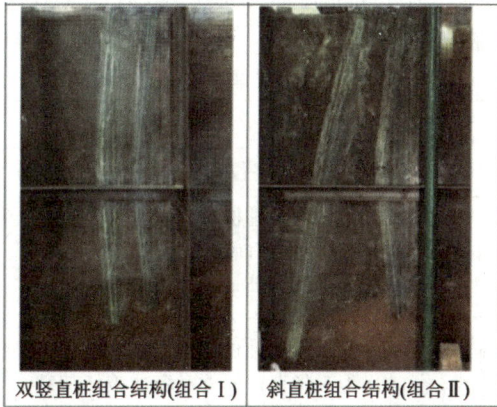

双竖直桩组合结构(组合Ⅰ)　斜直桩组合结构(组合Ⅱ)

(e)

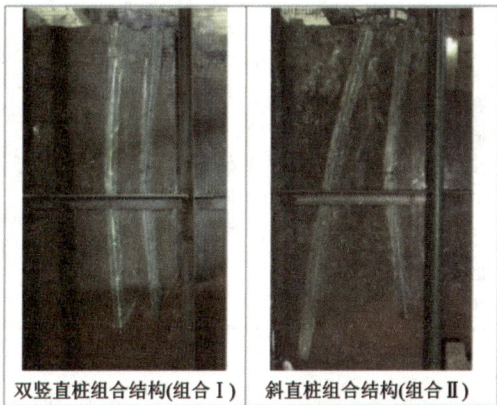

双竖直桩组合结构(组合Ⅰ)　斜直桩组合结构(组合Ⅱ)

(f)

图 11-24　双竖直桩与斜直桩破坏过程

(a)加载前；(b)80kPa；(c)105kPa；(d)130kPa；(e)150kPa；(f)180kPa

由此推论,侧向加载过程中,斜直双排桩的后排桩和前排桩先水平移动,再弯曲变形,后排桩率先发生弯曲破坏,加载继续增大,前排桩发生弯曲破坏,斜直双排桩后、前排桩身弯曲破坏过程具有关联性。双竖直桩后排桩和前排桩均先水平移动,再弯曲变形,后排桩先发生弯曲破坏,前排桩随即弯曲破坏。双竖直桩的破坏荷载介于斜直双排桩的后排桩和前排桩之间。增强斜直双排桩后排桩的桩身强度后,其破坏荷载和水平承载力将大于双竖直桩。

11.2.3.7　斜直双排桩单侧受力破坏模式

侧向加载时,分析组合Ⅰ、组合Ⅱ破坏过程,组合Ⅲ～Ⅶ共5种组合水平位移和桩身弯矩的变化规律,综合列出表11-5。该表显示,荷载作用在倾斜软基上,对坡脚处斜直双排桩产生单侧压力并向坡外水平移动,桩身弯曲变形并破坏。由于后排桩对前排桩具有"遮蔽效应",后排桩先弯曲变形破坏,前排桩后弯曲变形破坏,两者具有关联性,破坏位置都在桩身中部。

表 11-5　　　　　　　　　**倾斜软基上斜直双排桩单侧受力响应**

编号	组合形式	受力响应	
		水平位移	桩身弯矩
Ⅰ	双竖直桩	①斜直双排桩:水平移动后弯曲变形,后排竖直桩先破坏,前排倾斜桩后破坏。 ②双竖直桩:水平移动后弯曲变形,直、倾斜桩发生弯曲破坏间隔较短。 ③斜直双排桩的侧向稳定性优于竖直桩。 ④双竖直桩的桩身弯曲破坏荷载介于斜直桩的后排和前排桩之间	
Ⅱ	斜直双排桩 (前排桩倾斜度30%)		
Ⅲ	双单桩(无连梁)	①桩顶自由桩在1/5桩长处呈现峰值; ②嵌固连梁桩在2/5桩长处呈现峰值; ③桩身水平位移及峰值均随倾斜度增大而减小,且小于桩顶自由的前排桩,峰值位置较低	①前、后排桩弯矩分别随前排桩倾斜度增大而减小或者增大; ②前、后排桩弯矩峰值比大于2,随前排桩倾斜度增大快速增大; ③桩顶嵌固连梁有利于减小前(后)排桩弯矩
Ⅳ	双竖直桩		
Ⅴ	斜直双排桩 (前排桩倾斜度10%)		
Ⅵ	斜直双排桩 (前排桩倾斜度20%)		
Ⅶ	斜直双排桩 (前排桩倾斜度30%)		

注:后排桩均为竖直桩,组合桩均有连梁。

综合分析斜直双排桩的单侧受力响应,认为在加固地基时存在整体失稳破坏及桩身弯曲破坏两种模式。整体失稳破坏主要由桩身发生的位移大小进行判断,通过上述分析可以认为,在相同侧向荷载下,斜直双排桩的整体稳定性优于双竖直桩,且其稳定性随前排倾斜桩倾斜度增大而增大。而桩身弯曲破坏主要由后排竖直桩的桩身弯矩峰值进行判断,在相同侧向荷载下,斜直双排桩的桩身弯曲破坏荷载要小于双竖直桩,且随着前排桩倾斜度增大而减小。

11.3 斜直双排桩抗滑效果影响因素与数值模拟

通过模型试验,证明了使用"斜直双排桩＋复合地基"协同加固软弱路堤地基,特别是底面倾斜的软基时具有较好的整体稳定性,发现路堤坡脚处设置的斜直双排桩的受力变形特性不同于单排桩。但试验过程仅仅分析了加固底面坡比为 1∶3 的软土层这一较为极限的特殊工况,且未考虑斜直双排桩的连梁长度、结构形式等因素变化对侧向加固特性产生的影响。本节基于模型试验的材料参数及试验数据建立数值模拟模型基本算例,之后拓展模型,针对软土底面坡度、组合桩连梁长度、组合形式开展分析,研究不同因素对斜直双排桩加固效果产生的影响。

11.3.1 有限元模型建立

11.3.1.1 基本算例

参考模型试验尺寸,有限元分析基本算例尺寸设置为 1500mm×1000mm(长×高)。在满足计算准确性的前提下以求尽量减小模型计算量,选取标准断面分析,宽度 150mm(桩间距)。

基本算例模型设置上部软土层、下部硬土层两种土层,上部软土层模拟淤泥质土,下部硬土层模拟红黏土,软土层底面坡比设置为 1∶n。模型右侧软土层中设置圆形截面桩(ϕ30mm)配合桩顶设置的砂垫层形成复合地基。地基上部设置加载钢板用以施加荷载。复合地基左侧设置斜直双排桩,包括后排竖直桩(方形截面30mm×30mm)、桩顶连梁(断面尺寸 30mm×30mm)以及前排倾斜桩(方形截面30mm×30mm)。连梁长度 L,前排桩倾斜度 $i\%$。基本算例模型如图 11-25 所示。

11.3.1.2 模型材料参数设置

算例模型中上层淤泥质土使用修正剑桥模型,下层红黏土以及管桩顶部砂垫层采用莫尔-库仑模型进行模拟。复合地基桩体、组合桩桩体、连梁均使用线弹性模型进行模拟。参考试验材料参数,算例中设置参数如表 11-6 所示。

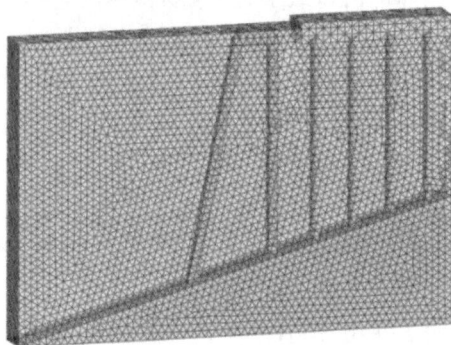

图 11-25　基本算例模型

表 11-6   模型材料参数

材料参数	材料类型及模型			
	淤泥质土	红黏土	砂垫层	桩体
	修正剑桥模型	莫尔-库仑模型		线弹性模型
E/kPa	2.7×10^{3}	1.25×10^{4}	2.5×10^{4}	1.26×10^{7}
υ	0.32	0.25	0.25	0.2
$\gamma/(\text{kN}\cdot\text{m}^{-3})$	17	18	20	25
e_0	1.1	0.6	0.7	—
λ	0.206	—	—	—
K	0.012	—	—	—
η	0.18	—	—	—
$\varphi/(°)$	—	18.15	29	—
c/kPa	—	36.21	0.1	—

注：E 为压缩模量（弹性模量）；υ 为泊松比；γ 为重度；e_0 为初始孔隙比；λ 为正常固结线坡度；K 为超固结线坡度；η 为临界状态线比例；φ 为内摩擦角；c 为黏聚力。

11.3.1.3　模型网格及边界条件

算例模型采用五节点三维网格单元进行划分，共划分为 83631 个单元及 334180 个节点。在模型 X、Y 边界上分别设置 X、Y 方向约束，在模型底部设置 X、Y 以及 Z 方向约束。同时在桩身设置转动约束，防止发生转动。

11.3.1.4　荷载施加及步骤设置

在分析模型中,重力荷载作为初始增量步首先施加在模型中,使计算模型达到地应力平衡,同时使位移清零。参考模型试验的加载过程,同时为了更为深入地分析,在复合地基上部施加大小为 300kPa 的均布荷载,分 30 个增量步施加,即每一个增量步施加 10kPa。

11.3.2　斜直双排桩抗滑效果对比方案

有限元分析基本算例建立后,首先基于模型试验方案开展模拟,改变斜直双排桩中前排桩的倾斜度 $i\%$。通过对比试验数据与模拟数据,印证模型合理性。

在此基础上,考虑"斜直双排桩＋复合地基"协同加固软土地层的通用性,建立基于不同软基底面倾斜度的分析模型,得到不同软基底面倾斜度的斜直双排桩整体加固效果的影响情况;建立基于不同连梁长度影响下的对比分析模型,得到不同连梁长度(前、后排桩间距)对斜直双排桩整体加固效果产生的影响。上述对比分析模型的方案设置及介绍如表 11-7 所示。

表 11-7　　有限元模型分析方案

方案分组	模型编号	方案简介	前排桩倾斜度 $i\%$	连梁长度 L/mm	软基底面坡比
A	1	研究前排倾斜桩倾斜度对整体加固效果的影响	0	120	1∶3
	2		10	120	1∶3
	3		20	120	1∶3
	4		30	120	1∶3
B	5	研究连梁长度对整体加固效果的影响	10	0	1∶3
	6		10	60	1∶3
	7		10	120	1∶3
	8		10	240	1∶3
	9		10	360	1∶3
C	10	研究软基底面坡比对整体加固效果的影响	10	120	1∶3
	11		10	120	1∶5
	12		10	120	1∶7
	13		10	120	1∶9
	14		10	120	水平

11.3.3 有限元分析模型验证

11.3.3.1 复合地基受力变形对比

上部竖向荷载施加过程中通过试验及有限元模拟分别得出的复合地基 p-s 对比曲线如图 11-26 所示。由图 11-26 可知,两者得出的地基竖向沉降曲线基本保持一致,沉降均随竖向荷载增大而快速增大,在较大荷载时,地基出现明显的塑性变形。通过有限元模拟模型能够较好地体现试验中地基的竖向变形特征。

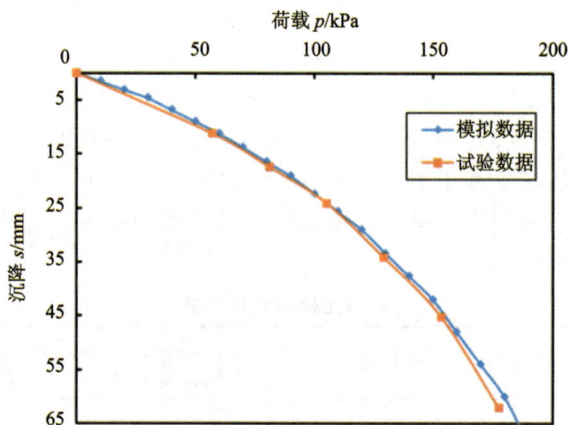

图 11-26 复合地基 p-s 对比曲线

图 11-27(a)和(b)分别为有限元分析模型及模型试验中复合地基桩身的变形特性,从左至右依次为管桩 1、管桩 2、管桩 3、管桩 4。由该图可知,有限元分析模型及模型试验中的复合地基桩身变形特性相似。其中,下坡一侧边部管桩 1 出现明显弯曲,最大弯曲点位于桩身中部;而复合地基中部管桩 2、3 也在桩身中部出现较为明显的弯曲。而复合地基不同桩中,管桩 1 的弯曲程度最大,管桩 2 次之,管桩 3 较小,而管桩 4 桩身弯曲并不明显。

基于上述分析可知,对于加固倾斜软土层的复合地基桩体,桩身发生明显弯曲,且在路堤边部倾斜软基下坡一侧桩身产生的弯曲程度较大,这与文献[3]~[5]的研究结论相似。

通过上述对比分析,认为有限元分析模型中复合地基的竖向、水平向变形均与模型试验相吻合,有限元分析较好地体现出了模型内部土体的流动、桩体的受力变形以及桩土之间的相互作用特性。

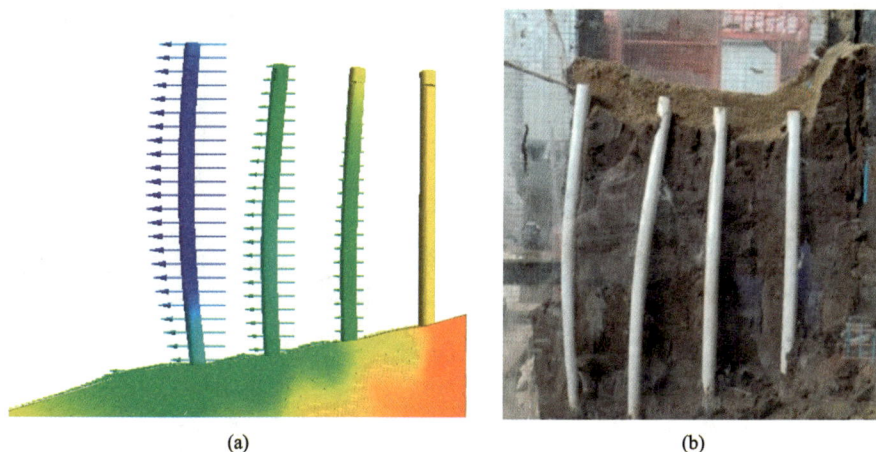

(a)   (b)

图 11-27   复合地基桩身变形特性

(a)有限元分析模型;(b)模型试验

11.3.3.2   组合桩受力变形对比

图 11-28 为相同的侧向荷载下,有限元模型(方案分组 A)中不同前排桩倾斜度(0、10％、20％、30％)的组合变形云图(统一标尺)。由该图可知:

①斜直双排桩桩身中上部水平位移较为明显。不同组合水平位移大小存在明显差别,水平位移量由大到小依次如图 11-28(a)、(b)、(c)、(d)所示。相同荷载下,前排桩倾斜度越大的组合水平位移量越小,侧向加固效果越好,地基的水平稳定性也越强。

②双排桩均出现明显弯曲,斜直双排桩后排竖直桩弯曲程度大于前排倾斜桩,且前排桩倾斜度较大的组合,其后排桩身弯曲程度也相应较大。

图 11-29 为后排竖直桩在 80kPa 作用下的桩身弯矩分布曲线。由该图可知,通过有限元模拟得到的后排竖直桩弯矩分布曲线与试验结果吻合度较好,桩身弯矩均沿桩身自上而下先增大后减小。计算得到的桩身弯矩峰值位置与峰值大小均与试验结果相近,桩身弯矩峰值随前排桩倾斜度增大而增大。

由上述对比分析可知,有限元分析模型与模型试验得出的斜直双排桩变形及受力特性相似,使用本章模型能够较好地体现斜直双排桩侧向荷载下的受力变形规律,满足计算分析需要。

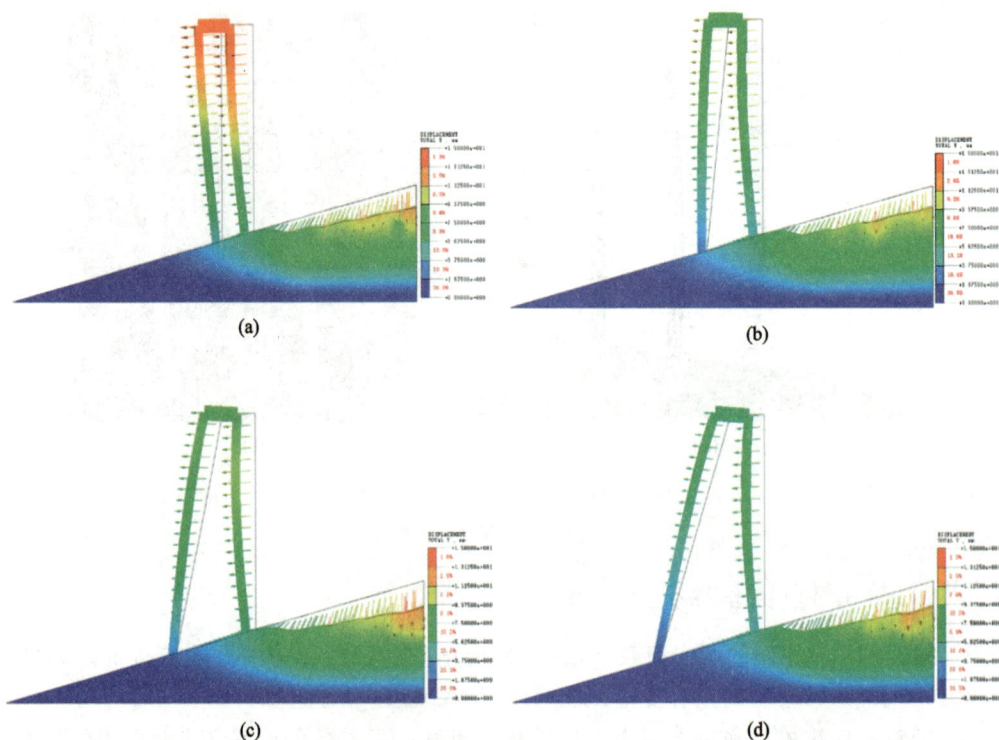

(a)

(b)

(c)

(d)

图 11-28　斜直双排桩变形云图

(a)前排桩倾斜度 0；(b)前排桩倾斜度 10％；(c)前排桩倾斜度 20％；(d)前排桩倾斜度 30％

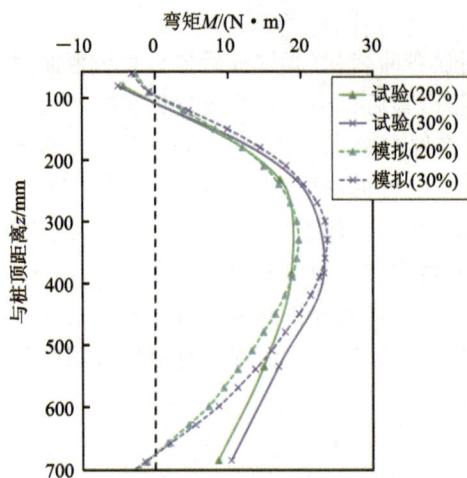

图 11-29　80kPa 作用下后排竖直桩弯矩分布曲线

11.3.4　斜直双排桩抗滑影响因素分析

通过模型试验中关于斜直双排桩在侧向加载作用下的破坏过程分析可知,斜直双排桩可能存在两种破坏形式。

第一,在侧向荷载作用下,斜直双排桩整体发生水平位移,荷载较大时,水平位移较大,作为侧向约束结构不能满足地基的侧向变形要求,进而加固失效,地基发生破坏。此时,斜直双排桩作为路堤边部的侧向约束结构,其水平位移限制需满足路堤的稳定性要求。目前关于路堤边部的侧向约束结构的位移,《铁路路基支挡结构设计规范(2024 年局部修订)》(TB 10025—2019)[124]进行了相应的规定,限定桩身最大水平位移不得大于桩身长度的 1/100,即:

$$y_m < \frac{L}{100} \tag{11-13}$$

式中,y_m 为桩身最大位移,mm;L 为桩身长度,mm。

由于斜直双排桩作为路堤侧向加固结构,其水平位移限制可参考路堤边部的抗滑桩的设计要求。本节试验中桩身长度为 800mm,斜直双排桩在桩身最大位移达到 8mm 时,即可认为已经发生破坏。

第二,在侧向荷载作用下,斜直双排桩出现弯曲,荷载较大时,桩身弯曲较大进而发生破坏。对于斜直双排桩,桩身一旦发生破坏,便可认为其失去加固效果。根据模型试验中针对斜直双排桩的前、后排桩身弯矩分布规律及破坏过程分析可知,在侧向荷载作用下组合后排桩桩身中部弯矩最大值始终大于前排桩的桩身弯矩最大值,加载过程中后排桩首先发生弯曲破坏。可知后排竖直桩首先因弯矩过大、发生弯曲破坏而成为控制点。

由于试验条件限制,桩身尺寸较小,且无法在桩身内部充分布设钢筋及预应力筋,桩身能够承受的极限弯矩较小,通过试验实测数据及试验过程观察,桩身承受弯矩达到 20N·m 前,即发生弯曲破坏。在实际工程中,可静压施工的 PHC 管桩或混凝土灌注桩桩身内部布设大量钢筋及预应力筋,能够承受的极限弯矩往往较大。单纯使用试验中得到的桩身极限弯矩值会导致严重低估斜直双排桩发生弯曲破坏的极限承载力,故该极限弯矩需重新确定。

由于本节模型试验采用的试验比例为 1∶10,斜直双排桩的截面边长为 30mm,对应实际工程中的桩体则选定为外径 300mm、壁厚 70mm 的 A 型 PHC 管桩,该型号管桩能够承受的极限弯矩为 34kN·m[125]。假定模型试验中斜直双排桩桩体均采用该型 PHC 管桩,而桩身尺寸、桩体钢筋及预应力筋的布设均缩小为原型尺寸的 1/10。由于尺寸减小,试验中桩体的极限弯矩势必减小;因材料一致,故试验中桩体在达到极限弯矩时的极限弯曲应力与该型 PHC 管桩保持一致。

$$\sigma = \frac{M}{W} \tag{11-14}$$

式中，σ 为桩身弯曲应力；M 为桩身弯矩；W 为桩身截面抵抗矩。

式(11-14)为桩身弯曲应力计算方法，在两桩弯曲应力一致时，桩身弯矩大小取决于桩身截面的抵抗矩 W。圆环截面抵抗矩由下式得到。

$$W = \frac{(D^4 - d^4)\pi}{32D} \tag{11-15}$$

式中，D 为桩截面外径；d 为桩截面内径。

通过尺寸关系计算可得，外径 300mm 的 PHC 管桩的截面抵抗矩 W_{300} 为外径 30mm 的 PHC 管桩的截面抵抗矩 W_{30} 的 1000 倍。即可认为，本节使用的斜直双排桩模型桩身的极限弯矩为 34N·m。

综合考虑上述两种破坏形式，即可得出斜直双排桩的极限承载力。针对有限元分析方案中前排桩倾斜度（方案 A）、前、后排桩间距（方案 B），软土层底面倾斜度（方案 C）对斜直双排桩极限承载力产生的影响，得出不同影响因素对抗滑效果所产生的影响。

11.3.4.1　前排桩倾斜度对抗滑效果的影响

(1)基于位移影响的失稳破坏分析

图 11-30 为加载过程中不同倾斜度（模型 1~4）前排桩最大水平位移值（峰值）的变化规律曲线。由该图可知，不同的桩身水平位移峰值在加载过程中的变化规律较为相似。侧向荷载较小时（加载前期），水平位移峰值随侧向荷载增大缓慢增大，近似呈直线分布，在荷载达到 100~250kPa 时，最大位移变化曲线先后出现拐点，最大水平位移快速增大。而前排桩倾斜度较小的组合出现最大位移曲线拐点所对应的侧向荷载相对较小。随着前排桩倾斜度增大，曲线拐点对应荷载逐渐增大。这说明增加前排桩倾斜度能够明显减小斜直双排桩的水平位移，增加其整体稳定性，与试验结论相吻合。

通过前文中关于斜直双排桩加固路堤边坡时的极限位移的分析结论，确定斜直双排桩最大水平位移达到 8mm 时，斜直双排桩即发生较大位移而出现失稳破坏。由图中地基的水平位移曲线特征可知，在组合桩最大水平位移达到 8mm 时，不同曲线均接近拐点位置，继续增大竖向荷载，桩身最大水平位移快速增大，组合桩出现失稳破坏，进一步验证了使用 8mm 作为组合桩侧向失稳破坏基准线的合理性。

由此得到不同斜直双排桩的侧向失稳破坏荷载如表 11-8 所示。

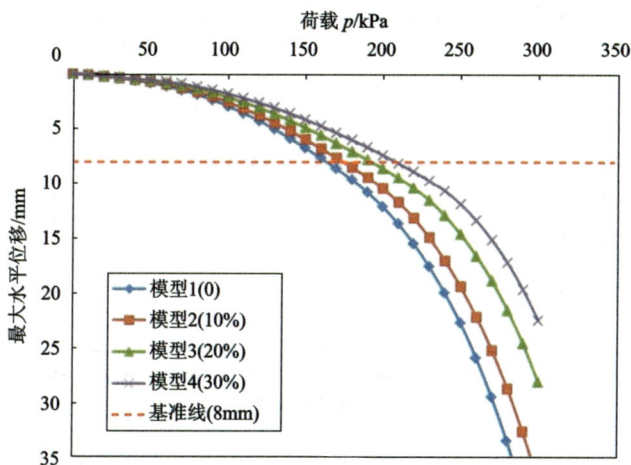

图 11-30　加载过程中组合桩最大水平位移变化规律曲线

表 11-8　　　　　　　　斜直双排桩(方案 A)失稳破坏荷载

模型编号	模型 1(0)	模型 2(10％)	模型 3(20％)	模型 4(30％)
失稳破坏荷载/kPa	164	175	192	209

不同斜直双排桩的失稳破坏荷载随前排桩倾斜度增大而逐渐增大,整体稳定性逐渐增强。定义斜直双排桩的稳定性增长率为 n,通过下式得到。

$$n = \frac{\Delta p}{p_0} \tag{11-16}$$

式中,p_0 为双竖直桩失稳破坏荷载,取模型 1 数据为 164kPa;Δp 为斜直双排桩与双竖直桩的失稳破坏荷载差值。

通过式(11-16)得到斜直双排桩模型 2、3、4 的稳定性增长率分别为 7％、17％、27％,进而得到斜直双排桩稳定性增长率随前排桩倾斜度的变化规律曲线如图 11-31 所示,斜直双排桩整体稳定性随前排桩倾斜度的增大而线性增大,稳定性增长率基本上与组合桩前排桩的倾斜度保持 1∶1 的比例,前排桩倾斜约等于斜直双排桩的稳定性增长率。

(2)基于桩身弯矩影响的组合桩断裂破坏分析

图 11-32 为加载过程中不同后排直桩(模型 1～4)桩身弯矩峰值变化规律曲线。不同后排直桩弯矩峰值在加载过程中均匀增大,而增大幅度有所不同。其中前排桩倾斜度较大的组合桩,其后排竖直桩弯矩峰值增幅较大,反之较小,这与模型试验中得到的结论相同。

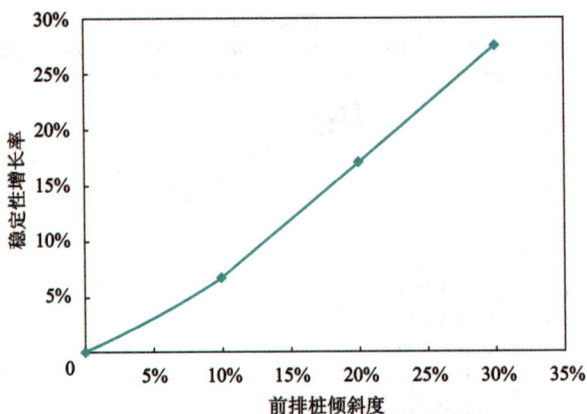

图 11-31　斜直双排桩稳定性增长率变化规律曲线

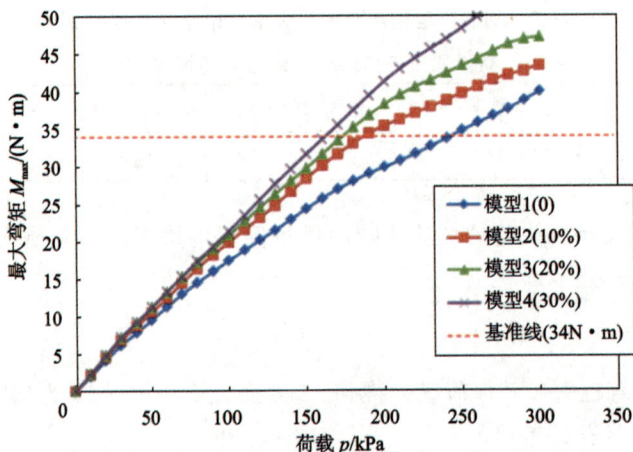

图 11-32　加载过程中后排直桩弯矩峰值变化规律

根据图 11-32 中 $M_{max}=34\text{N}\cdot\text{m}$ 的基准线,得到不同组合桩的弯曲破坏荷载如表 11-9 所示。

表 11-9　　　　　　　斜直双排桩(方案 A)桩身弯曲破坏荷载

模型编号	模型 1(0)	模型 2(10%)	模型 3(20%)	模型 4(30%)
弯曲破坏荷载/kPa	243	187	173	163

随着前排桩倾斜度增大,斜直双排桩弯曲破坏荷载逐渐减小,定义斜直双排桩弯曲破坏荷载减小率为 m,通过下式得到。

$$m=\frac{\Delta p'}{p'_0} \tag{11-17}$$

式中，p_0'为双竖直桩的桩身弯曲破坏荷载，取模型 1 数据为 243kPa；$\Delta p'$为不同斜直双排桩的弯曲破坏荷载与双竖直桩的弯曲破坏荷载差值。

由式(11-17)得到模型 2、3、4 的弯曲破坏荷载减小率分别为 23％、29％、33％，进而得到桩身弯曲破坏荷载减小率与前排桩倾斜度的关系曲线如图 11-33 所示。桩身弯曲破坏荷载减小率随前排桩倾斜度增大整体呈现减小趋势，在前排桩倾斜度小于10％时，减小的幅度较大，而在倾斜度较大的情况下，继续增大倾斜度，桩身弯曲破坏荷载减小率增大的速度较为缓慢。

分析认为，承受侧向荷载时，前排倾斜桩对竖直桩产生支撑效应，可有效减小后排竖直桩弯矩，而增大前排桩倾斜度，双桩之间距离增大，支撑效应逐渐减小，当前排倾斜桩倾斜度较大时，无法提供有效支撑。

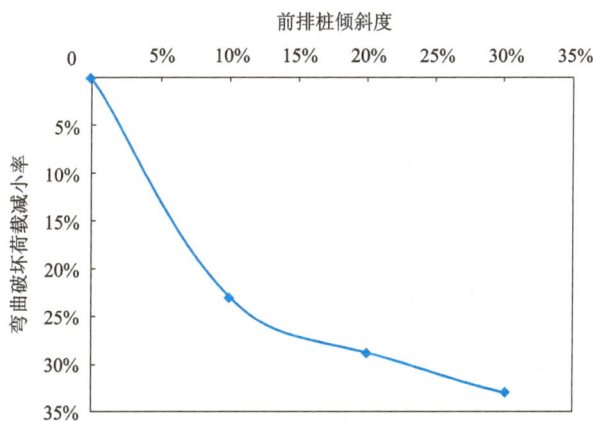

图 11-33　弯曲破坏荷载减小率与前排桩倾斜度的关系曲线

（3）破坏荷载包络曲线

通过上述分析，分别得到了斜直双排桩加固路堤边坡时基于位移控制的失稳破坏荷载以及基于桩身弯矩控制的弯曲破坏荷载。图 11-34 为斜直双排桩失稳破坏荷载及弯曲破坏荷载随前排桩倾斜度的变化曲线，两条曲线联合即为组合桩破坏荷载的包络曲线。由此可知，当前排桩倾斜度为 0～13％时，组合桩主要发生失稳破坏；倾斜度大于 13％时，主要发生桩身弯曲破坏。倾斜度为 13％时，获得最大的承载力。

通过上述分析可知，相较于双排竖直桩，斜直双排桩的稳定性提升效率与前排桩倾斜度近似相同，随着前排桩倾斜度的增大，斜直双排桩稳定性提升的效果明显。但是其后排竖直桩强度成为阻碍承载力有效提升的关键因素。实际工程中，建议增大后排竖直桩桩径、配筋来提高桩身强度，同时在不发生失稳破坏的前提下，考虑实际施工能力尽量增大前排桩倾斜度，以增强组合桩的整体稳定性。

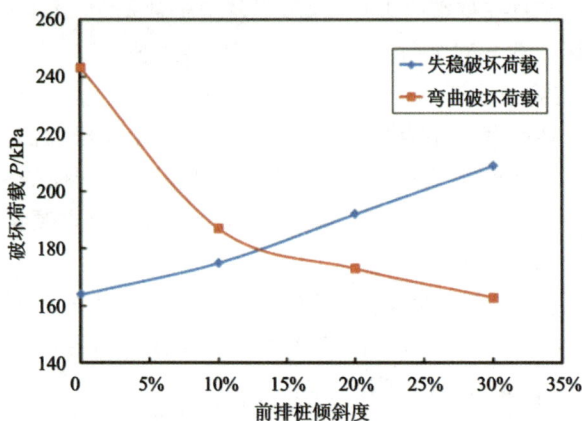

图 11-34　斜直双排桩破坏荷载曲线

11.3.4.2　连梁长度对抗滑效果的影响

(1)连梁长度对斜直双排桩整体稳定性的影响分析

斜直双排桩通过其后排竖直桩、前排倾斜桩以及桩顶连梁组成完整的刚架结构，能够在侧向荷载作用下保持较好的整体稳定性，这也是双排桩抗滑结构优于单桩抗滑结构的本质原因。因此在斜直双排桩内部，连接前、后排的连梁长度(桩间距)势必会对斜直双排桩的整体稳定性产生较大影响。

图 11-35 为不同连梁长度斜直双排桩(统一前排桩倾斜度为 10％)在侧向加载过程中的最大位移的变化曲线。对于不同组合，加载过程中最大位移均保持增大的趋

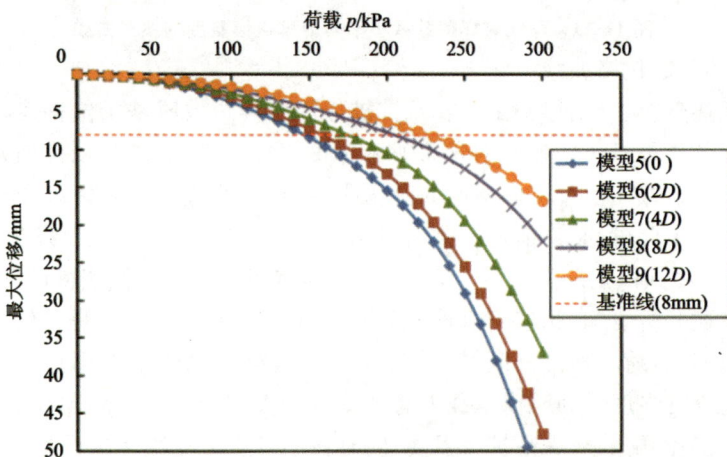

图 11-35　不同连梁长度斜直双排桩最大位移变化曲线

注:D 为桩体的截面边长,后同。

势。在水平位移达到 8mm 后,不同组合桩的位移曲线出现拐点,地基塑性变形明显。同时连梁长度较大的组合的最大位移增长率相对较小,整体稳定性较强,即增加连梁长度能够明显增加斜直双排桩的整体稳定性。

根据图 11-35 中最大位移为 8mm 的失稳位移基准线,得到不同组合的失稳破坏荷载如表 11-10 所示。

表 11-10　　　　　　　　　　　**斜直双排桩(方案 B)失稳破坏荷载**

模型编号	模型 5(0)	模型 6(2D)	模型 7(4D)	模型 8(8D)	模型 9(12D)
失稳破坏荷载/kPa	147	158	174	205	227

如表 11-10 所示,连梁长度分别为 0、2D、4D、8D、12D 的斜直双排桩的失稳破坏荷载分别为 147kPa、158kPa、174kPa、205kPa、227kPa,桩顶连梁长度增加对斜直双排桩的整体稳定性的增幅效果非常明显。通过计算得到斜直双排桩稳定性增长率,由此得到稳定性增长率随连梁长度的变化规律曲线如图 11-36 所示,组合桩的稳定性增长率随连梁长度增加呈线性增大。在连梁长度达到桩径的 12 倍时,斜直双排桩的侧向稳定性增幅超过了 50%,整体稳定性增强效果非常显著。因此,在实际工程中,场地条件允许的前提下,可尽量增加斜直双排桩的连梁长度。

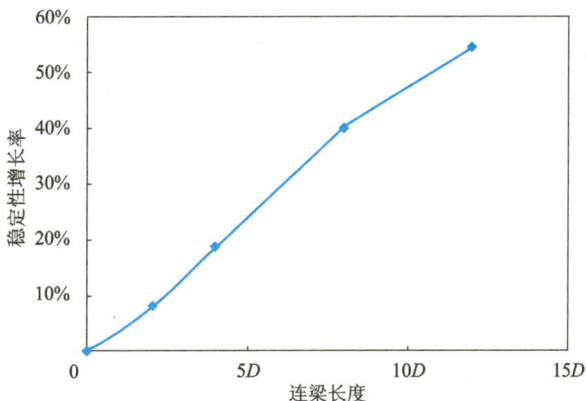

图 11-36　斜直双排桩稳定性增长率变化规律曲线

(2)基于桩身弯曲破坏的影响分析

图 11-37 为加载过程中桩身最大弯矩的变化曲线。由该图可知,在加载过程中,组合桩最大弯矩整体呈现增大的趋势,而不同组合桩的增长趋势有所不同。在连梁长度为 0 时,桩身最大弯矩增长率较小,随着连梁长度增加,桩身最大弯矩增长率逐渐增大。当连梁长度达到 8D(240mm)时,继续增加连梁长度则最大弯矩增长率变化不大。

通过设置极限弯矩为34N·m的基准线确定不同组合桩基于弯曲破坏控制的极限荷载。其中连梁长度为0的模型5在达到最大荷载300kPa时依旧未发生弯曲破坏。而模型6(2D)、模型7(4D)、模型8(8D)、模型9(12D)所对应的极限弯曲破坏荷载依次减小,即弯曲破坏荷载随连梁长度增加整体呈现减小趋势,而当连梁长度大于8D(240mm)时,减小幅度较小,基本趋于稳定。

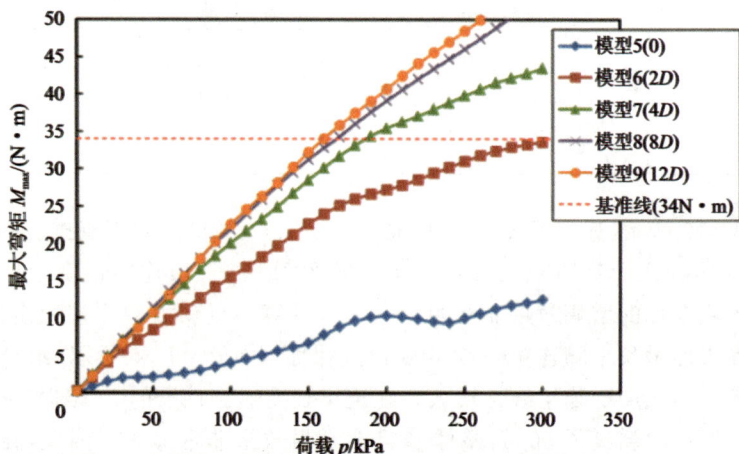

图11-37 斜直双排桩最大弯矩变化曲线

分析认为,侧向荷载作用下斜直双排桩前排倾斜桩通过桩间土体对后排竖直桩产生了反向约束作用,减小后排桩在侧向土压力作用下出现的弯曲变形,有效地防止了后排桩发生弯曲破坏。由于土应力在地基土体中的扩散效应,前排倾斜桩提供的反向约束力势必随着前、后排桩间距的增大而减小,根据数据分析可知,当连梁长度达到8D(240mm)时,后排桩的弯曲破坏荷载已经基本趋于稳定,即此时前排桩提供的反向约束力基本可以忽略。由此确定前排桩对后排桩提供反向约束力的最大距离即约束作用的影响范围,即大于该影响范围时可以忽略前排桩通过桩间土体对后排桩产生的影响,桩身发生弯曲破坏的极限荷载也不再随着连梁长度的增加而继续减小。

(3)基于连梁长度控制的斜直双排桩破坏包络曲线

斜直双排桩的失稳破坏荷载随着连梁长度增加呈现线性增大,而桩身的弯曲破坏荷载则呈现减小的趋势。由此得到基于组合桩失稳破坏及桩身弯曲破坏双因素控制的破坏荷载包络曲线如图11-38所示。

在连梁长度为0~4.5D时,斜直双排桩主要发生失稳破坏,且此时破坏荷载随着连梁长度增加而逐渐增大;而连梁长度大于4.5D时,斜直双排桩主要发生桩身弯曲破坏,此时破坏荷载减小幅度不大,控制在160kPa左右。在本节试验条件下,斜直双排桩达到最大承载力的桩间距为 $4.5D$,所对应的极限承载力为 $180kPa$。

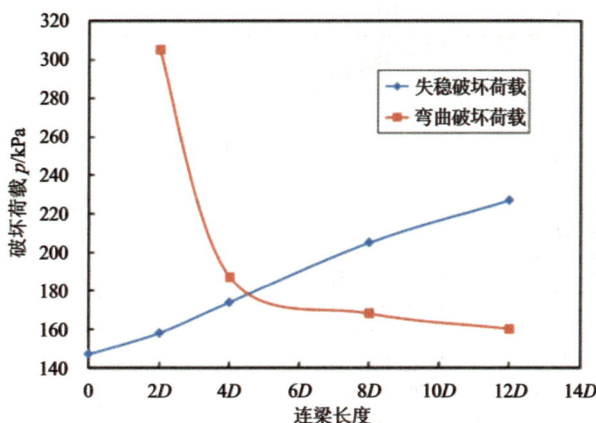

图 11-38　斜直双排桩破坏荷载包络曲线

增加连梁长度对斜直双排桩的整体稳定性的提升非常明显,因此建议实际工程中在桩身不发生弯曲破坏的前提下尽量增加前、后排桩间距以增强斜直双排桩的整体承载能力。

11.3.4.3　软基底面坡比对抗滑效果的影响

本节模型试验为了验证"斜直双排桩＋复合地基"这种新型组合的整体稳定性加固效果,选取的软基底面坡比为 1∶3 这一特殊工况条件。而就现场实际来看,出现底面坡比为 1∶3 的软基这种特殊地层的现象相对较少,模型试验所得到的结论存在一定的局限性,针对不同底面倾斜度的软基开展模拟分析较有必要。本小节建立软基底面坡比分别为 1∶3、1∶5、1∶7、1∶9、水平共 5 组分析模型,通过固定上文中已经确定的较为有利的加固方案,前排桩倾斜度(10％)以及连梁长度(4D)为统一变量进行模拟分析。

图 11-39 为斜直双排桩在加固不同底面坡比的软土层时,最大位移在加载过程中的变化曲线。在加固底面水平的软土层时,最大位移增长速度较小,随着软土层底面坡比不断增加,最大位移的增长速度也逐渐增大。基于前文确定的水平位移为 8mm 位移基准线,确定了不同地基条件下斜直双排桩的失稳破坏荷载如表 11-11 所示。模型 14(水平)的失稳破坏荷载最大,能够承受较强的侧向荷载作用,而随着软基坡比趋陡,失稳破坏荷载也逐渐减小。

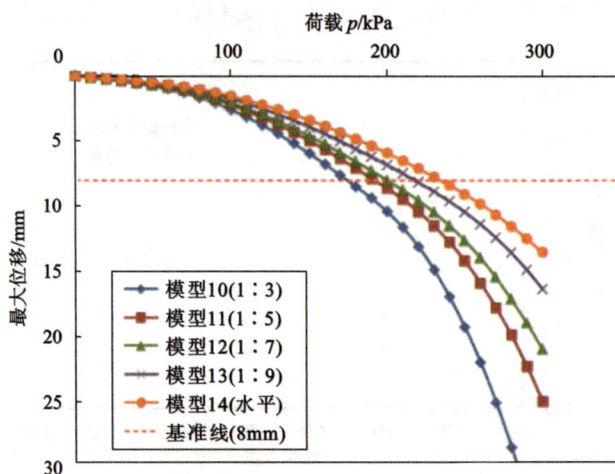

图 11-39　不同底面坡比软土层斜直双排桩最大位移变化曲线

表 11-11　　　　　　不同底面坡比软土层影响下斜直双排桩失稳破坏荷载

模型编号	模型 10(1∶3)	模型 11(1∶5)	模型 12(1∶7)	模型 13(1∶9)	模型 14(水平)
失稳破坏 荷载/kPa	174	192	200	218	234

得到斜直双排桩的失稳破坏荷载随软土层底面坡比的变化曲线如图 11-40 所示。由图可知,失稳破坏荷载减小率随软土层底面坡比增大而快速减小,两者基本保持 1∶1 的线性变化趋势。

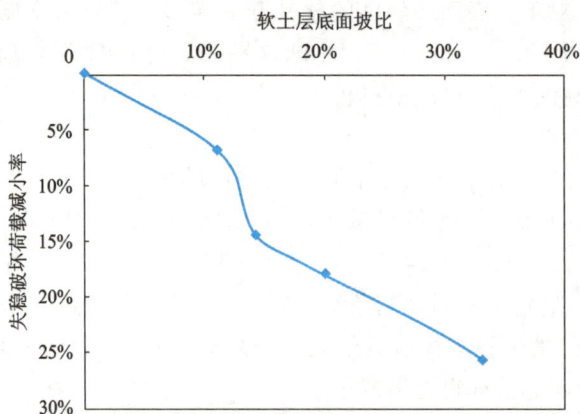

图 11-40　斜直双排桩失稳破坏荷载减小率

通过上述模拟结论分析认为,在倾斜软基上施加竖向荷载时,软土层具有较强的滑移趋势,且滑移趋势随软基底面坡比的增大而增大。斜直双排桩作为侧向约束结构所产生的侧向滑动也随软基底面坡比增大而增大,其失稳破坏荷载逐渐减小。而确定其失稳破坏荷载时,可通过水平底面的失稳破坏荷载借助软基底面坡比进行比例折减。在本模型中折减比例与软基底面坡比基本保持相同。

图 11-41 为不同软基底面坡比下后排竖直桩的桩身最大弯矩变化曲线。可知桩身弯矩峰值增长趋势基本相同,大小差别也不大。由此说明了软基底面坡比对斜直双排桩最大弯矩影响不大。

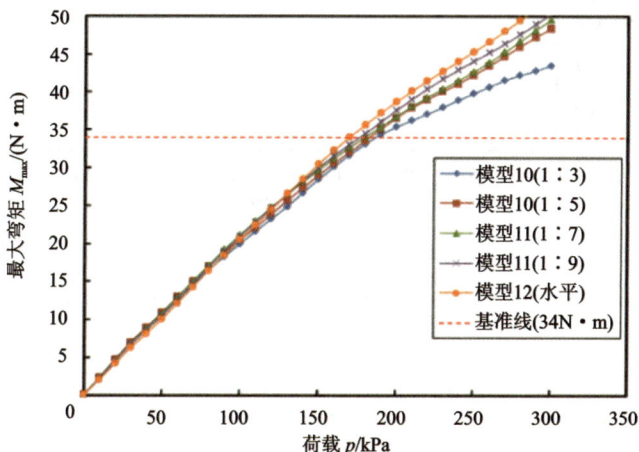

图 11-41   软基底面坡比影响下斜直双排桩最大弯矩变化曲线

11.3.4.4   多因素协同作用下斜直双排桩极限承载力研究

基于上文的分析研究,斜直双排桩作为侧向约束结构加固软基时,前排倾斜桩倾斜度、桩间距(连梁长度)以及软土层底面坡比均对其极限承载力产生了影响,影响效果较为复杂。

在加固相同倾斜程度的软土层,前排桩倾斜度较小时,斜直双排桩的极限承载力基于桩身水平位移影响的极限稳定性进行控制,极限承载力随倾斜度增大逐渐增大;倾斜度较大时,极限承载力则主要基于桩身弯矩影响的桩身弯曲破坏进行控制,极限承载力随倾斜度增大而逐渐减小。由此,得到不同前排桩倾斜度影响下斜直双排桩的极限承载力如图 11-42 所示。之后通过数值分析软件 MATLAB 针对极限承载力特征点进行拟合得到拟合曲线,方程如下。

$$y = 1.41 \times 10^3 \times x^3 - 1.24 \times 10^3 \times x^2 + 2.42 \times 10^2 \times x + 1.64 \times 10^2$$

$$(11\text{-}18)$$

该曲线也可作为斜直双排桩的破坏荷载包络曲线,前排桩倾斜度在 5%～15% 范围内时取得最大的极限承载力。

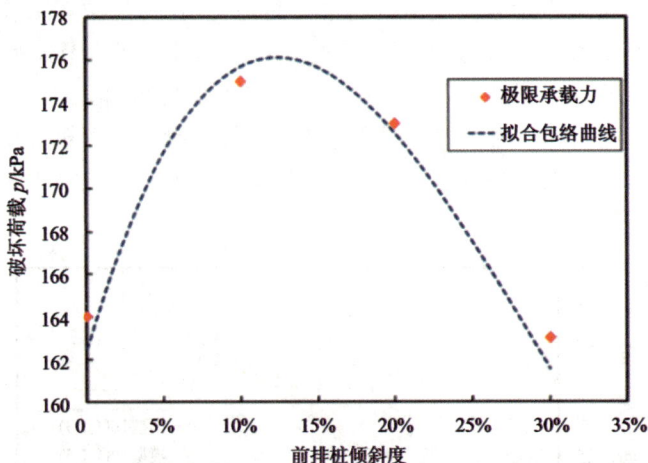

图 11-42　前排桩倾斜度影响下斜直双排桩破坏荷载拟合曲线

由关于前、后排桩间距(连梁长度)对斜直双排桩极限承载力的研究可知,连梁长度较小时,组合桩主要发生倾覆破坏,由稳定性承载力控制;连梁长度较长时,组合桩发生弯曲破坏,由桩身弯曲破坏荷载控制。由此得到不同连梁长度时,斜直双排桩的极限承载力及拟合曲线如图 11-43 所示。

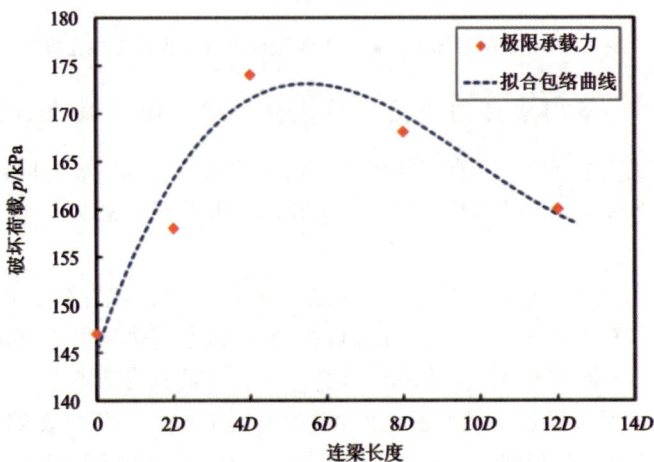

图 11-43　连梁长度影响下斜直双排桩极限承载力拟合曲线

该基于连梁长度控制的斜直双排桩破坏包络曲线如下式所示。

$$y = 0.0499 \times x^3 - 1.47 \times x^2 + 11.63 \times x + 145.32 \qquad (11-19)$$

在该破坏包络曲线范围内,极限承载力出现在连梁长度为 $4D \sim 6D$ 的范围内。

通过上述分析过程,得到基于前排桩倾斜度控制的斜直双排桩破坏包络线函数和基于连梁长度控制的破坏包络线函数,联立得到基于前排桩倾斜度及连梁长度双因素影响的斜直双排桩极限承载力的包络曲面如图 11-44 所示。

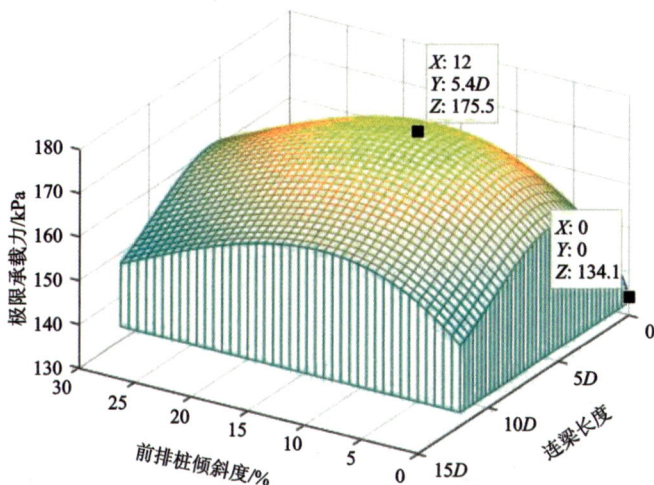

图 11-44　基于前排桩倾斜度及连梁长度双因素影响的斜直双排桩
极限承载力包络曲面

破坏荷载包络图中,X 轴方向表示前排桩的倾斜度,Y 轴方向为连梁长度,Z 轴为斜直双排桩极限承载力。针对不同前排桩倾斜度及连梁长度的斜直双排桩,当其承受的荷载高于图 11-44 中所对应的曲面点时,组合桩即发生破坏。斜直双排桩在前排桩倾斜度为 10% ～ 20%、连梁长度为 $4D \sim 10D$ 的范围内承载力较大。前排桩倾斜度为 12%、连梁长度为 $5.4D$ 的斜直双排桩的极限承载力相对最大,达到了 175.5kPa。而针对 $X=0$、$Y=0$ 的组合,其前排桩倾斜度为 0,连梁长度为 0,相当于单排抗滑桩,极限承载力为 134.1kPa。即根据本节试验的材料特点及布置方式,斜直双排桩在最佳设置组合时的极限承载力相较于传统抗滑桩增大了 31%。

11.3.5　斜直双排桩优化设置方案研究

通过上述研究,发现斜直双排桩在进行侧向稳定性加固时加固效果较好,能够显著提高地基的承载能力。其整体稳定性随着组合桩中连梁长度增大而不断增大,地基的承载力也随之增大;而随着前排桩倾斜度及连梁长度增加到一定值后,后排桩由于受到的弯矩较大而极易出现弯曲破坏,地基的承载力又随着前排桩倾斜度、连梁长度的增大而减小。

由此可知,如何通过增大前排桩倾斜度及桩间距的方法来增强斜直双排桩的侧向稳定性,又不使后排桩因桩身弯矩过大而发生弯曲破坏,成为斜直双排桩设置时需要重点考虑的问题。

11.3.5.1 斜直双排桩优化设置方案

针对斜直双排桩进行加固时后排竖直桩容易发生破坏的特性,提出对后排竖直桩进行特殊强化的方案。强化方案见表 11-12,包括增加竖直桩桩径(方案 1)、设置双排竖直桩(方案 2、方案 3)、后排桩倾斜设置(方案 4)。

表 11-12　　　　　　　　　　　　斜直双排桩优化设置方案

方案编号	方案组合
1	倾斜桩(桩径 30mm)＋连梁＋竖直桩(桩径 40mm)
2	倾斜桩(桩径 30mm)＋连梁＋纵向双排竖直桩(桩径 30mm)
3	倾斜桩(桩径 30mm)＋连梁＋横向双排竖直桩(桩径 30mm)
4	倾斜桩(桩径 30mm)＋连梁＋倾斜桩(桩径 30mm)

表 11-12 中斜直双排桩设置方案均在前排倾斜桩倾斜度为 30％、连梁长度为 $4D$ 的前提下得到。其中方案 1 设置的斜直双排桩采用了增大后排竖直桩桩径的方案。此时 40mm 桩体对应实际工程中外径 400mm、壁厚 95mm 的 A 型 PHC 管桩,该桩极限弯矩为 77kN·m,所对应的 40mm 桩体的极限弯矩为 77N·m。方案 2 及方案 3 采用后排补桩的方式,补桩依旧采用桩径 30mm 桩体。其中方案 2 的双排竖直桩沿模型纵向布置,桩间距 2D;方案 3 中双排竖直桩横向布置,桩间距 2D。方案 4 中后排桩为倾斜布置,倾斜度设置为 20％。

4 组结构优化设置的有限元分析模型基本参数与前文相同,有限元分析模型如图 11-45 所示。

11.3.5.2 斜直双排桩优化设置方案加固效果分析

(1)斜直双排桩优化方案变形特性分析

图 11-46 为不同的优化设计方案中斜直双排桩在施加 300kPa 侧向荷载时的变形云图。

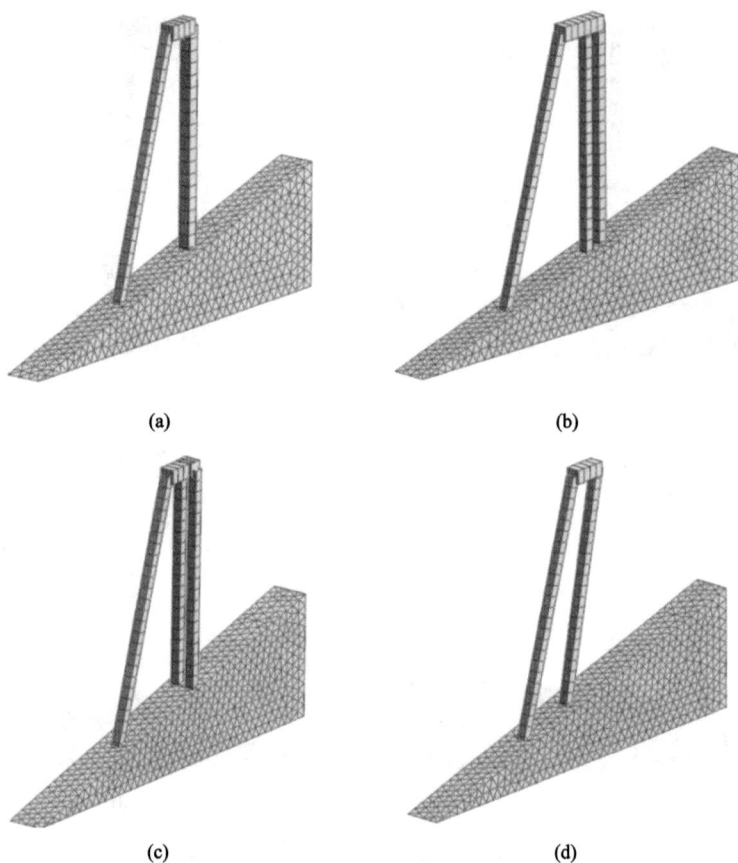

(a)　　　　　　　　　　　　　　　　　(b)

(c)　　　　　　　　　　　　　　　　　(d)

图 11-45　斜直双排桩优化设置模型

(a)方案 1;(b)方案 2;(c)方案 3;(d)方案 4

不同优化设计方案组合后排桩均产生弯曲变形,前排桩弯曲变形较小,桩身中上部水平位移较大。而不同的组合桩位移大小有所不同,其中,方案 1、2、3、4 中桩身水平最大位移分别为 22.9mm、29.2mm、33.8mm、38.2mm。即采用增大后排桩桩径的方案 1 中斜直双排桩产生的最大水平位移最小,加固效果最好;方案 2 中采用纵向双排后竖直桩布置的斜直双排桩的最大位移也相对较小,产生了较好的加固效果。而组合后排桩采用横向双排竖直桩布置的方案 3 及组合后排桩设置 20% 倾斜度倾斜桩的方案 4 所产生的最大位移均大于 30mm,加固效果均有所不足。

由上述分析可知,对于斜直双排桩增大后排桩桩径以及在组合中纵向补桩能够显著提升其整体稳定性,而横向补桩或对后排竖直桩进行倾斜处理则对斜直双排桩的整体稳定性提升不大。

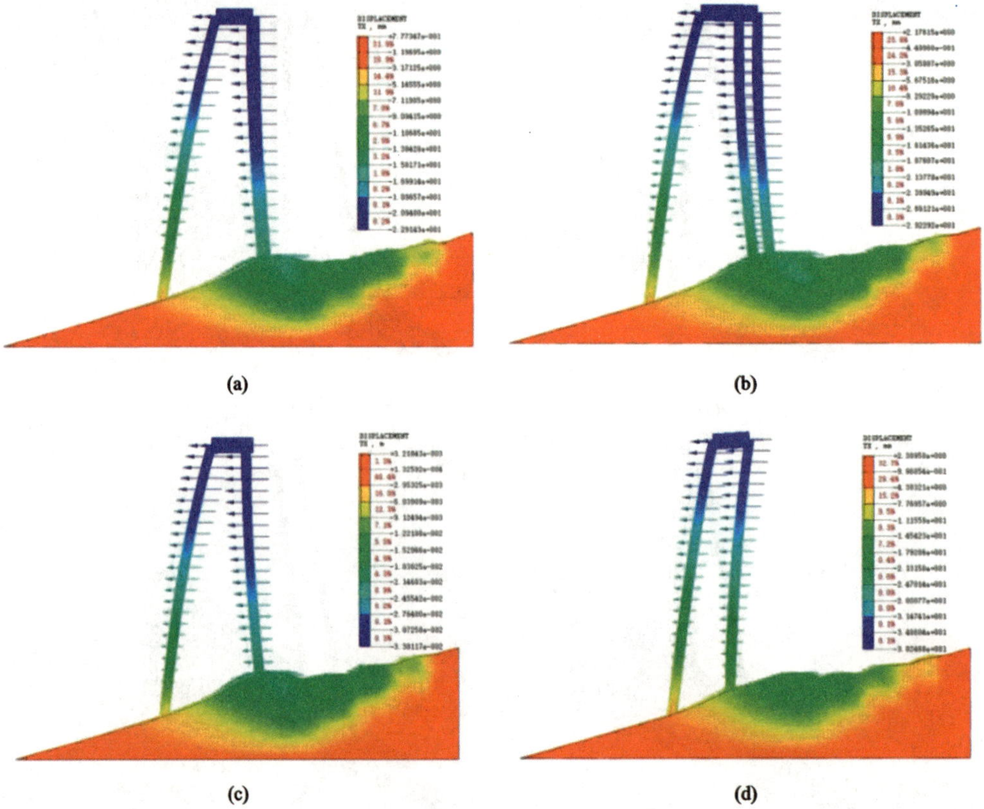

图 11-46　斜直双排桩变形云图
(a)方案 1；(b)方案 2；(c)方案 3；(d)方案 4

（2）斜直双排桩优化方案桩身弯矩对比分析

由上述关于斜直双排桩极限承载力的分析可知，斜直双排桩作为侧向约束结构加固软基时，桩身可能发生的弯曲破坏成为限制其极限承载力提升的关键因素，因此在优化设计方案中判断桩体是否会发生弯曲破坏成为确定斜直双排桩极限承载力的重点考虑因素。

图 11-47 为不同优化组合中斜直双排桩在加载过程中桩身最大弯矩的变化规律曲线，由图可知：

①方案 1 中斜直双排桩的后排桩身最大弯矩在加载过程中呈现出了较大的增长幅度。分析认为，后排竖直桩截面面积增加导致桩身承担的土体压力有所增大，进而增大了桩身弯矩。而当荷载增大至 300kPa 时，该桩体未达到其极限弯矩值（77N·m），未发生弯曲破坏。

②方案2与方案3的桩身极限弯矩分别为262kPa、173kPa。纵向双排布置竖直桩的方案2的极限承载力较高。分析认为，纵向双排布置后排竖直桩时，后排桩通过桩间土对前排桩起到了良好的支撑作用，有效抑制了桩身弯矩的增大，纵向布桩对极限承载力的提升明显。

③方案4中后排倾斜桩的桩身最大弯矩在加载过程中增加缓慢，在达到最大加载值300kPa时，桩身依旧未发生破坏。说明将斜直双排桩中后排桩进行倾斜设置能够明显增大组合桩发生弯曲破坏的极限荷载。

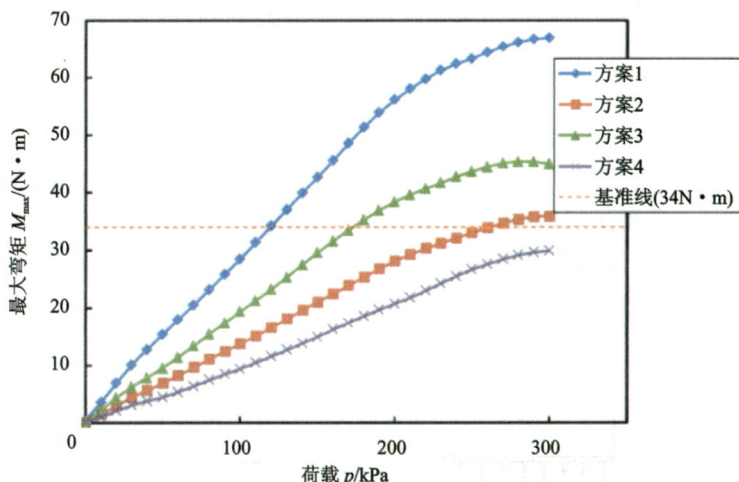

图 11-47   斜直双排桩优化方案中桩身最大弯矩变化规律曲线

综合考虑上述4种优化加固方案在整体稳定性及结构安全性方面产生的影响，使用方案1能够较好地提升斜直双排桩的整体稳定性，同时有效防止桩身发生弯曲破坏，加固效果最好，在针对斜直双排桩进行优化设计时可以优先考虑。使用纵向补桩的方案2也能够较好地兼顾组合桩整体稳定性及斜直双排桩的安全性，在优化补桩时也能够考虑该方案，但需要注意控制桩间距，防止桩间距过大而丧失桩体之间的支撑效果。使用横向补桩的方案3则不能满足结构的整体稳定性及安全性的要求。实际工程中，在满足挡土效果的前提下不需要进行横向补桩。而将后排竖直桩倾斜处理的方案4虽然不能满足组合桩整体稳定性的要求，但是能够明显减小桩身的最大弯矩，防止桩体发生弯曲破坏。在实际工程中，可根据实际情况将后排竖直桩适度倾斜。

11.4 "斜直双排桩＋复合地基"协同加固效果分析

为验证"斜直双排桩＋复合地基"的协同加固效果,本节简化背景工程土层分布,构建有限元分析模型对比背景工程中"复合地基"加固模型、传统"复合地基＋反压护道"加固模型、"斜直双排桩＋复合地基"协同加固模型,以及新提出的"复合地基＋反压护道＋斜直双排桩"协同加固模型的地基变形特性,研究不同模型的加固效果。

11.4.1 分析模型

(1)算例1("复合地基"加固模型)

模型中路堤顶面宽度26m,填筑高度9m,边坡坡度1∶1.5。路堤下部土层分为上部软土层、下部硬土层两层,上部软土层为淤泥质土,下部硬土层为黏土,软、硬土层交界面简化处理为倾斜分布。基本分析模型采用了与原工程相同的C70预应力管桩加固,预应力管桩桩径0.3m。模型立面布置如图11-48所示。

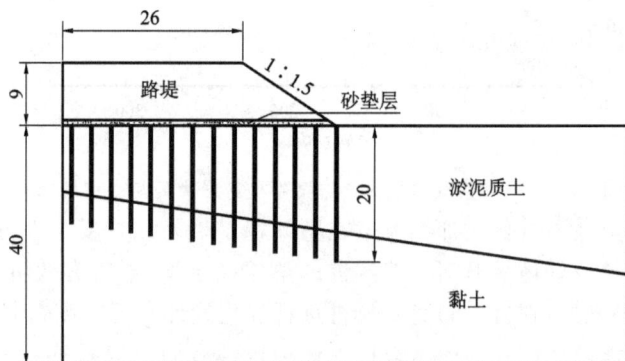

图11-48 "复合地基"加固模型(单位:m)

(2)算例2("复合地基＋反压护道"加固模型)

加固模型路堤下部设置C70预应力管桩,用以控制路堤竖向变形;路堤边部设置高度3m、顶面宽度7.5m的反压护道,用以提升路堤边坡的稳定性。反压护道填筑材料与路堤相同。模型立面布置如图11-49所示。

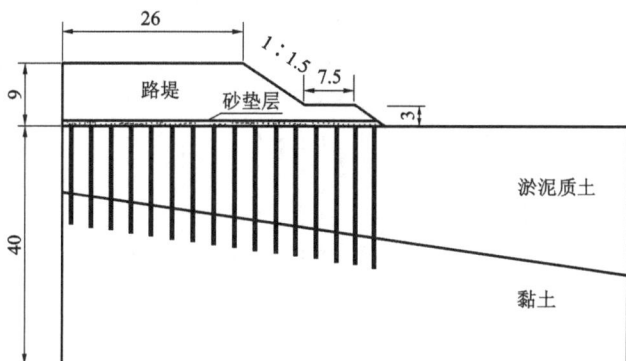

图 11-49 "复合地基+反压护道"加固模型(单位:m)

(3)算例 3("斜直双排桩+复合地基"协同加固模型)

协同加固模型路堤下部也采用 C70 预应力管桩进行加固,在路堤坡脚土层中设置斜直双排桩。基于前文分析,斜直双排桩中后排竖直桩首先弯曲破坏,成为影响其侧向承载力的关键因素,故设置后排竖直桩为大直径钢筋混凝土灌注桩,同时考虑倾斜桩的施工难度以及前排倾斜桩弯矩相对较小的特性,前排倾斜桩依旧使用预应力管桩。在加固模型中后排混凝土灌注竖直桩桩径为 0.6m,前排倾斜预应力管桩桩径为 0.5m,壁厚为 0.1m,连梁截面尺寸为 1m×0.5m。斜直双排桩处理深度为 23m,前排倾斜桩倾斜度为 12%。模型立面布置图如图 11-50 所示。

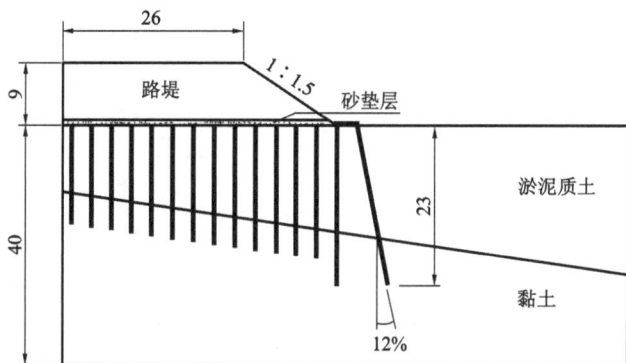

图 11-50 "斜直双排桩+复合地基"协同加固模型(单位:m)

(4)算例 4("复合地基+反压护道+斜直双排桩"协同加固模型)

协同加固模型通过路堤下部 C70 预应力管桩进行竖向加固,用以承担上部路堤竖向荷载;通过路堤边部反压护道及其下部斜直双排桩进行侧向加固,用以控制路堤整体稳定性。模型材料尺寸与上述模型相同。模型立面布置图如图 11-51 所示。

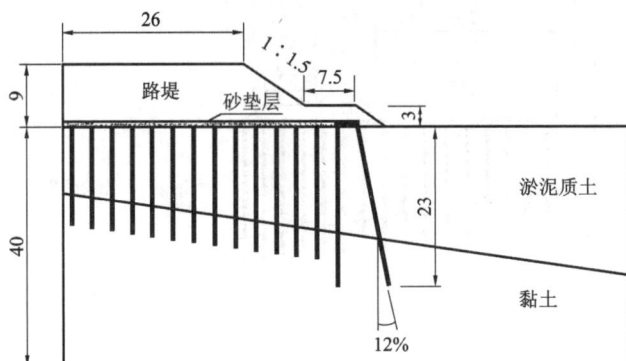

图 11-51 "复合地基十反压护道十斜直双排桩"加固模型(单位:m)

11.4.2 有限元模型及材料参数

在有限元模型中淤泥质土采用修正剑桥模型进行模拟,路堤填土、砂垫层、黏土层采用莫尔-库仑模型进行模拟。预应力管桩、钢筋混凝土灌注桩采用线弹性模型进行模拟。考虑实际工程中淤泥质土在上部荷载作用下出现排水固结,参考背景工程条件设置距地面 0.5m 的地下水,同时在模型土层面上设置排水条件,使计算模型能够充分考虑淤泥质土的排水固结情况。模型材料参数如表 11-13 所示。

表 11-13 有限元模型材料参数

材料参数	材料类型及模型					
	淤泥质土	路堤填土	黏土	砂垫层	预应力管桩	钢筋混凝土灌注桩
	修正剑桥模型	莫尔-库仑模型			线弹性模型	
E/kPa	2.7×10^3	1.8×10^4	1.25×10^4	2.5×10^4	3.7×10^7	3.45×10^7
υ	0.32	0.25	0.25	0.25	0.17	0.17
$\gamma/(kN \cdot m^{-3})$	17	18	18	20	25	25
e_0	1.1	0.6	0.6	0.7	—	—
λ	0.206	—	—	—	—	—
K	0.012	—	—	—	—	—
η	0.18	—	—	—	—	—
$\varphi/(°)$	—	16.7	18.15	29	—	—

材料参数	材料类型及模型					
	淤泥质土	路堤填土	黏土	砂垫层	预应力管桩	钢筋混凝土灌注桩
	修正剑桥模型	莫尔-库仑模型			线弹性模型	
c/kPa	—	37.6	36.21	0.1		
$k/(\text{m} \cdot \text{s}^{-1})$	3×10^{-7}	3×10^{-7}	3×10^{-7}	5×10^{-3}		

注:E 为压缩模量(弹性模量);υ 为泊松比;γ 为重度;e_0 为初始孔隙比;λ 为正常固结线坡度;K 为超固结线坡度;η 为临界状态线比例;φ 为内摩擦角;c 为黏聚力;k 为渗透系数。

通过前文关于"斜直双排桩+复合地基"协同加固试验的分析可知,部分加固桩体在承受荷载时发生不同程度的断裂破坏。实际加固过程中,某桩体一旦发生弯曲破坏,其承受的弯矩、剪力释放,并向邻近桩体转移,进而逐个发生弯曲破坏,导致路堤出现失稳事故。本节分析模型中桩体设置为 cut-off 模式,即一旦桩体达到最大承载能力,该桩体即退出计算模型。在计算模型中,路堤下部设置的直径 ϕ0.3m、壁厚 0.07m 的 C70 预应力管桩的极限弯矩为 34kN·m,极限剪力为 95.5kN;斜直双排桩前排倾斜桩设置的直径 ϕ0.5m、壁厚 0.1m 的 C70 预应力管桩的极限弯矩为 171kN·m,极限剪力为 237kN。斜直双排桩中直径 ϕ0.6m 的钢筋混凝土灌注桩,桩身按普通配筋考虑,极限弯矩为 500kN·m,极限剪力为 534kN。考虑实际背景工程中未施工水平加筋土工格栅,本次计算模型中对水平加筋工格栅不予考虑。

11.4.3 加固模型变形云图

路堤填筑过程中的整体变形特性及变形大小在一定程度上决定了地基使用不同加固方案时的加固效果。在有限元模型计算分析过程中发现算例1("复合地基"加固模型)在路堤填筑达到 8m 时,模型计算不收敛,地基此时发生较大变形,发生破坏。这与原工程中路堤填筑高度达到 7.64m 时边坡发生滑移垮塌的现象一致,证明了本模型的合理性。同时,为详细对比分析不同加固方案中地基的变形特性,得到地基的位移变形云图如图 11-52 所示。由图可知:

①算例1("复合地基"加固模型)在填土路堤及地基软土层上部出现了明显的圆弧形滑动面,滑动面深度 7m,与背景工程相同。圆弧形滑动面外部路堤主要表现为竖向沉降,沉降量相对较小;滑动面内部土体主要表现为沿滑动方向的滑移,滑移位移随与坡脚距离减小而增大,在路堤坡脚处土体位移出现最大值,且该处土体出现明显的隆起破坏。同时滑移区土体也出现了一定程度的沿土层交界面下滑的趋势。

②算例2("复合地基+反压护道"加固模型)中,也出现了较为明显的滑动面。

此时滑动区范围相较于算例1("复合地基"加固模型)明显扩大,包括路堤边坡、反压护道以及软土层顶面土层。土体最大滑移值出现在反压护道边坡坡脚处,而坡脚土体位移明显小于算例1中的坡脚位移。但滑移区仍出现了明显的沿土层交界面下滑的趋势。证明采用反压护道可以在一定程度上提升倾斜软基上填土路堤的整体稳定性,但提升效果并不明显,路堤仍可能发生较大滑移。

③算例3("复合地基+斜直双排桩"协同加固模型)中,地基的变形特性与前两个算例明显不同,未出现明显的土体滑动区域。此时,路堤中部土体主要发生竖向沉降,边部土体则出现较小的水平位移趋势,地基的整体变形方向主要向下。路堤边部的斜直双排桩提供了较强的侧向加固效果,有效地提升了地基的侧向稳定性。

④算例4("复合地基+反压护道+斜直双排桩"协同加固模型)中,路堤中土体基本上不发生水平位移,地基并未出现滑动区域,路堤以竖向沉降为主。地基的整体稳定性相较于算例3有进一步的提升。

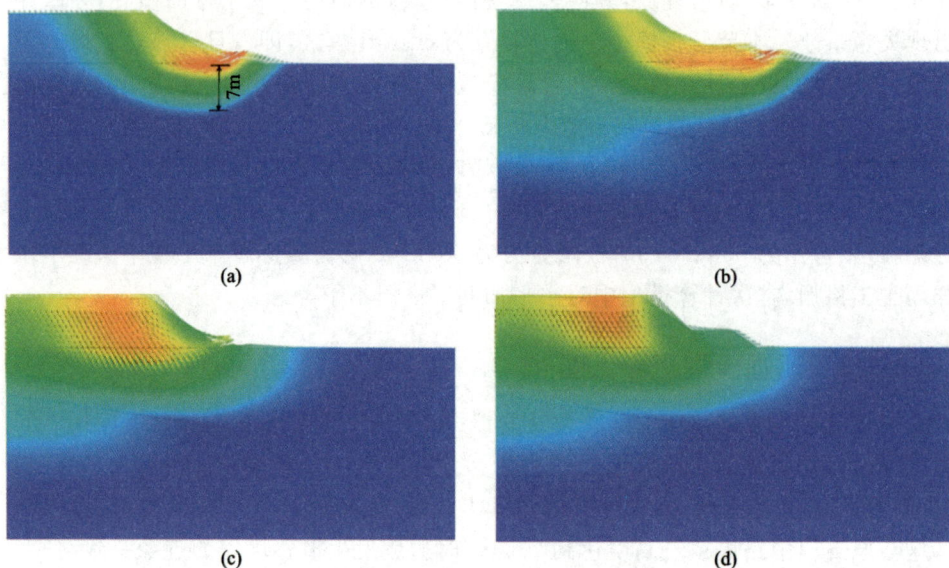

图 11-52　地基位移变形云图
(a)算例 1;(b)算例 2;(c)算例 3;(d)算例 4

通过上述分析可知,使用斜直双排桩加固能够有效减小路堤滑移,提升地基的整体稳定性,侧向加固效果明显优于传统反压护道加固方式。而使用反压护道配合斜直双排桩进行侧向加固则可以进一步提升地基整体稳定性。

11.4.4　路堤填筑过程中地基沉降分析

　　路堤填筑过程中,地基沉降量可以更为直观地体现地基变形特性及不同地基处理方案的加固效果。图 11-53 为路堤填筑过程中不同加固方案下路堤不同位置处的竖向沉降,由该图可知:

　　①在路堤填筑高度较小($H \leqslant 4\text{m}$)时,不同算例中路堤不同截面的竖向沉降基本相同,在路堤中部竖向沉降较大,边坡处竖向沉降相对较小,最小值出现在路堤坡脚位置处,这一规律符合路堤填筑过程中的地基竖向沉降规律[126]。

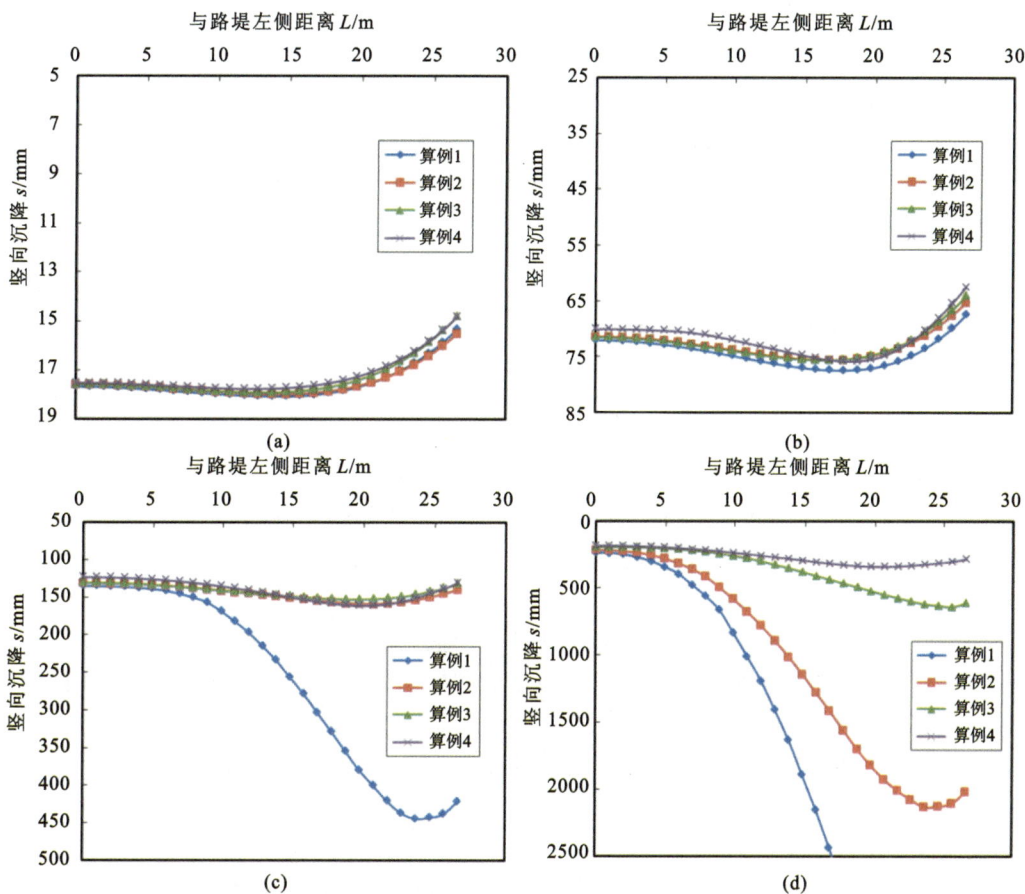

图 11-53　路堤填筑过程中地基竖向沉降

(a)路堤填筑高度 1m;(b)路堤填筑高度 4m;(c)路堤填筑高度 7m;(d)路堤填筑高度 9m

②当路堤填筑高度达到7m时,在路堤中部($L<10$m),各加固方案的竖向沉降基本保持相同。而在路堤边部($L>10$m),算例1("复合地基"加固方案)的竖向沉降曲线则明显不同于其他加固方案,出现了明显的增大。此时,使用复合地基进行加固的地基已经在路堤边部出现了明显的滑移破坏趋势。

③路堤填筑高度达到9m时,在路堤中部($L<10$m)不同加固方案中竖向沉降曲线依旧差别不大。而在路堤边部($L>10$m),不同加固方案的竖向沉降曲线则出现了明显的差别。其中,算例1("复合地基"加固模型)中路堤边坡下沉量大于2.5m,路堤已经发生明显的滑移破坏;算例2("复合地基+反压护道"加固模型)中,路堤边坡也已经出现较大沉降(2m),此时边坡已经出现较大滑移。算例3("复合地基+斜直双排桩"协同加固模型)中,路堤边坡处竖向沉降略大于路堤中部,地基出现少量的滑移趋势,但整体基本保持稳定。而算例4("复合地基+反压护道+斜直双排桩"协同加固模型)中,路堤不同界面的竖向沉降差别不大,整体呈现均匀的竖向沉降特性。

通过上述分析可知,在加固倾斜软基的工程中,使用斜直双排桩进行侧向加固的方案能够明显提升地基的整体稳定性,其加固效果优于传统反压护道的加固方案,在实际工程中具备较好的应用前景。

11.4.5 地基稳定性分析

强度折减法的基本原理是将模型内部土体的抗剪强度逐渐进行折减,依次进行计算直到地基发生破坏。而对于地基内部土体,其破坏的本质是发生剪切破坏,故分析模型内部土体的塑性变形区域,判断其是否出现贯通区较为合理,也相对准确[127]。图11-54为不同算例中使用强度折减法计算地基破坏时的等效塑性变形云图。通过分析不同算例地基的塑性区域分布,判断不同地基破坏时的塑性区分布及地基破坏状态。由图可知:

①地基在发生破坏时均出现明显的塑性贯通区,而不同算例中的塑性变形区有所不同。其中算例1中地基形成了较为清晰的圆弧形塑性变形贯通区,符合边坡破坏时塑性区域分布特性[128]。该区域即为边坡内部滑动面所处位置,塑性变形区内部复合地基桩体均发生弯曲破坏而丧失承载能力,破坏模式属于桩身弯曲破坏。

②算例2中土体等效塑性分布区域特征与算例1较为类似,也形成了较为清晰的贯通区。不同的是,算例2中土体塑性分布区相较于算例1更长,路堤边坡连同反压护道一同发生滑动。塑性区内部桩体发生弯曲破坏而失去加固效果,破坏模式也属于桩身弯曲破坏。

③算例3、算例4中等效塑性分布区域有所不同,路堤中下部塑性区与算例1、算例2相比明显较大,此时斜直双排桩提供的侧向约束效果较强,强度折减后地基出现较大的竖向沉降,此时破坏模式属于侧向倾覆破坏。

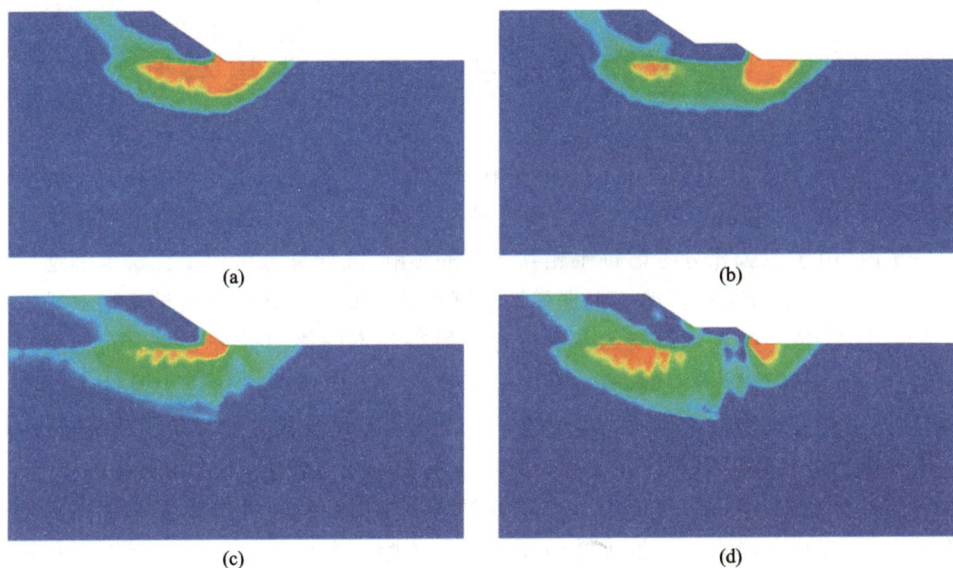

图 11-54　路堤等效塑性变形云图

(a)算例 1；(b)算例 2；(c)算例 3；(d)算例 4

通过上述分析可知，斜直双排桩的存在对地基的破坏模式产生了一定的影响，有效阻碍了边坡的滑移破坏。通过强度折减法确定的路堤安全系数如表 11-14 所示。

表 11-14　　　　　　　　　　　　　　　　路堤安全系数

模型	算例 1	算例 2	算例 3	算例 4
路堤安全系数	0.712	1.231	1.965	2.254

算例 1（"复合地基"加固模型）中路堤安全系数为 0.712，小于 1，路堤在填筑至设计高度之前已经发生破坏，即单独使用预应力管桩形成复合地基进行加固的方案失效。而增加反压护道之后（算例 2），路堤安全系数明显增大，达到 1.231，路堤安全性有所提高，但其安全系数提高幅度明显小于使用斜直双排桩进行加固的方案（算例 3）。使用反压护道配合斜直双排桩（算例 4）可以在侧向产生更强的加固效果，路堤安全系数达到了 2.254，满足路堤安全性的要求。

分析认为，"斜直双排桩＋复合地基"协同加固方案较好地利用了复合地基的竖向承载力以及斜直双排桩的侧向承载力，导致地基的整体稳定性获得较大的提升。而"复合地基＋反压护道＋斜直双排桩"协同加固方案则是在斜直双排桩上方施加了反向稳定荷载，有效阻止了斜直双排桩的水平位移，进一步提升了地基的整体稳定性。

11.5　斜直双排桩受力变形计算分析

　　目前已经开展的针对双排桩的计算分析模型的建立多集中在基于结构力学的刚架受力变形分析[49]和基于弹性力学的弹性地基梁法[51]。针对双排桩使用刚架受力变形分析时,由于无法充分考虑桩土相互作用的影响,故计算分析模型无法准确地反映双排桩的实际受力变形特性。根据弹性地基梁法的双排桩计算分析模型把双排桩看作竖放的梁,依照弹性地基梁的变形方程分段得到不同挠曲微分方程。而已经开展的弹性地基梁计算分析模型,重点考虑了竖直桩身方向承受的土压力及约束的特性,未涉及桩侧及桩端桩土作用力的影响。针对作为基坑支护或边坡抗滑的双排桩,其桩侧摩阻力及桩端阻力对侧向支撑效果产生的影响相对较小,不作为关注的重点。而在斜直双排桩中,前排倾斜桩对后排起主要挡土作用的竖直桩产生了非常强的支撑作用,从而强化了斜直双排桩的侧向稳定性。该侧向支撑效果很大程度上来自桩侧摩阻力及桩端阻力,即倾斜桩能够承受较强侧向荷载的原因主要是将部分水平荷载转化为桩身轴力[31-33]。故组合结构桩侧摩阻力也必须作为重点考虑对象进行研究。此外,通过上文分析可知,斜直双排桩在承受侧向荷载时,后排竖直桩对前排倾斜桩起到了较强的"遮蔽效应",在建立计算模型时需要充分考虑。

　　综上,本节针对斜直双排桩进行分析计算时,首先将斜直双排桩看作门式刚架结构,考虑桩土共同作用。通过"m"法确定桩段被动土压力,同时考虑桩侧摩阻力及桩端阻力的影响。依照变形方程得到不同桩体的挠曲微分方程,得出侧向荷载作用下桩身内力与变形解析解,建立桩身受力及位移方程,并通过仿真模拟进行验证,确定计算分析模型的准确性。

11.5.1　斜直双排桩计算模型构建

　　斜直双排桩在承受侧向加载时会发生水平变形。根据本章进行的模型试验及数值模拟模型分析可知,斜直双排桩的变形由两部分组成。第一,将斜直双排桩前排倾斜桩、后排竖直桩、桩顶连梁以及桩间土体看作整体(结构不发生形变),斜直双排桩整体发生侧向倾覆转动,其前排倾斜桩存在向土层深处移动的趋势,土层对桩身产生的荷载包括侧向土压力、桩侧正摩阻力、桩端阻力。第二,将斜直双排桩看作双排单桩,在侧向土压力作用下,前、后排桩发生弯曲变形,此时,桩身承受水平土压力。

　　基于上述分析,构建斜直双排桩在侧向路堤荷载作用下的结构计算模型如图 11-55 所示。根据该计算模型特点,提出如下基本假定。

①斜直双排桩桩身看作底端无约束、顶部刚接；

②桩身受到的被动土压力通过土体弹簧单元实现；

③斜直双排桩顶部连梁为刚性体。

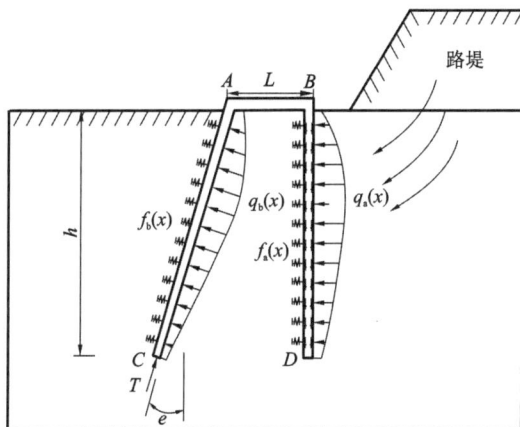

图 11-55　斜直双排桩计算模型

在土层中设置斜直双排桩（AC-BD），组合桩由前排倾斜桩 AC、后排竖直桩 BD 及桩顶连梁 AB 组成。组合桩中连梁 AB 长度为 L，加固深度为 h，前排倾斜桩倾斜度为 e。在斜直双排桩侧向施加路堤填土荷载，桩侧土层在路堤荷载作用下对组合桩桩身产生侧向主动土压力，分别为 $q_a(x)$（竖直桩 BD 桩侧）、$q_b(x)$（倾斜桩 AC 桩侧）。同时倾斜桩 AC 受到桩侧摩阻力 $f_b(x)$、桩端阻力 T，竖直桩 BD 受到桩侧摩阻力 $f_a(x)$。

前排倾斜桩及后排竖直桩桩身受到的被动土压力通过土弹簧进行模拟，通过"m"法确定水平地基抗力系数 k，此时，$k(x) = k_0 + mx$，其中 x 为计算点离地面的深度，x＝0 时计算点点位于桩顶；m 为土的水平地基抗力系数随深度增长的比例系数；k_0 为地面处土的水平抗力系数。

竖直桩 BD 紧靠侧向堆载设置，桩身主动土压力 $q_{a1}(x)$ 通过侧向堆载产生的附加应力得出。而前排倾斜桩 AC 则受到竖直桩 BD 的"遮蔽效应"，确定桩身主动土压力 $q_b(x)$ 时，首先假设无"遮蔽效应"时桩身受到的主动土压力为 $q_{b1}(x)$。定义遮蔽系数 β，基于双排桩之间的相互作用，普遍认为当桩间距达到桩径 n 倍（n 由土层性质确定）时可以忽略"遮蔽效应"的影响。因此当连梁长度 L＝0 时，遮蔽系数 β＝0（完全遮蔽）；当 L＝nD 时，遮蔽系数 β＝1（无遮蔽）；当 0＜L＜nD 时，遮蔽系数可通过二次抛物线进行取值，函数 β(L/nD) 为：

$$\beta(L/nD) = 2L/nD - (L/nD)^2 \tag{11-20}$$

同时由于后排竖直桩桩身变形挤压桩间土也对前排倾斜桩桩身产生主动土压力,该主动土压力大小取决于后排竖直桩桩身的被动土压力大小。传统方法分析桩间土受力特性时,往往将桩间土体看作弹簧[51],即后排桩被动土压力大小与前排主动土压力大小相等。基于土体中应力的扩散原理,这两者的差距会随着桩间距的增大而不断增大。

此时桩间土的受力特性可近似表示为图 11-56 的形式。在同一截面高度处,后排竖直桩桩身土反力为 $k(x)yb$,由于土应力在桩间土中发生扩散,在前排倾斜桩桩身截面处土层作用面长度增加至 $b+2(L+x\mathrm{tane})\tan\eta$。得到此时前排倾斜桩桩身主动土压力如下:

$$q_{b2}(x) = \frac{k(x)yb^2\cos e}{b+2(L+x\mathrm{tane})\tan\eta} \tag{11-21}$$

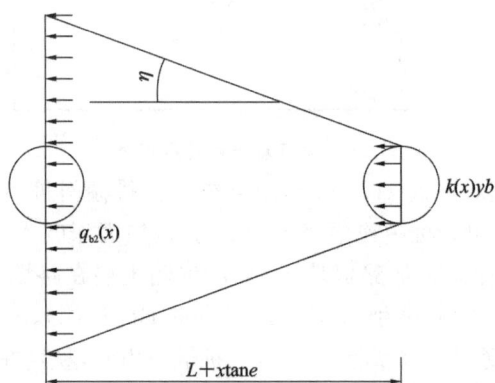

图 11-56 桩间土受力分析图

考虑后排桩遮蔽效应后,由地面堆载所产生的前排倾斜桩桩身主动土压力为:

$$q_b(x) = \beta \cdot q_{b1}(x) + q_{b2}(x) \tag{11-22}$$

同时前排倾斜桩对后排竖直桩存在支撑效应,支撑效应提供的侧向土压力作用于竖直桩前侧(图 11-56),大小为 $q_{b2}(x)$,因此得出后排竖直桩的桩身主动土压力:

$$q_a(x) = q_{a1}(x) - q_{b2}(x) \tag{11-23}$$

桩侧摩阻力的确定参考郑刚等[51]的研究结论,采用桩土界面传递函数法进行计算。传递函数采用 Kezdi 形式[129],表达式为:

$$f(x) = K\gamma x\tan\varphi(1 - \mathrm{e}^{-\frac{ks}{s_u-s}}) \tag{11-24}$$

桩端阻力可通过下式得到:

$$T = k(h)sS_0 \tag{11-25}$$

式中,K 为土的侧向压力系数;γ,φ 分别为土的重度以及内摩擦角;k 为水平地基抗力系数;s 为剪切位移;s_u 为桩侧摩阻力充分发挥所达到的临界位移,取 3~6mm;

$k(h)$ 为桩底土层抗力系数；S_0 为桩底面积；η 为土应力扩散角；x 为计算截面深度；y 为截面处桩身水平位移；b 为桩身计算宽度。

11.5.2 斜直双排桩计算方程构建

基于上述关于斜直双排桩桩身的受力分析，建立的挠曲微分方程如下所示。

倾斜桩 AC 微分挠曲方程为：

$$EI\,\frac{\mathrm{d}^4 y_1}{\mathrm{d}x_1^4} + by_1 \cdot k(x_1) - q_b(x_1) = 0 \tag{11-26}$$

竖直桩 BD 微分挠曲方程为：

$$EI\,\frac{\mathrm{d}^4 y_2}{\mathrm{d}x_2^4} + by_2 \cdot k(x_2) - q_a(x_2) = 0 \tag{11-27}$$

通过求解上述微分方程，分别得到微分方程通解（水平位移方程）如下：

$$y_1 = e^{a_1 x_1}\left[A_1\cos(\alpha_1 x_1) + B_1\sin(\alpha_1 x_1)\right] + e^{-a_1 x_1}\left[C_1\cos(\alpha_1 x_1) + D_1\sin(\alpha_1 x_1)\right]$$
$$+ q_b(x_1)/[b \cdot k(x_1)] \tag{11-28}$$

$$y_2 = e^{a_2 x_2}\left[A_2\cos(\alpha_2 x_2) + B_2\sin(\alpha_2 x_2)\right] + e^{-a_2 x_2}\left[C_2\cos(\alpha_2 x_2) + D_2\sin(\alpha_2 x_2)\right]$$
$$+ q_a(x_2)/[b \cdot k(x_2)] \tag{11-29}$$

式中，$\alpha_1 = \sqrt[4]{b \cdot k(x_1)/4EI}$；$\alpha_2 = \sqrt[4]{b \cdot k(x_2)/4EI}$；$E$ 为弹性模量；I 为截面惯性矩；e 为前排倾斜桩倾斜度；b 为桩身计算宽度。

对上述水平位移方程求一阶、二阶、三阶导数，分别得到转角、弯矩以及剪力方程。方程表达式如下所示：

$$\theta_i = \alpha_i\{e^{a_i x_i}\left[(A_i + B_i)\cos(\alpha_i x_i) - (A_i - B_i)\sin(\alpha_i x_i)\right]$$
$$- e^{-a_i x_i}\left[(C_i - D_i)\cos(\alpha_i x_i) + (C_i + D_i)\sin(\alpha_i x_i)\right]\} \tag{11-30}$$

$$M_i = -2EI\alpha_i^2\{e^{a_i x_i}\left[B_i\cos(\alpha_i x_i) - A_i\sin(\alpha_i x_i)\right] - e^{-a_i x_i}\left[D_i\cos(\alpha_i x_i) - C_i\sin(\alpha_i x_i)\right]\} \tag{11-31}$$

$$Q_i = 2EI\alpha_i^3\{e^{a_i x_i}\left[(A_i - B_i)\cos(\alpha_i x_i) + (A_i + B_i)\sin(\alpha_i x_i)\right]$$
$$- e^{-a_i x_i}\left[(C_i + D_i)\cos(\alpha_i x_i) - (C_i - D_i)\sin(\alpha_i x_i)\right]\} \tag{11-32}$$

式中，i 为不同桩段编号，A_i、B_i、C_i、$D_i (i=1,2)$ 分别为常数，前排倾斜桩为桩段 1，后排竖直桩为桩段 2。

上述微分方程通解中，共有 A_i、B_i、C_i、$D_i (i=1,2)$ 共 8 个未知常数，这些未知常数通过桩端的边界条件求得。

其中前排倾斜桩桩顶（$x_1=0$）、后排竖直桩桩顶（$x_2=0$）弯矩、剪力方程如下：

$$M_1\,|_{x_1=0} = -2EI\alpha_1^2(B_1 - D_1) \tag{11-33}$$

$$Q_1\,|_{x_1=0} = 2EI\alpha_1^3(A_1 - B_1 - C_1 - D_1) \tag{11-34}$$

$$M_2\,|_{x_2=0} = -2EI\alpha_2^2(B_2 - D_2) \tag{11-35}$$

$$Q_2 \mid_{x_2=0} = 2EI\alpha_2^3(A_2 - B_2 - C_2 - D_2) \tag{11-36}$$

前排倾斜桩桩底($x_1 = L_{AC}$)、后排竖直桩桩底($x_2 = L_{BD}$)弯矩、剪力方程如下：

$$M_1 \mid_{x_1=L_{AC}} = -2EI\alpha_1^2\{e^{\alpha_1 L_{AC}}[B_1\cos(\alpha_1 L_{AC}) - A_1\sin(\alpha_1 L_{AC})]$$
$$- e^{-\alpha_1 L_{AC}}[D_1\cos(\alpha_1 L_{AC}) - C_1\sin(\alpha_1 L_{AC})]\} \tag{11-37}$$

$$Q_1 \mid_{x_1=L_{AC}} = 2EI\alpha_1^3\{e^{\alpha_1 L_{AC}}[(A_1 - B_1)\cos(\alpha_1 L_{AC}) + (A_1 + B_1)\sin(\alpha_1 L_{AC})]$$
$$- e^{-\alpha_1 L_{AC}}[(C_1 + D_1)\cos(\alpha_1 L_{AC}) - (C_1 - D_1)\sin(\alpha_1 L_{AC})]\}$$
$$\tag{11-38}$$

$$M_2 \mid_{x_2=L_{BD}} = -2EI\alpha_2^2\{e^{\alpha_2 L_{BD}}[B_2\cos(\alpha_2 L_{BD}) - A_2\sin(\alpha_2 L_{BD})]$$
$$- e^{-\alpha_2 L_{BD}}[D_2\cos(\alpha_2 L_{BD}) - C_2\sin(\alpha_2 L_{BD})]\} \tag{11-39}$$

$$Q_2 \mid_{x_2=L_{BD}} = 2EI\alpha_2^3\{e^{\alpha_2 L_{BD}}[(A_2 - B_2)\cos(\alpha_2 L_{BD}) + (A_2 + B_2)\sin(\alpha_2 L_{BD})]$$
$$- e^{-\alpha_2 L_{BD}}[(C_2 + D_2)\cos(\alpha_2 L_{BD}) - (C_2 - D_2)\sin(\alpha_2 L_{BD})]\}$$
$$\tag{11-40}$$

由于斜直双排桩桩底位于土层中未施加嵌固（自由端），在侧向土压力作用下会发生侧向变位（水平位移 y 不为 0）及转动（转角 θ 不为 0），但由力学基本定理可知，杆件自由端弯矩、剪力均为 0。由此可知桩底 $M_1 \mid_{x_1=L_{AC}} = 0$、$M_2 \mid_{x_2=L_{BD}} = 0$、$Q_1 \mid_{x_1=L_{AC}} = 0$、$Q_2 \mid_{x_2=L_{BD}} = 0$。

基于上述的边界条件方程建立矩阵方程以求得未知常数 A_1、B_1、C_1、D_1、A_2、B_2、C_2、D_2。矩阵方程如下所示：

$$\boldsymbol{D}_q \boldsymbol{X}_q = \boldsymbol{P}_q \tag{11-41}$$

$$\boldsymbol{D}_q = \begin{bmatrix} \boldsymbol{K}_1 & \boldsymbol{K}_2 \\ \boldsymbol{K}_3 & \boldsymbol{K}_4 \end{bmatrix}$$

$$\boldsymbol{K}_1 = \begin{bmatrix} 0 & -1 & 0 & 1 \\ 1 & -1 & -1 & -1 \\ 0 & 0 & 0 & 0 \\ 0 & 0 & 0 & 0 \end{bmatrix}, \quad \boldsymbol{K}_2 = \begin{bmatrix} 0 & 0 & 0 & 0 \\ 0 & 0 & 0 & 0 \\ 0 & -1 & 0 & 1 \\ 1 & -1 & -1 & -1 \end{bmatrix}$$

$$\boldsymbol{K}_3 = \begin{bmatrix} -a_1 & b_1 & c_1 & -d_1 \\ a_1 + b_1 & a_1 - b_1 & c_1 - d_1 & -c_1 - d_1 \\ 0 & 0 & 0 & 0 \\ 0 & 0 & 0 & 0 \end{bmatrix}$$

$$\boldsymbol{K}_4 = \begin{bmatrix} 0 & 0 & 0 & 0 \\ 0 & 0 & 0 & 0 \\ -a_2 & b_2 & c_2 & -d_2 \\ a_2 + b_2 & a_2 - b_2 & c_2 - d_2 & -c_2 - d_2 \end{bmatrix}$$

$$\boldsymbol{X}_{q} = (A_1, B_1, C_1, D_1, A_2, B_2, C_2, D_2)^{\mathrm{T}}$$

$$\boldsymbol{P}_{q} = \left(\frac{M_1 \mid_{x_1=0}}{2EI\alpha_1^2}, \frac{Q_1 \mid_{x_1=0}}{2EI\alpha_1^3}, \frac{M_2 \mid_{x_2=0}}{2EI\alpha_2^2}, \frac{Q_2 \mid_{x_2=0}}{2EI\alpha_2^3}, 0, 0, 0, 0 \right)^{\mathrm{T}}$$

式中，$a_1 = e^{\alpha_1 L_{AC}} \sin(\alpha_1 L_{AC})$，$b_1 = e^{\alpha_1 L_{AC}} \cos(\alpha_1 L_{AC})$，$c_1 = e^{-\alpha_1 L_{AC}} \sin(\alpha_1 L_{AC})$，$d_1 = e^{-\alpha_1 L_{AC}}$ $\cos(\alpha_1 L_{AC})$，$a_2 = e^{\alpha_2 L_{BD}} \sin(\alpha_2 L_{BD})$，$b_2 = e^{\alpha_2 L_{BD}} \cos(\alpha_2 L_{BD})$，$c_2 = e^{-\alpha_2 L_{BD}} \sin(\alpha_2 L_{BD})$，$d_2 = e^{-\alpha_2 L_{BD}} \cos(\alpha_2 L_{BD})$。

斜直双排桩顶部连梁起刚性连接作用，其受力包括左端 M_a、N_a、Q_a 以及右端 M_b、N_b、Q_b，如图 11-57 所示。根据斜直双排桩中前排倾斜桩的轴向受力特性，连梁受力 Q_a、Q_b 可通过下式得出：

$$Q_a = \int_0^{L_{AC}} f_b(x)\,\mathrm{d}x + T \tag{11-42}$$

$$Q_b = \int_0^{L_{BD}} f_a(x)\,\mathrm{d}x \tag{11-43}$$

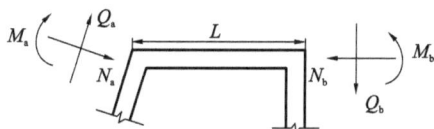

图 11-57　桩段受力图

由连梁与桩身接触点为刚接可知：

$$N_a = Q_1 \mid_{x_1=0} \tag{11-44}$$

$$M_a = M_1 \mid_{x_1=0} \tag{11-45}$$

$$N_b = Q_2 \mid_{x_2=0} \tag{11-46}$$

$$M_b = M_2 \mid_{x_2=0} \tag{11-47}$$

因连梁为刚体，可得静力平衡条件为：

$$Q_a \sin e + N_a \cos e = N_b \tag{11-48}$$

$$M_a + Q_a L \cos e = M_b + N_a L \sin e \tag{11-49}$$

$$Q_a \cos e = N_a \sin e + Q_b \tag{11-50}$$

连梁两端的变形协调条件为：

$$y_1 \mid_{x_1=0} = y_2 \mid_{x_2=0} \tag{11-51}$$

$$\theta_1 \mid_{x_1=0} = \theta_2 \mid_{x_2=0} \tag{11-52}$$

最后通过上述建立的矩阵方程配合连梁静力平衡方程及变形协调方程，基于 MATLAB 编程以实现斜直双排桩前排倾斜桩以及后排竖直桩的水平位移 y_i，桩身弯矩 M_i 以及桩身剪力 Q_i 的求解。

11.5.3　斜直双排桩受力变形实例计算

本节提出的计算分析模型通过引入桩身阻力及"遮蔽效应"等影响因素,可以针对不同倾斜桩倾斜度以及不同连梁长度的斜直双排桩进行计算分析。通过建立有限元计算模型,针对斜直双排桩的倾斜桩倾斜度及连梁长度双因素变量开展分析,对比计算模型在针对不同组合形式的斜直双排桩时的计算效果。

11.5.3.1　基本计算模型

均质土层中设置斜直双排桩,模型尺寸如图 11-58 所示。

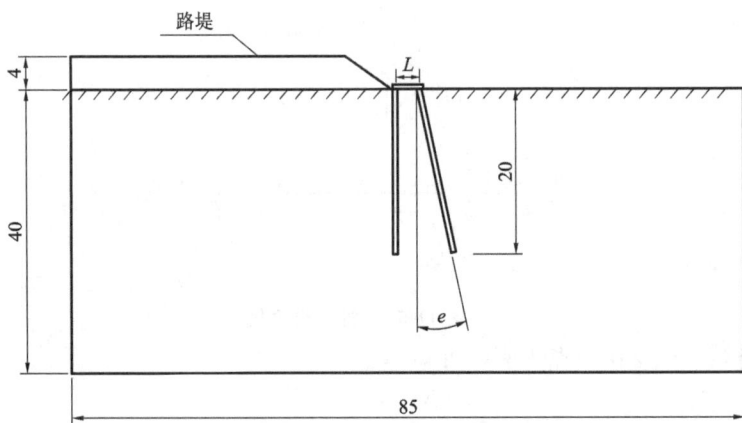

图 11-58　计算模型(单位:m)

模型中土层厚度为 40m,长度为 85m。在土层上部施加路堤填土荷载,路堤填筑高度为 4m。路堤坡脚下部设置斜直双排桩,双排桩加固深度为 20m,连梁长度为 L,前排倾斜桩倾斜度为 e。通过对不同连梁长度 L 及前排桩倾斜度 e 的斜直双排桩进行计算,用以印证对比计算模型的准确性。有限元模型材料参数如表 11-15 所示。

表 11-15　　　　　　　　　　有限元模型材料参数

材料参数	材料类型及模型	
	淤泥质土	路堤填土
	修正剑桥模型	莫尔-库仑模型
E/kPa	2.7×10^3	1.8×10^4
υ	0.32	0.25
$\gamma/(\text{kN} \cdot \text{m}^{-3})$	17	18

材料参数	材料类型及模型	
	淤泥质土	路堤填土
	修正剑桥模型	莫尔-库仑模型
e_0	1.1	0.6
λ	0.206	—
K	0.012	—
η	0.18	—
$\varphi/(°)$	—	16.7
c/kPa	—	37.6

注：E 为压缩模量(弹性模量)；υ 为泊松比；γ 为重度；e_0 为初始孔隙比；λ 为正常固结线坡度；K 为超固结线坡度；η 为临界状态线比例；φ 为内摩擦角；c 为黏聚力。

11.5.3.2　基于不同倾斜度的计算验证

计算模型中,设置斜直双排桩连梁长度 L(桩间距)为 3m 并固定不变,改变前排倾斜桩的桩身倾斜度设置 4 组对比。4 组对比模型中前排倾斜桩倾斜度分别为 0、10％、20％、30％。上述 4 组对比模型分别采用有限元模拟及本节计算模型进行计算,得出在路堤填筑至 4m 时,后排竖直桩水平位移及弯矩分布曲线如图 11-59 所示。

由图 11-59 可知:

①通过有限元模型及计算模型得出的桩身水平位移分布曲线相似,桩身水平位移均自上而下先增大后减小,桩身出现明显弯曲,这与前文得出的结论类似。不同的是,对于倾斜度较小(≤10％)的双排桩,两模型计算结果吻合度较好;而倾斜度较大(＞10％)时,水平位移曲线出现一定差异,计算模型得出的水平位移较小。分析认为,在计算较大倾斜度组合桩的桩身水平位移时出现差异的主要原因是倾斜桩桩侧土抗力系数与竖直桩存在不同,计算模型中采用相同的土抗力系数会高估倾斜桩桩身土抗力值。实际工程计算时,可根据桩身的倾斜度利用倾斜度折减系数对桩侧土层土抗力系数进行折减。

②有限元模型及计算模型得出的桩身弯矩分布曲线也较为类似,弯矩沿桩身自上而下先增大后减小,在桩身中上部出现弯矩最大值。且两种模型计算得到的弯矩值吻合度较好,计算模型较好地体现了组合后排竖直桩最大弯矩随前排倾斜桩倾斜度增大而增大的规律。说明计算模型使用遮蔽系数确定桩身土压力的方式合理。

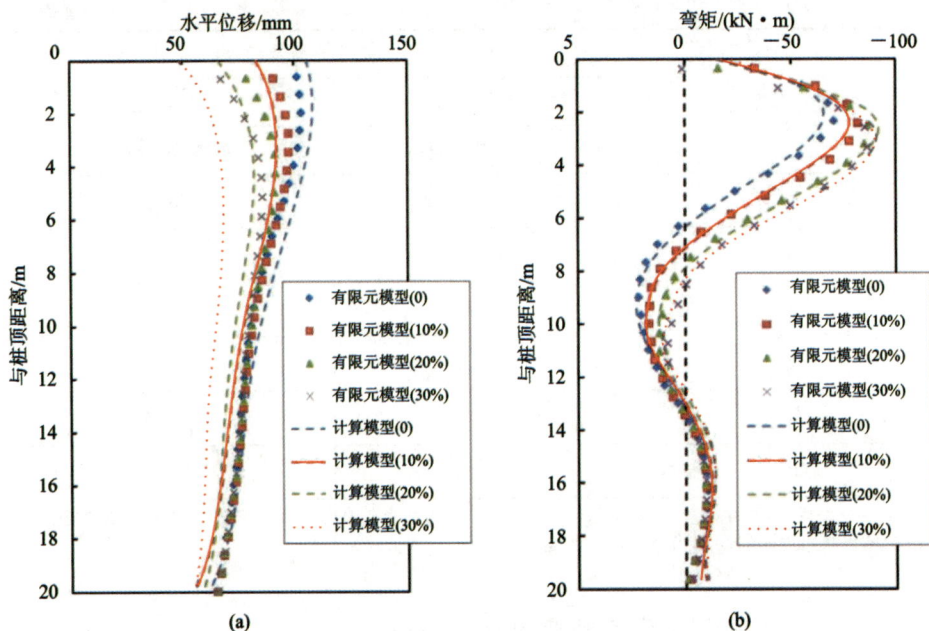

图 11-59　不同前排桩倾斜度时后排桩位移和弯矩分布曲线
(a)水平位移；(b)弯矩

由上述分析可知，对于不同前排倾斜桩倾斜度的双排桩，使用提出的计算模型能够较好地体现桩身水平位移随倾斜桩倾斜度增大而减小、桩身弯矩随倾斜桩倾斜度增大而增大的变化规律。但实际应用中需针对倾斜桩的土抗力系数进行一定折减，以满足计算精度的需要。

11.5.3.3　基于不同连梁长度的计算验证

固定前排桩倾斜度为 10％，改变前、后排桩间距（连梁长度），设置三组对比分析模型，连梁长度分别为 1.5m、3m、4.5m，以验证计算模型针对不同连梁长度的斜直双排桩进行计算时的准确度。路堤填筑 4m 时，不同组合中后排竖直桩的桩身位移及弯矩分布曲线如图 11-60 所示。

由图 11-60 可知：

①计算模型及有限元模型计算得出的桩身位移曲线均呈现自上而下先增大后减小的变化趋势，且计算得出的桩身位移均随连梁长度增大而减小。但计算模型得出的水平位移量略小于有限元模型，认为折减倾斜桩的土抗力系数能提高计算精确度。

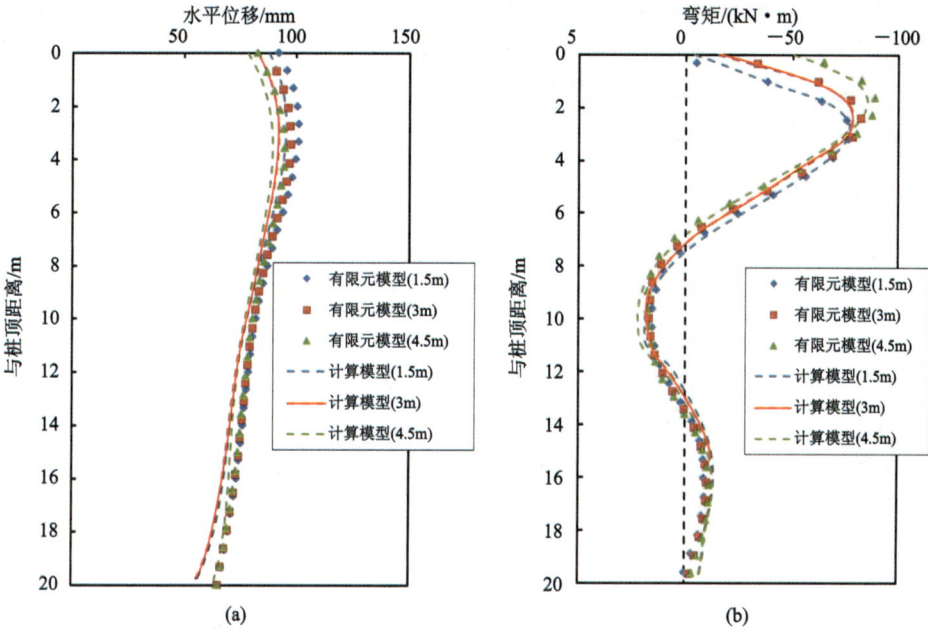

图 11-60 不同连梁长度时后排桩水平位移和弯矩分布曲线

(a)水平位移;(b)弯矩

②两种模型计算得出的桩身弯矩分布曲线也较为类似,弯矩大小的吻合度较好。计算模型较好地展现了后排竖直桩弯矩随连梁长度增加而增大的变化规律。

通过上述分析可知,计算模型考虑了后排竖直桩对前排倾斜桩的遮蔽效应以及前排倾斜桩对后排竖直桩的支撑效应。增加连梁长度导致支撑效应减小,后排竖直桩弯曲程度增大,计算分析过程合理。结果证明,计算模型能够满足不同连梁长度的斜直双排桩的计算分析要求。

11.6 斜直双排桩破坏模式及计算方法研究

通过前文开展的模型试验及数值模拟研究了侧向荷载作用下斜直双排桩加固软基时的受力变形特性及变位破坏过程,同时根据地层分布特点提出了斜直双排桩的最佳组合方案及优化设置方案。但上述研究分析过程主要针对特殊地层条件及桩身条件,对斜直双排桩的破坏模式研究并不全面。

无法合理确定侧向加固时的破坏模式,导致斜直双排桩设计应用时检算困难,影响工程应用。本节在前文研究基础上建立有限元模型,研究不同类型斜直双排桩的受力变形特性,系统分析斜直双排桩的不同破坏模式,并针对不同破坏模式提出相应的力学分析模型及地基安全系数确定方法。

11.6.1 有限元基本分析模型

通过分析,使用前文模型试验及有限元模拟中的加载方式对倾斜软基进行加载,较好地体现了实际工程中路堤荷载作用下软土地层的土层滑动特性。基于此,本节参考前文研究中的地层特点及加载方式建立斜直双排桩的侧向加固模型。

有限元模型尺寸设置为 1500mm × 1000mm(长 × 高),同时选取标准断面150mm 进行分析。模型土层设置为上软、下硬两层,软土层底面倾斜布置。在基本模型右侧加载区域下方设置均质软土地基(无复合地基桩体),紧靠加载区域左侧设置斜直双排桩。通过改变斜直双排桩的类型,判断不同类型下的破坏模式,有限元分析基本模型如图 11-61 所示。

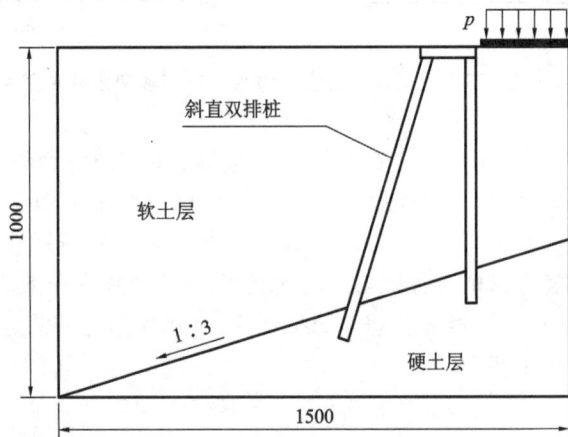

图 11-61 有限元分析模型(单位:mm)

模型材料参数与前文相同。算例模型采用五节点三维网格进行划分,在模型 X、Y 边界上分别设置 X、Y 方向约束,在模型底部设置 X、Y 以及 Z 方向约束。

在分析模型中,重力荷载作为初始增量步首先施加在模型中,使计算模型达到地应力平衡,同时清零位移。由于直接承受竖向荷载的软土层并未进行竖向加固,在软土上部施加 100kPa 的竖向荷载,分 10 个增量步施加,即每增量步施加 10kPa。

11.6.2 斜直双排桩破坏模式分析

11.6.2.1 斜直双排桩整体滑移破坏

设置斜直双排桩浅层加固模型,模型布置如图 11-62 所示。斜直双排桩整体处于软土层中,加固深度为 500mm,连梁长度 150mm。

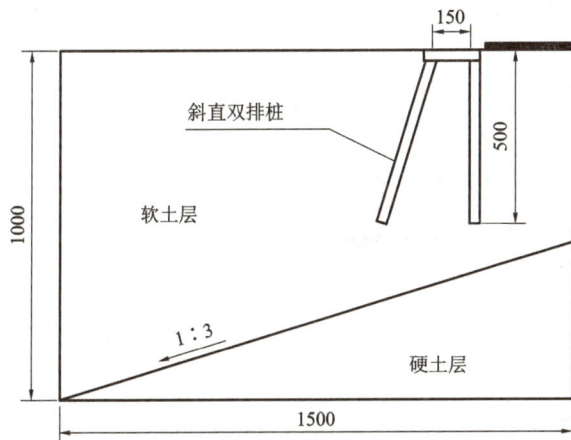

图 11-62　斜直双排桩分析模型(单位:mm)

在计算模型中施加竖向荷载,得到地基破坏时的整体变形图如图 11-63 所示,由该图可知:

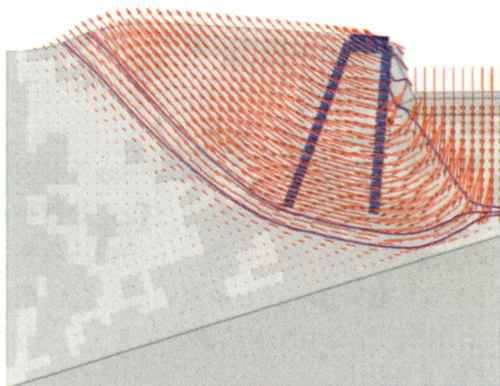

图 11-63　斜直双排桩模型变形图

①竖向荷载作用下,土体内部出现明显滑动面,土体沿滑动面发生水平滑移并伴随隆起破坏。此时模型符合软土层在竖向荷载作用下的受力变形特性,满足分析要求。

②斜直双排桩整体处于软土层滑动区土体内部,桩体下部水平位移明显大于上部,且双排桩整体较为完整,桩身并未出现明显的弯曲变形。认为此时双排桩伴随滑移区土体发生整体水平滑移,破坏模式为倾覆滑移破坏。

分析此时斜直双排桩对软土地层的加固效果,设置在均质软土层上进行加载的对比模型。对比模型中土层参数、网格设置及加载方式,均与上述模型相同,得出地基滑动破坏时的变形图如图 11-64 所示。

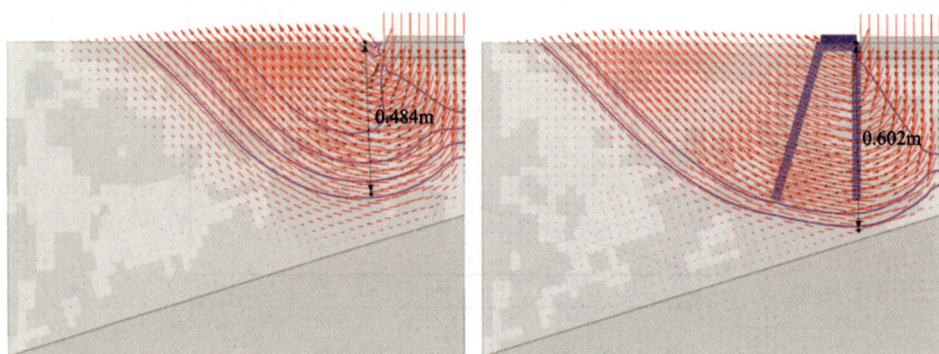

图 11-64　土体滑动变形图

由图 11-64 可知,均质软土层中也出现了较为明显的土体滑动区域,而此时滑动面距离土层顶面为 0.484m,小于斜直双排桩加固模型中滑动面的深度(0.602m)。即使用斜直双排桩进行加固时,加固范围内土体稳定性获得明显增强。地基发生倾覆滑移破坏时,土层滑动面通过组合桩底,滑动土体范围明显扩大,增大了土体滑动破坏的难度,增强了地基的整体稳定性。

通过上述分析,建立斜直双排桩加固路堤坡脚的计算模型如图 11-65 所示。地基沿内部圆弧形滑动面发生滑移破坏,滑动面通过斜直双排桩桩底。将滑动区土体 $ABCDA$ 分为多个土条,土条宽度为 b_i,在土条 i 上受到的作用力包括土条重力 W_i,滑动面上法向作用力 N_i,切向作用力 τ_{fi},土条两侧的法向作用力 E_i 及 E_{i-1},切向作用力 T_i 及 T_{i-1},土体滑动面至滑动中线连线的偏角为 α_i。

根据土条的竖向平衡条件可得:

$$W_i - T_{i-1} + T_i - \tau_{fi} l_i \sin\alpha_i - N_i \cos\alpha_i = 0 \tag{11-53}$$

基于毕肖普(Bishop)法可知: $\tau_{fi} l_i = \dfrac{1}{K}(N_i \tan\varphi_i + c_i l_i)$,代入上式可得:

$$N_i = \frac{W_i + (T_i - T_{i-1}) - \dfrac{c_i l_i}{K}\sin\alpha_i}{\cos\alpha_i + \dfrac{1}{K}\tan\varphi_i \sin\varphi_i} \tag{11-54}$$

此时得到地基安全系数 K 为：

$$K = \frac{M_s}{M_w} = \frac{\displaystyle\sum_{i=1}^{n}(N_i \tan\varphi_i + c_i l_i)}{\displaystyle\sum_{i=1}^{n} W_i R \sin\alpha_i} \tag{11-55}$$

忽略土条之间的竖向剪切力得到地基最终安全系数 K 为：

$$K = \frac{\displaystyle\sum_{i=1}^{n} \frac{1}{m_{ai}}(W_i \tan\varphi_i + c_i l_i \cos\alpha_i)}{\displaystyle\sum_{i=1}^{n} W_i R \sin\alpha_i} \tag{11-56}$$

式中，$m_{ai} = \cos\alpha_i + \dfrac{1}{K}\tan\varphi_i \sin\alpha_i$；$l_i$ 为土条 i 在滑动面上长度；R 为滑动半径；φ_i 为滑动面上土条 i 的内摩擦角；c_i 为滑动面上土条 i 的黏聚力。

由于最终计算安全系数 K 的公式中也包含 K，故计算时首先假设 K 为 1，代入公式计算得到 m_{ai} 后得出新 K 值。将两 K 值进行对比，如不满足精度要求，则将新 K 值代入 m_{ai} 继续求值，如此反复迭代直至计算精度满足要求。

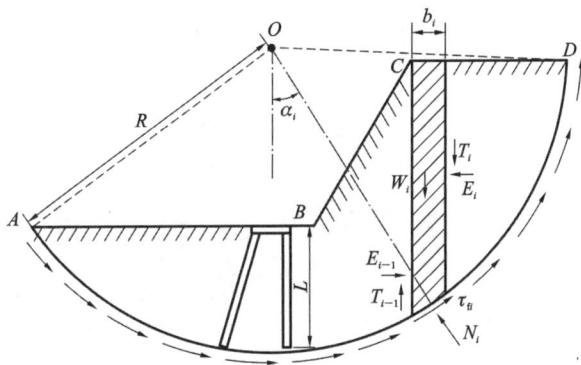

图 11-65　地基稳定性分析模型

在上述计算模型中，斜直双排桩的主要作用是扩大土体滑动区域，增加土体滑移的难度，而其本身并不提供抗滑力。若斜直双排桩的加固深度小于均质地基计算得到的最危险滑动面的深度，则可认为此时的斜直双排桩不能起到扩大滑动区域的作用。

11.6.2.2 斜直双排桩水平位移倾覆破坏

斜直双排桩对软基的加固处理深度较大时,地基难以出现绕桩底发生的整体滑移破坏,此时地基滑动面通过组合桩身中部,若组合桩底及侧向支撑效果不足,则可能发生水平位移倾覆破坏,由此建立分析模型,模型尺寸如图 11-66 所示。此时斜直双排桩整体位于软土层内部,连梁长度为 150mm,加固处理深度为 630mm。

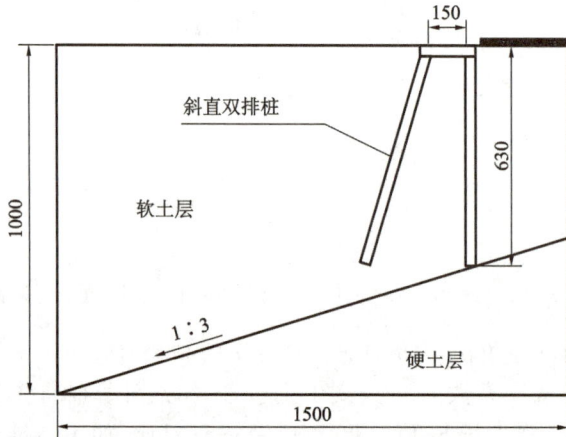

图 11-66　斜直双排桩加固模型(单位:mm)

通过在斜直双排桩侧向施加荷载,得到地基及斜直双排桩在破坏时的变形图如图 11-67 所示。由该图可知:

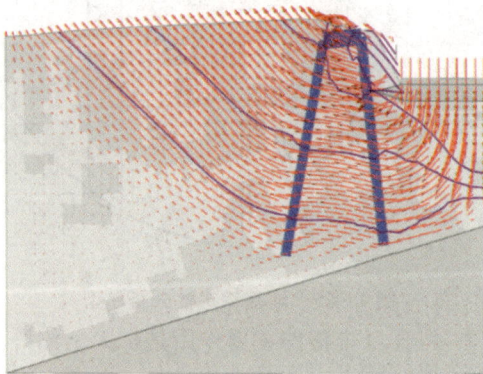

图 11-67　斜直双排桩侧向倾覆破坏

①软土层在侧向荷载作用下出现沉降伴随侧向滑移,地基中出现明显的圆弧形滑动面。滑动面穿过斜直双排桩下部,即组合中上部土层发生滑动破坏,而桩底附近土层未发生明显水平位移。

②斜直双排桩在土层中出现明显水平位移,不同于整体滑移破坏时组合的水平位移特性,此时双排桩组合整体水平位移背离加载区域,且上部水平位移大于下部,出现明显的侧向倾覆破坏特征,与均质土层中斜直双排桩侧向加固模型试验[130]的结论相似。且双排桩并未发生明显弯曲变形,结构整体性较好。

分析认为,此时斜直双排桩加固深度较大,难以出现整体滑移破坏。组合上部桩周土体出现侧向滑移趋势对桩身施加侧向荷载,而斜直双排桩底部侧向支撑效果不足,进而出现侧向倾覆破坏。

基于斜直双排桩出现侧向倾覆破坏的特性,建立斜直双排桩的侧向倾覆破坏计算分析模型,如图 11-68 所示。

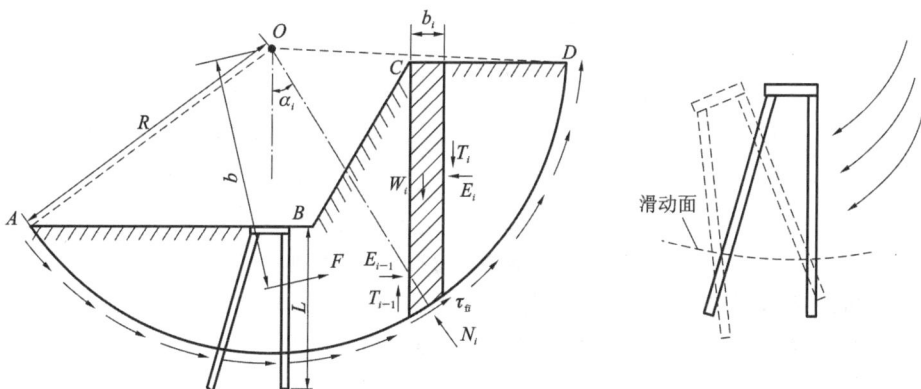

图 11-68　侧向倾覆破坏分析模型

在计算分析模型中,路堤荷载作用下地基发生侧向滑移,出现圆弧形滑动面。此时滑动推力为滑动区内部土体 ABCDA 的滑动力矩 $M_{\mathrm{w}} = \sum_{i=1}^{n} W_i R \sin\alpha_i$。而抗滑力矩包括两部分:第一,滑动圆弧 AD 上抗滑作用产生的抗滑力矩 $M_{\mathrm{s}} = \sum_{i=1}^{n} \dfrac{1}{m_{\alpha i}}(W_i \tan\varphi_i + c_i l_i \cos\alpha_i)$;第二,斜直双排桩提供的抗滑力矩 M_{r}。合理确定斜直双排桩在发生侧向倾覆破坏时提供的抗滑力矩大小至关重要,斜直双排桩变形受力图如图 11-69 所示。

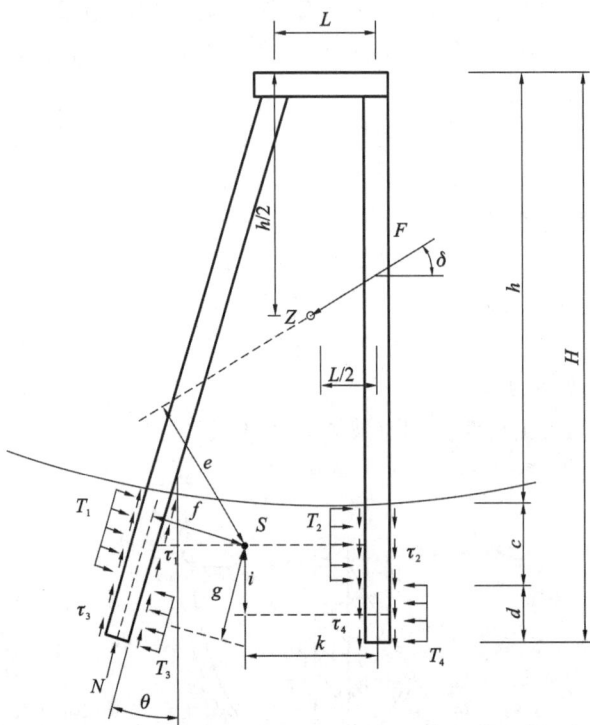

图 11-69　斜直双排桩变形受力图

分析确定斜直双排桩的抗滑力矩 M_r 时，做出如下分析及假设。

①滑动推力为滑动区内部土体 $ABCDA$ 的重力 W，即考虑了斜直双排桩前后土体整体的滑动效果，故在分析模型中不再考虑滑动区内部土体对斜直双排桩提供的被动土压力。

②滑动推力作用下，斜直双排桩滑动区内部桩段出现主动土压力、桩侧摩阻力抵抗土体滑移，提供了抗滑力矩 M_r，但——分析确定较为复杂，假设—倾斜角为 δ 的集中力 F 作用于斜直双排桩滑动土体区中点 Z，该作用力能够提供相同的抗滑力矩 M_r。即使用集中力 F 代替滑动区桩身主动土压力、桩侧摩阻力。

③滑动推力作用下，斜直双排桩发生侧向倾覆，其变形特性如图 11-70 所示。对于不处于滑动区内部的桩体，其上部桩段发生正向水平位移，下段桩体则出现反向水平位移。前排倾斜桩桩底出现竖向下沉趋势，后排竖直桩桩底则相对出现上拔趋势。因此认为，上部桩段受到向右的被动土压力，下部桩段受到向左的被动土压力，前排倾斜桩受到向上的桩侧摩阻力及桩端阻力，后排竖直桩受到向下的桩侧摩阻力。为简化计算过程，将各桩段被动土压力假设为均布荷载。

④在滑坡推力作用下,斜直双排桩发生侧向倾覆,即为转动。假设斜直双排桩在侧向推力作用下结构变形较小,前、后排桩在未滑动区土体内部反向(向右)受力桩段深度相近。同时,由于该段落受力方向与滑坡推力方向相反,故斜直双排桩发生转动破坏时的转动中心位于双排桩中间土体内部,而两桩段受力接近,设转动点位于两桩段连接线中点 S。

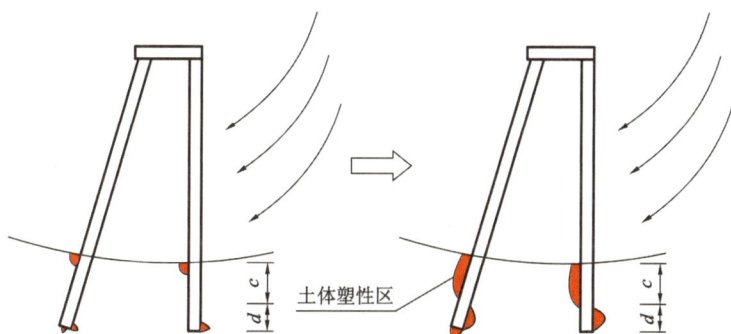

图 11-70　斜直双排桩侧向变形特性

⑤斜直双排桩承受土体滑动荷载时,出现侧向转动趋势,未滑移区桩段上、下两端顶点由于水平位移相对较大,附近土体首先出现塑性区,发生破坏,此时前排桩桩底也存在向下位移趋势而出现较小的土体塑性区。随着上部土体滑动荷载增大,斜直双排桩的转动趋势增强,此时土体塑性区不断扩大。当土体上下塑性区相交且前排桩桩底塑性区完整时,桩底嵌固端失去加固效果,斜直双排桩即发生侧向倾覆破坏。分析认为,土体塑性区扩展速度与该区域土体强度反相关。不同深度土体的极限承载力有所差别。设模型中 c 段桩间土极限承载力为 P_c,d 段桩间土极限承载力为 P_d,桩底极限承载力为 P_n。得到组合发生破坏时的极限土压力 $T_1 = P_c c / \cos\theta$,$T_2 = P_c c$,$T_3 = P_d d / \cos\theta$,$T_4 = P_d d$,$N = P_n D$(D 为桩径)。同时设土体塑性区扩展范围与桩身两段土体强度呈反比例关系,由此得到 $c/d = P_d / P_c$,配合 $c + d = H - h$(H 为斜直双排桩深度,h 为滑动面深度),可得到 c、d 大小。

⑥设斜直双排桩桩身与土层间摩擦系数为 μ,得到不同桩段的极限桩侧摩阻力分别为:$\tau_1 = \mu P_c c / \cos\theta$,$\tau_2 = \mu P_c c$,$\tau_3 = \mu P_d d / \cos\theta$,$\tau_4 = \mu P_d d$。

通过上述分析,基于静力平衡得到斜直双排桩发生侧向倾覆破坏时的计算方程如下:

$$F\cos\delta + T_3\cos\theta + T_4 = T_1\cos\theta + T_2 + (N + \tau_1 + \tau_3)\sin\theta \tag{11-57}$$

$$F\sin\delta + T_1\sin\theta + \tau_2 + \tau_4 = T_3\sin\theta + (N + \tau_1 + \tau_3)\cos\theta \tag{11-58}$$

基于力矩平衡方程可得:

$$Fe = T_3 g + T_4 i + (N + \tau_1 + \tau_3 - T_1\sin\theta)f + (\tau_2 + \tau_4)k \tag{11-59}$$

由几何关系可知：

$$e = \frac{\left(\frac{h}{2} + \frac{c}{2}\right) - \left\{\left[\left(h + \frac{c}{2}\right)\tan\theta + L\right]/2 - L/2\right\}}{\tan\left(\frac{\pi}{2} - \delta\right)} \cos\delta \qquad (11\text{-}60)$$

$$f = \frac{\left[\left(h + \frac{c}{2}\right)\tan\theta + L\right] \cdot \cos\theta}{2} \qquad (11\text{-}61)$$

$$i = \frac{d}{2} + \frac{c}{2} \qquad (11\text{-}62)$$

$$g = \frac{\frac{c}{2} + \frac{d}{2}}{\cos\theta} + \frac{\left[\left(h + \frac{c}{2}\right)\tan\theta + L\right] \cdot \sin\theta}{2} \qquad (11\text{-}63)$$

$$k = \frac{h + \frac{c}{2} + L \cdot \tan\theta}{2\tan\theta} \qquad (11\text{-}64)$$

$$c + d = H - h \qquad (11\text{-}65)$$

通过上述方程能够得到斜直双排桩在倾覆破坏时提供的极限抗力荷载 p 及倾斜角 δ。进而得出斜直双排桩提供的抗滑力矩如下：

$$M_r = pb = p(R - h/2)\cos\delta \qquad (11\text{-}66)$$

由此得到斜直双排桩发生水平位移倾覆破坏时的安全系数：

$$K = \frac{M_s + M_r}{M_w} \qquad (11\text{-}67)$$

11.6.2.3　斜直双排桩桩身破坏

斜直双排桩桩底深入下部硬土层时，桩身上部承受侧向滑动推力，整体稳定性较强，不易发生侧向滑移及水平位移倾覆破坏。但桩身势必承受较大荷载，由前文分析可知，此时斜直双排桩极易发生桩身断裂破坏，且后排竖直桩因先发生破坏而成为控制点。

为深入分析斜直双排桩的桩身断裂破坏模式，建立三组斜直双排桩加固模型，三组模型桩长、连梁长度、前排桩倾斜度、材料参数均相同，改变软土层厚度以控制地基破坏时的土体滑动面深度，以此获得不同受力状态下的斜直双排桩的受力变形特性，进而分析其破坏模式。三组模型尺寸如图 11-71 所示。

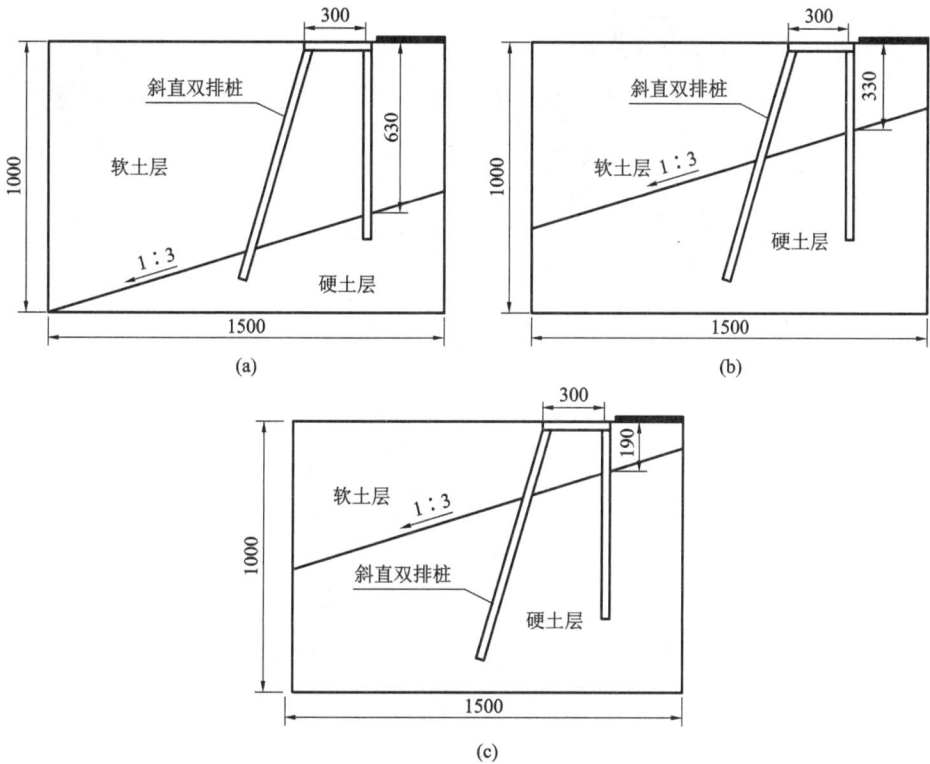

图 11-71　斜直双排桩加固模型(单位:mm)

(a)模型 a;(b)模型 b;(c)模型 c

通过对斜直双排桩施加侧向荷载得到上述模型的变形图如图 11-72 所示。

由图 11-72 可知:

①三组加固模型中土体均在侧向荷载作用下出现沉降及滑动变形,地基内部出现明显滑动面。斜直双排桩后部(右侧)土体滑动趋势较为明显且部分区域出现明显隆起破坏。不同加固模型中土体滑动面深度差别明显,模型 a、模型 b、模型 c 的滑动面深度依次为 0.578m、0.308m、0.178m,滑动面下部紧贴软土底部倾斜坡面。

②模型 a 及 b 中后排竖直桩及前排倾斜桩均出现明显的弯曲变形,且后排竖直桩的弯曲变形程度明显大于前排倾斜桩,这与前文后排竖直桩首先发生破坏的分析结论相同。

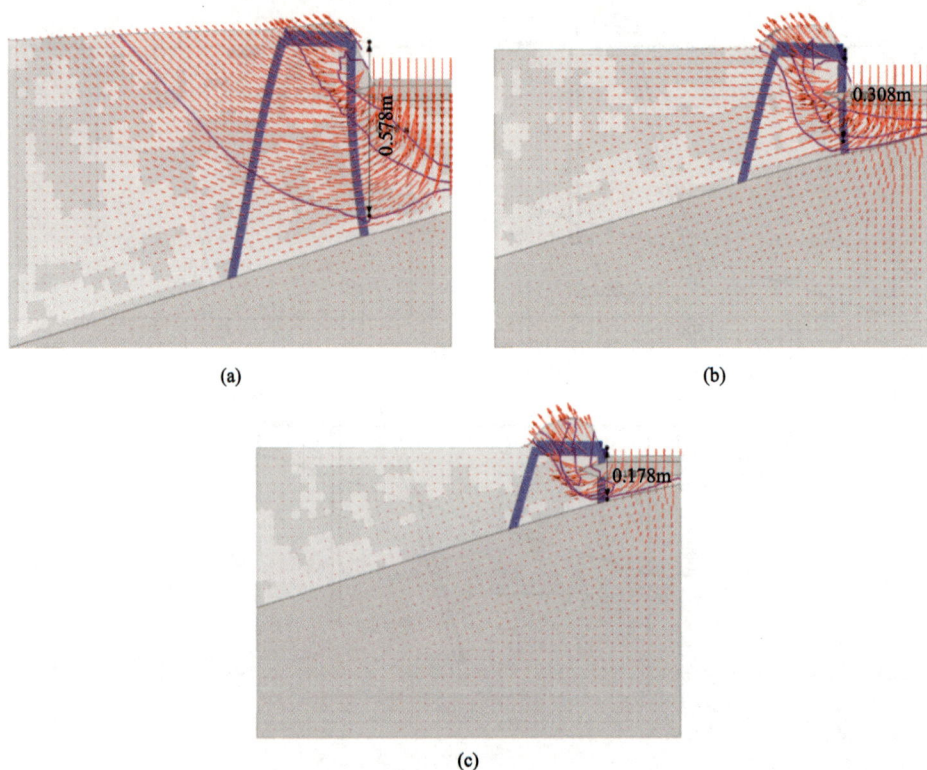

图 11-72　斜直双排桩加固模型变形图

(a)模型 a；(b)模型 b；(c)模型 c

③三组模型中后排竖直桩的桩身变形程度也有所不同,滑动面较深的模型 a 桩身弯曲变形最为明显,其次为模型 b,模型 c 桩身弯曲变形最小。

分析认为,对斜直双排桩桩身下部进行有效锚固后,地基发生破坏时土体的水平位移大小及滑移范围明显小于前文整体滑移破坏模型及水平位移倾覆破坏模型,地基的稳定性获得明显增强。地基内部滑动土体范围直接影响斜直双排桩的受力变形特性,滑动范围越大,桩身受力范围就越大,后排竖直桩更容易发生弯曲,而对于土体滑动范围较小的桩体,后排桩的弯曲变形特性不明显,应进行剪力分析。

基于上述分析,认为斜直双排桩此时存在桩身弯曲破坏及桩身剪切破坏两种模式,组合中两种破坏模式均最先发生在后排竖直桩上,滑动土层深度对这两种破坏模式存在影响。

为进一步分析,绘制桩身最大弯矩及最大剪力在加载过程中的变化曲线,如图 11-73所示。同时认为桩体在弯矩达到 34N·m、剪力达到 955N 时,桩身即发生断裂破坏,在图中增加基准线以辅助分析。由图 11-73 可知:

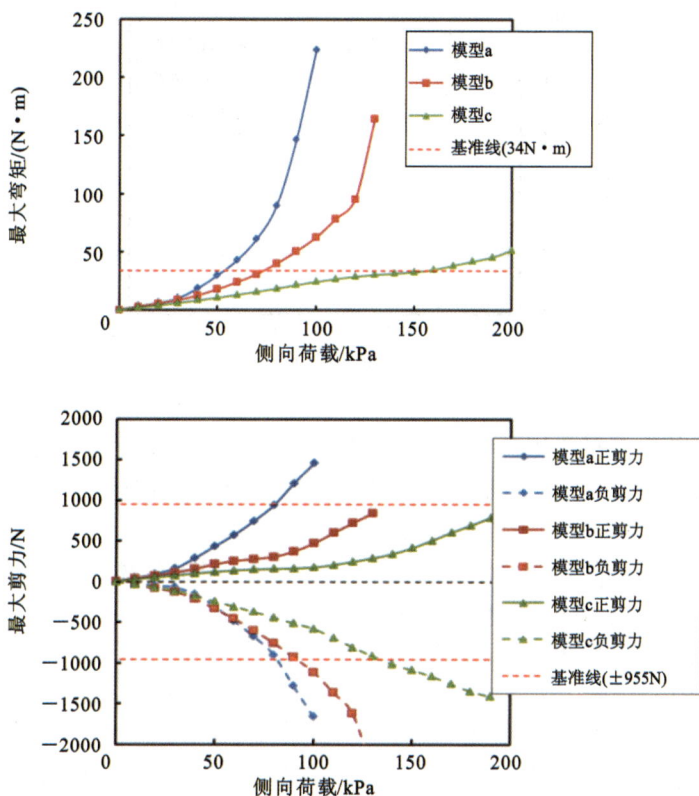

图 11-73　加载过程中桩身极限受力变化图

①不同模型中后排竖直桩最大弯矩均随侧向荷载增大而快速增大,但增长幅度有所不同,其中模型 a 增长幅度最大,其次为模型 b,模型 c 增长幅度最小。34N·m 弯曲破坏基准线对应的侧向破坏荷载分别为 52kPa(模型 a)、73kPa(模型 b)、160kPa(模型 c)。

②不同桩身正、负最大剪力也随侧向荷载增大而逐渐增大,其中桩身下部负剪力的增长幅度略大于桩顶正剪力,说明桩身容易在下部发生剪切破坏。由剪切破坏基准线确定的剪切破坏荷载分别为 82kPa(模型 a)、92kPa(模型 b)、130kPa(模型 c)。

弯曲破坏荷载、剪切破坏荷载及破坏荷载差值随滑动面深度的变化曲线如图 11-74 所示。由图可知:

桩身的弯曲破坏荷载及剪切破坏荷载均随滑动面深度的增加而逐渐减小,但两者减小幅度有所不同,弯曲破坏荷载的减小幅度大于剪切破坏荷载,并由此得到的破坏荷载差值在滑动面深度小于 0.24m 时为负,在大于 0.24m 时为正。说明在滑动面深度较浅时桩身主要发生剪切破坏,而滑动面深度较大时主要发生桩身弯曲破坏。

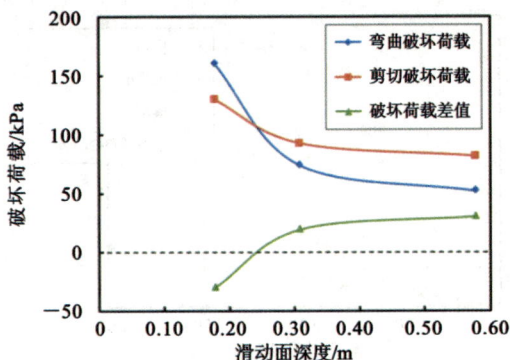

图 11-74　破坏荷载变化图

在本次分析模拟过程中主要通过改变软土层厚度的方式调节土体滑动面深度，实际工程中土体参数、软土加固方式等因素均会对土体滑动面产生影响。在实际计算时，可将斜直双排桩看作刚架结构，利用弹性地基梁法（见 11.5 节，斜直双排桩受力变形计算分析）计算组合桩身弯矩及剪力分布规律，得出荷载下桩身承受的极限弯矩 M_u 及极限剪力 Q_u，同时基于桩身的最大弯矩 M_{max} 和最大剪力 Q_{max}，得到基于桩身弯曲控制的安全系数 $K = M_u/M_{max}$ 和基于桩身剪切控制的安全系数 $K = Q_u/Q_{max}$。

11.6.2.4　斜直双排桩桩间土绕流破坏

斜直双排桩加固倾斜软基承受侧向填土荷载时，通过组合桩身的反向作用力阻止软土层发生大面积滑动破坏。不同斜直双排桩之间间距的存在，导致软土层在受到较大的侧向推力时，绕桩发生滑动，即为桩间土绕流。而当桩间土绕流效应较大时，斜直双排桩无法有效阻止软基的侧向大面积滑移，进而导致整体侧向失稳，地基发生破坏。

基于 Tomio 塑性变形理论，同时考虑桩间土的土拱效应得出桩间土受力分析图如图 11-75 所示。

图 11-75 中，D_1 为两组斜直双排桩的桩间距，D_2 为两组桩间净距，d 为桩径，φ 为软土内摩擦角，针对计算模型提出如下假设：

①软土层如图 11-75 所示方向发生水平位移滑动，在组合桩体侧面 BEA 及 $B_1E_1A_1$ 两个面出现土体滑动面。在滑动面中 AE、A_1E_1 两个面与 x 轴方向相同，BE、B_1E_1 两面与 x 轴成 $(\pi/4 + \varphi/2)$ 的夹角。

②土体水平位移过程中，$AEBB_1E_1A_1$ 范围内土体发生侧向压缩变形，认为其符合莫尔-库仑屈服准则。

③土体属于平面应变状态。

④桩体为刚性，不发生变形。

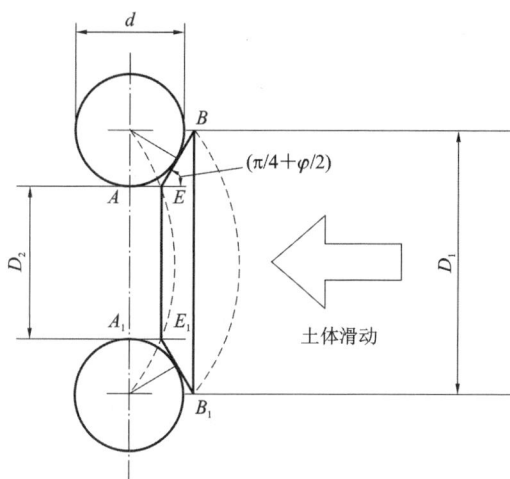

图 11-75　桩间土受力分析图

⑤忽略作用在桩体侧面 BEA 及 $B_1E_1A_1$ 两个面上的剪力。

基于上述假设及受力分析图,将区域 $AEBB_1E_1A_1$ 范围内土体作为整体进行分析,同时根据受力平衡准则可知,在平面 AA_1、BB_1 上的侧向土压力 P_A、P_B 与单位厚度的土层作用在桩身上的侧向土压力 $P(z)$ 存在 $P_B - P_A = P(z)$ 的关系。由此可得:

$$P(z) = cA\left\{\exp\left[\frac{D_1 - D_2}{D_2}N_\varphi\tan\varphi\tan\left(\frac{\pi}{8} + \frac{\varphi}{4}\right)\right]/(N_\varphi\tan\varphi) - 2N_\varphi^{1/2}\tan\varphi - 1 + \right.$$

$$\frac{2\tan\varphi + 2N_\varphi^{1/2} + N_\varphi^{-1/2}}{N_\varphi^{-1/2}\tan\varphi + N_\varphi - 1}\right\} - c\left[\frac{D_1(2\tan\varphi + 2N_\varphi^{1/2} + N_\varphi^{-1/2})}{N_\varphi^{1/2}\tan\varphi + N_\varphi - 1} - 2D_2N_\varphi^{-1/2}\right] +$$

$$\frac{\gamma z}{N_\varphi}\left\{A\exp\left[\frac{D_1 - D_2}{D_2}N_\varphi\tan\varphi\tan\left(\frac{\pi}{8} + \frac{\varphi}{4}\right)\right] - D_2\right\} \tag{11-68}$$

而对于强度较低的软土,其 $\varphi = 0$ 时,式(11-68)可化简为:

$$P(z) = c\left[D_1\left(3\lg\frac{D_1}{D_2} + \frac{D_1 - D_2}{D_2}\tan\frac{\pi}{8}\right) - 2(D_1 - D_2)\right] + \gamma z(D_1 - D_2) \tag{11-69}$$

式中,$N_\varphi = \tan^2(\pi/4 + \varphi/2)$;$A = D_1(D_1/D_2)^{N_\varphi^{1/2}\tan\varphi + N_\varphi - 1}$;$\gamma$ 为土体的重度;φ 为土体内摩擦角;z 为计算截面至桩身顶部距离;z_0 为滑动面到桩顶距离。

由此可得斜直双排桩提供的抗滑力矩如下:

$$M_{h后} = \int_0^{z_0} P(z)(R - z_0 + z)\mathrm{d}z \tag{11-70}$$

$$M_{h前} = \int_0^{z_0} P(z)(R - z_0 + z)\cos\theta\mathrm{d}z \tag{11-71}$$

得到斜直双排桩提供的抗滑力矩为：

$$M_h = M_{h后} + M_{h前} \qquad (11\text{-}72)$$

式中，M_h 为斜直双排桩抗滑力矩；$M_{h后}$ 为后排桩抗滑力矩；$M_{h前}$ 为前排桩抗滑力矩；R 为滑动面转动半径。

通过上述分析得出了斜直双排桩发生桩间土绕流破坏时提供的抗滑力矩，由此得出路堤荷载作用下的稳定性计算模型如图 11-76 所示。

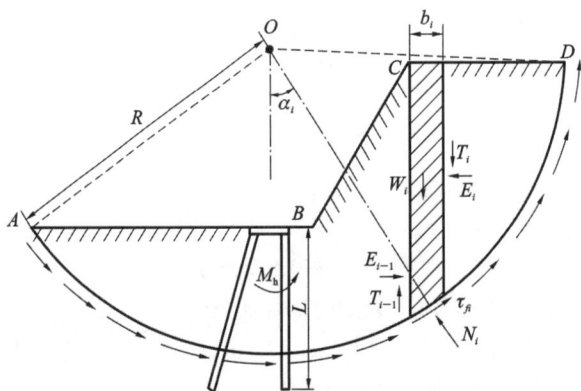

图 11-76　地基稳定性计算模型

在路堤荷载作用下，地基中出现圆弧形滑动面，土体提供的滑动推力力矩 $M_w = \sum_{i=1}^{n} W_i R \sin\alpha_i$，滑动面上剪力抗性力矩 $M_s = \sum_{i=1}^{n} \frac{1}{m_{\alpha i}}(W_i \tan\varphi_i + c_i l_i \cos\alpha_i)$，斜直双排桩在桩间土绕流破坏临界状态时提供的抗性力矩 $M_h = \int_0^{z_0} P(z)(R - z_0 + z)\mathrm{d}z + \int_0^{z_0} P(z)(R - z_0 + z)\cos\theta\mathrm{d}z$。由此可知斜直双排桩以桩间土绕流破坏模式计算得到的地基安全系数 $K = \dfrac{M_h + M_s}{M_w}$。

11.6.3　基于破坏模式的斜直双排桩设计计算方法

通过构建模型，分析得出了斜直双排桩加固软基承受路堤荷载时的不同破坏模式，并针对不同的破坏模式提出计算分析模型得出地基的安全系数，总结见表 11-16。

表 11-16　　　　　　　　　　　　**斜直双排桩破坏模式**

破坏模式	破坏模式特性	破坏模式适用范围	受力分析模型	安全系数
斜直双排桩整体滑移破坏模式	斜直双排桩位于滑动区土体内部，与滑动区土体共同发生整体滑移破坏	斜直双排桩加固深度 $L \leqslant$ 地基滑动面深度 h		$K_1 = \dfrac{M_s}{M_w}$
斜直双排桩侧向倾覆破坏模式	斜直双排桩加固范围大于滑动区土体，滑动推力下双排桩整体性较好，发生侧向滑移转动，出现水平位移倾覆破坏	斜直双排桩加固深度 $L >$ 地基滑动面深度 h，但桩底嵌固效应不足		$K_2 = \dfrac{M_s + M_r}{M_w}$
斜直双排桩桩身断裂破坏模式	斜直双排桩在滑动推力下未发生水平位移破坏，桩身因弯矩或剪力过大而发生断裂破坏	斜直双排桩加固深度 $L >$ 地基滑动面深度 h，桩底嵌固作用较强，桩身强度较低		$K_3 = \dfrac{M_u}{M_{max}}$，$K_4 = \dfrac{Q_u}{Q_{max}}$

续表

破坏模式	破坏模式特性	破坏模式适用范围	受力分析模型	安全系数
斜直双排桩桩间土绕流破坏模式	地基内部土体在斜直双排桩之间发生滑移绕流,双排桩组合无法有效加固,地基滑移垮塌破坏	斜直双排桩加固深度 $L >$ 地基滑动面深度 h,土层强度较低,不同斜直双排桩之间距离较大		$K_5 = \dfrac{M_s + M_h}{M_w}$

表 11-16 中,$K_1 \sim K_5$ 分别为斜直双排桩加固软基时,通过整体滑移破坏模式、侧向倾覆破坏模式、桩身弯曲破坏模式、桩身剪切破坏模式及桩间土绕流破坏模式计算得出的路基安全系数;M_s 为滑动面上土层剪力抗性力矩;M_w 为土层滑动推力力矩;M_r 为斜直双排桩倾覆抗力力矩;M_u 为桩身极限弯矩;M_{max} 为桩身承受的最大弯矩;Q_u 为桩身极限剪力;Q_{max} 为桩身承受的最大剪力;M_h 为斜直双排桩抵抗桩间土绕流破坏极限荷载力矩。

表 11-16 阐明了斜直双排桩加固倾斜软基承受路堤荷载时的不同破坏模式,以及不同破坏模式所对应的计算模型和路基安全系数 K_n 的确定方法。对于使用斜直双排桩加固软基的实际工程,难以使用较为简单的方式直接判断斜直双排桩的实际破坏模式。设计应用时,可针对实际工程及斜直双排桩的设置情况使用 5 种破坏模式进行试算,根据不同破坏模式确定的路基安全系数 K_n 进行比较分析,最终确定加固后路基的安全系数。通过图 11-77 中斜直双排桩的设计计算流程图,配合前文确定的不同破坏模式计算分析方法,编制计算程序,可针对路堤荷载下加固软弱地基的斜直双排桩进行设计。

11.6.4 斜直双排桩加固软基安全系数计算实例

11.6.4.1 计算模型设置

为验证本章提出的斜直双排桩的破坏模式及设计计算方法是否正确,将设计计算方法与仿真模拟结果进行对比分析,建立斜直双排桩加固软基的简化路堤模型,模型尺寸如图 11-78 所示。

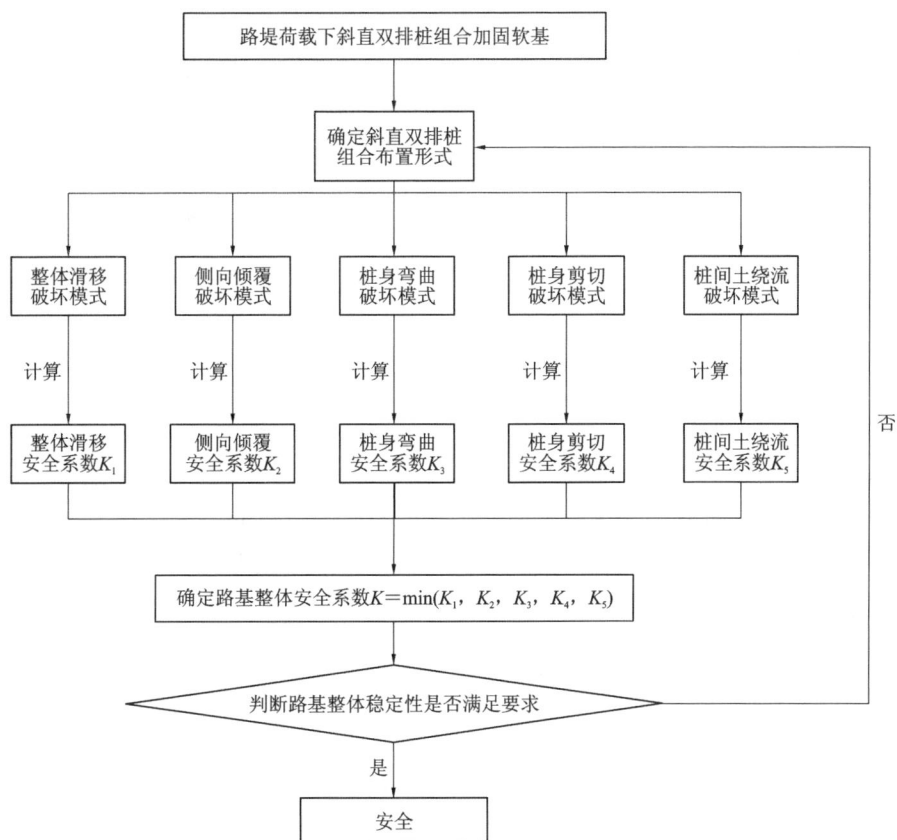

图 11-77 斜直双排桩设计计算流程图

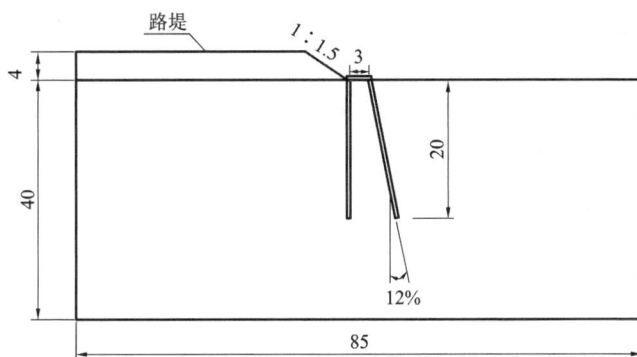

图 11-78 模型尺寸示意图(单位:mm)

为减小边壁效应对模拟结果产生的不利影响，设置模型尺寸为 85m×40m（长×高），选取断面尺寸为 7m。设置地基土层为均质软土，在软土层上部施加路堤填土荷载，填土高度为 4m。在路堤坡脚设置斜直双排桩进行侧向加固，斜直双排桩由 ϕ300mm 的桩体配合桩顶 3m×0.5m×0.5m 的钢筋混凝土连梁组成。模型中土层参数如表 11-6 所示。在模型 X、Y 边界方向上分别设置约束，在模型底部设置 X、Y 以及 Z 方向的约束。同时在模型桩桩身上设置转动约束，防止模型桩发生转动，在模型中施加重力增量步。

11.6.4.2　地基安全系数确定

目前确定路堤边坡的安全系数的主要方法包括较为传统的极限平衡法[131-139]及有限元法。强度折减法[140-143]作为有限元方法中重要的方法之一，因其不需要事先假定滑动面就能较好地对安全系数进行确定，且更接近边坡的实际破坏状态。目前学术界以及工程界开展了较为深入的基于强度折减法的边坡稳定性分析，取得了较为准确的结论，证明了采用这种方法分析边坡稳定性的合理性。

强度折减法的基本原理是将模型内部土体的抗剪强度逐渐进行折减，依次进行计算直到地基发生破坏。而目前主要依靠计算模型是否收敛、变形特征曲线拐点位置以及塑性变形区是否形成贯通区这三者作为评价指标判断地基是否发生破坏。[144-147]折减之后抗剪强度指标如下：

$$c_r = \frac{c}{F_r} \tag{11-73}$$

$$\tan\varphi_r = \frac{\tan\varphi}{F_r} \tag{11-74}$$

式中，c 和 φ 分别为计算模型土体的黏聚力及内摩擦角；c_r 和 φ_r 分别为土体抗剪强度折减后地基破坏时的土体黏聚力及内摩擦角；F_r 为强度折减系数。

针对模型开展稳定性分析，得到斜直双排桩加固地基发生破坏时的受力变形图如图 11-79 所示。可知斜直双排桩加固地基的模型在路堤填土荷载作用下出现明显滑动面，滑动面内部土体出现较大的侧向滑移，地基已经发生滑动破坏。而此时地基中滑动面底部位于斜直双排桩桩身中部。

通过观察斜直双排桩的变形状态确定此时对应的破坏模式为水平位移倾覆破坏，对模型材料抗剪强度进行折减，得到此时地基的安全系数 K_2 为 1.58。由于模型设置时未考虑桩体强度的影响，故地基最终安全系数的确定仍需考虑桩身的受力状态。图 11-80 为路堤荷载施加后后排竖直桩的桩身弯矩及剪力分布图，在图中增加桩体的极限弯矩（±34kN·m）及极限剪力（95.5kN）基准线。

通过图 11-80 可知，桩身弯矩值沿桩身自上而下先增大后减小，在桩身上部出现

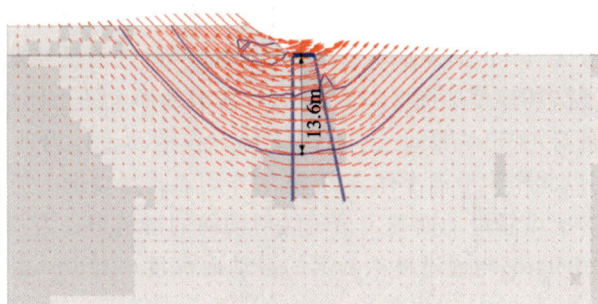

图 11-79　斜直双排桩加固模型变形图

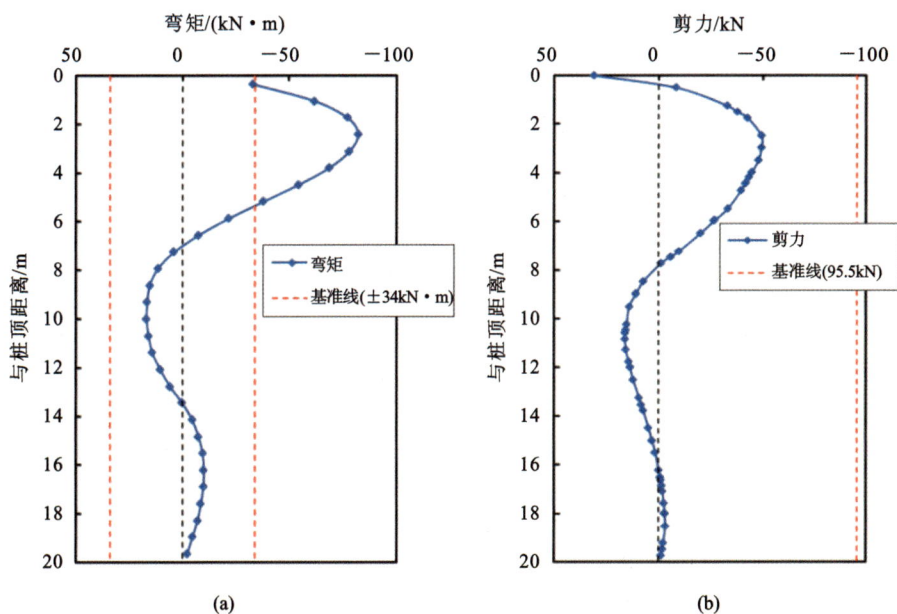

图 11-80　斜直双排桩后排竖直桩弯矩及剪力分布图

(a)弯矩；(b)剪力

负弯矩最大值，而桩身中部出现正弯矩最大值；桩身剪力分布也自上而下先增大后减小，在桩身上部出现剪力最大值。通过极限弯矩(34kN·m)及极限剪力(95.5kN)的基准线对比可知，桩身承受的最大弯矩已经大于桩身能够承受的极限弯矩，此时桩体已经发生弯曲断裂破坏。

桩体承受的最大弯矩及最大剪力分别为82.01kN·m、49.25kN，对应桩身极限弯矩(34kN·m)及极限剪力(95.5kN)可得到斜直双排桩基于桩身弯曲破坏模式的安全系数$K_3=0.41$，基于桩身剪切破坏模式的安全系数$K_4=1.94$。桩身弯曲安全系数K_3明显小于倾覆破坏安全系数K_2及剪切破坏安全系数K_4。

由上述分析可知,该计算模型通过仿真计算得到的破坏模式为桩身弯曲破坏,对应的地基安全系数为0.41,即地基不安全,填土达到4m之前已经发生破坏。

构建侧向倾覆破坏模型如图11-81所示(τ_f为滑动面上的土体切应力)。模型中土体滑动面经过桩身,并形成滑动土体$ABCDA$。在滑动土体内部通过合力矩定理确定重心位置,并以此作为滑动土体合力W的作用点。滑动面上剪应力由土体抗剪强度确定。通过多次设置滑动面确定最危险滑动面的滑动半径为25.34m,此时滑动面距土顶深度为13.64m,与通过模拟确定的滑动面深度(13.6m)相近。由此计算侧向倾覆破坏模式下地基的安全系数K_2。同时计算后排竖直桩的桩身弯矩及剪力,以此得出桩身弯曲破坏安全系数K_3及桩身剪切破坏安全系数K_4。基于土体绕流破坏特性得出绕流破坏安全系数K_5。

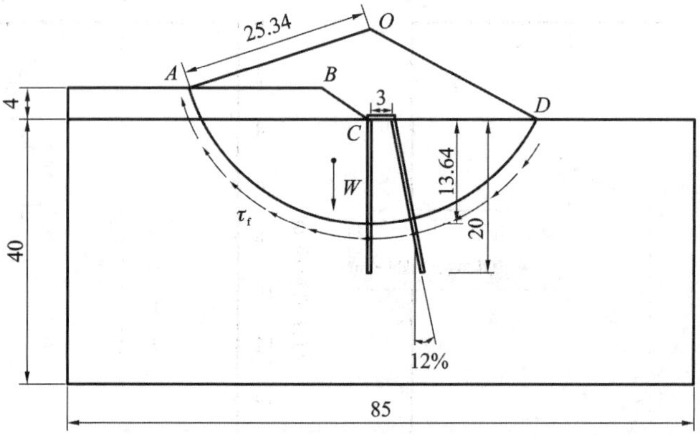

图11-81 侧向倾覆破坏模型(单位:m)

基于斜直双排桩整体滑移破坏模式构建破坏模型如图11-82所示(τ_f为滑动面上的土体切应力),最危险滑动面通过斜直双排桩桩底,滑动半径为32.72m,以此得出地基的整体滑移安全系数K_1。通过不同破坏模式计算得到的安全系数如表11-17所示。

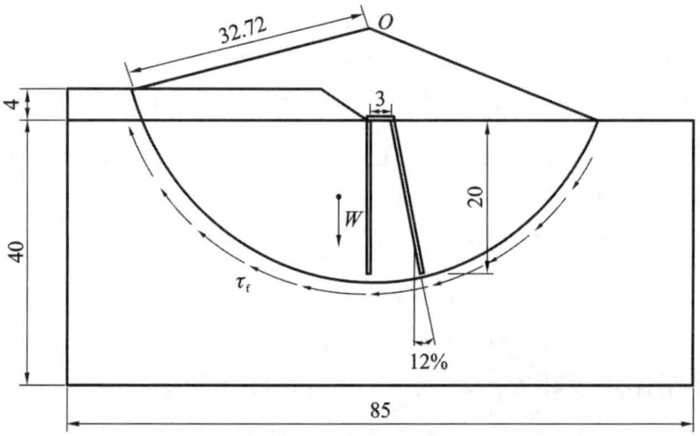

图11-82 整体滑移破坏模型(单位:m)

表 11-17 不同破坏模式的安全系数

安全系数	K_1	K_2	K_3	K_4	K_5
计算模型	2.78	1.65	0.45	2.01	2.25
有限元模型	—	1.58	0.41	1.94	—

通过本章计算模型确定的地基安全系数 $K = \min(K_1, K_2, K_3, K_4, K_5) = K_3 = 0.45$。通过表 11-17 可知,由有限元模型计算得到的侧向倾覆安全系数 K_2、桩身弯曲安全系数 K_3、桩身剪切安全系数 K_4,均与计算模型相近,本章计算模型能够满足计算分析的要求。

11.7 "斜直双排桩＋复合地基"协同加固软基破坏模式及设计方法

前文分析了斜直双排桩在路堤边部加固下部软基时的侧向加固效果,且针对性地提出了侧向加固时的破坏模式及设计计算方法。实际工程中斜直双排桩主要提供侧向抗滑,而路堤荷载正下方软基需要使用复合地基进行竖向处理以防止地基在竖向发生较大沉降并破坏。因此针对斜直双排桩与复合地基协同加固路堤下部软基的稳定性分析是至关重要的。本节首先针对"斜直双排桩＋复合地基"协同加固软基的受力特性构建稳定性分析模型,分析破坏模式,然后在此基础上得到协同加固时的设计计算方法,为这种新型组合的应用提供理论支撑。

11.7.1 "斜直双排桩＋复合地基"协同加固稳定性分析模型

基于 Bishop 法确定的斜直双排桩与复合地基协同加固的受力分析模型如图 11-83 所示。协同加固地基上部填筑路堤,地基中出现潜在滑动面,斜直双排桩与复合地基桩体协同作用提供侧向土抗力阻止地基发生侧向滑移。将滑动面内部土体分为若干滑动土条 i,土条受力如图 11-84 所示,其中:E_i、E_{i-1} 分别表示土条之间的法向作用力;T_i、T_{i-1} 分别表示土条之间的切向作用力;W_i 表示土条重力;N_i 为滑动面上法向作用力;τ_{fi} 为切向作用力;R 表示圆弧形滑动面的滑动半径;b_i、l_i 分别表示土条 i 的宽度以及滑动弧长;x_i 表示土条 i 距离滑动中心的水平距离;α_i 表示土条底面和滑动中心连线与竖直面的夹角。

根据式(11-53)~式(11-56)、前文确定的不考虑斜直双排桩及复合地基桩体加固的均质地层中土层滑动推力力矩 M_w 及土层滑动面提供的抗滑力矩 M_s;对于"斜直双排桩＋复合地基"协同加固地基中斜直双排桩所提供的抗滑力矩为 M_r,复合地

图 11-83 "斜直双排桩＋复合地基"协同加固基本模型

基单桩所提供的抗滑力矩为 M_{fi}；得到"斜直双排桩＋复合地基"协同加固地基的安全系数为：

$$K = \frac{M_s + M_r + \sum_{i=1}^{n} M_{\text{ti}}}{M_w} \qquad (11\text{-}75)$$

11.7.2 "斜直双排桩＋复合地基"协同加固破坏模式及设计计算流程

复合地基桩体抗滑力矩 M_{fi} 及斜直双排桩抗滑力矩 M_r，需根据地基的不同破坏模式分别进行确定。通过本章确定的斜直双排桩加固软基的破坏模式，结合复合地基破坏模式分析认为地基协同加固时，存在表 11-18 所示破坏模式。

表 11-18 协同加固破坏模式

破坏模式	破坏模式特性	破坏模式适用范围	受力分析模型
整体滑移破坏模式	斜直双排桩与复合地基桩整体位于圆弧形滑动面内部伴随滑动土体发生整体滑移破坏。此时斜直双排桩与复合地基桩不产生抗滑力矩，$M_{\text{1fi}}=0$、$M_{\text{1r}}=0$	"斜直双排桩＋复合地基"协同加固深度 $L \leqslant$ 地基滑动面深度 h	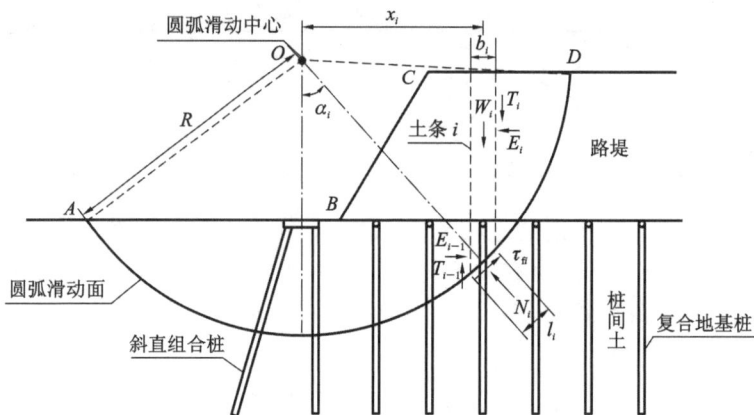

续表

破坏模式	破坏模式特性	破坏模式适用范围	受力分析模型
侧向倾覆破坏模式	滑动推力作用下,斜直双排桩与复合地基桩侧向稳定性不足发生侧向倾覆破坏。此时 M_{2r} 为斜直双排桩发生侧向倾覆临界状态的抵抗力矩,M_{2fi} 为复合地基单桩倾覆破坏临界状态的抵抗力矩	"斜直双排桩+复合地基"协同加固深度 $L>$ 地基滑动面深度 h,但桩底嵌固效应不足	
桩身弯曲破坏模式	滑动推力作用下,斜直双排桩与复合地基桩发生桩身弯曲破坏。此时 M_{3r}、M_{3fi} 分别为斜直双排桩与复合地基单桩发生弯曲破坏临界状态的抵抗力矩	"斜直双排桩+复合地基"协同加固深度 $L>$ 地基滑动面深度 h,桩底嵌固作用较强,桩身抗弯强度较低	
桩身剪切破坏模式	滑动推力作用下,斜直双排桩与复合地基在滑动面处发生剪切破坏。此时 M_{4r}、M_{4fi} 分别为斜直双排桩及复合地基桩发生剪切破坏临界状态的抵抗力矩	"斜直双排桩+复合地基"协同加固深度 $L>$ 地基滑动面深度 h,桩底嵌固作用较强,桩身抗剪强度较低	

破坏模式	破坏模式特性	破坏模式适用范围	受力分析模型
桩间土绕流破坏模式	滑动推力作用下,桩间土发生绕流,地基发生绕流破坏。此时 M_{5r}、M_{5fi} 分别为斜直双排桩及复合地基桩发生桩间土绕流破坏临界状态的抵抗力矩	"斜直双排桩+复合地基"协同加固深度 $L >$ 地基滑动面深度 h,土层强度较低,桩间距离较大	

表 11-18 针对"斜直双排桩+复合地基"协同加固模型提出了整体滑移破坏模式、侧向倾覆破坏模式、桩身弯曲破坏模式、桩身剪切破坏模式及桩间土绕流破坏模式共 5 种破坏模式,也针对不同破坏模式提出了受力分析模型及计算思路。而对于刚性桩复合地基加固的软土地基,刚性桩与斜直双排桩处于地基滑动面不同位置,桩身受力状态存在较大差别,导致不同位置桩体可能存在不同的破坏模式。如图 11-84 所示,协同加固模型中不同位置桩体根据受力特性,存在桩身剪切破坏、桩身弯曲破坏、侧向倾覆破坏等多种破坏模式,定义为组合型破坏模式。而这种组合型破坏模式在刚性桩复合地基中往往更为常见[148]。

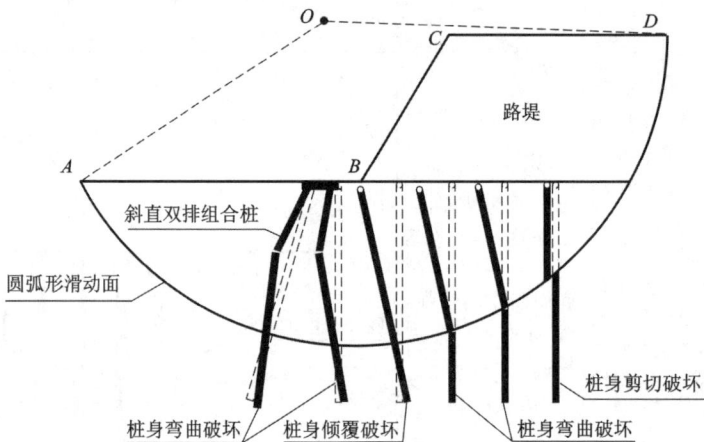

图 11-84 组合型破坏模式

计算分析"斜直双排桩＋复合地基"协同加固模型时,首先假定地基中危险滑动面深度,之后根据不同桩体在滑动土体内位置使用不同破坏模式进行试算,根据试算结论判断各桩体的实际破坏模式,再综合考虑协同加固模型的整体受力特性计算得出地基的安全系数,分析过程如图 11-85 所示。

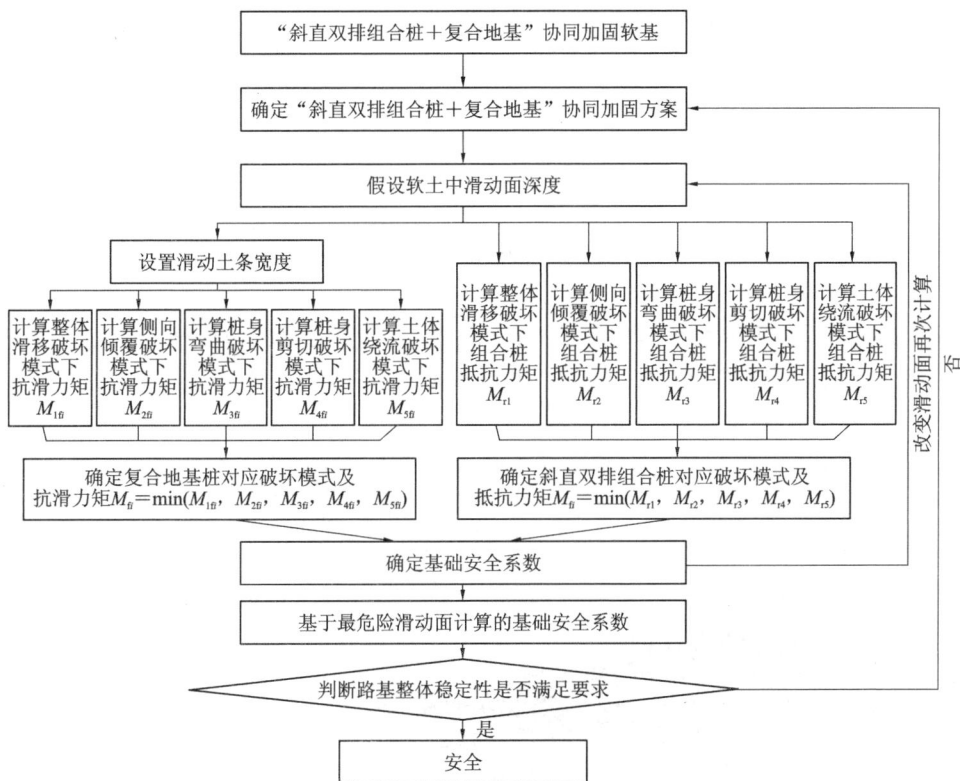

图 11-85 "斜直双排桩＋复合地基"协同加固模型计算流程图

11.7.3 "斜直双排桩＋复合地基"协同加固软基安全系数计算实例

通过设置"斜直双排桩＋复合地基"协同加固仿真模型,验证提出的稳定性计算模型的准确性。仿真模型如图 11-86 所示,布置尺寸为 40m×85m 的均质软土层,软土层上部填筑 8m 高路堤,路堤下部为 ϕ300mm 的管桩加固,加固深度 20m,桩间距3m。在路堤坡脚设置斜直双排桩进行侧向加固,斜直双排桩由 ϕ300mm 的桩体配合桩顶 3m×0.5m×0.5m 的钢筋混凝土连梁组成。模型中土层参数如表 11-6 所示。

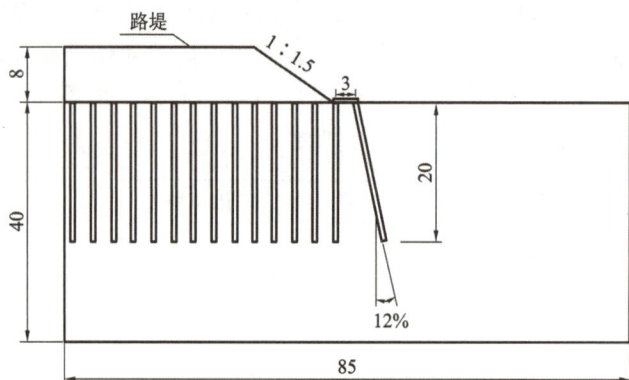

图 11-86　"斜直双排桩＋复合地基"协同加固模型(单位：m)

首先使用有限元分析模型计算地基安全系数,而对于"斜直双排桩＋复合地基"协同加固基础,使用针对桩体破坏的 cut-off 模式[149-152]能够较为准确地判定地基的实际破坏状态,同时基于强度折减法分析地基受力状态,得出地基安全系数。模型中桩身极限弯矩设置为 34kN·m,极限剪力为 95.5kN。

在模型上部施加填土荷载,通过强度折减法得到模型破坏时的变形图如图 11-87 所示。由该图可知,协同加固模型中地基出现明显的滑动区域,形成土体滑动面,滑动面深度为 8.74m,位于复合地基桩体及斜直双排桩中部,通过强度折减法得到的地基安全系数 K 为 1.213。

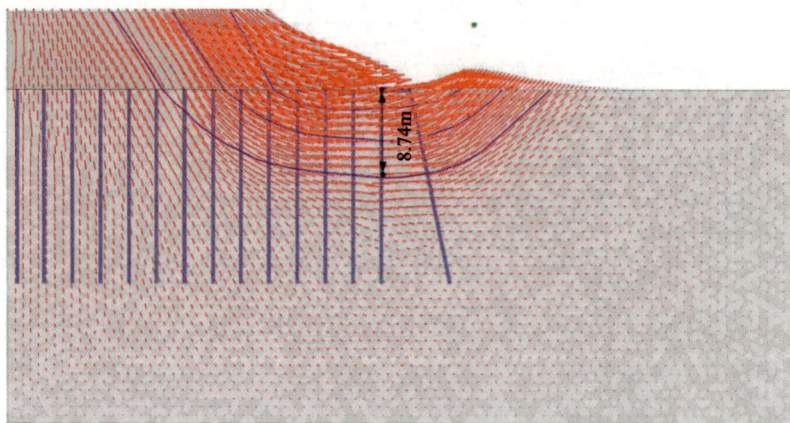

图 11-87　"斜直双排桩＋复合地基"协同加固模型变形图

构建"斜直双排桩＋复合地基"协同加固稳定性分析模型,如图 11-88 所示,地基中危险滑动面半径为 21.13m,滑动面深度为 8.74m。

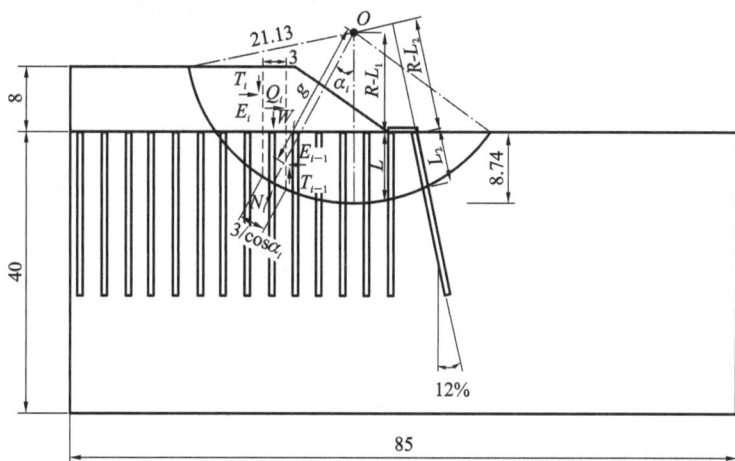

图 11-88 "斜直双排桩+复合地基"协同加固稳定性分析模型(单位:m)

在计算模型中取土条宽度 b_i 为 3m,基于几何关系得到土条滑动面长度 l_i 为 $3/\cos\alpha_i$。通过不同破坏模式分析确定斜直双排桩及复合地基桩体的受力状态,确定其提供的抗滑力矩。

对于复合地基桩体及斜直双排桩发生整体滑移破坏时,认为其不提供侧向抗滑力矩即 $M_{1r}=0$,$M_{1fi}=0$,抗滑力矩完全由滑动面产生的抗滑力矩提供。

复合地基桩体发生侧向倾覆破坏时,根据发生破坏临界状态时的受力状态得出桩体的受力简图如图 11-89 所示。

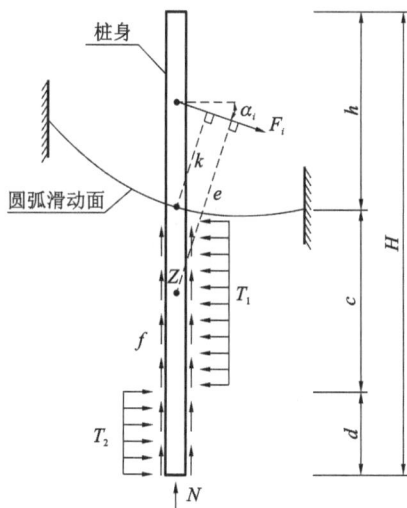

图 11-89 复合地基单桩受力图

将滑动土体提供的侧向土压力简化为作用于滑动区桩段中部的集中荷载 F_i，参考斜直双排桩发生侧向倾覆破坏时嵌固端受力特性，认为复合地基桩体嵌固端受力包括被动土压力 T_1、T_2，桩侧摩阻力 f，桩端阻力 N。同时被动土压力 T_1、T_2 的分布范围 c、d 符合 $c/d = P_d/P_c$ 关系（P_c、P_d 分别为桩段范围内土层平均强度）。由此通过平衡关系可得下式。由式(11-76)、式(11-77)计算即可得出复合地基桩体在侧向倾覆破坏临界状态时提供的侧向抗力 F_i。

$$F_i \cos\alpha_i + T_2 = T_1 \tag{11-76}$$

$$F_i \cdot e = T_2 \cdot (c + d)/2 \tag{11-77}$$

由此得到复合地基单桩提供的抗滑力矩为：

$$M_{2fi} = F_i \cdot g \tag{11-78}$$

式中，g 为集中荷载 F_i 与滑动中心的距离。

而斜直双排桩发生侧向倾覆破坏时，提供的抗滑力矩 M_r 通过图 11-90 计算得到：

$$M_{2r} = Fb = F(R - h/2)\cos\delta \tag{11-79}$$

复合地基桩体发生桩身弯曲破坏及剪切破坏。根据复合地基单桩的受力变形特性，同时由于单桩桩顶自由无约束，故认为最大弯矩及最大剪力出现在桩身与滑动面交接处。由此得到复合地基单桩发生弯曲破坏时提供的抗滑力矩为：

$$M_{3fi} = F_i \cdot g = \frac{M_{\max}}{k}g \tag{11-80}$$

发生剪切破坏时，单桩提供的抗滑力矩为：

$$M_{4fi} = F_i \cdot g = Q_{\max} \cdot g \tag{11-81}$$

斜直双排桩侧向加固均质地基时，可参照 11.5 节（斜直双排桩受力变形计算分析）计算斜直双排桩弯矩、剪力分布规律，进而分析桩身的实际破坏情况。但此处路堤下部使用复合地基桩体进行加固，难以确定填筑路堤时桩身主动土压力，导致上述计算方法应用困难。

根据 11.2 节（"斜直双排桩＋复合地基"协同加固软基模型试验）斜直双排桩的桩身弯矩分布规律可知，斜直双排桩弯矩自上而下先增大后减小，在桩身中上部出现弯矩最大值。而斜直双排桩剪力在土体滑动区近似呈直线分布，在滑动面处出现最大值。

使用抛物线模拟桩身弯矩分布曲线，弯矩最大值点位于滑动区桩段中部。考虑斜直双排桩发生弯曲破坏时的临界状态，桩身弯矩最大值为桩身极限弯矩 $M_{\max}$，得到桩身弯矩分布函数 $M(x)$。使用线性方程模拟桩身剪力分布曲线，在滑动面处出现桩身剪力最大值 $Q_{\max}$，得到桩身剪力分布函数 $Q(x)$。

由此得到发生弯曲破坏时，桩身土压力分布方程：

$$P(x) = \frac{\mathrm{d}^2 M(x)}{\mathrm{d}x^2} \tag{11-82}$$

发生剪切破坏时,桩身土压力分布方程:

$$P(x) = \frac{\mathrm{d}Q(x)}{\mathrm{d}x} \tag{11-83}$$

可近似得到桩身发生弯曲破坏或剪切破坏时斜直双排桩提供的抗滑力矩为:

$$M_r = \int_0^{L_1} P_{后}(x) \cdot (R - L_1 + x)\mathrm{d}x + \int_0^{L_2} P_{前}(x) \cdot (R - L_2 + x)\mathrm{d}x \tag{11-84}$$

式中,R 为滑动面半径;L_1,L_2 分别为滑动区内后排桩、前排桩桩段长度;x 为计算截面至桩顶距离;$P_{前}(x)$,$P_{后}(x)$ 分别为前、后排桩身土压力分布函数;$M(x)$ 为桩身弯矩分布曲线;$Q(x)$ 为桩身剪力分布函数。

而对于桩间土滑移破坏模式,斜直双排桩及复合地基单桩提供的抗滑力矩由前文计算方法得出。

基于前文分析,"斜直双排桩+复合地基"协同加固模型中,不同桩体可能存在多种破坏模式的组合型破坏,因此首先针对不同桩体进行受力分析,确定不同破坏模式下能够提供的抗滑力矩 M_r 及 M_{fi},得到的最小抗滑力矩即为该桩体对应的破坏模式。然后假设 $K=1$,代入式(11-56)计算 m_{ai},将各土条分别代入式(11-75)求得实际 K 值,如果计算得到的 K 值与假设 K 值不等,则使用计算 K 值重新代入求得新的 m_{ai} 及 K 值,反复进行迭代直到 K 值满足计算精度为止,此时得出的 K 值即为最终地基安全系数。

通过上述计算方法判断协同加固模型中桩体以弯曲破坏为主,地基安全系数为1.255,与基于有限元法得到的地基安全系数 1.213 较为相近,但结果略大。即计算模型对地基的实际加固效果存在一定的高估。分析认为,计算模型中,桩体提供的土抗力均为极限平衡状态下能够达到的抗力峰值,即计算模型中桩体均为破坏临界状态。桩体实际受力过程中势必存在部分桩体首先发生破坏进而破坏区域扩展导致大面积破坏的扩展效应。因此使用本章计算模型时需对结果进行折减以满足实际计算的需要。

11.8 本章小结

在软基上填筑路堤时,基础容易发生不均匀沉降,甚至出现滑移垮塌等工程事故,使用传统复合地基进行加固处理,基础的整体稳定性提升有限。本章提出使用斜直双排桩对路堤坡脚进行加固的处理方案。主要开展了以下研究工作:

①基于一起路堤垮塌工程事故,开展室内模型试验。通过在加固倾斜软基的复

合地基顶面施加竖向荷载,重点研究坡脚处设置的双排单桩、双竖直桩组合、不同斜直双排桩(前排桩倾斜角变化)的桩身弯矩以及水平位移,同时通过摄像装置记录斜直双排桩在承受侧向荷载时的受力变形过程,分析揭示在倾斜软基上斜直双排桩的单侧受力变形机制以及破坏过程,为斜直双排桩的深入研究提供基础。

②在试验研究的基础上,开展数值模拟研究。建立基于前排倾斜桩倾斜度、连梁长度、软基底面坡比三个影响变量的有限元分析模型,通过研究不同影响变量对斜直双排桩的侧向加固效果产生的影响,得到斜直双排桩侧向加固时的极限承载力包络曲面及最佳组合设置。

③开展“斜直双排桩＋复合地基”协同加固效果的对比分析。以复合地基加固倾斜软基的实际工程为背景建立分析模型,对比分析“复合地基”加固模型、“斜直双排桩＋复合地基”协同加固模型、“复合地基＋反压护道”加固模型以及“复合地基＋反压护道＋斜直双排桩”协同加固模型在路堤荷载作用下的变形特性、路堤竖向沉降特性。同时,基于强度折减法分析地基塑性变形特性,得到不同条件下地基的安全系数,判断新型加固方案的实际加固效果。

④针对斜直双排桩的受力变形特点,开展受力变形计算分析。将斜直双排桩看作门式刚架结构,考虑桩土共同作用,分段考虑桩身受力特性。利用遮蔽系数合理确定双排桩桩身主动土压力,通过“m”法确定桩段被动土压力,同时考虑桩侧摩阻力及桩端阻力产生的影响,列出桩身挠曲微分方程,得到桩身内力与变形解析解,建立双排桩在侧向荷载作用下桩身弯矩、剪力及位移方程,并对计算模型进行验证。

⑤开展斜直双排桩侧向加固时的破坏模式及计算方法研究。通过构建路堤荷载下不同类型斜直双排桩加固软基的有限元分析模型,针对不同模型的受力变形特性,分析总结斜直双排桩侧向加固时的破坏模式,并针对不同破坏模式提出计算模型,编制设计程序,最后基于实际算例将计算方法与有限元法进行对比验证。

⑥开展“斜直双排桩＋复合地基”协同加固时的破坏模式及设计计算方法研究。构建路堤荷载作用下“斜直双排桩＋复合地基”协同加固的计算分析模型,并且针对地基加固特性提出协同加固时的破坏模式及设计计算流程,最后基于实际算例对计算方法进行验证分析。

通过上述研究过程主要得到以下结论:

①通过室内模型试验得到了侧向荷载作用下斜直双排桩的受力规律。侧向荷载作用下,斜直双排桩桩身中部出现弯矩最大值,前排桩弯矩最大值位置略低。前排桩倾斜度增大,将导致后排桩弯矩增大,更容易发生破坏;且前排桩弯矩减小,不易发生破坏。桩顶嵌固连梁有利于减小前排桩和后排桩的弯矩。

②通过室内模型试验得到了侧向荷载作用下斜直双排桩的变位规律。桩顶嵌固连梁前排桩和桩顶自由前排桩的桩身水平位移均随荷载增大而增大,峰值位移与桩

顶位移的比例系数随加载增大而增大。桩顶嵌固连梁前排桩的桩身水平位移及其峰值均随倾斜度增大而减小,总是小于桩顶自由的前排桩,峰值位置也较低。桩顶嵌固连梁、增加前排桩倾斜度有利于抵抗坡脚滑移。

③通过动态观察得到斜直双排桩的变形破坏过程。路堤荷载作用在桩体复合地基上,倾斜软基上坡脚斜直双排桩发生水平位移,随后弯曲变形,后排桩先破坏,前排桩后破坏,具有关联性,而双竖直桩发生弯曲破坏的间隔较短。双竖直桩的破坏荷载介于斜直双排桩的后排桩和前排桩之间。斜直双排桩存在水平位移过大而发生的失稳破坏以及桩身弯矩过大而发生的弯曲破坏。这两种破坏模式共同作用决定了斜直双排桩的极限承载力大小及最佳组合设置。相同情况下,斜直双排桩的失稳破坏荷载大于双竖直桩组合结构,但弯曲破坏荷载相对较小。工程中,在保证后排桩不发生弯曲破坏的前提下,增大前排桩的倾斜度将大幅提高基础的整体稳定性。

④通过对斜直双排桩开展数值模拟分析,得到了多重影响因素对斜直双排桩侧向承载力所产生的影响效果,得到最佳组合设置。增加斜直双排桩前排桩倾斜度有助于增大组合结构的稳定性承载力,但会减小组合结构弯曲破坏承载力。增加斜直双排桩桩间距有助于增大组合结构的稳定性承载力,减小弯曲破坏承载力。软土层底面倾斜度增大导致相同荷载下斜直双排桩水平位移明显增大,组合结构的失稳破坏荷载快速减小,而桩身极限弯矩则变化不大。对于加固底面倾斜的软土地基,增加稳定性是关键。

综合考虑前排桩倾斜度、连梁长度两个因素共同影响下斜直双排桩的极限承载力,绘制了两种因素共同作用下斜直双排桩的极限承载力包络曲面,得到斜直双排桩在加固倾斜软基时前排倾斜桩倾斜度为 12%,连梁长度为 5.4D 时,为最佳组合设置,此时极限承载力较传统抗滑桩增大了 31%。

⑤通过对斜直双排桩进行有限元分析,提出针对斜直双排桩的优化设置方案,得到不同优化设置方案的加固效果。增大后排竖直桩桩径的方案及"纵向双排桩+倾斜桩支撑"的方案能够明显减小斜直双排桩的水平位移并增大稳定性承载力,且能够明显减小桩身的弯曲破坏荷载,在实际工程中建议采用这种优化设置方案。而"横向双排桩+倾斜桩"的方案和双倾斜桩布置的方案仅能满足防止桩身弯曲破坏的要求,对于组合结构的整体稳定性提升较为有限。

⑥建立的斜直双排桩计算模型能够较好地展现斜直双排桩的受力变形特性,也能体现出斜直双排桩侧向稳定性随前排倾斜桩倾斜度以及连梁长度增加而增大的特性,在进行斜直双排桩稳定性分析时较为准确,可以为斜直双排桩的应用提供指导。

⑦分析斜直双排桩侧向加固的受力变形特性,提出路堤荷载下斜直双排桩侧向加固的破坏模式存在整体滑移破坏模式、侧向倾覆破坏模式、桩身弯曲破坏模式、桩身剪切破坏模式及桩间土绕流破坏模式共 5 种破坏模式。根据不同破坏模式下地基

安全系数 K_n，得到地基整体安全系数 $K=\min(K_n)$。

⑧路堤荷载下，"斜直双排桩＋复合地基"协同加固模型也存在整体滑移破坏模式、侧向倾覆破坏模式、桩身弯曲破坏模式、桩身剪切破坏模式以及桩间土绕流破坏模式共5种破坏模式。实际工程中，协同加固模型存在组合型破坏模式。模型计算时需首先确定不同桩体的破坏模式，再根据桩体实际破坏模式进行计算分析。

⑨使用传统复合地基加固倾斜软基承受上部路堤填土荷载时，不能起到有效的稳定性加固效果。路堤边坡出现典型滑移特性，侧向稳定性较差。而使用反压护道配合复合地基进行侧向稳定性加固后，路堤边坡稳定性在一定程度上获得提升，但整体提升效果并不明显。

⑩使用斜直双排桩配合复合地基进行协同加固后，基础整体稳定性获得明显提升，优于使用反压护道的加固方案。使用复合地基配合斜直双排桩进行侧向稳定性加固的方案对于提升基础整体稳定性具有更好的效果，路堤边坡安全性获得较大程度提升。

参 考 文 献

[1] 魏永幸,罗强,邱延峻.斜坡软弱地基填方工程技术研究与实践[M].北京：人民交通出版社,2011.

[2] 郑刚,李帅,刁钰.刚性桩复合地基支承路堤稳定破坏机理的离心模型试验[J].岩土工程学报,2012,34(11):1977-1989.

[3] 刘飞成,张建经.斜坡基底软土桩-网复合地基变形特性离心试验研究[J].岩石力学与工程学报,2018,37(1):209-219.

[4] 毕俊伟,高广运,张建经.下覆倾斜地层软土桩-网复合地基破坏机理试验[J/OL].哈尔滨工业大学学报,2020,52(2):1-9.http://kns.cnki.net/kcms/detail/23.1235.T.20181217.1023.002.html.

[5] 顾行文,谭祥韶,黄炜旺,等.倾斜软土CFG桩复合地基上的路堤破坏模式研究[J].岩土工程学报,2017,39(S1):111-115.

[6] 周德泉,周果子.一种加固倾斜软基的组合型复合地基：ZL 201621328014.7[P].2017-06-09.

[7] 程泽坤.洋山深水港区工程码头及接岸结构选型[J].中国港湾建设,2008(2):17-22.

[8] 方君华,庄宁,李军伟.洋山深水港区接岸结构稳定性三维数值分析[J].海洋工程,2011,29(3):82-87.

[9] MEYERHOF G G. Behaviour of pile foundations under special loading conditions:1994 R. M. Hardy keynote address[J]. Canadian Geotechnical Journal, 1995,32(2):204-222.

[10] MEYERHOF G G, YALCIN A S. Behaviour of flexible batter piles under inclined loads in layered soil [J]. Canadian Geotechnical Journal,1993,30(2): 247-256.

[11] HANNA A,NGNYEN,T Q. Shaft resistance of single vertical and batter piles driven in sand[J]. Journal of Geotechnical and Geoenvironmental engineering,2003,129(7): 601-607.

[12] RAJASHREE S S,SITHARAM T G. Nonlinear finite-element modeling of batter piles under lateral load [J]. Journal of Geotechnical and Geoenvironmental engineering,2001,127(7):604-612.

[13] 王丽,郑刚.局部倾斜桩竖向承载力的有限元研究[J].岩土力学,2009, 30(11):3533-3538.

[14] 徐江,龚维明,张琦,等.大口径钢管斜桩竖向承载特性数值模拟与现场试验研究[J].岩土力学,2017,38(8):2434-2440,2447.

[15] 曹卫平,陆清元,樊文甫,等.竖向荷载作用下斜桩荷载传递性状试验研究[J].岩土力学,2016,37(11):3048-3056.

[16] 周德泉,段高飞,冯晨曦,等.竖向重复加卸载下倾斜桩复合地基变形规律试验[J].中国公路学报,2019,32(3):53-62.

[17] ZHOU D Q,FENG C X. Engineering characteristics and reinforcement program of inclined pre-stressed concrete pipe piles[J]. KSCE Journal of Civil Engineering,2019,23(9): 3907-3923.

[18] 徐源,郑刚,路平.前排桩倾斜的双排桩在水平荷载下的性状研究[J].岩土工程学报,2010,32(S1):93-98.

[19] 郑刚,白若虚.倾斜单排桩在水平荷载作用下的性状研究[J].岩土工程学报,2010,32(S1):39-45.

[20] 孔德森,张秋华,史明臣.基坑悬臂式倾斜支护桩受力特性数值分析[J].地下空间与工程学报,2012,8(4):742-747.

[21] 周德泉,黎冬志,冯晨曦,等.路堤重复加卸载下坡脚倾斜摩擦桩变位规律试验研究[J].中外公路,2019,39(1):1-8.

[22] 周德泉,陈圣保,冯晨曦,等.竖向加卸载下邻近双端约束倾斜桩水平位移规律试验研究[J].公路交通科技,2020,37(1):42-49.

[23] 孔德森,张杰,王士权,等.倾斜悬臂支护桩受力变形特性模型试验[J].工

业建筑,2019,49(3):117-121,70.

[24] ZHANG L M,MCVAY M C,LAI P W. Centrifuge modeling of laterally loaded single battered piles in sands[J]. Canadian Geotechnical Journal,1999,36(6):1074-1084.

[25] 横山幸满.桩结构物的计算方法和计算实例[M].唐业清,吴庆荪,译.北京:中国铁道出版社,1984.

[26] API. Planning,designing,and constructing fixed offshore platforms:working stress design[M].Washington D. C. :API,2014.

[27] Offshore standard. Design of offshore wind turbine structures:DNV-OS-J101[S]. Hovik,Norway:Det Norske Veritas,2014.

[28] 中华人民共和国交通运输部.码头结构设计规范:JTS 167—2018[S].北京:人民交通出版社,2018.

[29] 中华人民共和国交通运输部.码头结构施工规范:JTS 215—2018[S].北京:人民交通出版社,2018.

[30] 袁廉华,陈仁朋,孔令刚,等.轴向荷载对斜桩水平承载特性影响试验及理论研究[J].岩土力学,2013,34(7):1958-1964.

[31] 凌道盛,任涛,王云岗.砂土地基斜桩水平承载特性 $p-y$ 曲线法[J].岩土力学,2013,34(1):155-162.

[32] 曹卫平,夏冰,赵敏,等.砂土中水平受荷斜桩的 $p-y$ 曲线及其应用[J].岩石力学与工程学报,2018,37(3):743-753.

[33] 曹卫平,夏冰,葛欣.水平受荷斜桩双曲线型 $p-y$ 曲线的构建及其应用[J].浙江大学学报(工学版),2019,53(10):1946-1954.

[34] 邵广彪,孙剑平,崔冠科.某永久边坡双排桩支护设计及应用[J].岩土工程学报,2010,32(S1):215-218.

[35] 刘鸣,黄华,韩冰,等.延安地区某边坡双排抗滑桩支护分析[J].长安大学学报(自然科学版),2011,31(2):63-67.

[36] 李建斌.排间距对双排抗滑桩加固土质边坡稳定性影响分析[J].公路交通科技(应用技术版),2019,15(12):95-97,127.

[37] 刘飞军.双排桩锚式边坡支护技术在市政道路高陡边坡应急抢险工程中的应用[J].智能城市,2019,5(16):148-149.

[38] 刘泰伶.鲁中南低山丘陵区边坡稳定性评价及双排桩加固技术研究[D].北京:北京林业大学,2019.

[39] 李绵绵,赵法锁,宋飞,等.双排抗滑桩的受力特性研究——以柳家坡2号滑坡治理工程为例[J].西北地质,2019,52(2):181-189.

［40］　陈俊生.反 h 型双排桩支护结构受力特性与工程应用研究［D］.贵阳:贵州大学,2019.

［41］　蔡袁强,阮连法,吴世明,等.软黏土地基基坑开挖中双排桩式围护结构的数值分析及应用［J］.建筑结构学报,1999(4):65-71.

［42］　崔宏环,张立群,赵国景.深基坑开挖中双排桩支护的三维有限元模拟［J］.岩土力学,2006,27(4):662-666.

［43］　林鹏,王艳峰,范志雄,等.双排桩支护结构在软土基坑工程中的应用分析［J］.岩土工程学报,2010,32(S2):331-334.

［44］　周裕利,张远华.双排桩基坑支护结构设计方法及工程应用［J］.广州建筑,2013,41(5):37-42.

［45］　刘志刚.双排护坡桩基坑支护技术应用［J］.煤田地质与勘探,2014,42(2):58-61.

［46］　王建鸿.双排桩基坑支护结构的应用研究［J］.山西建筑,2009,35(21):93-94.

［47］　范世英.双排桩基坑支护结构空间受力模型及影响因素的三维分析和工程应用［D］.青岛:青岛理工大学,2009.

［48］　樊宇强.双排桩基坑支护在临近既有线基坑开挖的应用［J］.山西建筑,2009,35(16):95-97.

［49］　何颐华,杨斌,金宝森,等.双排护坡桩试验与计算的研究［J］.建筑结构学报,1996(2):58-66,29.

［50］　余志成,施文华.深基坑支护设计与施工［M］.北京:中国建筑工业出版社,1997.

［51］　郑刚,李欣,刘畅,等.考虑桩土相互作用的双排桩分析［J］.建筑结构学报,2004(1):99-106.

［52］　中华人民共和国住房和城乡建设部.建筑基坑支护技术规程:JGJ 120—2012［S］.北京:中国建筑工业出版社,2012.

［53］　杨光华,黄忠铭,姜燕,等.深基坑支护双排桩计算模型的改进［J］.岩土力学,2016,37(S2):1-15.

［54］　周翠英,刘祚秋,尚伟,等.门架式双排抗滑桩设计计算新模式［J］.岩土力学,2005(3):441-444,449.

［55］　钱同辉,唐辉明.双排门式抗滑桩的空间计算模型［J］.岩土力学,2009,30(4):1137-1141.

［56］　于洋,孙红月,尚岳全.基于桩周土体位移的双排抗滑桩计算模型［J］.岩石力学与工程学报,2014,33(1):172-178.

[57]　MAEDA T, SHIMADA Y, TAKAHASHI S, et al. Design and construction of inclined-braceless excavation support applicable to deep excavation [C]//ISSMGE. Proceedings of the 18th International Conference on Soil Mechanics and Geotechnical Engineering. Boca Raton：CRC Press, 2013：2051-2054.

[58]　SEO M, IM J C, KIM C, et al. Study on the applicability of retaining wall using batter piles in clay[J]. Canadian Geotechnical Journal, 2016, 53(8)：1195-1212.

[59]　郑刚, 何晓佩, 周海祚, 等. 基坑斜直交替支护桩工作机理分析[J]. 岩土工程学报, 2019, 41(S1)：97-100.

[60]　刁钰, 苏奕铭, 郑刚. 主动式斜直交替倾斜桩支护基坑数值研究[J]. 岩土工程学报, 2019, 41(S1)：161-164.

[61]　王恩钰, 周海祚, 郑刚, 等. 基坑倾斜桩支护的变形数值分析[J]. 岩土工程学报, 2019, 41(S1)：73-76.

[62]　KITAZUME M, YAMAMOTO M, YASUSHI U. Vertical bearing capacity of columns type DMM ground with low improvement ratio[M]//BREDENBERG H, HOLM G, BROMS B B. Dry Mix Methods for Deep Soil Stabilization. New York：Routledeg, 1999：245-250.

[63]　ASLAM R. Centrifuge modelling of piled embankments[D]. Nottingham：The University of Nottingham, 2008.

[64]　WANG C D, WANG B L, WANG X, et al. Centrifugal model tests on settlement controlling of piled embankment in high speed railway[M]//MAO B H, TIAN Z I, HUANG H J, et al. Traffic and Transportation Studies 2010. New York：ASCE Press, 2010：1407-1416.

[65]　BUI P, LUO Q, ZHANG L, et al. Geotechnical centrifuge experiment model on analysis of pile-soil load share ratio on composite foundation of high strength concrete pile[C]//PENG Q Y, PU Y, WANG K C P, et al. International Conference on Transportation Engineering 2009. New York：ASCE Press, 2009：3465-3470.

[66]　刘俊新, 文江泉, 邱恩喜. 离心模型试验在粉喷桩处理软土地基沉降中的研究[J]. 工程地质学报, 2005, 13(3)：371-375.

[67]　刘俊新, 卿三惠, 王春雷, 等. 离心模型试验在碎石桩处理红层松软土地基沉降中的研究[J]. 四川大学学报（工程科学版）, 2005, 37(5)：36-40.

[68]　卢国胜, 蒋昌贵, 王迅. 搅拌桩处理软土地基的离心机试验研究[J]. 岩土力学, 2007, 28(10)：2101-2104, 2122.

[69] 黄茂松,李波,程岳.长短桩组合路堤桩荷载分担规律离心模型试验与数值模拟[J].岩石力学与工程学报,2010,29(12):2543-2550.

[70] 郭永建,尚新鸿,谢永利.管桩加固拓宽路堤地基的离心试验研究[J].工程勘察,2010,38(2):7-9,92.

[71] 翁效林,张留俊,李林涛,等.拓宽路基差异沉降控制技术模型试验研究[J].岩土工程学报,2011,33(1):159-164.

[72] DAVIES M C R,PARRY R H G. Centrifuge modelling of embankments on clay foundations[J]. Soils and Foundations,1985,25(4): 19-36.

[73] 周小文,程展林,孙常青,等.软土地基路堤施工控制的离心模拟试验研究[J].岩土力学,2009,30(5):1253-1256,1263.

[74] 吴春秋,肖大平.复合地基加固路堤的稳定性分析[J].岩土力学,2007,28(S1):905-908.

[75] KIVELÖ M,BROMS B B. Mechanical behaviour and shear resistance of lime/cement columns[M]//BREDENBERG H,HOLM G,BROMS B B. Dry Mix Methods for Deep Soil Stabilization. New York:Routledge,1999:193-200.

[76] Coastal Development Institute of Technology (DIT). The deep mixing method: principle,design and construction[M]. Boca Raton:CRC Press,2002.

[77] KITAZUME M,MARUYAMA K. External stability of group column type deep mixing improved ground under embankment loading[J]. Soils and Foundations,2006,46(3): 323-340.

[78] KITAZUME M, MARUYAMA K. Internal stability of group column type deep mixing improved ground under embankment loading[J]. Soils and Foundations,2007,47(3): 437-455.

[79] 李帅.刚性桩复合地基支承路堤的失稳破坏机理及其稳定分析方法研究[D].天津:天津大学,2012.

[80] 郑刚,刘力,韩杰.刚性桩加固软弱地基上路堤的稳定性问题(Ⅰ)——存在问题及单桩条件下的分析[J].岩土工程学报,2010,32(11):1648-1657.

[81] 郑刚,刘力,韩杰.刚性桩加固软弱地基上路堤稳定性问题(Ⅱ)——群桩条件下的分析[J].岩土工程学报,2010,32(12):1811-1820.

[82] KITAZUME M,ORANO K,MIYAJIMA S. Centrifuge model tests on failure envelope of column type deep mixing method improved ground[J]. Soils and Foundations,2000,40(4): 43-55.

[83] 陈祖煜.土质边坡稳定分析:原理·方法·程序[M].北京:中国水利水电出版社,2003:215-224.

［84］ 熊传祥,王艺霖,陈福全.路堤荷载下刚性桩复合地基稳定性计算[J].中南大学学报(自然科学版),2017,48(10):2745-2752.

［85］ 中华人民共和国住房和城乡建设部.混凝土结构设计标准(2024年版):GB/T 50010—2010[S].北京:中国建筑工业出版社,2024.

［86］ 张黎明,郑颖人,王在泉,等.有限元强度折减法在公路隧道中的应用探讨[J].岩土力学,2007(1):97-101,106.

［87］ 郑颖人,赵尚毅,宋雅坤.有限元强度折减法研究进展[J].后勤工程学院学报,2005(3):1-6.

［88］ 栾茂田,武亚军,年廷凯.强度折减有限元法中边坡失稳的塑性区判据及其应用[J].防灾减灾工程学报,2003(3):1-8.

［89］ 马建勋,赖志生,蔡庆娥,等.基于强度折减法的边坡稳定性三维有限元分析[J].岩石力学与工程学报,2004(16):2690-2693.

［90］ 赵尚毅,郑颖人,邓卫东.用有限元强度折减法进行节理岩质边坡稳定性分析[J].岩石力学与工程学报,2003(2):254-260.

［91］ 刘金龙,栾茂田,赵少飞,等.关于强度折减有限元方法中边坡失稳判据的讨论[J].岩土力学,2005(8):1345-1348.

［92］ 郑颖人,赵尚毅,张鲁渝.用有限元强度折减法进行边坡稳定分析[J].中国工程科学,2002(10):57-61,78.

［93］ 徐文杰,胡瑞林,岳中琦,等.虎跳峡龙蟠右岸边坡稳定性的数值模拟[J].岩土工程学报,2006(11):1996-2004.

［94］ 郭晔,黄新,朱宝林.用有限元强度折减法分析路堤滑坡[J].路基工程,2008(6):74-75.

［95］ 闫超.变截面搅拌桩复合地基稳定分析方法研究[D].南京:东南大学,2016.

［96］ 张然.宝兰客运专线路基刚柔性组合桩地基处理技术[J].铁道建筑,2020,60(2):91-94.

［97］ 豆红强,俞仰航,聂文峰,等.超高填方荷载下刚柔组合桩复合地基的加固机理及其优化设计[J].中南大学学报(自然科学版),2019,50(10):2552-2562.

［98］ 周德泉,刘宏利,张可能.三元和四元复合地基工程特性的对比试验研究[J].建筑结构学报,2004(5):124-129.

［99］ 周德泉,张可能,刘宏利.组合桩型复合地基桩、土受力特性的试验对比与分析[J].岩石力学与工程学报,2005(5):872-879.

［100］ 周德泉,张可能,刘宏利.组合桩型复合地基计算与应用分析[J].岩土力学,2004(9):1432-1436.

[101]　周德泉,张可能,刘宏利.组合桩型复合地基中合理设置垫层和桩体的几个要点[J].建筑技术,2005(3):172-174.

[102]　周德泉,颜超,刘宏利.桩体复合地基受压过程中侧向约束桩工程特性试验研究[J].中南大学学报(自然科学版),2016,47(11):3784-3791.

[103]　雷鸣,周德泉,颜超,等.含桩地基重复加卸载过程中侧向约束桩弯矩变化规律试验研究[J].中外公路,2016,36(4):27-30.

[104]　周德泉,颜超,罗卫华.复合桩基重复加卸载过程中侧向约束桩变位规律试验研究[J].岩土力学,2015,36(10):2780-2786.

[105]　颜超.复合地基重复加卸载条件下侧向约束桩工程性状试验研究[D].长沙:长沙理工大学,2015.

[106]　杨志华.侧向有桩条件下含缺陷桩复合地基工程性状的模型试验与理论分析[D].长沙:长沙理工大学,2015.

[107]　徐日庆,陈页开,杨仲轩,等.刚性挡墙被动土压力模型试验研究[J].岩土工程学报,2002(5):569-575.

[108]　徐建平,周健,许朝阳,等.沉桩挤土效应的模型试验研究[J].岩土力学,2000(3):235-238.

[109]　孙铁成,张明聚,杨茜.深基坑复合土钉支护模型试验研究[J].岩石力学与工程学报,2004(15):2585-2592.

[110]　陆贻杰,周国钧.搅拌桩复合地基模型试验及三维有限元分析[J].岩土工程学报,1989(5):86-91.

[111]　左保成,陈从新,刘小巍,等.反倾岩质边坡破坏机理模型试验研究[J].岩石力学与工程学报,2005(19):107-113.

[112]　LEE Y J,BASSETT R H . A model test and numerical investigation on the shear deformation patterns of deep wall-soil-tunnel interaction[J]. Canadian Geotechnical Journal,2006,43(12): 1306-1323.

[113]　YANG C,ZHANG J,WANG Z,et al. Model test of failure modes of high embankment and aseismic measures for buried strike-slip fault movement[J]. Environmental Earth Sciences,2018,77(6):233.

[114]　TANG H,HU X,XU C,et al. A novel approach for determining landslide pushing force based on landslide-pile interactions[J]. Engineering Geology,2014,182:15-24.

[115]　QI C G,ZHENG J H,ZUO D J,et al. Experimental investigation on soil deformation caused by pile buckling in transparent media[J]. Geotechnical Testing Journal,2018,41(6):1050-1062.

[116] 冯晨曦.不同倾斜角度单桩复合地基受力变形规律试验研究[D].长沙:长沙理工大学,2015.

[117] 周德泉,罗坤,冯晨曦,等.一种室内土工模型实验装置:ZL 201520323607.3[P].2015-08-26.

[118] 周德泉,陈坤,赵明华,等.室内模型实验中低强度桩侧应变片粘贴技术与应用[J].实验力学,2009,24(6):558-562.

[119] 刘洋.支挡排桩在单侧填土作用下的桩侧摩阻力研究[D].长沙:长沙理工大学,2010.

[120] 中华人民共和国住房和城乡建设部.建筑地基处理技术规范:JGJ 79—2012[S].北京:中国建筑工业出版社,2013.

[121] 周德泉,李传习,杨帆,等.空隙岩体与溶洞充填混凝土竖向变形特性对比试验研究[J].岩土力学,2011,32(5):1309-1314.

[122] 周德泉,谭焕杰,徐一鸣,等.循环荷载作用下花岗岩残积土累积变形与湿化特性试验研究[J].中南大学学报(自然科学版),2013,44(4):1657-1665.

[123] ZHAO B, WANG Y S, WANG Y, et al. Retaining mechanism and structural characteristics of h type anti-slide pile(hTP pile)and experience with its engineering application [J]. Engineering Geology,2017,222:29-37.

[124] 国家铁路局.铁路路基支挡结构设计规范(2024年局部修订):TB 10025—2019[S].北京:中国铁道出版社,2024.

[125] 曾庆响,梁焕华,肖芝兰,等.PHC管桩的开裂弯矩和极限弯矩计算[J].工业建筑,2010,40(1):68-72.

[126] 孔纲强,王保田.路基工程[M].北京:清华大学出版社,2013.

[127] 周元辅,邓建辉,崔玉龙,等.基于强度折减法的三维边坡失稳判据[J].岩土力学,2014,35(5):1430-1437.

[128] 吴春冬,张明聚,陈锋,等.基于强度折减法的重载铁路路基边坡稳定性三维模型分析[J].铁道建筑,2014(11):98-101.

[129] 龚晓南.土工计算机分析[M].北京:中国建筑工业出版社,2000.

[130] 周德泉,肖灿,冯晨曦,等.侧向堆载下倾斜桩长度影响斜直双排桩受力响应试验研究[J].公路交通科技,2021,38(2):24-32.

[131] 国家铁路局.铁路路基设计规范:TB 10001—2016[S].北京:中国铁道出版社,2016.

[132] 国家铁路局.铁路工程地基处理技术规程:TB 10106—2023[S].北京:中国铁道出版社,2023.

[133] 中华人民共和国交通运输部.公路路基设计规范:JTG D30—2015

[M]. 北京：人民交通出版社,2015.

[134] 陈祖煜,弥宏亮,汪小刚.边坡稳定三维分析的极限平衡方法[J].岩土工程学报,2001(5):525-529.

[135] 冯树仁,丰定祥,葛修润,等.边坡稳定性的三维极限平衡分析方法及应用[J].岩土工程学报,1999(6):657-661.

[136] 曾亚武,田伟明.边坡稳定性分析的有限元法与极限平衡法的结合[J].岩石力学与工程学报,2005(S2):5355-5359.

[137] 张均锋,丁桦.边坡稳定性分析的三维极限平衡法及应用[J].岩石力学与工程学报,2005(3):365-370.

[138] 林峰,黄润秋.边坡稳定性极限平衡条分法的探讨[J].地质灾害与环境保护,1997(4):9-13.

[139] 邹广电,魏汝龙.土坡稳定分析普遍极限平衡法数值解的理论及方法研究[J].岩石力学与工程学报,2006(2):363-370.

[140] GRIFFITHS D V, LANE P A. Slope stability analysis by finite elements [J]. Geotechnique,1999,49(3):387-403.

[141] 赵尚毅,郑颖人,时卫民,等.用有限元强度折减法求边坡稳定安全系数[J].岩土工程学报,2002(3):343-346.

[142] 郑颖人,赵尚毅.有限元强度折减法在土坡与岩坡中的应用[J].岩石力学与工程学报,2004(19):3381-3388.

[143] 张鲁渝,郑颖人,赵尚毅,等.有限元强度折减系数法计算土坡稳定安全系数的精度研究[J].水利学报,2003(1):21-27.

[144] 赵尚毅,郑颖人,张玉芳.极限分析有限元法讲座Ⅱ——有限元强度折减法中边坡失稳的判据探讨[J].岩土力学,2005(2):332-336.

[145] 裴利剑,屈本宁,钱闪光.有限元强度折减法边坡失稳判据的统一性[J].岩土力学,2010,31(10):3337-3341.

[146] 李焜,程丹,苏凯.基于有限元强度折减法的边坡失稳判据统一性研究[J].大地测量与地球动力学,2016,36(1):69-74.

[147] 聂文峰,邱邵富,张蕊,等.路堤荷载下水泥土搅拌桩复合地基失稳机理及其稳定性分析[J].水利与建筑工程学报,2018,16(4):47-51.

[148] XIE Y,ZHANG S H, ZHOU D Q. Experimental study of mechanical behavior of passive loaded piles adjacent to piled foundation [J]. KSCE Journal of Civil Engineering,2018,22(10): 3818-3826.

[149] 梁发云,陈海兵.基于 cut-off 方法刚性承台下群桩基础优化分析[J].岩土力学,2011,32(S1):61-65.

［150］ LIANG F Y,CHEN L Z,HAN J. Integral equation method for analysis of piled rafts with dissimilar piles under vertical loading［J］. Computers and Geotechnics,2009,36(3)：419-426.

［151］ HAIN S J,LEE I K. The analysis of flexible raft-pile systems［J］. Geotechnique,1978,28(1)：65-83.

［152］ 杨敏,王树娟,王伯钧,等. 考虑极限承载力下的桩筏基础相互作用分析［J］. 岩土工程学报,1998(5)：85-89.